HUODIANCHANG YANQI TUOLIU SHEBEI
JI YUNXING WEIHU

火电厂烟气脱硫设备
及运行维护

韩祥　姜艳华　主　编

刘军峰　雷建平　张宝强　副主编

王敦　杨凌　李瑞涛　张雷　韩丽　参　编

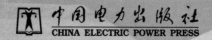

中国电力出版社
CHINA ELECTRIC POWER PRESS

内 容 提 要

本书阐述了我国控制二氧化硫污染问题的有关政策，简要介绍了我国目前主要的二氧化硫控制技术，重点介绍了目前应用最普遍的二氧化硫控制技术——石灰石湿法烟气脱硫系统与设备，讲述了工艺系统、设备和材料等各个方面，论述了石灰石湿法烟气脱硫系统的调试验收、日常运行与维护和对发电机组运行情况的影响，并以某烟气脱硫工程为例，对石灰石/石膏湿法烟气脱硫系统设备及运行进行了具体说明。

本书可以满足新建火力发电厂（含老电厂扩建脱硫工程）脱硫运行岗位职工培训的需求，也可供相关学校和电力培训中心等教学参考。

图书在版编目（CIP）数据

火电厂烟气脱硫设备及运行维护/韩祥，姜艳华主编. —北京：中国电力出版社，2016.8（2019.5重印）
ISBN 978-7-5123-8950-2

Ⅰ.①火… Ⅱ.①韩… ②姜… Ⅲ.①火电厂－烟气脱硫－机械设备－运行 ②火电厂－烟气脱硫－机械设备－维修 Ⅳ.①X773.013

中国版本图书馆 CIP 数据核字（2016）第 034980 号

中国电力出版社出版、发行
（北京市东城区北京站西街 19 号　100005　http://www.cepp.sgcc.com.cn）
北京天宇星印刷厂印刷
各地新华书店经售

*

2016 年 8 月第一版　　2019 年 5 月北京第二次印刷
787 毫米×1092 毫米　16 开本　29.75 印张　732 千字
印数 1501～2500 册　定价 98.00 元

前 言

当今世界存在三大环境问题，即温室效应、酸性降水（酸雨）、臭氧层破坏，根本缘由是现代化进程中 SO_2、NO_x、CO_2、CH_4、CCIF 等工业气体的大量排放。据专家研究，由于温室效应，2050 年喜马拉雅山的冰川将消失一半，粮食总产量将比 2000 年下降 14％～23％，海平面将上升 9～107cm，极端天气将更加频发。如何有效控制工业有害气体和物质的排放，已经引起全世界的高度重视，哥本哈根、坎昆气候峰会接连召开，逐步形成全球性气候政治文化。

随着国民经济健康稳步的高速发展，我国已经成为世界第二大经济体，在节能、环保等方面承担更大的责任和义务，全国人民对空气质量也提出了更高的要求，所以火电企业必须按照国家控制 SO_2 污染问题的有关政策，严格控制烟气中二氧化硫污染物的排放量，并力争达到火电超低排放的要求。

本书阐述了我国控制二氧化硫污染问题的有关政策，简要介绍了我国目前主要的 SO_2 控制技术，重点介绍了目前应用最普遍的 SO_2 控制技术——石灰石湿法烟气脱硫技术，讲述了工艺系统、设备和材料等各个方面，论述了石灰石湿法烟气脱硫系统的调试验收、日常运行与维护和对发电机组运行情况的影响，并以某烟气脱硫工程为例，对石灰石/石膏湿法烟气脱硫系统设备及运行进行了具体说明。

本书由韩祥、姜艳华任主编，刘军峰 、雷建平任副主编，章明富策划，朱保飞 、韩丽、李瑞涛、杨凌、王敦、张雷、胡光伟、周荣栓参编。由杨义波 、刘卫东 、徐勇主审。并聘请了张宝强、袁飞、金刘峰 、曹庆华 、娄娇燕担任现场技术顾问。

本书可以满足新建火力发电厂（含老电厂扩建脱硫工程）脱硫运行岗位职工培训的需求，也可供相关学校和电力培训中心等教学参考。限于编者水平，有不妥之处敬请读者指正。

目 录

第一章

概　　述

根据国民经济发展的需要，国家制定了新的《锅炉大气污染物排放标准》（GB 13271—2014，2014 年 7 月 1 日实施），能贯彻《中华人民共和国环境保护法》《中华人民共和国大气污染防治法》《国务院关于加强环境保护重点工作的意见》等法律、法规，保护环境，防治污染，促进锅炉生产、运行和污染治理技术的进步。该标准规定了锅炉大气污染物浓度排放限值、监测和监控要求。锅炉排放的水污染物、环境噪声适用相应的国家污染物排放标准，产生固体废物的鉴别、处理和处置适用国家固体废物污染控制标准。

根据《火电厂大气污染物排放标准》（GB 13223—2011）的要求，2014 年 7 月 1 日起，火电行业正式执行排放新标准和重点地区特别排放标准，不能达标的机组将被关停处置。截至目前，环境保护部曾就脱硫脱硝违规开出过 4.1 亿元和 5.19 亿元罚单，说明必须在规定时间内完成环保技改、实现达标排放。

新标准对我国空气质量的好转有显著作用。根据环境保护部相关负责人介绍，新标准实施后，到 2015 年，电力行业二氧化硫排放可减少 618 万 t，氮氧化物排放可减少 580 万 t。

与欧盟和美国的排放标准相比，我国许多地方提出的超低排放"50355"（达到燃气发电排放限值：氮氧化物 50mg/m^3、二氧化硫 35mg/m^3、烟尘 5mg/m^3）要求更加严格，对 PM2.5 治理有积极意义。

一位环保行业人士表示：结合现有技术及电厂经济效益，建议对现役机组首先考虑国标方案、稳步推进清洁方案。对新建机组稳步实施清洁方案，试点超清洁方案，按照积极稳妥、分步实施、示范先行的原则，在试验示范基础上，推广应用达到燃气机组排放标准的燃煤电厂烟气超清洁排放技术。这也符合国家发改委、国家能源局、环境保护部联合印发的《能源行业加强大气污染防治工作方案》中关于燃煤电厂超低排放技术的要求。这对火电企业提出了更大的挑战。

第一节　SO₂ 的 危 害

一、SO₂对人类的影响

二氧化硫（SO₂）又名亚硫酸酐，是一种无色不燃的气体，具有强烈的辛辣、窒息性气味，遇水会形成具有一定腐蚀作用的亚硫酸。SO₂是当今人类面临的主要大气污染物之一，其污染源分为两大类：天然污染源和人为污染源。天然污染源由于总量较少、面积较广、容易稀释和净化，对环境危害不太大；而人为污染量大、比较集中、浓度较高，对环境造成的危害比较严重。SO₂主要是通过呼吸道系统进入人体，与呼吸器官发生生物化学作用，引起或加重呼吸器官的疾病，如鼻炎、咽喉炎、支气管炎、支气管哮喘、肺气肿、肺癌等，对人体健康的影响具体见表 1-1。

表 1-1 　　　　　　　　　　　空气中不同体积分数 SO_2 对人体的危害

体积分数（$\times 10^{-6}$）	对人体的影响	体积分数（$\times 10^{-6}$）	对人体的影响
0.01～0.1	由于光化学反应生成分散性颗粒，引起视野距离缩小	10.0～100.0	对动物进行实验时出现种种症状
0.1～1.0	植物及建筑物结构材料遭受损害	20.0	人因受到刺激而引起咳嗽、流泪
1.0～10.0	对人有刺激作用	100.0	人仅能忍受短时间的操作，咽喉有异常感、喷嚏、疼痛、哑嗓、咳痰、胸痛，并且呼吸困难
1.0～5.0	感觉到 SO_2 气体		
5.0～10.0	人在此环境下进行较长时间的操作尚能忍受	400～500	立刻引起人严重中毒，呼吸道闭塞而致窒息死亡

SO_2 往往被飘尘吸附，SO_2 和飘尘的共同效应对人体的危害更大。吸附 SO_2 的飘尘可将 SO_2 带入人的肺部，使其毒性增加 3～4 倍。在光照下，飘尘中的 Fe_2O_3 等物质可将 SO_2 催化，通过光化学反应，转化成 SO_3，遇水可形成硫酸雾，并被飘尘吸附。此飘尘经呼吸道吸入肺部，滞留在肺壁上，可引起肺纤维性病变和肺气肿，硫酸雾的刺激作用比 SO_2 强 10 倍。历史上曾频繁发生与 SO_2 污染有关的污染事故，见表 1-2。

表 1-2 　　　　　　　　　　　历史上与 SO_2 污染有关的事故

时间	地点	简况	后果
1930 年 12 月 1～5 日	马斯河谷（比利时）	烟尘和 SO_2，一周内平均死亡率剧增	6000 多人发病，60 多人死亡
1948 年 10 月 27～31 日	多偌拉（美）	烟尘和 SO_2，大雾看不见人	5911 人发病，占全镇总人口 43%，死亡 17 人
1949 年	伦敦（英）	烟尘和 SO_2，一周内因支气管炎死亡的人数增多	较上周多死亡 75 人
1952 年 12 月 5～9 日	伦敦（英）	烟尘和 SO_2，逆温层，无风，大雾	4 天内死亡 4000 人，2 个月死亡 8000 人
1956 年 1 月 3～6 日	伦敦（英）	烟尘和 SO_2	约 1000 人死亡
1957 年 12 月 2～5 日	伦敦（英）	烟尘和 SO_2	死亡 400 多人
1961 年	四日市（日）	烟尘和 SO_2，著名的"四日市哮喘病"	患者 800 多人，死亡 10 人
1960 年 12 月 5～6 日	伦敦（英）	烟尘和 SO_2	死亡 700 多人
1970 年	东京（日）	光化学厌恶加 SO_2，无风	受害者近万人

二、SO_2 对植物的危害

SO_2 主要是通过叶面气孔进入植物体，在细胞或细胞液中生成 SO_3^{2-} 或 HSO_3^- 和 H^+。如果其浓度和持续时间超过本身的自解机能，就会破坏植物正常的生理机能，使其生长缓慢，对病虫害的抵抗力降低，严重时就会枯死。资料表明，当 SO_2 浓度年均达到 $(0.01\sim0.08)\times10^{-6}$ 时，许多植物就开始受到不同程度的伤害，有些植物在更低的浓度下就会遭到损害。

三、酸雨的形成

SO_2 给人类带来最严重的问题是酸雨，这是全球性的问题。大气中的 SO_2、NO_x 与氧化性物质 O_3、H_2O_2 和其他自由基（光化学）进行化学反应，生成硫酸和硝酸，最终形成 pH 值小于 5.6 的酸性降雨（酸雨）返回地面，它们约占酸雨总量的 90％以上。酸雨的形成过程复杂，可以简化如下：

$$SO_2 \xrightarrow{O_2,OH,RO_2,hv} \begin{matrix} HSO_3 \\ SO_3 \end{matrix} \xrightarrow[\text{快}]{H_2O} H_2SO_4 \begin{cases} \xrightarrow{\text{凝结成核}} (H_2SO_4)_n(H_2O)_m \\ \xrightarrow{\text{在颗粒上沉降}} \text{颗粒物中硫酸盐含量增加} \end{cases}$$

$$\text{白天} \quad NO \xrightleftharpoons{O_2,O_3,RO_2} NO_2 \xrightarrow{OH(M)} HNO_3$$

$$\text{夜间} \quad NO \xrightarrow{O_2,O_3} NO_2 \xrightarrow{O_3} \boxed{NO_3 \rightleftharpoons N_2O_5} \begin{cases} \xrightarrow{H_2O} HNO_3 \\ \xrightarrow{CH_2O,CH_3CHO} HNO_3 \end{cases}$$

$$\downarrow \text{非均相反应}$$
$$HNO_3$$

四、酸雨对环境的危害

酸雨对环境的危害更大，最为突出的是它会使湖泊变成酸性，导致水生生物死亡。酸性湖水或河水会降低水中含钙量，损坏鱼的脊椎和骨骼，使鱼畸形，造成驼背或缩短。此外，酸性水还会使河底沉积物释放出有毒物质，如铅、镉、镍等。当湖水或河水的 pH 值小于 5.5 时，大部分鱼类很难生存；当 pH 值小于 4.5 时，各种鱼类、两栖动物和大部分昆虫消失，水草死亡。酸雨还浸渍土壤，侵蚀矿物，使铝元素和重金属元素沿着基岩裂缝流入附近水体，影响水生生物生长，或使其死亡。

五、酸雨对生态系统的影响

酸雨对生态系统的影响及破坏主要表现在使土壤酸化和贫瘠化，农作物及森林生长减缓，湖水酸化，鱼类生长受到抑制，对建筑物和材料有腐蚀作用，加速其风化过程等方面。例如 1982 年夏季，重庆连降酸雨，6 月 18 日夜晚一场酸雨过后，1300 多公顷水稻叶片突然枯黄，犹如被火烤过，纷纷枯死，重庆南山马尾松死亡率达 46％，四川峨眉山金顶 40％的冷杉已有死亡。

六、酸雨对各类建筑、设施的影响

酸雨还加速了许多建筑结构、桥梁、水坝、工业装备、供水管网、地下储罐、水轮发电机组、动力和通信设备等材料的腐蚀，对文物古迹、历史建筑、雕刻的重要文物设施造成严重损害。

另外酸雨对人体健康也会产生间接的影响，酸雨使地面水呈酸性，地下水中的有害金属含量也增高，饮用这种水或食用酸性河水中的鱼类，会对人体健康产生危害，同样也会波及到野生动物。

七、我国酸雨的大体分布

2001 年，降水年均 pH 值小于 5.6 的市县主要分布在华东、华南、华中和西南地区，北方只有吉林图们市、陕西渭南市、铜川市、略阳县（略阳县位于秦岭南麓，陕甘川三省交界地带）和天津市降水年均 pH 值小于 5.6。监测的 274 个城市中，降水 pH 值范围在 4.21～8.04 之间、年均降水 pH 值小于 5.6（含 5.6）的城市有 101 个，占统计城市数的 36.9%，出现酸雨的城市有 161 个，占 58.8%。

研究表明，我国酸雨的化学特征是 pH 值低，SO_4^{2-}、NH_4^+ 和钙离子（Ca^{2+}）质量浓度远远高于欧美国家，而硝酸根（NO_3^-）质量浓度则低于欧美，酸性降水中，硫酸根（SO_4^{2-}）的当量比约为 6.5∶1，属典型的硫酸型酸雨，可见，控制 SO_2 排放总量是抑制我国酸雨污染发展的关键所在。

第二节　我国 SO_2 的排放概况

一、我国 SO_2 污染现状

我国是一个以煤为主要能源来源的国家。据统计，我国约 80% 的电力能源、70% 的工业燃料、60% 的化工原料、80% 的供热和民用燃料都来自煤。煤是一种低品位的化石能源，我国的原煤中灰分、硫分含量较高，大部分煤的灰分在 25%～28% 之间，硫分含量变化范围较大，从 0.1%～10% 不等，见表 1 - 3。

表 1 - 3　　　　　　　　我国不同煤种硫的平均含量

煤种	样品数	煤干燥基含硫量（%）		
		平均值	最低值	最高值
褐煤	91	1.11	0.15	5.20
长烟煤	44	0.74	0.13	2.33
不黏结煤	17	0.89	0.12	2.51
弱黏结煤	139	1.20	0.08	5.81
气煤	554	0.78	0.10	10.24
肥煤	249	2.33	0.11	8.56
焦煤	295	1.41	0.09	6.38
瘦煤	172	1.82	0.15	7.22
贫煤	120	1.96	0.12	9.58
无烟煤	412	1.58	0.04	8.54
样品总数	2093	1.21	0.04	10.24

燃煤排放到大气中的 SO_2，若与空气中的 O_3、NO_2 等发生光化学反应（光化学反应是指在光的作用下进行的化学反应，如感光成像、光合作用。对大气低层污染气体也会发生相应反应，它和热化学反应不同，热化学反应靠彼此分子碰撞产生能量），会迅速转化为 SO_3，进而与水气结合，形成腐蚀和刺激性较强的硫酸，被降水洗脱降到地面，即为通常所说的酸雨（acid rain）。我国的酸雨是硫酸型的，我国每年因酸雨引起的损失超过千亿元。

我国目前的 SO_2 年排放总量大大超出了环境自净能力，造成近 1/3 的国土遭受酸雨污染的严重影响。我国 SO_2 排放量与煤消耗量有密切关系、1983～1991 年两者的相关系数达到 0.96。随着燃煤量的增加，燃煤排放的 SO_2 也不断增长，2005 年我国 SO_2 排放总量达 2500 多万 t，已成为世界上 SO_2 排放量最大的国家，其中火电厂 SO_2 排放量约 1600 万 t。图 1-1 所示为我国 1991～2007 年 SO_2 的排放情况。

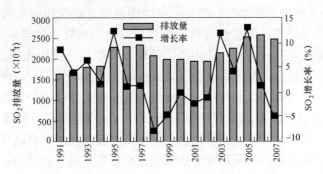

图 1-1　1991～2007 年我国逐年排放 SO_2 情况

有研究表明，按照我国目前的能源政策，2010 年和 2020 年，一次性能源供应结构中煤的比重仍分别占 68.3% 和 63.1%。若不采取有效的削减措施，2020 年我国 SO_2 排放量将达到 3500 万 t。

二、以火力发电为主的能源结构的长期性

（一）我国全面小康社会的经济发展目标

我国全面小康社会的经济发展目标是，到 2020 年实现 GDP 比 2000 年翻两番，也即 2001～2020 年 GDP 年均增长速度达到 7.2% 左右，人均 GDP 达到 3200 美元左右。在未来 20 年，我国电力需求增长需要持续保持较快的发展速度，电力装机容量快速增长。据统计，全国电力装机从 2002 年底的 3.57 亿 kW 增加到 2008 年底的 7.92 亿 kW，年均投产装机超过 7000 万 kW，创造了中国乃至世界电力建设史上的新纪录。

（二）我国能源结构与发达国家相比仍然不同

在我国一次能源和发电能源构成中，煤占据了绝对的主导地位，这与多数工业发达国家的一次能源构成中以石油和天然气为主的特点大不相同。而且在已探明的一次能源储备中，煤炭仍是主要能源，在距地表 1200m 以内的储存量就达 10 000 多亿 t，约占一次能源探明总储存量的 90%，估计煤炭资源总量为 40 000 亿 t；而石油资源为 930 亿 t、天然气预计在 $(3.730～3.864)×10^{13}m^3$，水能为 6.76 亿 kW。有关专家预测，到 2050 年，煤在一次能源中所占比例仍在 50% 以上，这充分表明在很长一段时间内，我国一次能源以煤为主的格局不会发生变化。

（三）我国发电装机容量和各类发电所占的比例

根据最新统计数据，2014 年，我国发电设备总容量站上 13 亿 kW 台阶，达 13.6 亿 kW。其中，非化石能源发电装机 4.45 亿 kW，占总装机容量的 33% 左右；火电装机突破 9 亿 kW，达 9.16 亿 kW，占比 67% 左右。

第三节　国家环境保护政策

《中华人民共和国环境保护法》是最主要的国家法规（见附录二），其次是 2002 年 6 月 29 日第九届全国人大常委会第二十八次会议通过的《中华人民共和国清洁生产促进法》。该法规定："第一条为了促进清洁生产，提高资源利用效率，减少和避免污染物的生产，保护和改善环境，保障人体健康，促进经济社会与社会可持续发展，制定本法。第二条 本法所称清洁生产是指不断采取改进设计、使用清洁的能源和原料，采用先进的工艺技术与设备、改善管理、综合利用等措施，从源头削弱污染，提高资源利用效率，减少或避免生产、服务或产品使用过程中污染物的产生和排放，以减轻或消除对人类健康和环境的危害……。第十八条 新建、改进和扩建项目应当进行环境影响评价，对原料使用、资源消耗、资源综合利用以及污染物的产生与处置等进行分析论证，优先采用资源利用率高以及污染物产生量少的清洁生产技术、工艺和设备……采用能够达到国家或者地方规定的污染物排放标准和污染物排放总量控制指标的污染防止技术……应当实行清洁生产审核"等。

另外，在《中华人民共和国电力法》《中华人民共和国煤炭法》等一些法律中，也包括了与控制酸雨有关的条文。

2003 年 1 月，国务院签署命令，公布了《排放费征收使用管理条例》，该条例于 2003 年 7 月 1 日实施。条例规定：装机容量在 300MW 以上的电力企业排放 SO_2 的数量由省、自治区、直辖市人民政府环境保护行政主管部门核定。与原有法规相比，这一条例的新意主要体现在四个方面：按照排污要素的不同，将原来的超标收费改为排污收费和超标收费并行；根据收费体制的变化，明确排污费必须纳入财政预算，列入环境保护专项资金进行管理；个体工商户也将成为排污费的缴纳对象；规定排污费必须用于重点污染源防治、区域性污染防治、污染防治新技术、新工艺的开发示范和应用。

2005 年 5 月 19 日，国家发展和改革委员会印发《关于加快火电厂烟气脱硫产业化发展的若干意见》，简称《意见》。预计在未来 10 年内，我国约有 3 亿 kW 装机的烟气脱硫装置投运和建设。

《意见》提出了加快火电厂烟气脱硫产业发展的主要任务，即通过三年的努力，建立健全火电厂烟气脱硫产业化市场监管体系，完善火电厂烟气脱硫技术标准体系和主流工艺设计、制造、安装、调试、运行、检修、后评估等技术标准、规范；主流烟气脱硫设备的本地化率和烟气脱硫设备的可用率达到 95％以上；建立有效的中介服务体系和行业自律体系。

《意见》就脱硫工程后评估提出了明确要求。后评估是针对已建成投产的脱硫工程进行评估，通过对所采用的烟气脱硫技术的先进性、整套装置的可靠性、投资的经济性、本地化率等进行公正的评价，对以后将要建设的烟气脱硫工程起到借鉴和指导作用。

《中华人民共和国环境保护法》由中华人民共和国第十二届全国人民代表大会常务委员会第八次会议于 2014 年 4 月 24 日修订通过，自 2015 年 1 月 1 日起施行。其中"第六十条企业事业单位和其他生产经营者超过污染物排放标准或者超过重点污染物排放总量控制指标排放污染物的，县级以上人民政府环境保护主管部门可以责令其采取限制生产、停产整治等措施；情节严重的，报经有批准权的人民政府批准，责令停业、关闭。第六十九条违反本法规定，构成犯罪的，依法追究刑事责任。"因此没有脱硫设施的新建及改造项目将会面临严格的处罚。

第四节　SO₂的排放标准

《火电厂大气污染物排放标准》（GB 13223—2011）自 2012 年 1 月 1 日起实施，标准中明确规定了火电厂 SO₂ 的排放标准："燃煤锅炉须执行烟尘排放低于 30mg/m³、氮氧化物排放低于 100mg/m³ 的标准，重点区域执行烟尘排放低于 20mg/m³、二氧化硫 50mg/m³、氮氧化物 100mg/m³ 的标准"。具体见表 1-4 及表 1-5。污染物排放控制要求如下：

（1）自 2014 年 7 月 1 日起，现有火力发电锅炉执行表 1-4 规定的烟尘、二氧化硫、氮氧化物和烟气浓度排放限值。

（2）自 2012 年 1 月 1 日起，新建火力发电锅炉执行表 1-5 规定的烟尘、二氧化硫、氮氧化物和烟气浓度排放限值。

表 1-4　　　　　　　　　　　火力发电锅炉大气污染物排放浓度限值

燃料和热能 转化设施类型	污染物项目	适用条件	限值（mg/m³）	污染物排放 监控位置
燃煤锅炉	烟尘	全部	30	
	二氧化硫	新建锅炉	100 200	
		现有锅炉	200 400	
	氮氧化物（以 NO₂ 计）	全部	100 200	
	汞及其化合物	全部	0.03	

表 1-5　　　　　　　　　　　火力发电锅炉大气污染物特别排放限值

燃料和热能 转化设施类型	污染物项目	适用条件	限值（mg/m³）	污染物排放 监控位置
燃煤锅炉	烟尘	全部	20	
	二氧化硫	全部	50	
	氮氧化物（以 NO₂ 计）	全部	100	
	汞及其化合物	全部	0.03	

第五节　SO₂控制技术的研究、开发及应用

进入 20 世纪 70 年代以后，SO₂ 控制技术逐渐由实验室阶段转向应用性阶段。据美国环保署（EPA）1984 年统计，世界各国开发、研制、使用的 SO₂ 控制技术已达 184 种，而目

前的数量已超过 200 种。这些技术概括起来可分为三大类：燃烧前脱硫、燃烧中脱硫及燃烧后脱硫（烟气脱硫/FGD）。

燃烧前脱硫技术的种类见表 1-6。

表 1-6　　　　　　　　　　燃烧前脱硫技术的种类

序号	分类	细分类	技术类别	方法	备注
1				重力法	广泛使用
2				浮选法	广泛使用
3				重液体富集法	广泛使用
4			物理	磁性分离法	
5				静电分离法	
6				凝聚法	
7				细煤粒—重介质	旋风分离法
8				BHC 法	碱水液法
9				Meyers	$Fe_2(SO_4)_3$ 氧化法
10				LOL 氧化法	O_2/空气氧化法
11	煤炭洗选			PETC	氧化法
12			化学	KVB	NO_2
13				氯解法	Cl_2 分解
14				微波法	
15				超临界醇抽提法	
16				TRW	美国
17				CSIRO	澳大利亚
18				氧化亚铁硫杆菌	属化学方法
19			微生物法	氧化硫杆菌	属化学方法
20				古细菌	属化学方法
21				热硫化叶菌	属化学方法
22			高温化学反应	用水蒸气空气氧气	生成混合可燃气
23			固态排渣鲁奇	Lurgi 加压移动床	第一代技术
24			常压流化床	Winkler	第一代技术
25			常压气流床	K-T	第一代技术
26			两段移动床		第一代技术
27	煤炭转化	气化	液态排渣	Lurgi	第二代技术
28			熔渣气流床	Texaco	第二代技术
29			HYGAS 气化		第二代技术
30			干排灰气化	U-gas	第二代技术
31			加压气流床	K-T	第二代技术
32			熔盐催化气化		第三代技术
33			核能余热气化		第三代技术

序号	分类	细分类	技术类别	方法	备注
34			直接液化	两段催化加氢	转化为液态燃料
35			直接液化	煤-油共炼	转化为液态燃料
36	煤炭转化	液化	间接液化		转化为液态燃料
37			水煤浆 CWM	$250\sim300\mu m$ 的细粉 加水 $30\%\sim35\%$	喷射 $30\sim50\mu m$ 雾滴

燃烧中脱硫技术的种类见表 1-7。

表 1-7 燃烧中脱硫技术的种类

序号	技术类别	细分类	缩写	备注
1	型煤固硫技术			
2	煤粉炉直接喷钙			如 LIFAC，若尾部增湿加催化剂
3		常压鼓泡流化床	BFB	
4	流化床燃烧脱硫技术	常压循环流化床	CFB	
5		增压循环流化床	PCFB	
6		增压鼓泡流化床		

烟气脱硫 FDG 分类见表 1-8。

表 1-8 烟气脱硫（FGD）分类

序号	类别	细分类		备注
1		石灰石（石灰）/石膏法		
2		海水法		
3		氨（NH_3）法		
4		双碱法		
5		氢氧化镁法 MOH		
6		氧化镁 MO		
7		氢氧化钠法		
8		威尔曼-洛德法	WELLMAN-LORD	
9	湿法 FGD 技术	CD-121FGD 工艺		日本千代田公司
10		优化双循环湿式 FGD 工艺	RC 公司	美国
11			LLB 公司	德国
12		液柱塔	三菱公司	日本
13		高速水平流 FGD 技术	日立	日本
14		喷雾塔 FGD 技术	川崎	日本
15		合金托盘技术	B&W	美国
16		文丘里湿式石灰石/石膏技术	DUCON	
17			德国 SHU 公司	加 HCOOH

序号	类别	细分类		备注
18			德国	吸收塔有特色
19		镁-石膏工艺	日川崎重工	加入 MgO
20		在吸收剂里加乙二酸		防止结垢堵塞
21		在吸收剂里加二元酸		防止结垢堵塞
22		在吸收剂里加苯甲酸		防止结垢堵塞
23		在吸收剂里加结垢防止剂		防止结垢堵塞
24		海水脱硫技术		
25		纯海水脱硫技术	ABB 公司	挪威
26		F-FGD 工艺	ABB-FIakt 公司	挪威
27		在海水中添加吸收剂	Bechtel 公司	美国
28		氨 NH_3 法		
29		CE 氨法		
30		NKK 氨法		
31	湿法 FGD 技术	Bischoff 氨法	Lentjes Bischoff	德国
32		NADS 氨-肥法		
33		磷氨肥法 PAFP		中国
34		双碱法		美国
35		氧化镁/氢氧化镁法		美国
36		钠碱法	韦尔蔓-洛德法	美国
37		W-L 法（典型循环钠碱法）	Wellman-Lord	美国
38		柠檬酸钠法	华东理工大学	中国
39		碱性硫酸铝法		
40		氧化锌法		
41		氧化锰法		
42		湍流式	浙江大学	中国
43		冲击液柱式	浙江大学	中国
44		旋流塔板除尘脱硫一体化	浙江大学	中国
45		硫化碱法	奥托尼普公司	中国 Outokumpu
46	电子束法			
47		在 EBA 法基础上 PPCA	增田闪一	日本
48		荷电干式喷射吸收剂脱硫	CDSI 公司	美国
49		炉内喷钙尾部增湿	LIFAC	美、日、加、欧洲
50		LIFAC 脱硫技术	AVO 公司 Tempella	芬兰
51		LIMB		美国
52	脉冲电晕法	烟气循环流化床 CFB-FGD	鲁奇公司	德国
53		Lurgi CFB-FGD		德国、奥地利
54		RCFB-FGD 技术（第二代）		德
55		GSA 脱硫装置		丹麦
56		NID 增湿灰循环 FGD 技术	ABB 公司	
57		喷雾干燥法		
58		干法脱硫技术		设备庞大，效率低

一、目前我国主要的脱硫方法

石灰石/石膏湿法、旋转喷雾干燥法、常压循环流化床法、海水脱硫法、炉内喷钙尾部烟气增湿活化法、电子束法、烟气循环流化床法等共十多种工艺的脱硫装置，我国已实现商业化运行或进行了工业示范。可以说，世界上已有的先进、成熟的火电厂脱硫工艺在我国基本都有，但主流的脱硫技术仍为石灰石/石膏湿法脱硫技术。

受国家环保政策对烟气含二氧化硫排放控制要求到位的推动，实施烟气脱硫的市场需求呈井喷状扩大，大量的资金投向烟气脱硫项目，如何利用好这笔财富使之产生出最好的社会、环境效益成为一个重要的研究课题。

燃煤产生的污染是我国大气污染的主要来源之一。在一次能源消费量及构成中，煤所占的比重高达70％，而我国的耗煤大户主要是燃煤电厂，其二氧化硫排放量占工业总排放量的55％左右，因此，削减和控制燃煤特别是火电厂燃煤二氧化硫污染，是目前我国大气污染控制领域最紧迫的任务。

二、国内引进烟气脱硫技术的情况

国内引进烟气脱硫技术的情况（1995～2004 年）见表 1 - 9。

表 1 - 9　　　　　　　　　　国内引进烟气脱硫技术情况

序号	脱硫技术种类	设计脱硫率（％）	用户	投运时间（年、月）	技术来源	机组容量（MW）/烟气量（m³/h）
1	石灰石/石膏法湿法	95/80	重庆华能珞璜电厂 1、2 期	1992、1993	日本三菱重工	2×(2×360)/4×1 087 200
2	石灰石/石膏法湿法	82	山东潍坊化工厂	1995	日本三菱重工	2×35t/h/100 000
3	石灰石/石膏法湿法	70	南宁化工集团	1995	日本川崎重工	35t/h/50 000
4	石灰石/石膏法湿法	70	重庆长寿化工厂	1995	日本千代田	35t/h/61 000
5	石灰石/石膏法湿法	80	太原第一热电厂	1996.3	日本日立	200/600 000
6	石灰石/石膏法湿法	95.7	杭州半山电厂	2001.3	德国 Steinmtiller	2×125/1 230 000
7	石灰石/石膏法湿法	95	国华北京第一热电厂 1 期	2001	德国 Steinmtiller	2×410t/h/1 100 000
8	石灰石/石膏法湿法	95.7	重庆电厂	2001	德国 Steinmtiller	2×200/1 960 000
9	石灰石/石膏法湿法	81	广州连州电厂	2000.12	奥地利 AE 公司	2×125/1 090 000
10	石灰石/石膏法湿法	80	江苏扬州电厂	2002	日本川崎重工	200/975 000
11	石灰石/石膏法湿法	95	北京京能热电厂	2002	国电龙源（FBE）技术	200/919 523
12	石灰石/石膏法湿法	90	贵州安顺电厂	2003	日本川崎重工	2×300/2×1 256 682
13	石灰石/石膏法湿法	90	浙江钱清电厂	2003.7	浙电设计院（美 B&W 技术）	125/550 000
14	石灰石/石膏法湿法	95	国华北京第一热电厂 2 期	2003.7	国电龙源（FBE）技术	2×410t/h/1 100 000

序号	脱硫技术种类	设计脱硫率（%）	用户	投运时间	技术来源	机组容量（MW）/烟气量（m³/h）
15	石灰石/石膏法湿法	95	山东黄台电厂	2003~2004	国电龙源（FBE）技术	2×300/—
16	石灰石/石膏法湿法	95	江苏夏港电厂	2003~2004	国电龙源（FBE）技术	2×135/—
17	石灰石/石膏法湿法	90	广东瑞明电厂	2003.10	广电设计院（AE公司技术）	2×125/1 081 000
18	石灰石/石膏法湿法	90	太原第二热电厂	2003	武汉凯迪（AE技术）	200/806 059
19	石灰石/石膏法湿法	95	江苏镇江电厂	2004	武汉凯迪（美B&W技术）	2×135/—
20	石灰石/石膏法湿法	95	郑州裕中能源有限责任公司	2007	北京博奇（日本川崎技术）	2×300/—1 210 800
21	石灰石/石膏法湿法	95	郑州裕中能源有限责任公司二期工程	2012.3~2012.7	上海电气石川岛技术	2×1000MW
22	电子束	80	四川成都热电厂	1996.10	日本荏原	200/300 000
23	电子束	85	杭州协联热电厂	2002.11	国华（日本荏原）	3×130t/h/305 400
24	荷电干式喷射脱硫	70	杭州钢铁集团	1997	美国AIANCO	35t/h/60 000
25	荷电干式喷射脱硫	70	山东德州电厂	1995	美国AIANCO	75t/h/10 000
26	荷电干式喷射脱硫	75	广州造纸厂	2000	美国AIANCO	2×50/2×230 000
27	海水脱硫	90	深圳西部电力公司	1998	挪威ABC公司	300/1 100 000
28	海水脱硫	90	福建后石电厂	1999~2000	日本富士化水株式会社	2×600/2×1 915 900
29	LIFAC法	75	南京下关电厂	1998~1999	芬兰Tempella公司	2×125/2×543 600
30	LIFAC法	65	浙江钱清电厂	2000	芬兰Tempella公司	125/550 000
31	烟气循环流化床	85	广州恒运电厂	2002.10	武汉凯迪（德国WULFF公司）	210/783 400
32	烟气循环流化床	90	云南小龙潭电厂	2001	丹麦Smith-müller	100/487 000
33	氨-硫铵法	90	胜利油田化工厂	1979	日本东洋公司	—/210 000
34	碱式硫酸铝法	95	南京钢铁厂	1981	日本同和公司	—/51 800
35	旋转喷雾干燥	80	沈阳黎明发动机制造公司	1990	丹麦Niro	35t/h/50 000
36	旋转喷雾干燥	70	山东黄岛电厂	1994	日本三菱重工	200/300 000

三、国际上燃煤电厂二氧化硫控制对策

在国际公约方面，早在 1979 年，30 多个国家以及欧盟签署了长距离跨越国界大气污染物公约，并于 1983 年生效。根据该协议，1985 年 21 个国家承诺从 1980～1993 年期间，至少削减 30%的 SO_2；1994 年，经 26 个国家签署，达成了第二次硫化物议定书，对每个国家设定限值，到 2000 年，欧洲在 1980 年的水平上，削减 45%的 SO_2，到 2010 年，削减 51%。

为控制大气污染，我国从 20 世纪 70 年代开始制定有关环境空气质量标准、大气污染物排放标准，到目前已建立了较为完善的国家大气污染物防治法规及排放标准体系。总体看来，我国烟气脱硫产业得到了较快发展。截止到 2005 年年底，建成投产的烟气脱硫机组容量由 2000 年底的 500 万 kW 上升到了 5300 万 kW，约占火电装机容量的 14%，其中 10 万 kW 及以上机组有 4400 万 kW，正在建设的烟气脱硫机组容量超过 1 亿 kW。但是，部分脱硫设施建成后难以高效稳定运行，减排二氧化硫的作用没有完全发挥，一个重要原因是没有完全掌握脱硫工艺技术，个别设备出现故障后难以及时修复，运行管理经验欠缺等，本书将重点针对这些方面的问题展开论述。

第二章

石灰石湿法烟气脱硫系统与设备

第一节　石灰石/石膏湿法烟气脱硫技术简述

石灰石湿法烟气脱硫技术（Flue Gas Desulfurization，FGD）是当前国内外应用范围最广、最重要的烟气脱硫技术，它利用石灰石浆液在吸收塔内吸收烟气中的 SO_2，通过复杂的物理化学过程，生成以石膏为主的副产物。

一、湿法脱硫系统组成

湿法脱硫系统布置在烟气通道中电除尘器的下游，由 2 个主系统和 5 个辅助系统构成。两个主系统是烟气系统和吸收塔系统；五个辅助系统是石灰石粉的磨制、储运及浆液制备系统、事故浆池及浆液疏排系统、石膏脱水储运系统、工艺水系统及废水处理系统。该系统采用工艺水、钙以及鼓入的氧化空气进行化学反应，最终反应产物为石膏。经脱硫后的净烟气通过除雾器，除去夹带的液滴，然后再返至烟气换热器（GGH）加热，最后通过烟囱排出。脱硫剂石灰石粉则由磨石粉厂破碎磨细成粉状，通过制浆系统制成一定浓度的石灰石浆液，运行时根据 FGD 处理的烟气量和 SO_2 的浓度，由循环泵不断地把新鲜浆液补充到吸收塔内。当塔内石膏浆液达一定浓度后由外排泵排出，经一级旋流，二级真空皮带脱水后，得到含水率低于 10% 的石膏，装车外运。湿法烟气脱硫是由物理吸收和化学吸收两个过程组成的。在物理吸收过程中 SO_2 溶解于吸收剂中，只要气相中被吸收的分压大于液相呈平衡时该气体分压，吸收过程就会进行。下面介绍其化学反应机理。

二、石灰石/石膏湿法烟气脱硫的化学机理

SO_2 在吸收塔内的反应比较复杂，一般认为有如下四个过程。

（一） SO_2 的吸收

依据双膜理论，在气液之间有一个稳定的界面，界面两边各有一个很薄的气膜和液膜，SO_2 采取分子扩散的方式，通过气膜和液膜，由于 SO_2 在气相中有充分的流体湍动，其浓度是均匀的，又因为 SO_2 在气相的扩散系数大于它在液相中的扩散系数，所以 SO_2 质量传递的主要阻力来自液相，其传递的总阻力等于两相传递阻力之和。

工程需要的是快速传递的效果，常采用两个措施：

（1）增加液/气，增加流体湍动，减小液滴颗粒直径，增加气液接触面积。

（2）在吸收液中加入活性物质。

由于活性物质（$CaCO_3$）的加入，使 SO_2 自由分子在液相中的浓度降低，并使 SO_2 的平

衡分压降低，在总压力一定的情况下，吸收推动力提高，反应速率加快。

含有 SO_2 的烟气进入液相，吸收 SO_2 的反应：

$$SO_2（气）\Longleftrightarrow SO_2（液）$$

$$SO_2（液）+H_2O\Longleftrightarrow H^++HSO_3^-$$

$$H^++HSO_3^-\Longleftrightarrow H_2SO_3$$

$$HSO_3^-\Longleftrightarrow H^++SO_3^{2-}$$

同时存在 SO_3 的反应：

$$SO_3（气）\Longleftrightarrow SO_3（液）$$

$$SO_3（液）+H_2O\Longleftrightarrow H^++HSO_4^-$$

$$H^++HSO_4^-\Longleftrightarrow H_2SO_4$$

$$HSO_4^-\Longleftrightarrow H^++SO_4^{2-}$$

烟气中溶于水的 HCl、HF 发生解离：

$$HCl（气）\Longleftrightarrow HCl（液）$$

$$HCl（液）\Longleftrightarrow H^++Cl^-$$

$$HF（气）\Longleftrightarrow HF（液）$$

$$HF（液）\Longleftrightarrow H^++F^-$$

（二）石灰石的消融

$$CaCO_3（固）\Longleftrightarrow Ca^{2+}+CO_3^{2-}$$

$$CO_3^{2-}+H^+\Longleftrightarrow HCO_3^-$$

$$HCO_3^-+H^+\Longleftrightarrow H_2O+CO_2（液）$$

$$CO_2（液）\Longleftrightarrow CO_2（气）$$

（三）亚硫酸盐的氧化

$$HCO_3^-+1/2O_2\Longleftrightarrow H^++SO_4^{2-}$$

$$SO_4^{2-}+H^+\Longleftrightarrow HSO_4^-$$

$$Ca^{2+}+2HCO_3^-\Longleftrightarrow Ca（HSO_3）_2$$

$$Ca^{2+}+SO_3^{2-}\Longleftrightarrow CaSO_3$$

$$Ca^{2+}+SO_4^{2-}\Longleftrightarrow CaSO_4$$

$$Ca^{2+}+F^-\Longleftrightarrow CaF$$

（四）石膏结晶

$$Ca^{2+}+SO_4^{2-}+2H_2O\Longleftrightarrow CaSO_4 \cdot 2H_2O$$

此外发生副反应：

$$Ca^{2+}+CO_3^{2-}+1/2H_2O\Longleftrightarrow CaSO_3 \cdot 1/2H_2O$$

吸收塔浆液池中的 pH 值通过加入石灰石浆液的量来控制，在吸收塔浆液池中的反应需要足够长的时间使石膏成为良好的石膏结晶。

三、石灰石湿法烟气脱硫装置

（一）典型的 FGD 装置

典型的石灰石湿法 FGD 装置如图 2-1 所示，主要包括石灰石浆液制备系统、烟气系统、吸收塔系统、石膏脱水系统、公用系统和事故浆液排放系统。

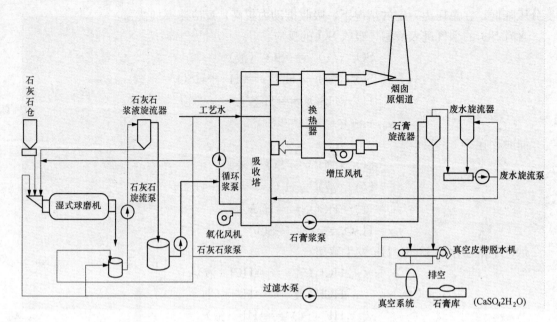

图 2-1　典型的石灰石湿法 FGD 装置

1. 石灰石浆液制备系统

石灰石浆液制备系统有干粉制浆系统和湿法制浆系统，二者的区别在于石灰石粉的磨制方式，前者采用干磨机，后者采用湿磨机。干粉制浆系统包括石灰石粉磨制系统、气力输送系统和配浆系统。如果直接购置合格的干粉，则不需要石灰石粉磨制系统。

图 2-1 所示 FGD 典型装置采用湿法制浆。粒径 80mm 左右的石灰石块料，经立轴反击锤式破碎机预破碎成小于 6～10mm 的粒料。用刮板输送机及斗式提升机送至石灰石仓。经石灰石仓下的 1 台封闭式称重皮带给料机，将石灰石粒料送至湿式球磨机，并加入合适比例的工业水磨制成石灰石浆液，流入球磨机浆液泵输送至石灰石浆液旋流站，经水力旋流循环分选，不合格的返回球磨机重磨；合格的石灰石浆液送至石灰石浆液箱储存。再根据需要由石灰石浆液箱配备的浆液泵输送至吸收塔。为了防止石灰石在浆液箱中沉淀，设有浆液循环系统和搅拌器。

2. 烟气系统

烟气系统设置出、入口挡板门（根据国家环保部及各地方环保部门的要求，旁路挡板已逐步取消），FGD 上游热端前置增压风机和回转式气-气热交换器（GGH，超低排放改造后已改为 MGGH）。原烟气增压风机增压后，由 GGH 将原烟气降温至 90～100℃送至吸收塔下部，经吸收塔脱除 SO_2 后，将净烟气送回 GGH 升温至高于 80℃后经烟囱排放。其中部分原烟气和全部净烟气通道内壁需要防腐设计。

在烟气再热系统中，还有采用外来蒸汽加热和燃料加热等方式。

3. 吸收塔系统

进入吸收塔的热烟气经过逆向喷淋浆液的冷却、洗涤，烟气中的 SO_2 与浆液进行吸收反应生成亚硫酸氢根（HSO_3^-）。HSO_3^- 被鼓入的空气氧化为硫酸根（SO_4^{2-}），SO_4^{2-} 与浆液中的钙离子（Ca^{2+}）反应生成硫酸钙（$CaSO_4$），$CaSO_4$ 进一步结晶为石膏（$CaSO_4 \cdot 2H_2O$）。

同时烟气中的Cl、F和灰尘等大多数杂质也在吸收塔中被去除。含有石膏、灰尘和杂质的吸收剂浆液的一部分被排入石膏脱水系统。脱硫吸收剂的利用率很高。吸收塔中装有水冲洗系统，将定期进行冲洗，以防止雾滴中的石膏、灰尘和其他物质堵塞元件。

4. 石膏脱水系统

由吸收塔底部抽出的浆液主要由石膏晶体（$CaSO_4 \cdot 2H_2O$）组成，固态物含量8％～15％，经一级水力旋流器浓缩为40％～50％的石膏浆液，并自流至真空皮带式脱水机，脱水至小于10％含水率的湿石膏，进入石膏仓暂时储存。为了控制石膏中的Cl^-等成分的含量，确保石膏的品质，在石膏脱水过程中用工业水对石膏及滤布进行冲洗。石膏过滤水收集在滤液水箱中，然后用滤液泵送至吸收塔和湿式球磨机。若固体含量低时，在石膏水力旋流器底部切换至吸收塔循环使用。石膏水力旋流器溢流液送至废水箱。

5. 公用系统

公用系统由工艺水系统、冷却水系统和压缩空气系统等子系统构成，为脱硫系统提供各类用水和控制用气。

FGD的工艺水一般来自电厂工业水，并输送至工艺水箱中。工艺水由工艺水泵从工艺水箱输送到各个用水点。FGD装置运行时，由于烟气携带、废水排放和石膏携带水而造成水损失。工艺水由除雾气冲洗水泵输送到除雾器，同时为吸收塔提供补充用水，以维持吸收塔内的正常液位。此外，各设备的冲洗、灌注、密封和冷却等用水也采用工艺水。如GGH的高压冲洗水和低压冲洗水、各浆液管路冲洗水、各浆液泵冲洗水以及设备密封用水。

6. 事故浆液排放系统

事故浆液排放系统包括事故浆液储存系统和地坑系统，当FGD装置大修或发生故障需要排空FGD装置内浆液时，塔内浆液由事故浆液排放泵排至事故浆液箱直至入口低液位跳闸，其余浆液依靠重力自流至吸收塔的排放坑，再由地坑泵打入事故浆液储罐。事故浆液储罐用于临时储存吸收塔内的浆液。地坑系统有吸收塔区地坑、石灰石浆液制备系统地坑和石膏脱水地坑，用于储存FGD装置的各类浆液，同时还具有收集、输送或储存设备运行、运行故障、检验、取样、冲洗、清洗过程或渗漏而产生的浆液。主要设备包括搅拌器和浆液泵。

我国应用的石灰石湿法FGD大多采用此工艺流程。该工艺的优点是：工艺成熟，运行安全可靠，可用率在95％以上，适应负荷变化特性好。但系统较为复杂，初投资大，约占电厂总投资的10％～20％，运行费用高，存在不同程度的设备积垢、堵塞、冰冻、腐蚀和磨损等问题。

为了提高烟气脱硫系统的性能以及运行的可靠性，降低初投资和运行费用，世界各国一直致力于传统技术的改造升级，或研究先进技术，从而不断开发出更先进的FGD装置。

（二）石灰石干粉喷注湿式FGD装置

石灰石干粉喷注湿式FGD装置如图2-2所示。与传统装置不同，该FGD装置不设单独的制浆罐，直接将干粉注入吸收塔。这种FGD装置对石灰石粉的粒度要求较高，要用超细石灰石粉。

直径小于40mm的石灰石块料被送入制粉系统，采用辊式中速磨制备石灰石粉。未经处理的烟气被用来干燥石灰石，从制粉系统排出的烟气返回到吸收塔内。磨制合格的石灰石粉被收集并采用气力输送到石灰石粉储仓。根据实际需要，石灰石粉被干式注入吸收塔的反应罐中去。由于亚硫酸钙氧化和石膏结晶析出的反应速率比石灰石消融速率快得多，因此，石灰石消融是整个反应体系的关键步骤。为保证石灰石消融速率，使用超细石灰石粉，其粒度要求 99.5%通过 325 目（44μm）筛。

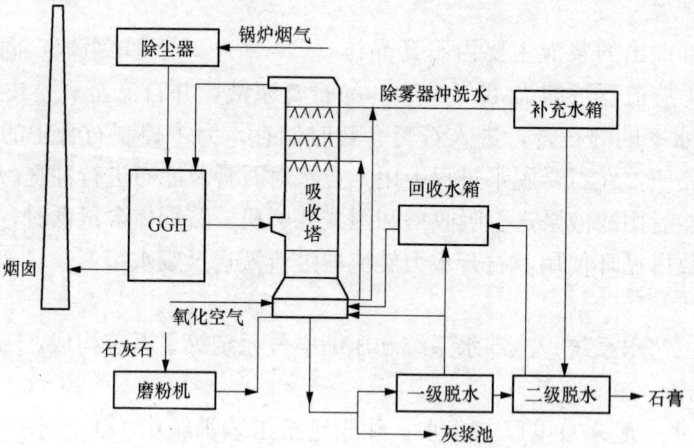

图 2-2　石灰石干粉喷注湿式 FGD 装置

喷淋式吸收塔采用高烟气表面流速、细石灰石粉，从而大大减少了吸收塔尺寸。塔内安装有三层喷嘴，两层运行，一层备用。由于喷淋式系统具有较高的喷淋密度，可以将烟气流速从 3m/s 提高到 5.54～6.1m/s，传质速率显著增加，液气比和能耗显著下降，而脱硫效率保持不变。该吸收系统对于含硫量为 3.0%的燃煤所产生的烟气，脱硫效率可达到 95%以上。

反应罐是吸收塔的主体部分，它提供适宜的停留时间以完成石灰石消融、亚硫酸钙氧化和石膏结晶析出的等一系列关键反应。常规的反应停留时间为 6min，而该工业的反应停留时间按 3min 设计，减少了 50%。

在水平烟道与吸收塔的拐弯处设一级水平倾角为 30°的大雾滴除雾器，它在高烟气流速下运行时仍可按要求疏水，同时为第二级除雾器提供了均匀的烟气分布。倾斜的大雾滴除雾器可防止吸收塔顶部沉积物堆积。在水平烟道内装一级 4 通道常规卧式人字形除雾器，实际烟速为 6.10m/s，运行流速可达 6.71m/s。

该湿法 FGD 装置结构紧凑，采用高速气流、细石灰石浆液罐和石灰石浆液排放坑，从而降低了初投资成本、运行成本和维护费用。

（三）喷射式鼓泡反应器 FGD 装置

如图 2-3 所示，该装置与其他 FGD 装置不同之处在于，吸收塔中的吸收剂成为连续相，烟气成为分散相，从而大大降低了传质阻力，加快了反应速率，增大了装置的处理能力。

喷射式鼓泡反应器是 FGD 的核心装置。烟气经过气体分配设备，垂直向下鼓入石灰石浆液表面以下，形成两相射流后产生沸腾状气泡并浮出浆液，在此过程中烟气中的 SO_2 与浆液充分接触，反应生成亚硫酸钙，氧化空气从鼓泡反应器的底部进入，经分配管线均匀分配到浆液中，使亚硫酸钙氧化，生成石膏。该装置对烟气含尘量的要求较低，在高粉尘浓度条件下，也能够较好地运行并获得较高的脱硫效率。

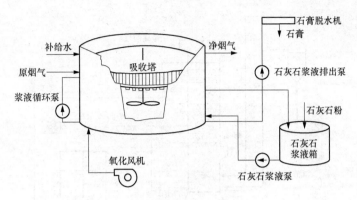

图 2 - 3　喷射式鼓泡反应器 FGD 装置

该脱硫装置具有以下特点：

（1）流程紧凑。SO_2 的吸收、氧化、中和、晶析等过程都在喷射式鼓泡反应器中集中进行，省去了为循环大量石灰石浆液而使用的高扬程泵。工艺流程简单，占地面积小，设备少，装置紧凑，初投资低，运行可靠，维护方便，运行费用低。

（2）FGD 装置在低 pH 值条件下运行，不存在结垢和堵塞的问题，对负荷的变化适应性较强。脱硫性能只靠调节石灰石进料量来维持石灰石浆液的 pH 值和调节反应器的液面来控制，控制系统简单。

（3）石灰石利用率几乎达到 100%。

（4）除尘效率高。系统有很高的除尘效率，当采用石膏抛弃工艺时，可不设除尘器。

该脱硫装置还存在以下问题：

（1）吸收过程消耗动力大。由于是鼓泡接触吸收反应，净化后的烟气温度低，同时还会加大吸收塔的压力损失，尤其在为了获得较高的脱硫效率时更是如此。

（2）烟温度低。由于气体是从液体中涌出，因此，净化后的烟气温度低，需要安装烟气加热装置，以满足烟气抬升高度，便于污染物的输送扩散。

（3）设备需做防腐处理。由于反应塔处于低 pH 值运行状态，因此，需要加装防腐内衬。

（四）双循环 FGD 装置

双循环石灰石湿法 FGD 装置如图 2 - 4 所示。该装置的特点是采用单塔两段工艺，即在塔内分为吸收塔上段和吸收塔下段，并且上下两段分别配置各自独立的浆液循环泵。新鲜的石灰石一般单独引入上循环，但也可以同时引入上下两个循环。烟气与不同的 pH 值浆液接触，达到脱硫的目的。

从除尘器出来的烟气，首先沿切向或垂直方向进入塔内吸收塔下段，与下循环浆液接触，并被冷却至饱和温度，下循环浆液一部分来自吸收塔下部反应池，一部分有上循环浆液来补充。该段循环浆液 pH 值约为 4.5，这是石灰石溶液、亚硫酸氢根氧化为硫酸根以及石膏生成析出的最佳 pH 值。经过吸收塔下段循环浆液冷却的烟气进入吸收塔上段的吸收区，烟气流与石灰石循环浆液逆向流动接触。该段循环浆液 pH 值保持在 6.0 左右。石灰石浆液喷淋层以及较低的反映温度和较高的 pH 值，保证了烟气中的 SO_2 被快速高效吸收，从而使脱硫效率达到 95% 以上。

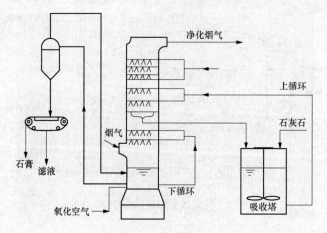

图 2-4 双循环石灰石湿式 FGD 装置

双循环石灰石湿法 FGD 装置的特点：

（1）在同一反应塔中将两个反应区域分开，使各个反应过程都得到最佳的化学反应条件，并且通过控制 pH 值，避免硫酸钙过饱和波动引起的结垢和堵塞；

（2）吸收塔下段循环浆液 pH 值保持在 4.5 左右，有利于石膏的生成，也有利于提高石灰石的利用率，并使亚硫酸氢根几乎全部就地氧化为硫酸根，进而以石膏的形式结晶析出；

（3）在吸收塔下段，烟气中的 HCl 和 HF 被除去，因此，在吸收塔的上下两段可采用不同的防腐材质，从而节省投资；

（4）吸收液中形成的亚硫酸钙是非常有效的缓冲剂，使溶液的 pH 值不随烟气中 SO_2 浓度的波动而变化。

（五）脉冲悬浮搅拌式 FGD 装置

如图 2-5 所示，该装置采用脉冲悬浮系统代替机械搅拌，采用池分离技术为氧化和结晶提供最佳反应条件。

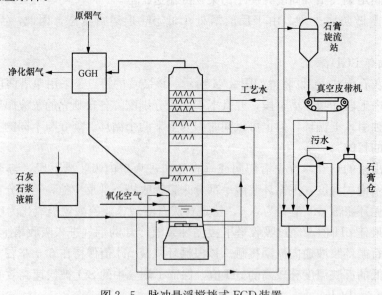

图 2-5 脉冲悬浮搅拌式 FGD 装置

1. 分离型反应池

FGD 装置的反应池采用池分离器将其分为独立的上、下两部分，且上、下两部分的浆液不会发生混合。上部分为氧化区，在低 pH 值下运行，为氧化反应提供适宜的氧化条件。位于池分离器间隔中的氧化空气管为上部氧化区提供氧化空气。部分浆液从上部排出至石膏脱水系统。新鲜的石灰石浆液从下部加入，经吸收塔循环浆液泵送至喷淋吸收区的喷嘴中。反应池上部浆液 pH 值较低，有利于提高氧化效率。该反应池具有以下特点：

（1）鼓入的氧化空气可强排出浆液中的 CO_2，促进底部新鲜石灰石的消融过程；

（2）石膏浆液排出处的石灰石浓度最低，而石膏浓度最高，有利于获得高品质石膏；

（3）底部通过添加新鲜的石灰石浆液保证较高的 pH 值，以利于 SO_2 的快速高效吸收。

因此，从化学反应条件的角度，该装置与双循环装置有异曲同工之处，都是在同一反应器中将两个反应区域分开，并使各个反应过程都能得到最佳的化学反应条件，只是实现的方式方法不同。从 pH 值控制角度来看，该装置上部反应区高而下部反应区低，双循环装置则相反。此外，该装置上下两层的浆液不发生混合。

2. 喷淋层与喷嘴

吸收塔内沿高度方向布置的几层喷淋层相互叠加，并在水平面内错开一定角度，对喷淋层喷嘴的数量进行优化，低负荷时可以停掉某个或几个喷淋层，从而在锅炉负荷变动时保证脱硫装置高效经济运行。

为了达到预期的脱硫效率，该装置采用切向空心锥形喷嘴使液滴直径保持在适当的范围内。该喷嘴具有以下特点：

（1）喷嘴流量较低时，仍能保持适宜的液滴直径；

（2）低流速条件下，在喷嘴最小断面上下不会发生堵塞；

（3）可同时向上和向下喷射浆液，喷淋浆液形成的锥体在相邻的两个喷淋层中部进行重叠，从而提高了脱硫效率；

（4）喷嘴采用碳化硅制成，防腐耐磨，且不含易堵塞的内置件，提高了装置的可靠性。

3. 脉冲悬浮系统

该装置的反应池搅拌是通过脉冲悬浮方式完成的。吸收塔内采用几根带有朝向吸收塔底部的喷嘴的管子，通过脉冲循环系统将液体从吸收塔反应池上部抽出，经管路重新打回反应池内，当液体从喷嘴中喷出时产生脉冲，依靠脉冲作用可搅拌起吸收塔底部的固体物质，以防止产生沉淀。

4. 除雾器

除雾器布置在塔顶，并采用一体化设计。烟气穿过除雾器后向上进入净烟气烟道。除雾器的第一级可除去较大液滴，第二级除去剩余的较细的液滴。运行时需要对除雾器进行定时冲洗。

脉冲悬浮搅拌式石灰石湿法 FGD 装置具有以下特点：

（1）紧凑的设备设计，节约投资和空间；

（2）吸收塔的喷嘴不含内部构件，不会发生喷嘴堵塞现象；

（3）独特的反应池设计，为各个反应过程提供最佳的化学反应条件；

（4）脉冲悬浮系统冲洗吸收塔的水平池底，避免阻塞和石膏沉降问题，不需要搅拌器；

（5）可采用烟塔合一的净化烟气排放方式，或者在吸收塔顶部加一个湿烟囱，而省去烟气再热器；

（6）采用橡胶垫衬，弧形结合包覆，镍合金壁纸，玻璃钢固化材料和环氧树脂涂层等防腐。

（六）液柱塔 FGD 装置

液柱塔 FGD 装置如图 2-6 所示。它的特点在于采用双接触、顺/逆流、组合型液柱式吸收塔。

液柱式吸收塔在氧化槽上部安装向上的喷嘴，循环浆液泵将石灰石浆液打到喷管，由喷嘴喷出，形成液柱。烟气和浆液可采用并流、对流和湍流等多种组合形式。液柱式吸收塔向上的喷嘴喷射高密度浆液，高效地进行气液接触传质。大量的液滴向上喷出时液滴与烟气的接触面积很大。液滴上升至最大高度后回落，与向上运动的液滴相碰撞，形成密度很大、直径更小的液滴，进一步加大了气液接触传质。由于浆液在向上喷出时形成湍流，所以 SO₂ 的吸收速度很快。由于喷射出的浆液以及滞留在空中的浆液与烟尘产生惯性冲击，具有很高的除尘效率。

液柱塔 FGD 装置的主要特点是液柱塔结构简单，占地面积小，液柱阻力低，浆液循环泵的台数少，动力消耗低，气液接触面积大，脱硫效率高。吸收塔可做成方形，便于布置喷浆液管，也便于吸收塔防腐内衬的施工和维修。

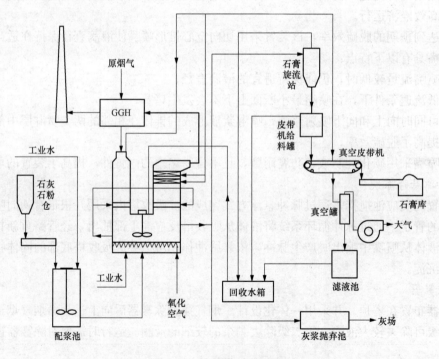

图 2-6　液柱塔 FGD 装置

（七）高速平流简易 FGD 装置

高速平流简易 FGD 装置如图 2-7 所示，采用卧式吸收塔，是一种以降低脱硫效率为代价，换取低投资、低成本的简易性技术。

从锅炉烟道分流出的 2/3 部分烟气，经脱硫风机升压后进入卧式吸收塔，以 7～12m/s 的流速水平通过喷淋段。喷淋段由多根喷雾管排成数列，每列由数根管组成，每根管上有数个水平方向的雾化喷嘴，沿顺流与逆流射出的雾状石灰石浆液充满整个喷雾区，烟气与石灰石浆液充分接触后，进入浆液反应池上部，由于设备截面突然扩大，烟气流速降低，被充分洗涤净化，脱除 SO_2 的烟气经吸收塔尾部的二级触雾除去烟气中的液滴，然后与未经脱硫的 1/3 部分原烟气混合，从烟囱排出。氧化风机由下部为反应池提供氧化空气，并采用机械搅拌，使亚硫酸钙氧化成硫酸钙，生成石膏。该装置的特色是采用了高速水平流卧式喷淋吸收塔，喷嘴沿竖直方向布置，沿顺流与逆流双向喷射。

高速平流简易 FGD 装置具有以下特点：

(1) 适用于脱硫效率要求不高（80%）的特定的燃煤电厂；

(2) 石灰石浆液设计成水平喷入方式；

(3) 液气比小，L/G 为 15；

(4) 石灰石品质和粉粒要求较低，降低了制粉成本；

(5) 采用高速水平流卧式喷淋吸收塔，省去了采用竖塔时的上下连接烟道，装置造价为常规湿法 FGD 的 50%。

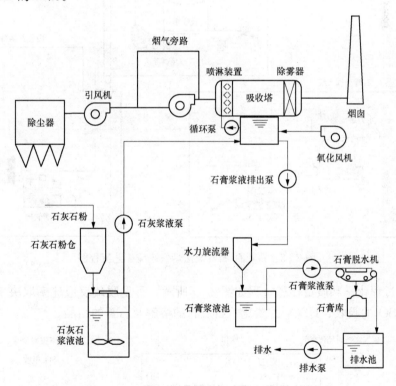

图 2-7　高速平流简易 FGD 装置

四、石灰石湿法脱硫模型

由于石灰石脱硫剂中含有 Ca，Mg 及其他物质，烟气中有 CO_2，O_2，SO_2，HCl，NO_x，N_2 等气体，飞灰中含有 Na，K，Cl^-，F 等物质，这些物质在溶液中相互作用，生成多达 40 多种的中性和腐蚀性物质及 7 种固体物质，因此采用石灰石浆液脱除烟气中的 SO_2 是个极为复杂的体系。

自 1969 年 Ramadhandran 和 Sharma 提出石灰石-湿法烟气脱硫（WFQD）模型以来，有大量的模型被提出，但大多数模型限制很多，且仅适合于某一特定的 WFGD 过程。江苏苏源环保工程股份有限公司研究人员以气液逆流喷淋吸收塔为基础，建立了一个包含所有速率控制步骤、反应器和主要反应组分或离子的 WFGD 数学模型，为工业喷淋塔装置的设计和优化提供依据，如图 2-8 所示。

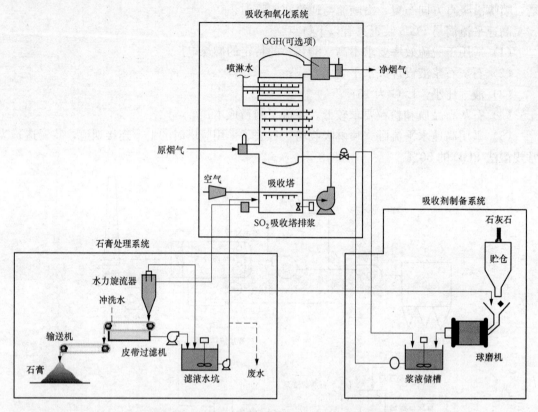

图 2-8　石灰石-石膏湿法烟气脱硫工艺流程图

WFGD 过程化学和质量传递过程如图 2-9 所示，可见脱硫反应速率取决于四个速率控制步骤，即 SO_2 的吸收、HSO_3^- 的氧化、石灰石的溶解及石膏的结晶。

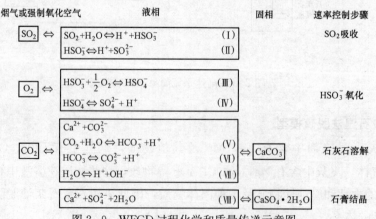

图 2-9　WFGD 过程化学和质量传递示意图

第二节　石灰石浆液制备系统及设备

为了提高脱硫效率，降低初投资运行费用，国内外厂商相继开发出了各具特色的石灰石湿法烟气脱硫装置，本章就国内常见的石灰石湿法烟气脱硫装置及主要设备作一介绍。

一、石灰石浆液制备系统

根据石灰石的磨制方式是干磨或湿磨，可将石灰石浆液制备分为干粉制浆或湿式制浆两种方法。

1. 干粉制浆

干粉制浆系统如图 2-10 所示。石灰石用卡车送至石灰石料斗，经过石灰石振动卸料机送入输送皮带机。石灰石料斗上装有一个带布袋除尘器的吸尘罩。原石灰石中的金属杂质经皮带机上的金属分离器去除。石灰石经斗式提升机送入石灰石料仓。在石灰石料仓的顶部也装有一个布袋除尘器，防止粉尘飞扬。

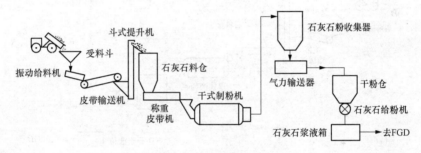

图 2-10　干粉制浆系统示意图

根据石灰石磨制系统的要求，通过称重皮带给料机和给料皮带机从石灰石料仓中输送所需的量。由磨粉机出来的石灰石气粉混合物经收尘器实现气粉分离，石灰石粉由气力输送系统送至石灰石粉仓。粉仓中的石灰石粉再经给粉机进入石灰石浆液箱，加入一定比例的水，经机械搅拌后由浆液泵送入 FGD 吸收塔。

为了除去石灰石中的氯化物、氟化物以及其他一些杂质，通常在斗式提升机前面设两条皮带机，前面的一条为洗涤皮带机，用工艺水冲洗石灰石块料；后面的一条为烘干皮带机，用热风将石灰石块料烘干。

有些干粉制浆系统没有单独的石灰石浆液箱，而是将超细石灰石粉（99.5% 的石灰石颗粒小于 $44\mu m$）直接注入吸收塔中。

根据来料的不同，有外购石灰石粉、厂外制粉和厂内制粉三种情况。三种情况各有利弊。直接外购满足 FGD 运行要求的石灰石粉，运至电厂石灰石粉仓存储，在电厂制成浆液。该法节约占地面积以及制粉设备的初投资和运行维护费用，但相应的石灰石粉价格要比块料高，导致 FGD 运行成本增加，同时，石灰石粉源和品质还要受外界条件制约。厂外制粉的好处在于可减小 FGD 装置在电厂内的占地面积，可以利用矿区贫瘠土地建制粉站，避免制粉中的扬尘及设备噪声对厂区的影响。厂内制粉需要占电厂面积，制粉中产生的扬尘及设备噪声会对厂区造成污染。

2. 湿式制浆

湿式制浆系统如图 2-11 所示，由破碎系统和湿式球磨机制浆系统组成。石灰石破碎系统用于将石灰石料破碎成直径小于 6mm 的石灰石细料并储存。汽车将石灰石卸到石料受料斗，通过受料斗底部的振动给料机向破碎机供给石料，石料经破碎机破碎，破碎后的石料经输送皮带送到斗式提升机，斗式提升机将石料送到石灰石仓。石料经石灰石仓下部的阀门供给制浆系统。石料接受仓上设置布袋除尘器，防止卸料时粉尘飞扬。来自石灰石仓中预破碎的石料通过称重皮带机进入湿式磨粉机制成石灰石浆液，送入湿磨机浆液箱。然后浆液再由湿磨机浆液泵送入石灰石旋流站，对石灰石浆液进行分选。旋流器中的稀浆液流入石灰石浆液箱，用做吸收剂，下层的稠浆液送入湿磨机重新磨制。石灰石浆液箱中的浆液经石灰石浆液泵送入吸收塔。石灰石浆液箱中装有搅拌器，防止沉淀。石灰石浆液有一定的设计浓度，向吸收塔的给料速率根据锅炉负荷、烟气中 SO_2 的浓度、吸收剂浆液 pH 值而定。

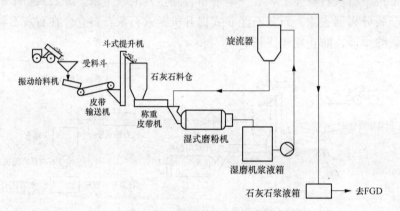

图 2-11　湿式制浆系统工艺流程示意图

目前，干粉制浆和湿式制浆在 FGD 中均有应用，二者性能比较如下：

（1）干粉制浆和湿式制浆在石灰石块料入磨之前的工序基本相同。湿式制浆系统省去了干粉制浆所需的复杂的气力输送系统，以及诸如高温风机、气粉分离设备等。因此系统得到简化，占地面积小，设备发生故障的可能性大为降低。一般干粉制浆系统的初投资比湿式制浆系统高 20%～35%；虽然湿式磨比干式磨的电耗高，但就整个系统而言，湿式制浆比干粉制浆运行费用要低 8%～15%。

（2）与干粉制浆相比，湿式制浆对石灰石粉量和粒径的调节更方便。干粉制浆主要通过调整磨粉机的运行参数来实现，而湿式制浆还可以通过调整水力旋流器的性能参数来达到目的。

（3）湿式制浆需要注意浆液泄漏外流问题，干粉制浆需要注意扬尘问题。

（4）湿式磨比干式磨的噪声小。

二、主要设备及关键参数

1. 磨粉机

石灰石制浆部分的最主要设备是磨粉机。干式制粉系统一般选用立式旋转磨，湿式制粉系统一般采用卧式球磨机。这两种磨粉机均可生产出超细石灰石粉，325 目过筛率 95%，并且运行平稳、能耗低、噪声小、占地面积小、维修方便。目前 FGD 磨粉机大多采用进口的，成本较高。湿式球磨机如图 2-12 所示。

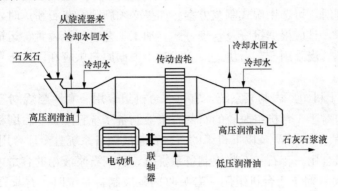

图 2-12　湿式球磨机示意图

电动机通过离合器与球磨机小齿轮之间连接，驱动球磨机旋转。润滑系统包括低压润滑系统和高压润滑系统。低压润滑油系统通过低压油泵向球磨机两端的齿轮箱喷淋润滑油，对传动齿轮进行润滑和降温。高压润滑系统通过高压油泵打向球磨机两端的轴承，在两个轴承处将球磨机轴顶起。油箱中设有加热器，用以提高油温，降低黏度，从而保证其具有良好的流动性。低压润滑系统设有水冷却系统，降低低压润滑油的温度，防止球磨机齿轮和轴承等转动部件温度过高。

2. 石灰石料仓

石灰石块料直径大部分是 20～50mm，主要依靠重力向称重皮带机供料。为了防止发生堵塞现象，石灰石料仓下部的锥角通常为 50°～60°。当石灰石料仓较大时，可将出口锥设计成阶梯形。

3. 石灰石粉仓

在石灰石粉仓中，石灰石粉很细，一般的 FGD 要求石灰石粉的粒径 95％以上小于 44μm（325 目筛），其安息角约为 35°，且随着石灰石粉含水率的增大而增大。它主要依靠重力排料。由于石灰石粉的安息角较大，密度低，具有一定的黏附性和荷电性，因此，石灰石粉仓的锥角通常不低于 45°～55°。具体设计时应充分考虑到石灰石粉的粒度、黏附性和含水率，最好对其安息角进行实际测试。

由于实际运行工况的复杂性，石灰石粉结块、搭桥等现象导致粉体流通不畅的情况时有发生，因此，需要用流化气体压力为 0.2～0.5MPa。

4. 石灰石浆液制备系统设计

石灰石卸料及储存场所宜布置在常年最小风频的上风侧。石灰石浆液制备场地宜在吸收塔附近集中，或结合工艺流程和场地条件因地制宜布置。设计中，浆液制备系统可供选择的方案有三种：

（1）由市场直接购置粒度符合要求的粉状成品，加水搅拌制成石灰石浆液；

（2）由市场购置一定粒度要求的块状石灰石，经石灰石湿式球磨机制成石灰石浆液；

（3）由市场购置块状石灰石，经石灰石干式磨粉机磨制成石灰石粉，加水搅拌制成石灰石浆液。

石灰石浆液制备系统的选择应根据石灰石来源、投资、运行成本及运输条件等进行综合技术经济比较后确定。当资源落实、价格合理时，应优先采用直接购置石灰石粉方案。当条件许可且方案合理时，可选用湿式制浆方案。如果必须新建石灰石粉厂时，应优先考虑区域性协作即集中建厂，且应根据投资及管理方式、加工工艺、厂址位置、运输条件等因素进行综合技术经济论证。当采用石灰石块进厂方式时，根据原料供应和厂内布置等条件，宜布设石灰石破碎机。

300MW 及以上机组厂内制浆系统，宜每 2 台机组合用一套。当规划容量明确时，也可多机组合用一套。对于 1 台机组脱硫的石灰石浆液制备系统宜配置 1 台磨粉机，并相应增大石灰石浆液箱容量。200MW 及以下机组的石灰石浆液制备系统宜全厂合用。

对于 2 台机组合用一套石灰石浆液制备系统时，石灰石浆液箱的容量可选用设计工况下 6h 的石灰石浆液量；对于 4 台机组用一套吸收剂浆液制备系统时，石灰石浆液箱的容量可选用设计工况下 8h 的石灰石浆液量；对于更多台数的机组合用一套吸收剂浆液制备系统时，石灰石浆液箱的容量可选用设计工况下 10h 的石灰石浆液量。

当 2 台机组合用一套石灰石浆液制备系统时，每套系统宜设置 2 台石灰石湿式球磨机及石灰石浆液旋流分离器，单台设备出力按实际工况下石灰石消耗量的 75% 选择，应满足不小于 50% 校核工况下的石灰石消耗量。

对于多台机组合一套制浆系统时，宜设置 $n+1$ 台石灰石湿式球磨机及石灰石浆液旋流分离器，n 台运行，1 台备用。

采用干粉制浆系统，每套的容量应不小于 150% 的设计工况下石灰石消耗量，且不小于校核工况下的石灰石消耗量。磨粉机的台数和容量经综合技术经济比较后确定。

湿磨机浆液制备系统的石灰石浆液箱容量，应不小于设计工况下 6～10h 的石灰石浆液量，干式磨粉制浆液系统的石灰石浆液箱容量应不小于设计工况下 4h 的石灰石浆液量。每座吸收塔应设置 2 台石灰石浆泵，一台运行，一台备用。

石灰石仓或石灰石粉仓的容量应根据市场运输情况和运输条件确定。一般不小于设计工况下 3 天的石灰石消耗量。吸收剂的制备储运系统应设有防止二次扬尘、污染等措施。

浆液管道设计时应充分考虑工作介质对管道系统的腐蚀与磨损，一般应选用衬胶、衬塑管道或玻璃钢管道。管道内介质流速的选择既要考虑避免浆液沉淀，又要考虑管道的磨损和压力损失应尽可能小。

浆液管道上的阀门宜选用蝶阀，尽量少用调节阀。阀门的流通直径宜与管道一致。浆液管道上应有排空和停运自动冲洗的措施。

第三节　吸收系统及设备

一、吸收系统

吸收系统是 FGD 的核心装置，一般由 SO_2 吸收塔、浆液循环系统、石膏氧化系统、除雾器等四部分组成。烟气中的 SO_2 在吸收塔内与石灰石浆液进行接触，SO_2 被吸收生成亚硫酸钙，在氧化空气和搅拌的作用下于反应槽中最终生成石膏。吸收剂浆液经吸收塔浆液循环泵循环。吸收塔出口烟气中的雾滴经除雾器去除。

目前，世界上已开发出几十种工业化石灰石湿法 FGD 装置，其主要区别或关键的核心技术就在于吸收塔。

二、主要设备及关键参数

（一）吸收塔

吸收塔的布局根据具体功能分为吸收区、脱硫产物氧化区和除雾区。烟气中的有害气体在吸收区与吸收液接触被吸收；除雾区将烟气与洗涤浆液滴及灰分分离；吸收 SO_2 后生成的亚硫酸钙在氧化区进一步被鼓入的空气氧化为硫酸钙，最终以石膏的形式结晶析出。吸收塔内部必须进行防腐处理。如采用衬胶防腐，或者玻璃鳞片涂层防腐等。

不同的吸收塔采用不同的吸收区设计，按照工作原理来分类，主要有填料塔、喷雾塔、鼓泡塔、液柱塔、液幕塔、文丘里塔、孔板塔等。

1. 填料塔

填料塔主要有两种类型：格栅填料塔和湍球塔。

（1）格栅填料塔是塔内放置格栅填料，浆液循环泵将石灰石浆液送到溢流型喷嘴，浆液溢流到格栅上，烟气一般顺流（即与液流方向一致）进入吸收塔，在格栅上气和浆液充分接触传质，完成二氧化硫的吸收过程，从而达到脱硫的目的。

图 2-13 所示为典型的顺流式格栅填料吸收塔，塔顶喷淋装置将脱硫浆液均匀地喷洒在格栅顶部，然后自塔顶淋在格栅表面上并逐渐下流，这样能够形成比较稳定的液膜。气温通过各填料之间的空隙下降与液体做连续的顺流接触。气体中的 SO_2 不断地被溶解吸收。处理过的烟气从塔底氧化池上经过，然后进入除雾器。

格栅填料塔要求脱硫浆液能够比较均匀地分布于填料之上，而且在格栅表面上的降膜过程中，要求连续均匀；格栅必须具有较大的比表面、较高的空隙率、较强的耐腐蚀性、较好的耐久性和强度以及良好的可湿性。在目前的应用中，填料中的结垢堵塞问题还未彻底解决，该系统需要较高的自控能力，保证整个反应合适的状态下运行，以尽量降低结垢的风险。

这种填料吸收塔的优点是采用溢流型喷嘴，循环泵能耗较低，喷嘴的磨损情况大为缓解；其缺点是格栅容易被 $CaSO_4 \cdot 2H_2O$ 及 $CaSO_3$ 堵塞，需要定时清洗，维护费用较高。填料塔已呈逐渐被弃用的趋势。

（2）湍球塔是以气相为连续相的逆向三相流化床，在湍球塔的两层栅栏之间装有许多填料球（通常为聚乙烯或聚丙烯注塑而成的空心球）。下栅栏自由流通面积一般大于 70%，以便重力排放。烟气由烟道进入塔的下部，填料球处于均匀流化状态，吸收剂自上而下均匀喷淋，润湿小球表面，进行吸收。由于气、液、固三相接触，小球表面的液膜不断更新，增强了气、液两相之间的接触和传质，达到高效脱硫和除尘之目的，净烟气经除雾器后排出湍球塔。湍球塔结构如图 2-14 所示。

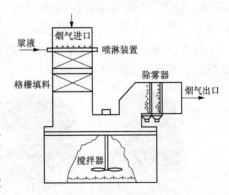

图 2-13 顺流式格栅填料吸收塔

湍球塔具有处理烟气量大、稳定性好、吸收率高、占地面积小、造价低廉、操作容易、维护简单方便等特点，可用于各种条件下的烟气脱硫。但其阻力较大，需要定期更换填料箱。采用空心不锈钢球可以延长填料球的更换周期。

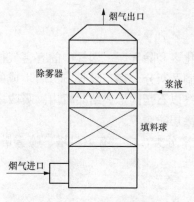

图 2-14 湍球塔结构

2. 喷淋塔

喷淋塔又称空塔或喷雾塔，塔内部件少，结垢可能性小，阻力低，是湿法 FGD 装置的主流塔型，通常采用烟气与浆液逆流接触方式布置。

吸收塔上部布置若干层喷嘴，脱硫剂浆液通过雾化喷嘴形成液雾。含 SO_2 烟气与石灰石浆液液雾滴接触时，SO_2 被吸收。烟气中的 Cl^-、F 和灰尘等大多数杂质也在吸收塔中被去除。含有石膏、灰尘和杂质的吸收剂浆液部分被排入石膏脱水系统。同时，在吸收塔进口烟道处还提供有工艺水冲洗系统进行定期冲洗，以防止结垢。

喷嘴层数根据吸收塔入口截面、SO_2 通量和脱硫效率等来确定，每层之间的距离一般在 2m 左右。雾滴在塔内的停留时间与雾滴尺寸、喷嘴出口速度、烟气流动方向和流速有关。喷嘴形式和喷淋压力对雾滴直径有显著影响。减小雾滴直径，可以增大传质面积，延长雾滴在塔内的停留时间，从而提高脱硫效率。

喷嘴是喷淋塔的关键设备之一。一般脱硫浆液喷嘴的入口压力为 $0.05\sim0.2$MPa，流量为 $30\sim170$m³/h，喷嘴喷出雾角为 $90°$ 左右，大部分液滴直径为 $500\sim3000\mu m$，并要求尽量均匀。喷嘴喷出的液滴的直径小、比表面积大、传质效果好、在喷雾区停留时间长，均有利于提高脱硫剂的利用率。但细液滴易被烟气带出喷雾区，给下游设备带来影响，且压力要求高，能耗也高。因此，小于 $100\mu m$ 的液滴要尽量少。在实际工程应用中，脱硫喷嘴雾化液滴的大小，既要满足吸收 SO_2 传质面积的要求，又要使烟气携带液滴的量降至最低水平。

目前，国内外的 FGD 通常采用压力式雾化喷嘴，压力式雾化喷嘴主要由液体切向入口、液体旋转室、喷嘴孔等组成，结构如图 2-15 所示。

石灰石湿法 FGD 装置中的压力式雾化喷嘴主要有以下几种，如图 2-16 所示。

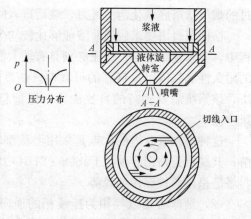

图 2-15 压力式喷嘴的结构

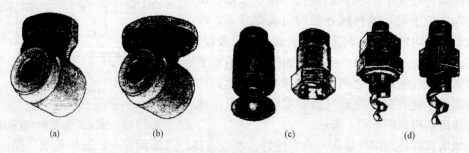

图 2-16 FGD 装置中常用的几种雾化喷嘴
(a) 空心锥切线形；(b) 实心锥切线形；(c) 实心锥形；(d) 螺旋形

（1）空心锥切线形喷嘴。采用这种设计的喷嘴，石灰石浆液从切线方向进入喷嘴的涡流腔内，然后从与入口方向成直角的喷孔喷出，可允许自由通过的颗粒尺寸为喷孔直径的80%～100%，喷嘴无内部分离构件，其外形如图 2-16（a）和图 2-17 所示。由碳化硅材料铸成的空心锥形旋流切线喷嘴，工作压力为 0.1～0.2MPa。这种喷嘴比类似的实心锥旋流喷嘴的自由畅通直径要大许多，更适于在喷射循环石灰石浆液时使用，该喷嘴的应用最为普遍。

（2）实心锥切线形喷嘴。它与空心锥切线型喷嘴的设计类似，不同的是在涡流腔封闭的顶部使部分浆液转向喷入喷雾区的中央，以此来实现其喷雾效果。其外形如图 2-16（b）所示。由碳化硅陶瓷材料铸造而成，允许自由通过的颗粒尺寸大小约为喷孔直径的 80%～100%，产生的雾液滴直径比相同尺寸的实心锥形喷嘴大 30%～50%。

图 2-17　单向切线
空心锥形喷嘴

（3）双空心锥切线形喷嘴。这种喷嘴是在一个空心锥切线腔体上设计两个喷孔，一个向下喷，另一个向上喷。采用碳化硅陶瓷材料制造，允许自由通过的颗粒尺寸大约为喷孔直径的 80%～100%。

（4）实心锥形喷嘴。这种喷嘴通过内部叶片使石灰石浆液形成旋流，然后以入口的轴线为轴从喷嘴喷出。其外形如图 2-16（c）所示。根据不同的设计，其允许通过的颗粒尺寸大约为喷孔直径的 25%～100%，在相同条件下，产生的雾液滴直径是相同尺寸空心锥切线形喷嘴的 60%～70%。

（5）螺旋形喷嘴。在这种喷嘴中，随着连续变小的螺旋线体，石灰石浆液经螺旋线相切后改变方向，呈片状喷射成锥状液雾。其外形如图 2-16（d）所示。喷嘴无内部分离构件，工作压力为 0.05～0.1MPa，允许自由通过的颗粒尺寸为喷空直径的 30%～100%，在相同条件下，产生的雾液滴直径是相同尺寸空心锥切线形喷嘴的 50%～60%。

（6）大通道螺旋形喷嘴。这种喷嘴是在螺旋形喷嘴的基础上经过变形后得到的。通过增大螺旋体之间的距离，允许通过的固体颗粒直径与喷嘴内径相同。

喷淋塔是目前国内外的发展方向，在石灰石湿法 FGD 中占据主导地位。这种脱硫塔结构简单，对煤种、锅炉负荷变化适应能力强，脱硫有效调节容易，维护方便且不易结垢或堵塞。近几年来，国外正在开发高速塔，将塔内烟气速度大幅度提高（可达 6m/s 以上），因而塔径减小，节约了投资。但如果吸收塔入口段设计不合理，其脱硫效率将受气流分布不均的影响，且石灰石浆液循环泵的能耗也较大。

3. 鼓泡塔

喷射鼓泡脱硫塔属于鼓泡反应器，其结构如图 2-18 所示。

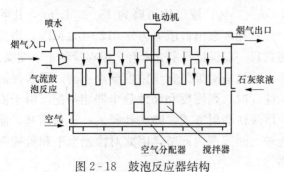

图 2-18　鼓泡反应器结构

喷射式鼓泡反应器有喷射鼓泡区和反应区，液体流动情况如图 2-19 所示。

喷射鼓泡区下部设有气体喷射管，气体喷射装置，如图 2-20 所示。

将导入的烟气以 5～20m/s 的速度水平喷射到吸收液液面下 100～400mm 处，与吸收液激烈混合，形成 3～20mm 的气泡，然后由于浮力作用曲折向上并急剧分

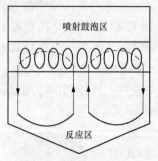

图 2-19 喷射鼓泡区
与反应区的流体流动

散，形成气泡层，实现气、液之间充分接触，吸收 SO_2。这个气泡层称为喷射鼓泡层。在喷射鼓泡层中，气体塔藏量与气体喷射装置浸入深度及气体喷射速度有关，浸入越浅、气体喷射速度越高，气体塔藏量越大。正常运行时，烟气塔藏量达 $0.5\sim0.8$ 万 kW。喷射鼓泡层中气相停留时间短，$0.5\sim1.5s$，而液相在反应器内的停留时间则长达 $1\sim4h$。

在反应区，由于空气鼓泡与机械搅拌（有的反应器安装机械搅拌装置），使气体与液体充分混合。喷射式鼓泡反应器内气泡在喷射鼓泡区引起的液体循环代替了传统工艺的浆液循环泵的作用。由于氧化空气和石灰石浆液不断地被补充到反应区和气泡层，SO_2 的吸收、氧化和中和反应一并进行。同时，由于有悬浮的石膏晶种和足够的停留时间，可使石膏晶体成长至需要的大小。在强烈的氧化作用下，在该反应器中只有 S_4^{2-}，没有 S_3^{2-}，可获得高品质石膏。

该装置省略了再循环泵、喷嘴，将氧化区和脱硫反应区整合在一起，整个设计较为简洁，降低了投资成本。同时，气相高度分散在液相当中，具有较大的液体持有量和相间接触面，传质和传热效率高。但是，液相内部有较大的返混，而且阻力相对较大，占地面积比其他方法大。

4. 液柱塔

液柱塔的结构如图 2-21 所示。它由顺/逆流程的双塔组成，平行竖立于氧化反应罐上，顺流塔的横截面积是逆流塔的 5 倍左右。在顺流塔顶部水平安装二级除雾器，塔内的下部均匀布置向上喷射的喷嘴，其喷射形式如图 2-22 所示。

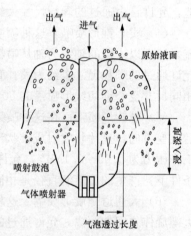

图 2-20 气体喷射装置

烟气首先自上而下经过逆流塔，与向上喷射成柱状的石灰石浆液逆向进行汽、液两相接触传质，并与喷射后回落的高密度细微液滴继续进行同向传质和吸收。烟气从逆流塔流出经过反应罐上部折转 180°，自下而上通过顺流塔，与向上喷射的液柱几向下回落的液滴再次进行汽液两相高效接触，经除雾器除去烟气携带的液滴，流出吸收塔。

液柱塔循环浆液的质量浓度可增加到 $20\%\sim30\%$，比一般喷淋塔高 $10\%\sim15\%$；液气比可降为 $15\sim25L/m^3$，比喷淋塔低约 $5L/m^3$；循环泵出口压力为 $0.012\sim0.2MPa$，塔高 $25\sim30m$ 喷嘴数目一般保持每平方米有 2 根喷管和 4 个喷嘴。和鼓泡塔一样，液柱塔对烟气含尘浓度要求不高。要求保证石膏副产物的纯度时，则需要和高效除尘器相搭配。由于液柱塔采用了空塔液柱喷射方式，喷头孔径大，不易堵塞，而且系统能在比较大的范围内调节，因此对控制水平和脱硫剂粒度要求不高。

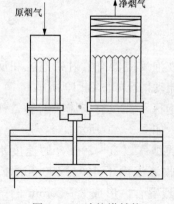

图 2-21 液柱塔结构

5. 液幕塔

液幕塔的喷射形式如图 2-23 所示。液幕式 FGD 吸收塔喷嘴中的浆液射流不再独立成为一个个的喷泉，而连接成为一片片的液幕，在合理的喷嘴布置结构和流动结构下，提高截面的液体含量。浆液上升—下降流动使得液相内部和气相内部，以及两相之间的混合度高。主要的缺点是烟气流动阻力较大。

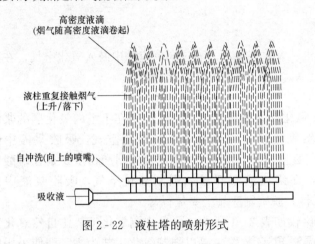

图 2-22 液柱塔的喷射形式

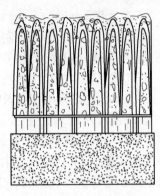

图 2-23 液幕塔的喷射形式

6. 文丘里塔

文丘里塔的结构如图 2-24 所示。在喷淋层的下部设有两排棒栅，上排为固定棒栅，下排为活动的棒栅（简称动栅）。棒栅之间的间隙构成文丘里。棒栅的材质为合金钢，动栅的执行机构在塔外，可根据锅炉负荷调整两层棒栅之间的距离，从而保证在低流量时仍可以使用烟气在塔截面上形成均匀的气流分布，并形成强烈的湍流，从而实现高效的气流传质。由于气流通过文丘里棒层时，棒栅能自转，因而具有自清理功能。由于文丘里层对气流分布以及气液传质的特殊贡献，浆液循环量比传统湿法低 50% 左右，液气比仅为 8～12L/m³，脱硫系统能耗比传统湿法降低 17%～25%。当 Ca/S＝1.01～1.05 时，脱硫效率可达 95% 以上，该塔的阻力较高。

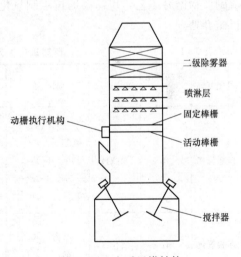

图 2-24 文丘里塔结构

7. 孔板塔

孔板塔（如筛孔板、穿流栅孔板塔）与填料塔相比，具有空塔速度高、生产能力大、造价较低、检修维护容易，在适合的导流条件下放大效应不明显等特点。目前筛孔板在镁法和海水脱硫工艺中应用较广。采用石灰石浆液做脱硫剂时，存在结垢堵塞现象。

（二）浆液循环系统

浆液循环泵是浆液循环系统的主要设备，用于循环石灰石浆液。由于浆液循环泵的运行介质为低 pH 值浆液，且含有固定颗粒，因此必须进行防腐耐磨设计。一座吸收塔是装有数个吸收塔循环泵,每个吸收塔循环泵都向喷淋总管输送石灰石浆液。一个吸收塔循环泵装有一个喷淋总管。喷淋总管上装有众多喷嘴,以形成液雾、液柱或液幕。喷嘴间距的合理设计,使吸收剂浆液能够与烟气有效接触。

在循环泵前装不锈钢滤网是有益的,可以防止塔内沉淀物吸入泵体造成泵的堵塞或损坏,防止吸收塔喷嘴的堵塞和损坏。喷射式鼓泡反应器 FGD 装置只有石灰石浆液泵,而没有浆液循环泵。

(三)氧化系统

氧化系统的主要设备包括氧化风机、氧化装置等。通过向反应槽中鼓入氧化空气,在搅拌作用下,将 $CaSO_3$ 氧化生成 $CaSO_4$。$CaSO_4$ 结晶析出,生成石膏。

1. 自然氧化工艺和强制氧化工艺

在石灰石湿法 FGD 装置中有自然氧化和强制氧化之分,其区别在于塔内氧化区的浆液槽中是否通入强制氧化空气。在自然氧化工艺中不通入强制氧化空气,吸收浆液中的 HSO_3^- 只有一部分被烟气中剩余的氧气在吸收区氧化成 SO_4^{2-},脱硫副产物主要是亚硫酸钙和亚硫酸氢钙。对于强制氧化工艺,在浆液槽底部通入强制氧化空气,吸收浆液中的 HSO_3^- 几乎全部被空气强制氧化成 SO_4^{2-},脱硫副产品主要是石膏。

自然氧化工艺和强制氧化工艺的比较如表 2-1 所示,可见强制氧化工艺比自然氧化工艺更优越。因此,目前国际上石灰石湿法 FGD 装置主要以强制氧化工艺为主。即使采用脱硫副产物抛弃工艺,也需要通过强制氧化工艺,将亚硫酸氢钙转化为稳定的硫酸钙后,再进行抛弃处理。

表 2-1　　　　　　　　　自然氧化工艺和强制氧化工艺的比较

氧化方式	强制氧化空气	氧化地点	副产品	副产品晶体尺寸(μm)	副产品处理	脱水	运行可靠性(%)
自然氧化	无	吸收区	硫酸钙、亚硫酸钙:50%~60% 水:40%~50%	1~5	抛弃	不容易 沉降槽+过滤器	99
强制氧化	有	氧化区	石膏:90% 水:10%	10~100	石膏综合利用或抛弃	容易 水力旋流器+脱水机	95~99

2. 强制氧化方式

脱硫装置的强制氧化方式有三种:异地、半就地、就地氧化。

在异地氧化方式中,吸收塔排出的部分浆液引至中和槽,然后在另设的氧化槽中鼓入空气,将亚硫酸钙氧化生成石膏。该方式可生产优质石膏。半就地氧化方式中,部分浆液从吸收塔排出至相邻的氧化槽内,鼓入压力空气进行氧化,一部分氧化产物再送回吸收塔,保证塔内浆液有足够的硫酸盐固体浓度。就地氧化方式将空气中直接鼓入吸收塔内反应槽,对洗涤液进行充分氧化。前两种均设单独的氧化槽,系统复杂,投资费用高。就地强制氧化方式已成为最普遍的氧化方式。氧化槽并入吸收塔,吸收塔集吸收、氧化功能于一体。

3. 强制氧化装置

强制氧化装置的性能受多种因素的影响，例如装置类型和分布、自然氧化率、吸收塔内浆液槽形状和几何尺寸、鼓气点的浸没深度、气泡的最终平均直径和在氧化区停留的时间、氧化装置的功率、浆液中的溶解物质、氧化区浆液的流动形态以及浆液的 pH 值、温度、黏度和固体含量等。因空气导入和分散方式不同，有多种强制氧化装置。例如：喷气混合器/曝气器式、径向叶轮下方喷射式、多孔喷射器式、旋转式空气喷射器/叶轮臂式、管网喷射式（又称固定式空气喷射器）、搅拌器和空气喷枪组合式，其中后两种应用较为普遍。

4. 固定式空气喷射器强制氧化装置

固定式空气喷射器（Fixed Air Sparger，以下简称 FAS）强制氧化装置是在氧化区底部的断面上均布若干根氧化空气母管，母管上有众多分支管。喷气喷嘴均布于整个断面上（3.5 个/m^2左右），通过固定管将氧化空气分散入氧化区。

FAS 强制氧化装置有 3 种布置方式，如图 2-25 所示，其中两种是将搅拌器布置在管网上方，如图 2-25（a）、（b）所示，更多的是将搅拌机（或泵）布置在管网的下方，如图 2-25（c）所示。

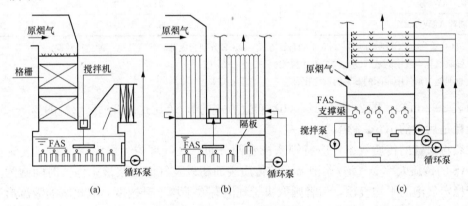

图 2-25 FAS 的 3 种布置方式

(a)、(b) 搅拌器布置在管网上方；(c) 将搅拌器布置在管网下方

图 2-25（a）、（b）布置方式的特点是塔内液位低 5～6m，因此吸收塔总高度较低，降低了吸收塔循环泵的压头、减少能耗和节省输浆管道。缺点是搅拌器是为悬浮浆液而设计的，其形成的浆液流速和流动形态不利于降低气泡的流速（应低于 7cm/s）和延长停留时间，使得氧化空气利用率仅为 15% 左右；鼓入足量空气和防止气泡被循环泵吸入的矛盾不好协调。当循环泵吸入气泡超过 3%（体积）时，泵的效率、扬程、流量陡然降低，使得液气比下降，泵的气蚀加剧；当调节氧化空气流量以减少循环泵吸入空气时，则氧化率下降，浆液中可溶性亚硫酸盐的浓度增大，导致脱硫效率、石灰石利用率和石膏纯度下降，严重时，使得石膏脱水困难。正常情况下强制氧化率接近 100%，其值每下降 1.4%，石灰石利用率就下降 1.7%，石膏纯度下降 1%。图 2-25（c）布置方式是将塔内液位加深，上部为氧化区，管网固定在支撑梁上，梁以下为中和区，侧面斜式搅拌器或搅拌泵承担悬浮浆液的作用。该布置方式将搅拌器和 FAS 的功能分开，减少了相互之间的影响。当 FAS 布置在远离搅拌器的上方、氧化风机输入功率远大于搅拌器输入功率时，搅拌器对氧化空气流动造成的影响可以忽略，这样就基本解决了图 2-25（a）、（b）布置方式存在的问题。该布置方式

的缺点是随着塔内液位大幅度增加，吸收区和塔体总高度增大，需增大循环泵的压头和管道用量。三种布置方式的强制氧化装置性能比较见表2-2。

表2-2   强制氧化装置的性能比较

项目	固定式空气喷射器			搅拌器和空气喷枪组合式	
	A	B	C	D	E
塔内液位高度（m）	4.9	5.2	24.4	15.0	14.0
浸没深度（m）	4.6	4.9	6	4.6	4.3
氧化空气流量（m³/h）/压头（MPa）	50 184/690	34 440/685	18 100/2090	15 315/700	2300/1013
氧硫摩尔比[①]	5.6	4.6	2.0	1.6	1.4
氧化风机轴功率（kW）	1295	936.4	635	470	648
单台搅拌器轴功率（kW）/台数	—	—	—	47/4	20.9/2
总能耗（kW）[②]	1295	936.4	635	658	106.8
单位能耗（kW/kmol）	7.7	6.7	3.8	3.6	3.4

注　表中A、B、C分别对应图2-25中的布置方式；D、E分别为成都和北京某电厂的运行数据。

①　强制氧化空气中的氧（O_2）与烟气中脱除的SO_2的摩尔比；

②　总能耗与烟气中脱除的SO_2的量之比。

由表2-2可知：图2-25（a）、（b）布置方式的氧/硫比是图2-25（c）的2.3～2.8倍，单位能耗是后者的1.8～2倍。

要获得最佳的传质效率，应特别重视管网分布、鼓气部位、浸没深度和空气流量的确定。FAS的传质效率受气泡/浆液截面的传质表面积以及气泡在浆液中停留时间制约，前者取决于稳定气泡的平均直径，后者则取决于气泡有效平均上升速度。氧化区的液流形态、鼓入的空气流量和喷管浸没深度都会影响气泡的破裂和停留时间。FAS的传质性能与空气流量和浸没深度之间的关系可用下式描述

$$FAS\ 传质性能 \propto \frac{cHQ}{V}$$

式中　c——经验系数

H——浸没深度，m；

Q——空气流量，m³/h；

V——氧化区体积，m³。

为保证FAS的氧化性能，一般FAS喷嘴最小浸没深度应不小于3m；气泡速度（是空气流量、氧化区的截面积、浆液温度、全压和浸没深度等的函数）应小于7cm/s；最小氧化空气流量是最大流量的30%。

5. 搅拌器和空气喷枪组合式强制氧化装置

搅拌器和空气喷枪组合式（Agitator Air Lance Assemblies，以下简称ALS）强制氧化装置如图2-26所示。氧化搅拌器产生的高速液流使鼓入的氧化空气分裂成细小的气泡，并散布至氧化区的各处。由于ALS产生的气泡较小，由搅拌产生的水平运动的液流增加了气泡的停留时间，因此，ALS较之FAS降低了对浸没深度的依赖性。

由于 ALS 喷气管口径较 FAS 大得多，其氧化空气流量可大幅度调低而不用担心喷气管被堵。为保证 ALS 的传质性能，氧化空气流量和搅拌器的分散性能氧化空气流量和搅拌器的分散性能应匹配。若氧化空气流量太大且超过液流分散能力时会导致大量气泡涌出，出现泛气现象，严重时搅拌器叶片吸入侧也汇集大量气泡，使得叶片输送流量下降。

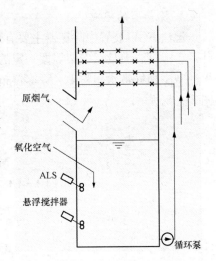

图 2 - 26　ALS 强制氧化装置

ALS 的传质性能正比于氧化空气流量和搅拌器输出功率，可表述如下

$$\text{ALS 传质性能} \propto \left(\frac{P}{V}\right)^a v_{SG}^{\ b}$$

式中　P——搅拌器的输出功率，W；

　　　v_{SG}——空气表面流速，cm/s；

　a、b——经验系数。

尽管管网布置于塔底部的 FAS 可大幅度降低塔体高度，但易受搅拌器和循环泵的影响，进而影响 FAS 的性能和循环泵、排浆的正常运行，维修工作量大，因此 要谨慎选用。

当气泡表面速度一定时，ALS 的传质效率明显优于 FAS。在一般情况下，特别在浸没深度小于 4m 时，ALS 的能耗低于 FAS。但在一些特殊情况下，如高硫负荷和浸没深度超过 4m 时，正确设计的 FAS，能耗低于 ALS。实际应用结果也表明，如果用氧/硫摩尔比来表示强制氧化装置的传质效率，则 ALS 明显高于 FAS。

从投资费用出发，对于原烟气中 SO_2 浓度较高、容许有较大浸没深度的 FGD，宜选择 FAS；对于原烟气中 SO_2 浓度较低、氧化空气流量较低的 FGD，则 ALS 更为合适。FAS 需要的机械支持构件较 ALS 多，特别是当塔体底部直径增大时系统变得复杂，检修困难。

由于 ALS 的氧化风机容许 100% 地调节容量，可以采用较小的氧化风机单机或多机并联运行，充分发挥其可调低容量的特点。

（四）除雾器

除雾器的性能直接影响着湿法 FGD 装置能否连续可靠的运行。

1. 除雾器的工作原理

带有液滴（雾）的烟气，高速流经除雾器 Z 形通道时，由于流线偏折，在惯性力的作用下，液滴撞击在除雾器的叶片上，被捕集下来实现了气液分离。流速太低时，除雾效果差，流速过高，烟气二次带水，见图 2 - 27。

2. 除雾器的临界流速

除雾器的临界流速是指通过除雾器截面的烟气流速最高，但不致使烟气二次带水的流速，其中简单实用的计算公式

$$v_{gk} = K_c \sqrt{(\rho_w - \rho_g)/\rho_g}$$

式中　v_{gk}——除雾器断面临界流速，m/s；

　　　K_c——系数，由除雾器的结构确定，通常取 0.107～0.305；

　　　ρ_w——液体密度，kg/m³；

　　　ρ_g——气体密度，kg/m³。

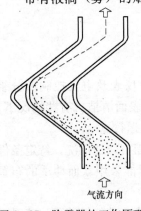

图 2 - 27　除雾器的工作原理

气流方向

3. 除雾器的组成

湿法 FGD 装置中除雾器主要有除雾器本体及冲洗系统组成，除雾器本体主要由除雾器叶片、卡具、夹具、支架等按一定的结构形式组成，其作用是捕集烟气中的液滴和少量的粉尘，减少烟气带水和粉尘。除雾器布置形式通常有水平形、人字形、V 字形、组合形等，如图 2 - 28 所示。

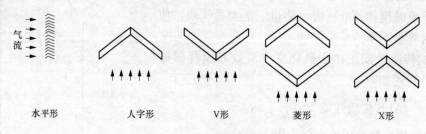

气流

水平形　　人字形　　V 形　　菱形　　X 形

图 2 - 28　除雾器布置形式

大型脱硫吸收塔中多采用人字形布置、V 形或组合形布置（如菱形、X 形）。吸收塔出口水平段上采用水平形布置。

除雾器叶片按几何形状可分为折线形见图 2 - 29 (a)、(d) 和流线形见图 2 - 29 (b)、(c)，按结构特征可分为 2 通道叶片和 3 通道叶片。各类结构的除雾器叶片各具有特点：图 2 - 29 (a) 形叶片结构简单，易冲洗，适用于多种材料；图 2 - 29 (b)、(c) 形叶片临界流速较高，易清洗，目前在大型脱硫设备中使用较多；图 2 - 29 (d) 形叶片除雾效率高，但清洗困难，使用场合受限制。

除雾器叶片通常由高分子材料（如聚丙烯、玻璃钢等）或不锈钢材料制作。

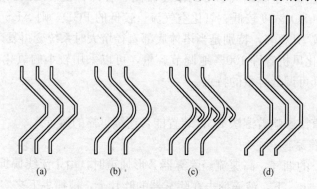

(a)　　(b)　　(c)　　(d)

图 2 - 29　除雾器叶片
(a)、(d) 折线形；(b)、(c) 流线形

除雾器冲洗系统主要由冲洗喷嘴、冲洗泵、管路、阀门、压力仪表及电气控制部分组成。其作用是定期冲洗由除雾器叶片捕集的液滴、粉尘，保持叶片表面清洁（有些情况下，起保持叶片表面潮湿的作用），防止叶片结垢和堵塞，维持系统正常运行。

单面冲洗布置形式在一般情况下无法对除雾器叶片表面进行全面有效地清洗，特定条件下可在最后一级除雾器上采用单面冲洗的布置方式。除雾器应尽可能采用双面冲洗的布置形式。

除雾器冲洗喷嘴一般均采用实心锥喷嘴。喷嘴性能的重要指标是喷嘴的扩散角与喷射断面上水量分布的均匀程度。冲洗喷嘴的扩散角越大，喷射覆盖面积相对就越大，但其执行无效吹扫的比例也随之增加。喷嘴的扩散角越小，覆盖整个除雾器断面所需的喷嘴数量就越多。喷嘴扩散角的大小主要取决于喷嘴的结构，与喷射压力也有一定的关系，在一定的条件下压力升高，扩散角加大。喷嘴扩散角通常在75°～90°范围内。

4. 除雾器的主要性能及设计参数

(1) 除雾效率。除雾效率为除雾器在单位时间内捕集到的液滴质量与进入除雾器液滴质量的比值。除雾效率是考核除雾器性能的关键指标。影响除雾效率的主要因素包括烟气流速、通过除雾器断面气流分布的均匀性、叶片结构、叶片之间的距离及除雾器布置形式等。

(2) 系统压力降。系统压力降指烟气通过除雾器通道时所产生的压力损失。系统压力降越大，能耗就越高。除雾系统压降的大小主要与烟气流速、叶片结构、叶片间距及烟气带水负荷等因素有关。当除雾器叶片上的结垢严重时，系统压力降会明显提高，所以通过监测压力降的变化有助于把握系统的运行状态，及时发现问题（如结垢），并进行处理。

(3) 烟气流速。通过除雾器断面的烟气流速过高或过低，都不利除雾器的正常运行，烟气流速过高易造成烟气二次带水，从而降低除雾效率，同时流速高，系统阻力大，能耗高。通过除雾器断面的流速过低，不利于气液分离，同样不利于提高除雾效率。此外设计的流速低，吸收塔断面尺寸就会加大，投资也随之增加。设计烟气流速应接近于临界流速。根据不同除雾器叶片结构及布置形式，设计流速一般选定在3.5～5.5m/s之间。

(4) 除雾器叶片间距。除雾器叶片间距的选取对保证除雾效率，维持除雾系统稳定至关重要。叶片间距大，除雾效率低，烟气带水严重，易造成风机故障，导致整个系统非正常停运。叶片间距选取过小，系统阻力增大，除加大能耗外，冲洗的效果也有所下降，叶片上易结垢、堵塞。叶片间距根据系统烟气特征（流速、SO_2含量、带水负荷、粉尘浓度等）、吸收剂利用率、叶片结构等综合因素进行选取。叶片间距一般设计20～95mm。目前脱硫系统中最常用的除雾器叶片间距大多在30～50mm。

(5) 除雾器冲洗水压。除雾器水压一般根据冲洗喷嘴的特征及喷嘴与除雾器之间的距离等因素确定（喷嘴与除雾器之间距离一般不超过1m），冲洗水压低时，冲洗效果差，冲洗水压过高则易增加烟气带水，同时降低叶片使用寿命。一般情况下，除雾器正面（正对气流方向）与背面的除雾效率冲洗压力不同，除雾器正面的水压应控制在2.5×10^5Pa以内，除雾器背面的冲洗水压应大于1.0×10^5Pa。采用二级除雾器时，第一级除雾器的冲洗水压高于第二级除雾器。具体数值需根据工程的实际情况确定。

(6) 除雾器冲洗水量。选择除雾器冲洗水量除了需满足除雾器自身的要求外，还需考虑系统水平衡的要求，有些条件下需采用大水量短时间冲洗，有时则采用小水量长时间冲洗，具体冲洗水量需由工况条件确定，一般情况下除雾器断面上的冲洗耗水量约为1～4$m^3/(m^2\cdot h)$。

(7) 冲洗覆盖率。冲洗覆盖率是指冲洗水对除雾器断面的覆盖程度，即

$$冲洗覆盖率 = \frac{nh^2\tan^2\alpha}{A}\times100\%$$

式中　　n——喷嘴数；

α——喷射扩散角；

h——冲洗喷嘴距除雾器表面的垂直距离，m；

A——除雾器有效流通面积，m^2。

根据不同工况条件下，冲洗覆盖率一般可以选在 100%～300% 之间。

(8) 除雾器冲洗周期。冲洗周期是指除雾器每次冲洗的时间间隔。由于除雾器冲洗期间会导致烟气带水量加大（一般为不冲洗时的 3.5 倍）。所以冲洗不宜过于频繁，但也不能间隔太长，否则易产生结垢现象，除雾器的冲洗周期主要根据烟气特征及吸收剂确定，一般以不超过 2h 为宜。

三、吸收系统设计

吸收塔宜布置在烟囱附近，浆液循环泵（房）应紧邻吸收塔布置。循环泵和氧化风机等设备可根据当地气象条件及设备状况等因素研究可否露天布置。当露天布置时应加装隔音罩或预留加装隔音罩的位置。

吸收塔的数量应根据锅炉容量、吸收塔容量和可靠性等确定。根据国外脱硫公司的经验，二炉一塔的脱硫装置投资一般比一炉一塔的低 5%～10%，200MW 及以下容量的机组采用多炉一塔的配置有利于节省投资。

脱硫装置设计使用的进口烟温，应采用锅炉设计煤种 BMCR 工况下，从主机烟道进入脱硫装置接口处的运行烟气温度。新建机组同期建设的烟气脱硫装置的短期运行温度一般为锅炉额定工况下脱硫装置进口处运行烟气温度加 50℃。

吸收塔应装设除雾器，在正常运行工况下除雾器出口烟气中的雾滴浓度应不大于 $75g/m^3$。除雾器应设置水冲洗装置。

采用喷淋吸收塔时，吸收塔浆液循环泵宜按照单元制设置，每台循环泵对应一层喷嘴。吸收塔浆液循环泵按照单元制设置时，应在仓库备有泵叶轮一套。按照母管制设置（多台循环泵出口浆液汇合后再分配至各层喷嘴）时，宜现场安装一台备用泵。吸收塔浆液循环泵的数量应能很好地适应锅炉部分负荷运行工况，在吸收塔低负荷运行条件下有良好的经济性。

每座吸收塔应设置 2 台全容量或 3 台半容量的氧化风机，其中一台备用；或每两座吸收塔设置 3 台全容量的氧化风机，2 台运行，1 台备用。

脱硫装置应设置事故浆液池或事故浆液箱，其数量应结合各吸收塔脱硫工艺的方式、距离及布置等因素综合考虑确定。当布置条件合适且采用相同的湿法工艺系统时，宜全厂合用一套。事故浆池的容量宜不小于一座吸收塔最低运行液位时的浆液池容量。当设有石膏浆液抛弃系统时，事故浆池的容量也可按照不小于 $500m^3$ 设置。

所有储存悬浮浆液的箱灌应有防腐措施并装设搅拌装置。浆液管道设计要按照有关规范执行。吸收塔外应设置供检修维护的平台和扶梯，塔内不应设置固定式的检修平台。

结合脱硫工艺布置要求，必要时吸收塔可设置电梯，布置条件允许时，可以两台吸收塔和脱硫控制室合用一台电梯。

第四节　烟气系统及设备

一、烟气系统

未经过 FGD 净化的烟气称为原烟气或脏烟气，而净化后的烟气称为净烟气。原烟气经增压风机进入换热器降温，在吸收塔中脱除 SO_2 后，再经换热器加热升温，通过烟囱排放。

烟道设有旁路挡板门和 FGD 进、出口挡板门。FGD 运行时打开进、出口挡板门，旁路挡板门关闭。当吸收塔系统停运、事故或维修时，入口挡板和出口挡板关闭，旁路挡板全开，烟气通过旁路烟道经烟囱排放。烟道留有适当的取样接口、实验接口和人孔门，并且设有冲洗和排放漏斗、膨胀节、导流板等设备。

二、主要设备

(一) 脱硫风机

脱硫风机又称增压风机 (Boost-up Fan，BUF)，用以克服 FGD 装置的阻力。脱硫风机主要有三种：动叶可调轴流风机、静叶可调子午加速轴流风机以及离心式风机。

动叶可调轴流风机其优点是调节范围广，且调节效率高，可以降低锅炉低负荷时的电力消耗。运行时，根据锅炉负荷，通过调整动叶角度来控制风机容量（烟气流量和压力），保持旁路挡板进出口之间的差压。这种风机始终在高效区运行，性能优良，节能显著，但结构复杂，制造费用较高，调节部分易生锈，转动部件多、动叶调节机构复杂而精密，且需要另设油站、维护技术要求高和维护费用高，叶片磨损比较严重。即使进行了叶片耐磨处理甚至设置了耐磨鼻，其在相同条件下也远不如离心式和静叶可调轴流风机；风机本体价格很高，基本上是双吸离心式风机的 1.2 倍和静叶可调子午加速轴流风机的 1.5～2 倍。目前国内动叶可调轴流风机技术大多是引进国外的先进技术。

静叶可调子午加速轴流风机在气动性能上介于离心式风机和动叶可调轴流风机之间。可输送含有灰分或腐蚀性的大流量气体，具有优良的气动性能，高效节能，磨损小，寿命长。其结构简单，运行可靠，安装维修方便，具有良好的调节性能。在相同的选型条件下可获得比单吸式离心式风机和动叶可调轴流风机低一档的工作转速。

离心式风机具有压头高、流量大、效率高、结构简单、易于维护等优点。但是也有一个显著的缺点：高效区相对较窄，当机组处于低负荷运转时，风机的效率往往很低，不能满足节能的要求。另外，300MW 以上机组使用的离心式风机叶轮直径相当大，对于电厂的安全运行也是一个隐患。因此，脱硫风机很少使用离心风机，即使采用也需配置变频调速器。

由于轴流风机的效率对负荷变化的敏感度小，因此，当电厂机组调峰时对风机的效率影响不大，而离心风机对于负荷的变化则较为敏感，风机低负荷运转时效率往往很低。因此，除非确认安装脱硫系统的机组不作为电厂调峰机组，这时可以考虑采用离心式风机，其余情况均应采用轴流式风机。

在选择动叶可调流风机还是静叶可调子午加速轴流风机时，国外大多选择动叶可调轴流风机，因为其在调节过程中风机的工作点始终处于较高的效率区域内，节能效果显著。但由于动叶可调轴流风机需要一套复杂的液压系统以驱动其调节机构，占地面积大，维护过程复杂，造价和运行费用较高。当风机出现故障时，需把风机运回制造厂维修，维修时间长，维修费用较高，造成脱硫装置投运率低。而静叶可调子午加速轴流风机则可以实现现场维修，维修时间短，费用较低，功耗适中。

近年来，由于脱硫系统旁路挡板取消及超低排放改造的进行，不少电厂将引风机和增压风机进行二合一，命名联合风机或引风机，这样不仅起到了节能的作用，而且提高了机组运行的可靠性。

(二) 烟气挡板

FGD 装置执行现行标准前设有进口挡板将系统与锅炉相隔离，如图 2-30 (a) 所示。

旁路烟道内装有旁路挡板。在 FGD 装置启动和停机期间，旁路挡板打开。正常运行期间，旁路挡板关闭，由 FGD 装置处理所有烟气。发生紧急情况时，旁路挡板自动打开，烟气通过旁路烟道进入烟囱。

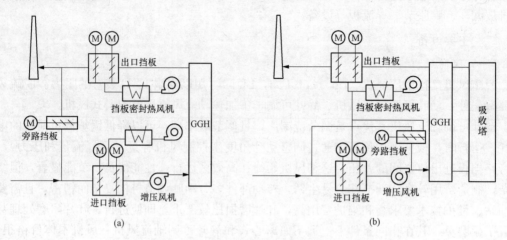

图 2-30　FGD 烟气挡板执行现行标准前后的示意图
（a）执行标准前；（b）执行标准后

FGD 装置执行现行标准后，如图 2-30 (b) 所示，旁路挡板将改变作用成为增压风机旁路挡板，这意味着脱硫系统将锅炉紧密联通而不可分隔，脱硫系统将与锅炉启动和停止步骤同时进行。相应的保护和连锁也改变为脱硫系统的主保护：吸收塔入口烟温不小于 160℃，吸收塔浆液循环泵全部停运，事故紧急冷却水阀门连锁打开，延时 5min，锅炉 MFT。

FGD 装置的烟道挡板可采用插板门、翻板门和百叶窗式的挡板门。目前国内引进的脱硫装置主要采用双百叶的挡板门。采用双百叶窗式挡板门可以进一步提高密封性能，除了每层挡板上配备密封元件外，在两层挡板门中间还通入密封空气。随着挡板门技术的改进，单百叶带密封空气的挡板门也可采用。单百叶窗式挡板门大多用碳钢制作，每片挡板设有金属密封元件，以尽可能减少烟气泄漏。烟气挡板的驱动装置设在烟道外部，由控制系统控制其开关位置。

为了提高烟气挡板的严密性，还需要配置密封风机。一般每个烟气挡板配备一台独立的密封风机。密封风为空气，有加热和不加热两种。采用加热风主要为了减少挡板叶片温度变形。

（三）烟气再热和排放

由吸收塔出来的烟气，温度已经降至 45~55℃，已低于酸露点，尾部烟道内壁温度较低，容易结露腐蚀，所以要实施烟气再热。同时可以提高烟囱烟气的抬升高度，以利于污染物扩散，降低烟羽的可见度，避免排烟降落液滴。

1. 烟气热交换器的作用

降低吸收塔入口烟温，提高吸收塔排烟温度。

2. 烟囱入口烟温的规定

《火力发电厂烟气脱硫设计技术规范》（DL/T 5196—2004）规定 80℃以上；德国《大型燃烧设备法》规定 72℃以上；英国为 80℃以上；日本为 90~110℃。

3. 烟气再热器

烟气再热器通常有蓄热式和非蓄热式两种形式。蓄热式烟气再热器是通过热载体或载热介质将热烟气的热量传递给冷烟气，它又分为气-气换热器、气-水换热器和蒸发管式换热器。非蓄热式烟气再热器通过蒸汽或天然气燃烧加热冷烟气，这种加热方式投资省但能耗大，适用于脱硫装置年利用率小于4000h的情况。

（1）气-气换热器。气-气换热器（简称GGH）负有双重功能，即烟气冷却和烟气再加热功能。通常，GGH降低进入吸收塔的烟气温度，以利于进行化学反应，同时放出热量，这部分热量用来在换热器的另一侧加热净化后的低温烟气。气-气换热装置有回转式GGH和管式GGH两种形式。回转式GGH结构见图2-31。管式GGH和汽轮机设备中的热交换器类似。

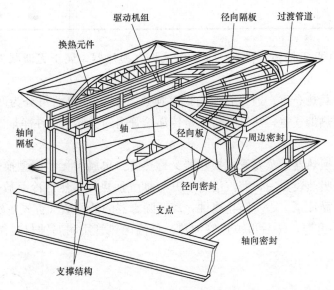

图 2-31　回转式 GGH 的结构

回转式GGH工作原理和结构类似于电站锅炉的回转式空气预热器，利用未脱硫的热烟气通过平滑的或带波纹的金属薄片或载热体加热脱硫后的冷烟气。但工作条件要比锅炉的空气预热器好得多，灰尘少、温度低、变形小、漏风率大大降低。但GGH的传热元件需要由防腐材料制成，烟气进出口均需防腐处理。另外，为了尽量减少原烟气泄漏到净烟气侧，需要设计性能良好的密封装置并采用空气置换转动部分携带的烟气，可以使换热器的漏风率小于0.5%。这种加热器的主要缺点是粉尘的黏附与堵塞，以及热烟气会在蓄热元件上冷凝出部分硫酸并带到烟气中，因此需配备清洗装置（压缩空气、低/高压水）。

带旋转蓄热格仓的回转式GGH较为常用。该设备通过蓄热元件在热气侧和冷气侧进行热交换，热气侧是从锅炉来的未经处理的原烟气，冷气侧是吸收塔来的处理过的净烟气，GGH壳体由净烟气通道和脏烟气通道分隔开来，蓄热元件在GGH外壳内连续旋转。当原烟气经过蓄热元件时，热量从烟气向蓄热元件传递，烟气温度降低，当净烟气经过热气侧内已蓄热的元件时，热量向烟气侧传递，烟气温度升高。为了防止烟气泄漏，以及保持密封状态，安装了GGH密封风机和GGH扫气风机。同时，为防止蓄热元件被烟气中的灰尘堵塞，还安装了冲洗装置及附属设备。GGH冲洗系统有三种形式见表2-3。

表 2-3 GGH 冲洗系统的三种形式

形式	使用工质	频率	相关设备
吹灰	压缩空气	连续	吹灰器
在线冲洗	高压水＋压缩空气	GGH 元件差压升至 "H" 报警位时	GGH 高压泵 在线冲洗装置 吹灰器
离线冲洗（固定冲洗）	低压水	定期检查时	固定冲洗装置 GGH 冲洗泵 GGH 废水泵 转子驱动装置 气动电动机

(2) 水-汽换热器。水-汽换热器，又称管式烟气换热器，属于无泄漏换热器，需要循环水泵，见图 2-32。

管内循环水为载热介质，通过管壁与烟气换热。水-汽换热器可分为两部分，即热烟气室和净烟气室。在热烟气室，热烟气将热量传递给管内的循环水，在净烟气室，净烟气将热量吸收。

(3) 蒸发管式换热器。蒸发管式换热器又称热管，也属于无泄漏型换热器，如图 2-33 所示。管内的水在吸热段蒸发，蒸汽沿管上升至烟气加热区，然后冷凝放热加热低温烟气。这种换热器不需要循环泵。为了防止腐蚀，离开除雾器的低温烟气首先在耐腐蚀材料制造的蒸气-烟气加热器中升温，然后再被热管加热。低温区热管用耐腐蚀材料制造。而高温区用低碳钢制造。

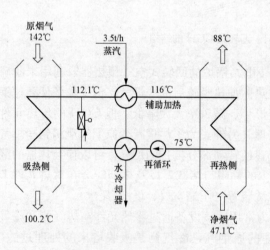

图 2-32 水-汽换热器

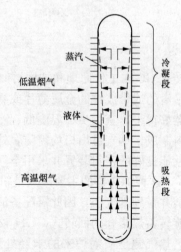

图 2-33 蒸发管式换热器

(4) 气-汽换热器。此种换热器采用管式结构，属于非蓄热式间壁式加热器，如图 2-34 所示，管子为套管结构。蒸汽在内管中自下而上流动，将热量传给套管外流动的烟气，凝结水自上而下依靠重力流至水箱内。管式换热器设备庞大，电耗大，需要消耗蒸汽，应用较

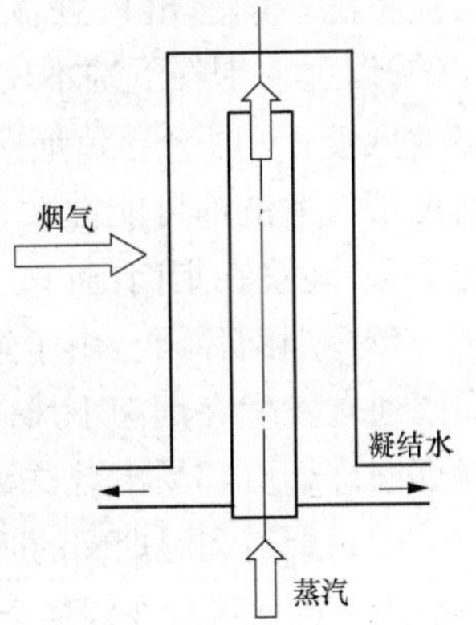

少。回转式换热器应用较多，但会有小部分原烟气泄漏到净烟气中。

烟气换热器的受热面均应考虑防腐、防磨、防堵塞、防粘污等措施，与脱硫烟气接触的壳体也应采取防腐措施，运行中应加强维护管理。烟气换热器前的原烟道可不采取防腐措施。烟气换热器和吸收塔进口之间的烟道以及吸收塔出口和烟气换热器之间的烟道应采用鳞片树脂或衬胶防腐。烟气换热器出口和主机烟道接口之间的烟道宜采用鳞片树脂或衬胶防腐。

用于脱硫装置的回转式换热器漏风率，一般不大于 1%。进行脱硫系统超低排放改造的脱硫系统均取消了回转式换热器，以 MGGH 来代替，将电除尘进口或脱硫进口的热量传递到烟囱入口以提升烟温，这样避免了漏风，降低了 SO_2 的排放。

图 2-34　气-汽换热器套管结构

4. 烟气排放

湿法 FGD 装置烟气排放有两种形式，一是将烟气再热后通过烟囱排放，另一种是不加热直接通过湿烟囱或冷却塔排放。冷却塔排放如图 2-35 所示。

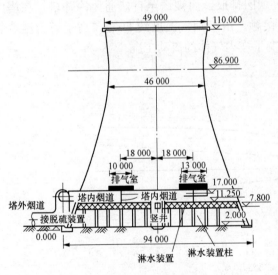

图 2-35　冷却塔排烟示意图

许多电厂的实际运行情况说明，即使烟气再热后，其温度也可能处在酸露点以下，尾部烟道和烟囱的腐蚀仍不可避免。另外，目前运行的 GGH 本身也存在不少技术问题，如泄漏、能源消耗、腐蚀、堵灰等问题，运行维护费用高，造价昂贵。一台 GGH 的价格占整个 FGD 设备投资的 10% 左右。GGH 还需要较大的占地面积和布置空间，一台 300MW 机组 FGD 装置中的回转式 GGH 的传动齿轮直径可达 2～3m，同时 GGH 还是造成 FGD 装置事故停机的主要设备。因此烟气再热并不是经济地解决材料腐蚀的好方法，还需要采用湿烟囱设计。随着除雾器、烟道、烟囱设计的改进和结构材料的发展，从技术和经济

的角度来讲，省去 GGH 是可行的。烟气不经再热，其抬升高度的降低可通过脱硫后烟气中污染物的减少来补偿。

取消 GGH，不但能够降低 FGD 装置初投资，还可以降低 FGD 装置总阻力，降低脱硫风机容量和能耗，可极大地降低运行、维护和检修费用，节省 FGD 装置的占地空间，解决了很大一部分老厂改造空间不足的问题，并且可以大大减少新建电厂预留 FGD 装置的空间。如果利用冷却塔直接排烟，还可省去烟囱的投资。

5. 采用湿烟囱排放应注意的问题

（1）烟气扩散。当风吹过烟囱时，会在烟囱的背风侧产生涡漩，压力较低。如果烟气排出后其动量或浮力不足，就会被向下卷吸进低压涡流中去，这就是所谓的烟流下洗。要防止

烟流下洗，烟囱出口处流速应大于排放口处风速的 1.5 倍，一般在 20～30m/s，烟温在 100℃以上。烟气下洗不仅会造成烟囱腐蚀，而且减弱了烟气扩散，影响周围环境；在环境温度低于 0℃时会导致烟囱结冰。湿烟囱排烟温度低，烟气抬升高度小，垂直扩散速度低，出现烟气下洗的可能性大。增加烟囱出口烟气流速可以减少烟气下洗和增强扩散，有些国家的 FGD 装置在烟囱出口处装设调节门来提高排烟速度。

(2) 烟囱降雨。由于烟气中夹带的液滴在重力作用下降落到地面，形成"降雨"。这种降雨通常发生在烟囱下风向数百米内，有烟气再热器的 FGD 排烟也可能发生这种降雨，但湿烟囱排烟更容易出现这种现象。

(3) 烟道和湿烟囱的防腐。要重视防腐材料的选择，精细施工。用耐酸砖砌成的烟囱，经济适用。目前流行在混凝土烟囱内表面做钢套，钢套内喷涂 1.5mm 厚的乙烯基酯玻璃鳞片树脂，但这种结构仍要受运行温度的限制。用合金钢复合板，维修工作量小，但造价昂贵。

随着脱硫效率的提高，SO_2 的扩散对地面浓度的影响已不再重要，但是，烟气中的 NO_x 等污染物并没有大幅度地减少。因此，在烟气排放系统中，一方面要考虑设备的腐蚀问题，另一方面必须考虑污染物在大气中的输运扩散。

利用冷却塔直接排烟是一种可选择的方法，该方法又称烟塔合一烟气排放技术。如图 2-36 所示，与常规做法不同，烟气不通过烟囱排放，而被送至自然通风冷却塔。在塔内烟气从配水装置上方均匀排放，与冷却水不接触。由于烟气温度约 50℃，高于塔内湿空气温度，发生混合换热现象，混合的结果，改变了塔内气体的流动工况。

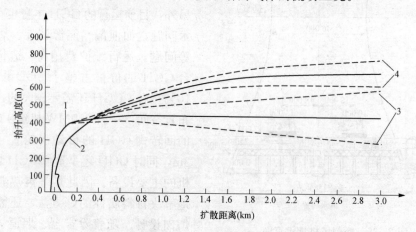

图 2-36　烟塔合一与烟囱排放的烟羽抬升对比
1—烟囱；2—烟塔合一；3—烟囱轮廓线；4—烟塔合一轮廓线

塔内的气体向上流动的原动力是湿空气（或湿空气与烟气的混合物）产生的热浮力，热浮力克服流动阻力而使气体流动。进入冷却塔的烟气密度低于塔内气体的密度，对冷却塔的热浮力产生正面影响。在大多数情况下，混合气体的抬升高度远高于比冷却塔高几十米至 100m 的烟囱，从而促进烟气中污染物的扩散。图 2-36 是某电厂烟塔合一与烟囱排放的烟羽对照结果。其中烟囱标高为 170m，在距离排放点附近抬升很快，之后烟羽中心高度基本停留在 450m，烟羽合一的冷却塔，标高仅 100m，由于其总含热量较大，冷却塔烟羽在距排放原点中等距离处的抬升高度迅速超过烟囱抬升高度，达到 600m，并且仍然缓慢上升，最后在 700m 时升势趋缓，其烟羽轮廓较窄，扩散的距离更远。

6. 脱硫增压风机的设计与选择

脱硫增压风机等设备可根据当地气象条件及设备状况等因素研究可否露天布置。当露天布置时应加装隔音罩或预留加装隔音罩的位置。脱硫增压风机宜装设在脱硫装置进口处，在综合技术经济比较合理的情况下也可以装设在脱硫装置出口处。当条件允许时，也可以与引风机合并设置。脱硫增压风机的布置可以有四种情况（见表 2-4），如图 2-37 所示。

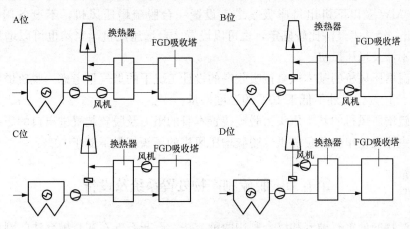

图 2-37 脱硫风机位置的四种设计方案

烟道接口与烟气换热器之间（A 位）、烟气换热器与吸收塔进口之间（B 位）、吸收塔出口与烟气换热器之间（C 位），以及烟气换热器与烟囱之间（D 位）。A 位布置的优点在于增压风机不需要防腐；B 位和 C 位布置主要用于采用回转式烟气换热器时减少加热器净烟气和原烟气之间的压差，在要求很高的脱硫率时，减少烟气泄漏带来的负面影响，但是风机需要采用防腐材料，价格昂贵；D 位布置的电耗较低，但是需要采用一些防腐措施和避免石膏结垢的冲洗设施。目前 A 位布置采用得比较多，国内仅珞璜电厂采用了 D 位布置的风机。

表 2-4　　　　　　　　　　脱硫风机位置四种设计方案的比较

风机位置	A	B	C	D
烟气温度（℃）	100~150	70~110	45~55	70~100
磨损	少	少	无	无
磨蚀	无	有	有	无
沾污	少	少	有	无
漏风率（%）	3.0	0.3	0.3	3.0
能耗（%）	100	90	82	95

由于脱硫后烟囱进口的净烟气温度比原烟气低，烟囱的自拔力相应减少，增压风机的压头应考虑此项因素。脱硫装置的进口压力参数应采用脱硫装置的原烟气烟道与主机组烟道口处的压力参数，而不是引风机出口的压力参数。脱硫装置的出口压力参数原则上也应采用脱硫装置的净烟气烟道与主机组烟道接口处的压力参数，而不是完全等同于烟囱进口的压力参数，烟囱进口的压力参数应考虑脱硫后烟温降低导致烟囱自拔力减少，其进口压力应相应增大的因素经核算后由设计单位提供。

增压风机布置在脱硫装置出口时，烟气中的雾滴易在风机上造成结垢，因此对除雾器的除雾效率要求较高。

脱硫增压风机的形式、台数、风量和压头应按以下要求选择：

（1）大容量吸收塔的脱硫增压风机宜选用静叶可调轴流式风机或高效离心风机。当风机进口烟气含尘量能满足风机要求，且技术经济比较合理时，可采用动叶可调轴流式风机。

（2）300MW 及以下机组每座吸收塔宜设置一台脱硫增压风机，不设备用。对 600～900MW 机组，经技术经济比较确定，也可以设置 2 台增压风机。当然也可以增加送、引风机的出力而不涉及增压风机。

（3）脱硫增压风机的基本风量按吸收塔的设计工况下的烟气量考虑。脱硫增压风机的风量裕量不低于 10%，另外不低于 10℃的温度裕量。

（4）脱硫增压风机的基本压头为脱硫装置本身的阻力及脱硫装置进出口的压差之和。进出口压力由主体设计单位负责提供。脱硫增压风机的压头裕量不低于 20%。

第五节　脱硫副产物处置系统及设备

脱硫副产物的处置有抛弃和综合利用两种方法。石灰石（石灰）抛弃法的副反应产物是未氧化的亚硫酸钙（$CaSO_3 \cdot 1/2H_2O$）与自然氧化产物石膏（$CaSO_4 \cdot 2H_2O$）的混合物。这种固体形式的废物无法利用只有抛弃，故称为抛弃法。抛弃法有石灰石抛弃和石灰抛弃两种形式，分别见图 2-38 和图 2-39。

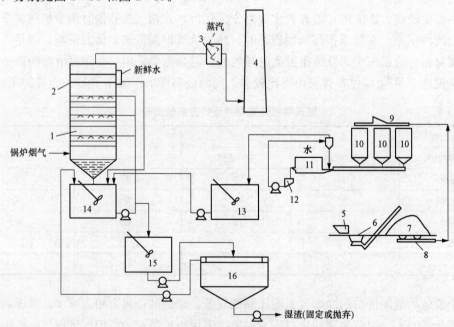

图 2-38　典型石灰石抛弃法脱硫系统图

1—吸收塔；2—除雾器；3—换热器；4—烟囱；5—给料器；6—运输机；7—石灰石料箱；

8—进料器；9—自动倾卸运送器；10—储灰仓；11—水箱；12—钢球磨；13—新调制浆供槽；

14—循环槽；15—均衡槽；16—沉淀器

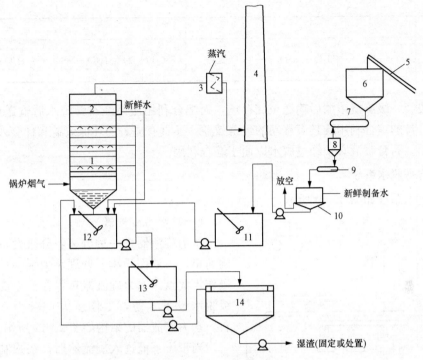

图 2-39　典型石灰抛弃法脱硫系统图

1—吸收塔；2—除雾器；3—换热器；4—烟囱；5—封闭式运送器；6—石灰储槽；

7—输送皮带；8—石灰料灰；9—涡轮运送器；10—熟化器；11—新鲜石灰浆供料槽；

12—循环槽；13—均衡槽；14—沉淀槽

由于烟气中还存在部分的氧，因此部分已生成的 $CaSO_3 \cdot 1/2H_2O$ 还会进一步氧化而生成石膏：

$$2CaSO_3 \cdot \frac{1}{2}H_2O + O_2 + 3H_2O \rightarrow CaSO_4 \cdot 2H_2O$$

表 2-5 中两种脱硫剂的反应机理说明了其脱硫反应所必须经历的化学反应过程。其中最关键的反应是钙离子的形成。这一关键步骤也突出了石灰石系统和石灰系统的一个重要区别：石灰石系统中，钙离子的产生与氢离子的浓度和碳酸钙的存在有关；而在石灰系统中，钙离子的产生仅与氧化钙的存在有关。因此，石灰石系统在运行时其 pH 值比石灰系统的低。美国国家环保局的实验表明，石灰石系统的最佳操作 pH 值为 5.8～6.2，而石灰系统约为 8。

表 2-5　　　　　　　　　石灰石（石灰）抛弃法烟气脱硫反应机理比较

脱硫剂	石灰石	石灰
反应机理	SO_2（气）$+H_2O \rightarrow SO_2$（液）$+H_2O$ SO_2（液）$+H_2O \rightarrow H^+ + HSO_3^-$ $H^+ + CaCO_3 \rightarrow Ca^{2+} + HCO_3^-$ $Ca^{2+} + HSO_3^- + \frac{1}{2}H_2O \rightarrow CaSO_3 \cdot \frac{1}{2}H_2O + H^+$ $H^+ + HCO_3^- \rightarrow H_2CO_3$ $H_2CO_3 \rightarrow CO_2 + H_2O$	SO_2（气）$+H_2O \rightarrow SO_2$（液）$+H_2O$ SO_2（液）$+H_2O \rightarrow H^+ + HSO_3^-$ $CaO + H_2O \rightarrow Ca(OH)_2$ $Ca(OH)_2 \rightarrow Ca^{2+} + 2OH^-$ $Ca^{2+} + HSO_3^- + \frac{1}{2}H_2O \rightarrow CaSO_3 \cdot \frac{1}{2}H_2O + H^+$ $2H^+ + 2OH^- \rightarrow 2H_2O$

续表

脱硫剂	石灰石	石灰
总反应	$CaCO_3+SO_2+\frac{1}{2}H_2O \rightarrow CaSO_3 \cdot \frac{1}{2}H_2O+CO_2$	$CaO+SO_2+H_2O \rightarrow CaSO_3 \cdot \frac{1}{2}H_2O+\frac{1}{2}H_2O$

抛弃法经一级旋流浓缩后输送至储存场，而综合利用法是经石膏脱水后输送至储存场。由于脱硫石膏的综合利用既具有移动的经济效益，又具有显著的环保效益和社会效益，因而被广泛采用。石膏浆液必须经过脱水以便于综合利用。

一、石膏脱水系统

石膏脱水系统如图 2-40 所示。

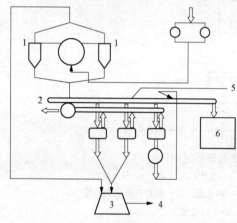

图 2-40　石膏脱水系统示意图

1—水力旋流分离器；2—皮带过滤器；3—中间储箱；
4—废水；5—工艺过程用水；6—石膏储仓

(一) 水力旋流器

水力旋流器是一种分离、分级设备，具有结构简单、占地面积小、处理能力强、易于安装和操作等优点。水力旋流器布置在真空皮带机等二级脱水设备上游，工作压力一般为 0.2MPa 左右。水力旋流器的结构如图 2-41 所示。

当带压浆液进入旋流器后，在强制离心沉降的作用下，大小颗粒实现分离过程。旋流器的进料口起导流作用，减弱因流向改变而产生的紊流扰动。柱体部分为预分离区，在这一区域，大小颗粒受离心力作用，而由外向内分散在不同的轨道，为后期的离心分离提供条件；锥体部分为主分离区，浆液受渐缩器壁的影响，逐渐形成内、外旋流，大小颗粒之间发生分离；溢流口和底流口分别将溢流和底流顺利导出，并防止两者之间的掺混。

旋流器的处理量表示为来流体积流量，表征旋流器在操作条件下对浆液的处理能力。处理量与压力降、设备直径有关。当选择较大的入口及溢流口直径时，旋流器的处理能力也有所增加。

分离粒度是表征旋流器性能的重要参数之一。旋流器的分离粒度定义为质量分布累计频率为 50% 的点所对应的颗粒粒径，记为 d50，用来表征一个旋流器所能达到的分离效果。即粒径为 d50 的颗粒经旋流器分离后，有 50% 进入溢流，50% 进入底流，而大于此粒径的颗粒多半进入底流，小于此粒径的多半进入溢流。减小 d50，则大颗粒在底流的回收率提高，同时小颗粒在溢流的回收率提高，大小颗粒之间实现更好的分离，旋流器分级效率更高。减小 d50 有两种途径：①提高旋流器入口压力，②选用小直径设备。

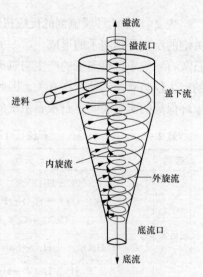

图 2-41　水力旋流器结构

在石灰石湿法 FGD 装置中，石膏旋流器的溢流被送回吸收塔内，底流进入真空脱水皮带机，其固相小颗粒在溢流和底流中的分配，影响着整个系统的正常运行。因此，石膏旋流器的设计选型必须慎重。

旋流器设计选型的主要任务是选定旋流器的直径和入口压力，而这两个参数综合起来，就是选定其分离粒度 d50。分离粒度由设备压力降、外形尺寸及浆液物理性质等因素决定，选择石膏旋流器的关键是确定合理的分离粒度。在分离粒度差别不大的条件下，为防止设备磨损，降低工程造价，应优先选用压力较小而设备直径较大的方案。

湿法 FGD 装置产生的石膏是酸性浆液，因此，设备应选用碳钢衬胶或聚氨酯材料。在磨损剧烈的局部，如底流口，可采用碳化硅材料。

（二）石膏脱水机

石膏浆液经水力旋流器浓缩后，仍有 40％～50％ 的水分，为进一步降低石膏含水率，要进行二级脱水处理。二级脱水设备主要有真空皮带脱水机、真空筒式脱水机、离心筒式脱水机和离心螺旋式脱水机，见图 2-42～图 2-45。

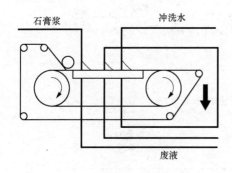

图 2-42 真空带式过滤机

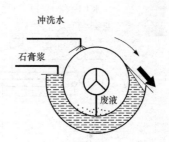

图 2-43 真空筒式脱水机

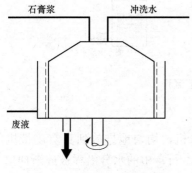

图 2-44 离心式脱水机图

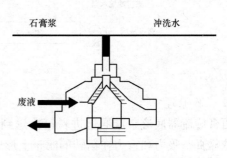

图 2-45 螺旋离心式脱水机

为除去石膏中的可溶性成分（特别是氯离子），使其含量满足标准要求，在脱水过程中，需用清水冲洗石膏。真空皮带脱水机的耗水量最少，因为一部分冲洗废液又回到系统中。离心式脱水机的废液中含有较多的固态物，较浑浊。相反，真空式脱水机的废液较清。它们的性能和脱水效果见表 2-6。

表 2 - 6　　　　　　　　　　　　　　石膏脱水机性能比较

脱水机类型		出力	投资	运行费用	石膏含水量	耗水量	废液
真空式	皮带脱水机	1.1t/（m²·h）	低	低	8～10	低	清
	筒式脱水机	1.1t/（m²·h）	低	低	10～12	中等	清
离心式	筒式脱水机	≤3.5t/h	高	高	6～8	高	浑浊
	螺旋式脱水机	20t/h	中等	中等	7～10	高	浑浊

从表 2-6 可以看出，真空皮带脱水机的脱水性能以及投资和运行费用均好于其他脱水机。因此我国所有石灰石湿法 FGD 装置均采用水平真空皮带脱水机作为二级脱水设备。采用水平真空皮带脱水机的石膏脱水工艺流程如图 2-46 所示。

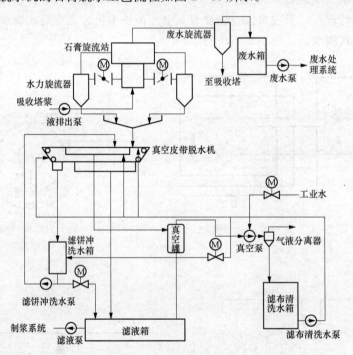

图 2-46　石膏脱水工艺流程

1. 工作原理

石膏旋流器底流浆液通过进料箱输送到皮带脱水机，均匀地排放到真空皮带机的滤布上，依靠真空吸力和重力在运转的滤布上形成石膏饼。石膏中的水分沿程被逐渐抽出，石膏饼由运转的滤布输送至皮带机尾部，落入石膏仓。皮带转到下部，滤布冲洗喷嘴将滤布清洗后，再转回到石膏进料箱的下部，开始新的脱水工作循环。滤液收集到滤液水箱。从脱水机吸来的大部分空气经真空泵排到大气中去。

2. 真空皮带脱水机的主要部件及功能

（1）脱水皮带。脱水皮带是连接真空盘和滤盘表面的皮带，皮带上的脱水孔为滤布上面的水和空气提供了通道。一旦皮带跑偏，在皮带两侧的安全限位开关会停止驱动电动机。

（2）皮带轮。具有驱动皮带、张紧皮带、支撑和校正皮带等功能，一个皮带轮用来驱动脱水皮带，驱动皮带轮带动皮带经过真空盘进行转动尾部皮带轮张紧和校准皮带，所有皮带轮从尾部对皮带进行校准。

（3）脱水机电动机。脱水机电动机转速用来控制滤饼厚度和脱水速率，其速度由电动机变频器进行控制调整。

（4）皮带滑动支撑装置。皮带滑动支撑装置起支撑皮带作用，它配备水力润滑系统以减少皮带滑动支撑与皮带之间的摩擦。

（5）滤布转轴和皮带支撑转轴。支撑皮带和滤布转动。

（6）滤布校正器。用来控制脱水机滤布中心位置。

（7）皮带推力轴装置。用来停止皮带跑偏。

（8）真空盘。真空盘采用不锈钢、玻璃钢或高密度聚氯乙烯制造，布置在皮带下面，其干燥孔位于输送皮带中央，作为皮带和滤布脱水滤液的排放通道。在水平的方向上有一狭长槽，通过此槽将滤液排走。滤液在真空罐内进行收集，真空盘配备较低积水设备。真空盘还配备水力润滑系统，用来减小皮带和真空盘的摩擦。在真空盘外侧贴有封条，由高防水、摩擦小的材料制成，可以更换。

（9）空气室。通过空气室供给空气浮力，支撑输送皮带。低压空气分布在输送皮带的宽度和长度多覆盖的区域内，使输送皮带的拖缀减小到最低程度。

（10）滤布。用于石膏脱水，形成石膏滤饼。滤布紧贴在输送皮带上面，能够连续地过滤和清洗，以便恢复滤布的脱水能力。

（11）滤布张紧装置。通过包含全封闭位置传感器的一种回路，有张紧轮、张紧滚动轴承组成，利用重力作用对滤布张紧。

（12）进料口。石膏浆液进料。

真空皮带脱水机的滤布和皮带与底槽之间密封。通过滤饼冲洗水泵冲洗脱水机上的石膏滤饼以去除杂质，同时在滤液箱中配有滤液冲洗水箱搅拌器，缓冲池中配有缓冲池搅拌器，防止沉淀。

存储在缓冲池中的水力旋流器的上层稀石膏浆液，泵入废水旋流器。废水旋流器按粒度对浆液分层，下层浓石膏浆液被送至吸收塔，上层稀石膏浆液被送至废水箱。

含有废弃成分的废水经废水泵送至废水处理系统。脱硫系统产生的废水有排放的废水或者是水力旋流分离器的溢流水，或者是皮带过滤机第一段的过滤水，这部分水需通过废水处理装置。废水排放量与氯离子含量有关，一般应控制氯离子质量浓度小于 20 000mg/L。常见的脱硫废水处理系统见图 2-47。

脱水后的石膏进入石膏仓中，然后运出。

二、脱硫副产物处置系统设计

脱硫工艺应尽量为脱硫副产物的综合利用创造条件。目前脱硫石膏的综合利用主要有做建筑石膏和水泥添加剂两种形式。做建筑石膏时均需要煅烧，必要时在煅烧前还需要干燥，因此，石膏含水量的多少主要根据干燥设备的能耗确定，一般宜小于 10% 以减少干燥能耗。用于水泥添加剂时有两种情况，做高标号水泥时仍需要通过煅烧、成型，要求和用于建筑石膏时相同；另一种情况是直接添加在水泥中，此时石膏的含水量一般应控制在 15% 以下。

若脱硫副产物暂无综合利用条件时，可经一级旋流浓缩后输送至储存场，也可经脱水后输送至储存场，但宜与灰渣分别堆放，留待以后综合利用，并应采取防止副产物造成二次污

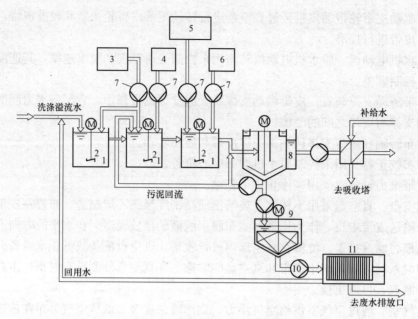

图 2-47　典型脱硫废水处理系统图

1—废液槽；2—搅拌装置；3—氢氧化钙；4—氧化铁；5—絮凝剂；6—TMT15；7—泵；
8—澄清槽；9—存储槽；10—高压泵；11—室式压滤机

染的措施。

当采用相同的湿法脱硫工艺系统时，300MW 及以上机组石膏脱水系统宜每两台机组合用一套。当规划容量明确时，也可多炉合用一套。对于一台机组脱硫的石膏脱水系统，宜配置一台石膏脱水机，并相应增大石膏浆液箱容量。200MW 及以下机组可全厂合用。

每套石膏脱水系统宜设置两台石膏脱水机，单台设备出力按设计工况下石膏产量的 75% 选择，且不小于 50% 校核工况下的石膏产量。对于多炉合用一套石膏脱水系统时，宜设置 $n+1$ 台石膏脱水机，n 台运行，1 台备用。在具备水力输送系统条件下，石膏脱水机也可根据综合利用条件先安装 1 台，并预留在上 1 台所需的位置。此时，水力输送系统的能力按全容量选择。

脱水后的石膏可在石膏筒仓内堆放，也可堆放在大石膏储存间内。筒仓或石膏储存间的容量应根据石膏的输送方式确定，但不小于 12h 的石膏容量。石膏仓应采取防腐措施和防堵措施。在寒冷地区石膏仓应采取防冻措施。

石膏仓或石膏储存间宜与石膏脱水车间紧邻布置，并应设顺畅的汽车运输通道。石膏仓下面的净空高度不应低于货车车厢高度 4.5m。

第六节　检测仪表

脱硫装置运行控制的目的是提高脱硫效率、降低石灰石消耗、保证装置的安全与经济运行。虽然脱硫装置的运行控制远不如火电厂热力设备的控制复杂，但是，在运行参数检测、控制指标上有其特殊性，更具有化工过程控制的特点。

在石灰石湿法烟气脱硫装置的运行中，需要检测与控制的参数，除了温度与压力外，还包括浆液流量、液位、烟气成分（SO_2、CO、O_2、NO_x、CO_2等）、烟尘浓度和浆液 pH 值、浆液浓度等物性参数。

由于脱硫装置中的某些被控对象具有较大的迟延和惯性，因此，在控制系统的设计中必须考虑这一特性。脱硫装置的动态特性主要反映在大量液固物料所具有的质量惯性和化学反应惯性上，基本与蓄热量无关，这与火电厂热力设备的动态特性不同。另外，控制系统的设计不仅要考虑脱硫装置本体的特点，还需要考虑脱硫装置的运行对锅炉发电机组的影响。

现代大型火电厂的烟气脱硫装置均采用与当前自动化水平相符、与机组自动化水平一致的分散控制系统（DCS），实现脱硫装置启动、正常运行工况的监视和调整、停机和事故处理。其功能包括：数据采集与处理（DAS）、模拟量控制（MCS）、顺序控制（SCS）及连锁保护、脱硫变压器和脱硫厂用电源系统监控等。

燃煤电厂烟气脱硫的辅助系统一般采用专用就地控制设备，即程序控制器（PLC）加上位机的控制方式，包括：石灰石或石灰石粉卸料和存储控制、浆液制备系统控制、皮带脱水机控制、石膏存储和石膏处理控制、脱硫废水控制、GGH 的控制。

脱硫工艺的顺序控制功能可纳入脱硫分散控制系统，也可采用可编程控制器来实现。

脱硫装置均采用集中控制方式，新建电厂的脱硫装置控制纳入机组单元控制室，已建电厂增设的脱硫装置采用独立控制室，脱硫集中控制均以操作员站作为监视控制中心。

一、运行参数检测与测点布置

（一）脱硫装置运行参数检测的特点

运行参数的检测是脱硫装置自动控制系统的一个基本组成环节。脱硫装置的工作过程实质上是一典型的化工过程，因此，其运行参数的检测与控制均与化工过程参数的检测与控制类似，而与火电厂热力设备明显不同。

脱硫装置运行中需要检测的过程参数包括温度、压力、流量、液位、烟气成分、石灰石浆液与石膏浆液 pH 值、浆液浓度（或密度）等。

温度、压力与流量参数的检测在火电厂热力设备中广泛采用，在脱硫装置中这类参数的测量原理与方法没有明显区别，且不涉及高温、高压条件下的参数检测。不同之处主要是脱硫装置运行中需要测量、控制高浓度石灰石、石膏浆液，参数检测时，需要考虑被测介质的氧化性、腐蚀性、高黏度、易结晶、易堵塞等特殊性。例如，在浆液温度检测时，需要选择适当的保护套管、连接导线等附件；测量腐蚀性、黏度大或易结晶的介质压力时，必须在取压装置上安装隔离罐，利用隔离罐中的隔离液将被测介质与压力检测元件隔离开来，以及采取加热保温等措施。测量石灰石、石膏浆液的流量时，需要采用适合于高浓度固液两相流的测量装置。

各个参数的具体检测系统由被测量、传感器、变送器和显示装置组成。传感器又称为检测元件或敏感元件，它直接响应被测量，经能量转换并转化成一个与被测量成对应线性关系的便于传输的信号，如电压、电流、电阻、力等。从自动控制的角度，由于传感器的输出信号往往很微弱，一般均需要变送环节的进一步处理，把传感器的输出转换成如 $0\sim10\text{mA}$ 或者 $4\sim20\text{mA}$ 等标准统一的模拟信号或者满足特定标准的数字量信号，这种仪表称为变送器，变送器的输出信号或送到显示仪表，把被测量值显示出来，或同时送到控制系统对其进行控制。

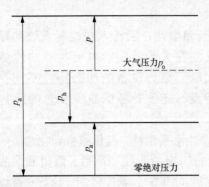

图 2-48 绝对压力、表压力、真空度的关系

（二）主要参数的检测原理与仪表

此处不再讲述与火电厂热力设备常规检测类似的温度检测。压力与流量的检测主要介绍其在脱硫装置中应用的特点。

1. 压力（压差）检测

压力的表示方法有三种：绝对压力 p_a，表压力 p，负压或真空度 p_h。绝对压力为物体所受的实际压力；表压力是指一般压力仪表所测得的压力，为高于大气压力的绝对压力与大气压力之差；真空度是指大气压与低于大气压的绝对压力之差，也称为负压，其关系如图 2-48 所示。

在国际单位制中压力的单位是帕斯卡，简称帕，用符号 Pa 表示。在工程上还在一定程度上使用工程大气压、巴、毫米汞柱、毫米水柱等，表 2-7 为各单位的换算关系。

表 2-7　　　　　　　　　　　压力单位的换算关系

单位	帕 （Pa）	巴 （bar）	毫米水柱 （mmH$_2$O）	标准大气压 （atm）	工程大气压 （at）	毫米汞柱 （mmHg）
帕（Pa）	1	1×10^{-5}	$1.019\,716 \times 10^{-1}$	$0.986\,923 \times 10^{-5}$	$1.019\,716 \times 10^{-5}$	$0.750\,06 \times 10^{-2}$
巴（bar）		1	$1.019\,716 \times 10^{-4}$	$0.986\,923$	$1.019\,716$	$0.750\,06 \times 10^{3}$
毫米水柱 （mmH$_2$O）	$0.980\,665 \times 10$	$0.980\,665 \times 10^{-5}$	1	$0.967\,841 \times 10^{-4}$	1×10^{-4}	$0.735\,559 \times 10^{-1}$
标准大气压 （atm）	$1.013\,25 \times 10^{5}$	$1.013\,25$	$1.033\,227 \times 10^{4}$	1	$1.033\,227$	0.76×10^{3}
工程大气压 （at）	$0.980\,665 \times 10^{5}$	$0.980\,665$	1×10^{4}	$0.967\,841$	1	$0.735\,559 \times 10^{3}$
毫米汞柱 （mmHg）	$1.333\,224 \times 10^{2}$	$1.333\,224 \times 10^{-3}$	$1.359\,51 \times 10$	$1.315\,79 \times 10^{-3}$	$1.359\,51 \times 10^{-3}$	1

工业上常用的压力检测，根据敏感元件和转换原理的不同可分为以下几种：

（1）液柱式压力检测。根据流体静力学的原理，把被测压力转换成液柱高度，一般采用充有水或水银等液体的玻璃 U 形管或单管进行测量。具有直观、可靠、准确度较高等优点，常用于较低压力、负压或压差的检测，也是科学和实验研究中常用的压力检测工具。

（2）弹性式压力检测。根据弹性元件受力变形的原理，将被测压力转换成位移进行测量，弹性元件在弹性限度内受压后会产生变形，变形的大小与被测压力成正比关系，如图 2-49 所示。工业上常用的弹性元件有膜片（平薄膜与波纹薄膜）、波纹管和弹簧管（单圈与多圈）等。利用膜片作为弹性元件的压力表需要与转换环节联合使用，将压力转换成电信号，例如，膜盒式差压变送器、电容式压力变送器等；而以波纹管和弹簧管作为弹性元件的压力表可直接显示数据。

（3）电气式压力检测。利用敏感元件将被测压力直接转换成各种电量进行测量，如电阻、电荷量等。工业常用的有应变式压力传感器和压阻式压力传感器。应变式压力传感器的

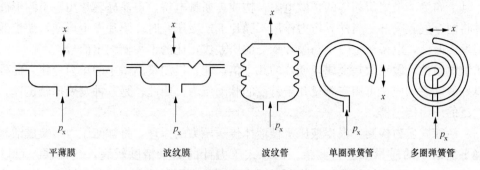

图 2-49 弹性式压力检测仪表的弹性元件示意图

敏感元件为应变片，是由金属导体或者半导体材料制成的电阻体。应变片基于应变效应工作，当它受到外力作用产生形变时，其阻值也将发生相应的变化。在应变片的测压范围内，其电阻值的相对变化量与应变系数成正比，即与被测压力之间具有良好的线性关系。应变片粘贴在弹性元件上，当弹性元件受压变形时带动应变片也发生变形，其电阻值发生变化，通过电桥输出测量信号。图 2-50 是应变式压力传感器的原理。

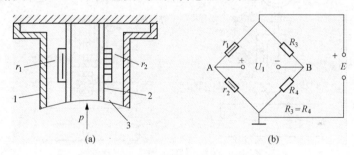

图 2-50 应变式压力传感器示意图
1—外壳；2—弹性筒；3—膜片

应变片 r_1、r_2 的静态特性相同，r_1 轴向粘贴，r_2 径向粘贴，当膜片受到外力作用时，弹性筒轴向受压，r_1 产生轴向应变，阻值变小；而 r_2 受到轴向压缩，引起径向拉伸，阻值变大，测量电桥中，r_1 和 r_2 一增一减，电桥输出电压 U_1。

压阻式压力传感器是根据电阻压阻效应原理制造的，其压力敏感元件就是在半导体材料的基片上利用集成电路工艺制成的扩散电阻，当它受到外力作用时，扩散电阻的阻值由于电阻率的变化而改变，扩散电阻一般也要依附于弹性元件才能正常工作。压阻式传感器的基片材料为单晶硅片，单晶硅具有纯度高、稳定性好、功耗小、滞后和蠕变小等特点。

压阻式压力传感器的结构见图 2-51。它的核心部分是一块圆形的单晶硅

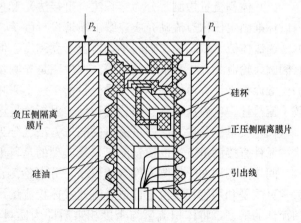

图 2-51 压阻式压力传感器结构

膜片，其上布置4个阻值相等的扩散电阻，构成惠斯顿电桥。单晶硅膜片用一个圆形硅杯固定，并将两个气腔隔开。当外界压力作用于膜片上产生压差时，膜片发生形变，使扩散电阻的阻值发生改变，电桥产生一个与膜片承受的压差成正比的不平衡输出信号。

扩散电阻的灵敏系数是金属应变片的几十倍，能直接测量出微小的压力变化，此外，还具有良好的动态响应，可用来测量几千赫兹的脉动压力。因此，是一种发展比较迅速，应用十分广泛的压力传感器。

（4）活塞式压力检测。根据液压机械液体传送压力的原理，将被测压力转换成活塞面积上所加平衡砝码的质量来进行测量。活塞式压力计的测量精度较高，允许误差可以小到 $0.05\% \sim 0.02\%$，普遍被用作标准仪器对压力检测仪表进行检定。测量腐蚀性、黏度大或易结晶的介质压力时，如吸收塔液位或输送石灰石、石膏浆液管道上的压力，均必须在取压装置上安装隔离罐，使罐内和导压管内充满隔离液，利用隔离罐中的隔离液将被测介质与压力检测元件隔离开来，必要时可采用加热保温措施，如图2-52所示。

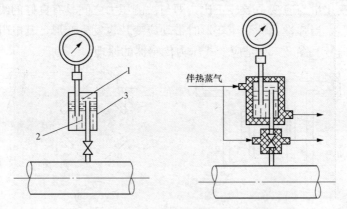

图2-52　带隔离罐取压装置的压力仪表安装
1—被测介质；2—隔离液；3—隔离罐

测量含尘介质压力时，应在取压装置后安装一个除尘器。

2. 流量检测

脱硫装置中的物料均通过管道输送，流量检测方法有以下几种：

（1）体积流量检测。分为容积法（直接法）和速度法（间接法）。容积法是在单位时间内以标准固定体积对流动介质连续不断地进行度量，以排出流体的固定容积来计算流量。该方法受流体流动状态的影响较小，适合于高黏度、低雷诺数的流体。此类流量检测仪表主要有椭圆齿轮流量计、刮板流量计等。速度法是先测量出管道内的流体平均流速，再乘以管道的横截面积来计算流体的体积流量。目前工业上采用的此类检测仪表主要有节流式流量计、转子流量计、电磁流量计、涡轮流量计、涡街流量计、超声波流量计等。

（2）质量流量检测。质量流量的测量方法也分为直接与间接法。直接法质量流量计利用检测元件直接测量流体的质量流量，最典型的是科里奥利力式质量流量计。

间接法利用两个检测元件（或仪表）分别检测出两个参数，通过运算，间接得到流量。较常见的是利用容积式流量计或者流速式体积流量计检测流体的体积流量，再配以密度计检测流体的密度，将体积流量与密度相乘后即为质量流量。也有基于热力学的原理，建立温度、压力与流体密度间的数学关系，根据连续检测流体的温度与压力计算出流体密度，再将体积流量与密度相乘后得到质量流量。

以下简单介绍火电厂热力设备中较少被采用，但常用于脱硫装置运行参数检测的几种流量计的基本原理。

（1）电磁流量计。电磁流量计适用测量封闭管道中导电液体或浆液的体积流量，如各种酸、碱、盐溶液，腐蚀性液体以及含有固体颗粒的液体（泥浆、矿浆及污水等），被测流体的导电率不能小于水的导电率；但不能检测气体、蒸汽和非导电液体。在石灰石湿法烟气脱硫装置中，电磁流量计被用于石灰石、石膏浆液体积流量的检测，与密度计联合使用能够检测质量流量。

电磁流量计检测原理如图 2 - 53 所示，其测量原理基于法拉第电磁感应原理：导电液体在磁场中以垂直方向流动而切割磁力线时，就会在管道两侧与液体直接接触的电极中产生感应电势，其感应电势 E_x 的大小与磁场的强度、流体的流速和流体垂直切割磁力线的有效长度成正比，即

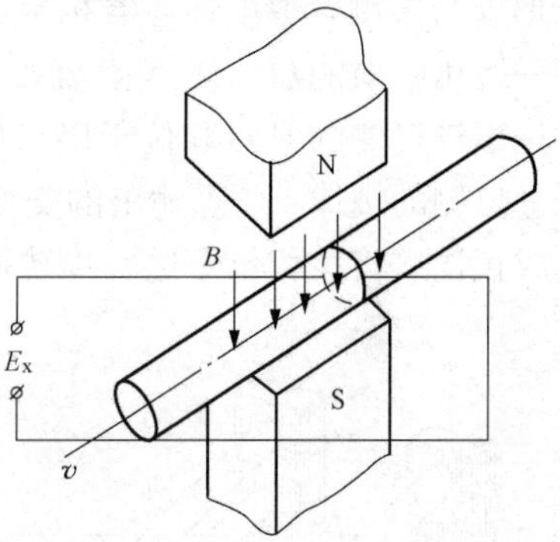

$$E_x = kBDv$$

式中　k——仪表常数；

　　　B——磁感应强度；

　　　v——测量管道截面内的平均流速；

　　　D——测量管道截面的内径。

图 2 - 53　电磁式流量检测原理

体积流量 q_v 计算式可写为

$$q_v = \frac{\pi D}{4Bk} E_x$$

由于电磁流量计无可动部件与突出于管道内部的部件，因而压力损失很小；导电性液体的流动感应出的电压与体积流量成正比，且不受液体的温度、压力、密度、黏度等参数的影响。

（2）科里奥利力式质量流量计。此类型的质量流量计是直接式质量流量检测方法中最为成熟的，通过检测科里奥利（Coroilis）力来直接测出介质的质量流量。科里奥利力式质量流量计是利用处于一旋转系中的流体在直线运动时，产生与质量流量成正比的科里奥利力（简称科氏力）的原理制成的一种直接测量质量流量的新型仪表。图 2 - 54 为演示科氏力的演示实验，将充水的软管两端悬挂于一固定原点，并自然下垂成 U 形。当管内的水不流动时，U 形管处于垂直于地面的同一平面，如果施加外力使其左右摇摆，则两管同时弯曲，且保持在同一曲面上，如图 2 - 54（a）所示。如果使管内的水连续地从一端流入，从另一端流出，当 U 形管受外力作用左右摇摆时，它将发生扭曲，但扭曲的方向总是出水侧的摆动要早于入水侧，如图 2 - 54（b）与（c）所示，这就是科氏力作用的结果。U 形管左右摇摆可视为管子绕着原点旋转，当一个水质点从原点通过管子向远端流动时，质点的

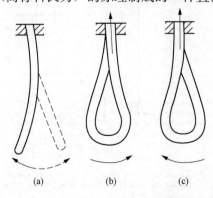

(a)　(b)　(c)

图 2 - 54　科氏力的演示实验

59

线速度由零逐渐加大，也就是说该水质点被赋予能量，随之而产生的反作用力将使管子的摆动的速度减缓，即管子运动滞后。

相反，当一个水质点从远端通过管子向原点流动时，即质点的线速度由大逐渐减小趋向于零，也就是说质点的能量被释放出来，随之而产生的反作用力将使管子的摆动速度加快，即管子运动超前。使管子运动速度发生超前或滞后的力就称为科氏力。

管子摆动的相位差大小取决于管子变形的大小，而管子变形的大小仅仅取决于流经管外的流体质量的大小。这就是利用科氏力直接测量流体质量流量的理论基础。

科里奥利力式质量流量计应用最多的是双弯管形的，其结构示意见图 2-55。一根金属 U 形管与被测管道由连通器相接，流体按箭头方向分别通过两路弯管。在 A、B、C 三点各有一组压电换能器，在 A 点外加交流电产生交变力，使两个 U 形管彼此一开一合地振动，在位于进口侧的 B 点和位于出口侧的 C 点分别检测两管的振动幅度。根据出口侧相位超前于进口侧的规律，C 点输出的交变电信号超前于 B 点某一相位差，此相位差的大小与质量流量成正比。将该相位差进一步转换为直流 4～20mA 的标准信号，就构成了质量流量变送器。

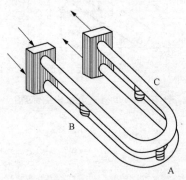

图 2-55　双弯管形科里奥利力式质量流量计结构示意

科里奥利质量流量计无需由测量介质的密度和体积流量等参数进行换算，并且基本不受流体黏度、密度、电导率、温度、压力及流场变化的影响，适用于测量浆液、沥青、重油、渣油等高黏度流体以及高压气体，测量准确、可靠，流量计可灵活安装在管道的任何部位。

3. 液位检测

工业生产中测量液位的仪表种类很多，按工作原理主要有以下几种类型。

（1）直读式液位仪表。主要有玻璃管液位计，玻璃板液位计等，它们的结构最简单也最常见，但只能就地指示，用于直接观察液位，但耐压范围有限。

（2）静压式液位仪表。利用液柱或物料堆积对某定点产生压力的原理，当被测介质的密度 ρ 已知时，就可以把液位测量问题转化为差压测量问题。差压式液位计是一种最常用的液位检测仪表。如果被测介质具有腐蚀性，差压变送器的正、负压室与取压管之间需要安装隔离容器，防止腐蚀性介质直接与变送器接触，见图 2-56。

隔离液应不与被测介质、管件及仪表起掺混化学作用，隔离容器的安装位置应尽量靠近测点，以减少测量管路与腐蚀性介质的接触。为减少隔离液的消耗，仪表应尽量靠近隔离容器，隔离容器和测量管路安装在室外时，应选用凝固点低于当地气温的隔离液，否则应有伴热措施。如果隔离液的密度为 $\rho_1(\rho_1 > \rho)$，则差压变送器上测得的差压为 $\Delta p = \rho g(h_1 - h_2)$ 所示。但是，由于差压信号多了 $\rho_1 g(h_1 - h_2)$ 一项，因此，在 $h = 0$ 时，Δp 不等于 0，需要进行零点负迁移，以克服固定差压 $\rho_1 g(h_1 - h_2)$ 的影响。差压计算公式如下：

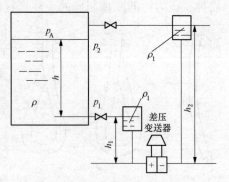

图 2-56　差压式液位测量原理

$$\Delta p = \rho g h + \rho_1 g(h_1 - h_2)$$

式中　g——重力加速度，m/s^2。

其余符号含义如图 2-56 所示。

（3）浮筒式液位仪表。这类液位仪表有利用浮子高度随液位变化而改变的恒浮力原理制成的浮子式液位计，利用液体对浸沉于液体中的浮子（或称沉筒）的浮力，随液位高度而变化的变浮力原理工作的浮筒式液位计等。浮筒式液位计在工业上较为常用，是依据阿基米德定律设计的，如图 2-57 所示。

当浮筒沉浸于液体中时，浮筒将受到向下的重力、向上的浮力和弹簧弹力的作用，当这三个力达到平衡时，浮筒就静止在某一位置；当液位发生变化时，浮筒所受浮力相应改变，将失去平衡，从而引起弹力变化，即弹簧的伸缩，直至达到新的平衡。弹簧伸缩所产生的位移经变换后输出与液位相对应的电信号。

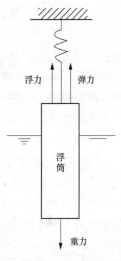

图 2-57　浮筒式
液位计测量原理

（4）电气式液位仪表。根据物理学的原理，液位（或料位）的变化可以转化为某些电量的变化，如电阻、电容、电磁场等的变化，通过测出这些电量的变化来测量液位，如电容式液位计等。

另外，还有核辐射式液位计，利用放射源产生的核辐射线穿过一定厚度的被测物料时，射线的投射强度将随物料厚度的增加而呈指数规律衰减的原理来检测液位的仪表。目前应用较多的是 γ 射线，其基本原理见下述的浆液浓度（密度）检测；利用超声波在不同相界面之间的反射原理来检测的声学式液位仪表；利用液位对光波的反射原理工作的光学式液位计等。

4. 烟气成分检测

每套脱硫装置一般进、出口烟道上各安装一套烟气成分连续监测排放系统，实时检测烟气中的 SO_2、CO、NO_x 烟尘等。脱硫装置出口烟气分析仪兼有控制与环保监测的功能。

（1）热导式气体成分检测。热导式气体成分检测是根据混合气体中待测组分的热导率与其他组分的热导率有明显差异的事实，当被测气体的待测组分含量变化时，将引起热导率的变化，各种气体相对于空气的热导率如图 2-58 所示。

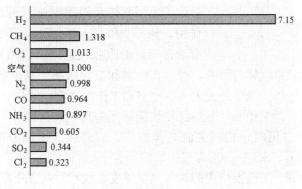

图 2-58　各种气体相对于空气的热导率

各种气体相对于空气的热导率变化，通过热导池转换成电热丝电阻值的变化，从而间接得知待测组分的含量，是一种应用较广的物理式气体成分分析仪器。

表征物质导热率大小的物理量是热导率 λ，λ 越大，说明该物质的传热速率越大。不同的物质，其热导率不同。

对于由多种气体组成的混合气体，若彼此间无相互作用，其热导率计算式可近似为

$$\lambda = \lambda_1 C_1 + \lambda_2 C_2 + \cdots + \lambda_i C_i + \cdots + \lambda_n C_n$$

式中 λ——混合气体的热导率；

λ_i、C_i——分别为第 i 种组分的热导率和浓度。

设待测组分的热导率为 λ_1，浓度为 C_1，其他气体组分的热导率近似相等，为 λ_2，利用上式可以推出待测组分浓度和混合气体热导率之间的关系，即

$$C_1 = (\lambda - \lambda_2)/(\lambda_1 - \lambda_2)$$

（2）红外式烟气成分检测。红外气体成分检测是根据气体对红外线的吸收特性来检测混合气体中某一组分的含量。凡是不对称双原子或者多原子气体分子，都会吸收某些波长范围内的红外线，随着气体浓度的增加，被吸收的红外线能量越多。红外线气体成分检测的基本原理如图 2-59 所示。

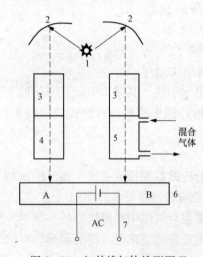

图 2-59　红外线气体检测原理
1—红外线光源；2—反射镜；
3—滤波室或滤光镜；4—参比室；
5—工作室；6—红外探测器；7—薄膜电容

红外线光源发出红外光，经过反射镜，两路红外光分别经过参比室和工作室。参比室中充满不吸收红外线的 N_2，而待测气体经工作室通过。如果待测气体中不含待测组分，红外线穿过参比室和工作室时均未被吸收，进入红外探测器 A、B 两个检测气室的能量相等，两个气室气体密度相同，中间隔膜也不会弯曲，因此平行板电容量不发生变化。相反，如果待测气体中含有待测组分，红外线穿过工作室时，相应波长的红外线被吸收，进入红外探测器 B 检测气室的能量降低（被吸收的能量大小与待测气体的浓度有关），B 气室气体压力降低，薄膜电容中的动片向右偏移，致使薄膜电容的容量产生变化，此变化量与混合气体中被测组分的浓度有关，因此，电容的变化量就直接反映了被测气体的浓度。

由于不同气体会对不同波长的红外线产生不同的吸收作用，如 CO 和 CO_2 都会对 $4\sim5\mu m$ 波长范围内的红外线有非常相近的吸收光谱，所以两种气体的相互干扰就非常明显。为了消除背景气体的影响，可以在检测和参比两条光路上各加装一个滤波气室，滤波气室中充满背景气体。当红外光进入参比室和工作室之前，背景气体特征波长的红外线被完全吸收，使作用于两个检测气室的红外线能量之差只与被测组分的浓度有关。图 2-59 中的两个滤波气室可以用两个相同的滤光镜取代。红外线气体成分检测仪表较多地用于 CO、CO_2、CH_3、NH_4、SO_2、NO_x 等气体的检测。

（3）烟尘浓度检测。工业上应用的烟气含尘浓度在线检测的方法有浊度法和射线法。

目前工业上采用的浊度计主要基于光电方法。采用光电方法检测浊度分为透射法和散射法。常用的浊度计多基于光散射原理制成的。

透射法是用一束光通过一定厚度的待测介质，测量待测介质中悬浮颗粒对入射光吸收和

散射所引起的透射光强度的衰减量来确定被测介质的含尘浓度，即浊度。

散射法是利用测量穿过待测介质的入射光束被待测介质中的悬浮颗粒散射所产生的散射光的强度来实现的，如图2-60所示。

光源发出的光，经聚光镜聚光后以一定的角度射向被测介质，测定因颗粒产生的散射光，并经光电池转换成电压信号输出。随被测液体中颗粒的增加，散射光增强，光电池输出增加。当被测介质不含固体颗粒时，光电池的输出为零。因此，只要测量光电池的输出电压就可以测定烟尘的浓度。但由于颗粒间对可见光的遮挡，因此，这种方法不适合于颗粒浓度较大的烟尘测量。核辐射射线法检测烟道烟气中固体粉尘颗粒浓度可以克服上述光电法的不足。

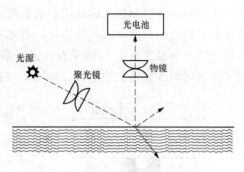

图2-60　散射式浊度计测量原理

5. 浆液 pH 值检测

吸收塔浆液的 pH 值是脱硫装置运行中最主要的检测与控制参数之一，是浆池内石灰石反应活性与钙硫摩尔比的综合反应。加入吸收塔的新石灰石浆液的量取决于锅炉负荷、烟气中的 SO_2 及实际吸收塔浆液的 pH 值。根据系统管道的不同布置，pH 值计可以布置在吸收塔浆液再循环泵出口管道上，也可以布置在吸收塔浆液排出管道上。pH 值是衡量溶液酸碱度参数。pH 值计也被称为酸碱度计，通过连续检测水溶液中氢离子的浓度来确定水溶液的酸碱度。

pH 值定义为水溶液中氢离子的活度的负对数。即

$$pH = -\log[H^+]$$

化学上定义水的 pH 为 7。pH 小于 7 呈酸性，pH 大于 7 呈碱性。

直接测量溶液中的氢离子是有困难的，所以通常采用由氢离子浓度引起的电极电位变化的方法来实现 pH 值的测量。根据电极理论电极电位与离子浓度的对数呈线性关系，因此，测量被测水溶液 pH 值的问题，就转化为测量电池电动势的问题。pH 值计构造示意见图2-61。

pH 值计的电极包括一支测量电极（玻璃电极）和一支参比电极（甘汞电极），两者组成原电池。参比电极的电动势是稳定且精确的，与被测介质中的氢离子浓度无关；玻璃电极是 pH 计的测量电极，其上可产生正比于被测介质 pH 值的毫伏电势，原电池电动势的大小仅取决于介质的 pH 值，因此，通过测量电池电动势，即可计算出氢离子的浓度，从而实现了溶液 pH 值的检测。经对数转换为 pH 值，由仪表显示出来。

如果将参比电极与测量电极封装在一起就构成了复合电极，具有结构简单、维护量小、使用寿命长的特点，在各种工业领域中的应用十分广泛。

pH 值计在使用过程中，需要保持电极的清洁，

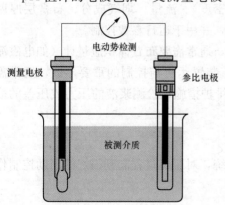

图2-61　pH 值计构造示意

并定期用稀盐酸清洗，且每次清洗后或长期停用后均需要重新校准。测量时须保持被测溶液温度稳定并进行温度补偿。

6. 石灰石、石膏浆液浓度（密度）检测

为了得到并控制送入脱硫塔石灰石浆液的浓度及浆液的质量流量，或得到并控制石膏浆液中固态物质的浓度及浆液排出量，需要实时检测石灰石、石膏浆液的浓度。由于浆液中固态物质的含量最高可达 30% 左右，无法采用常规的检测方法，因此，目前工业上一般采用基于核辐射射线原理的浓度计，如图 2-62 所示。

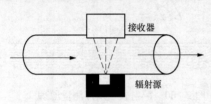

图 2-62　基于核辐射射线原理的浓度计

由核放射源发射的核辐射线（通常为 γ 射线）穿过管道中的介质，其中一部分被介质散射和吸收，其余部分射线被安装在管道另一侧的探测器所接收，介质吸收的射线量与被测介质的密度呈指数吸收规律，即射线的投射强度将随介质中固体物质的浓度的增加而呈指数规律衰减。射线强度的变化规律如下式所示，即

$$I = I_0 \mathrm{e}^{-\mu D}$$

式中　I_0——进入被测对象之前的射线强度；

　　　μ——被测介质的吸收系数；

　　　D——被测介质的浓度；

　　　I——穿过被测对象后的射线强度。

在已知核辐射源射出的射线强度和介质的吸收系数的情况下，只要通过射线接收器检测出透过介质后的射线强度，就可以检测出流经管道的浆液浓度。

射线法检测的浓度计为非接触在线测量，可测定石灰石浆液、石膏浆液、泥浆、砂浆、水煤浆等混合液体的质量百分比浓度或体积百分比浓度，也可检测烟气中的粉尘浓度。核射线能够直接穿透钢板等介质，使用时几乎不受温度、压力、浓度、电磁场等因素的影响。但由于射线对人体有害，因此对射线的剂量应严加控制，且需要严格的安全防护措施。

二、主要检测参数的测点布置

图 2-63 标出了典型石灰石湿法烟气脱硫工艺过程，主要运行监测参数检测设备的位置，包括温度、压力、压差、液位、pH 值、浓度（密度）、流量、烟气成分、石膏层厚度等，这些参数均实时显示在控制系统的计算机画面上，并用于运行参数控制。

为了检测送入脱硫塔中的石灰石浆液的质量流量，通常需要布置体积流量计（如电磁流量计）和浓度计（如核射线式浓度计）；pH 值是脱硫装置运行与控制的重要参数，通常需要采用冗余设计，布置两台 pH 值计，并采取清洗与维护措施；检测浆液的压力或压差的取压装置必须安装隔离装置。

三、工业电视监视系统

烟气脱硫装置一般均设置必要的工业电视监视系统，对脱硫过程起到很好的辅助控制作用，主要的监测点有：

（1）真空皮带脱水机；

（2）石灰石或石灰石粉卸料；

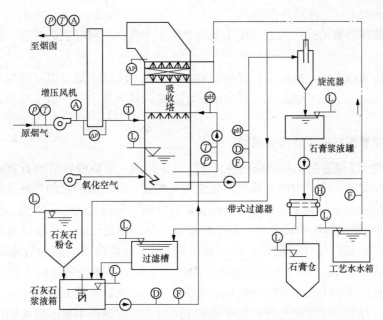

图 2-63　典型石灰石湿法烟气脱硫装置主要测点布置示意图

p—压力；Δp—压差；T—温度；pH—pH 计；D—浓度计（密度计）；F—流量计；L—液位（物位）；

H—石膏层厚度；A—烟气成分：O_2、SO_2、CO、NO_x、粉尘

注：当石灰石浆液经再循环泵补入吸收塔，pH 计布置在浆液箱出口管道；当石灰石浆液经直接

补入吸收塔，pH 计可布置在再循环泵出口管道。

（3）湿式球磨机；

（4）石膏卸料；

（5）烟囱出口等。

第七节　脱硫装置的控制系统

一、概述

脱硫装置采用分散控制系统（DCS）实现全过程的自动调节与程序控制，按控制对象分解为以下各个控制子系统。

（1）吸收系统的控制。包括吸收塔浆液 pH 值控制、吸收塔浆液液位控制、吸收塔排出石膏浆液流量控制等。

（2）烟风系统的控制。包括增压风机烟气流量（压力）控制、旁路挡板压差控制、事故挡板控制等。

（3）石灰石浆液供给系统的控制。包括石灰石浆液箱的液位控制与石灰石浆液浓度控制等。

（4）石膏脱水系统的控制。包括真空皮带脱水机石膏层厚度控制与滤液水箱水位控制等。

（5）工艺水及冲洗系统的控制。包括除雾器冲洗控制、吸收塔浆液管道冲洗控制与工艺水箱液位控制等。脱硫装置设有工艺水箱，工艺水经水泵增压后用于除雾器冲洗水，浆液容

器、管道冲洗水及 GGH 的冲洗水等。

（6）废水处理装置的运行控制。废水处理系统基本独立于整套脱硫装置，控制系统也相对独立。

以上各个控制过程中，脱硫工艺过程控制中的浆液 pH 值控制等相对较为复杂，需要采用比较复杂的控制系统；其他过程或设备的控制系统均比较简单，一般采用单回路反馈控制回路即可实现。

二、脱硫装置运行的主要控制系统

吸收塔浆液 pH 值控制，吸收塔内浆液 pH 值是由送入脱硫吸收塔的石灰石浆液的流量来进行调节与控制的，也常被称为石灰石浆液补充控制，其控制的目的是获得最高的石灰石利用率、保证预期的 SO_2 脱除率及提高脱硫装置适应锅炉负荷变化的灵活性。吸收塔内浆液 pH 值是湿法烟气脱硫系统中最主要、也是相对较复杂的控制回路。吸收塔内的石灰石浆液 pH 值在一定范围内时，pH 值增大，脱硫效率提高，pH 值降低，脱硫效率随之降低。通常，浆液 pH 值应维持在 5.0～5.8 范围内。当吸收塔浆液 pH 值降低时，需要增大输入的石灰石浆液流量；当 pH 值增大时，则相应减小输入的石灰石浆液流量。

脱硫装置运行中，可能引起吸收塔浆液 pH 值变化或波动的主要因素为烟气量与烟气中 SO_2 的浓度，还有石灰石浆液的浓度和供给量等。

（1）烟气量。如果送入脱硫吸收塔的石灰石浆液的流量不变，烟气量的增加会使浆液的 pH 值减小，反之会使 pH 值增大。通常情况下，火电厂锅炉机组的负荷变化频繁，烟气量也随之频繁改变。因此，对吸收塔浆液 pH 值控制系统来说，烟气量变化是最主要的外界干扰因素。

（2）烟气中 SO_2 的浓度。即使烟气量维持不变，由于锅炉所燃煤的含 S 量发生变化，烟气中 SO_2 的浓度也将随之波动。但由于煤质变化幅度不会如负荷变化那么大，因此，烟气中 SO_2 浓度的变化通常不会很大。

所以，输入吸收塔的新鲜石灰石浆液的量取决于锅炉的原烟气量、烟气中 SO_2 的浓度（二者乘积的运算结果为送入吸收塔的 SO_2 质量流量）及实时检测的吸收塔浆液 pH 值，这些参数为检测参数；被控对象为吸收塔内石灰石浆液 pH 值，调节量为输入吸收塔的新鲜石灰石浆液流量。

由于吸收塔内的持液量很大，相对于烟气量变化的速率，浆液 pH 值发生变化的速率要缓慢得多，烟气量的变化不能迅速地体现为 pH 值的变化，即被控对象（pH 值）的延滞与惯性较大，因此，单独依靠浆液 pH 值的检测信号与 pH 值设定值进行比较的反馈控制系统，将不能得到良好的控制质量，因此，必须采用锅炉烟气量与烟气中 SO_2 的浓度作为控制系统的前馈信号。

但是，一般情况下锅炉侧均不设置烟气量的在线检测表计，因此，必须由锅炉的其他在线检测参数来间接得到烟气量。如果锅炉煤质稳定，烟气量与锅炉负荷呈线性关系，但如果锅炉煤质变化或过量空气系数变化，即使锅炉负荷不变，烟气量也会发生变化，因此，仅仅依据锅炉负荷并不能较理想地反映烟气量的变化。锅炉的送风量即反映锅炉负荷的变化，也反映燃烧煤质及过量空气系数的变化，总是与烟气量呈线性关系，而且锅炉侧通常设置检测送风量的表计，因此，可以将锅炉负荷与送风量一起连同实时检测的原烟气中 SO_2 的浓度作为控制系统的前馈信号。

反馈控制系统是闭环系统，调节器是依据被控对象相对于设定值的偏差来进行调节的，检测的信号是被调量 pH 值，控制作用发生在偏差出现以后，控制作用影响被调量，而被调量的变化又返回来影响控制器的输入，使控制作用发生变化。不论什么干扰，只要引起被调量变化，就可以进行控制，但是，总是要在干扰已经造成影响，被调量偏离设定值后才能产生控制作用，控制作用总是不及时的，因此，在外界干扰频繁、对象有较大滞后时，如果仅仅依靠反馈调节，难以保证系统的调节品质。

前馈控制是根据干扰作用的大小进行控制的，检测信号是干扰量的大小。当干扰出现时，前馈控制器就对调节量进行预调整，来补偿干扰对被调量的影响。当干扰作用发生后，在被控变量还未出现偏差前，控制器就已经进行控制，如果这种前馈的控制规律设计合理，可以得到较好的补偿，使被控变量不会因干扰而产生误差。在前馈控制系统中，没有检测被调量，当控制器依据扰动产生控制作用后，对被控变量的影响并不返回来影响控制器的输出，所以前馈系统是一个开环系统，其控制效果并不通过反馈来检验，因此，必须对控制对象有彻底、精确的了解，才能得到一个合适的前馈控制作用。

如果将前馈控制与反馈控制结合起来，利用前馈控制作用及时的优点，以及反馈控制能克服所有干扰及前馈控制规律不精确带来的偏差的优点，则会提高具有延滞惯性、强干扰被控对象的控制质量，这就是所谓前馈——反馈控制系统，也称为复合控制系统。

复合控制系统有单回路加前馈和串级加前馈两种构成方式，在吸收塔浆液 pH 值控制系统设计中均有采用。图 2 - 64 为吸收塔内浆液 pH 值单回路加前馈的复合控制系统。

前馈控制器起前馈控制作用，用来克服由于烟气量与烟气中 SO₂ 浓度的变化对被控变量 pH 值造成的影响；而反馈控制器起反馈控制作用，将浆液 pH 测量值与设定的 pH 值进行比较，得到的差值信号与作为前馈信号的锅炉烟气量与烟气中 SO₂ 浓度的综合信号（为进入吸收塔的 SO₂ 质量流量）相叠加，前馈与反馈控制共同作用产生一个调节信号，来控制石灰石浆液供给阀门的开度，使吸收塔内浆液 pH 值维持在设定值上。

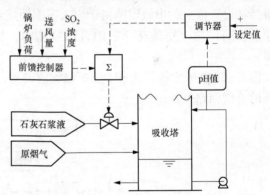

图 2 - 64　吸收塔浆液 pH 值单回路加前馈的复合控制系统

图 2 - 65 是吸收塔浆液 pH 值单回路加前馈复合控制系统的方框图，是由一个反馈闭环回路和一个开环的补偿回路叠加而成。

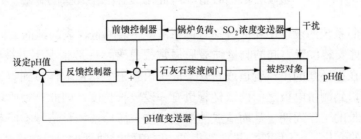

图 2 - 65　吸收塔浆液 pH 值单回路加前馈复合控制系统的方框图

图 2-66 所示为吸收塔内浆液 pH 值串级加前馈的复合控制系统，其主要区别在于增加了石灰石浆液流量测量仪表，流量测量值要比 pH 测量值更快、更直接。

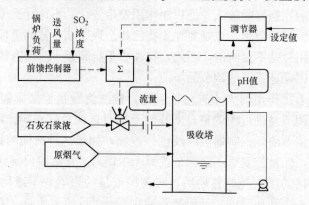

图 2-66　吸收塔浆液 pH 值串级加前馈的复合控制系统

为了防止依据 pH 测量值可能造成的过调，采用流量测量值构成一个副反馈回路，pH 测量值仍构成主反馈回路。在串级系统中，有两个调节器（主、副）分别接收来自被控对象不同位置的测量信号，主调节器接收浆液 pH 测量值，副调节器接收送入吸收塔的石灰石浆液流量测量值，主调节器的输出作为副调节器的设定值，副调节器的输出与前馈信号（进入吸收塔的 SO₂ 质量流量）相叠加，来控制石灰石浆液供给阀门的开度，使吸收塔内浆液 pH 值维持在设定值上。串级回路由于引入了副回路，改善了对象的特性，使调节过程加快，具有超前控制作用，并具有一定的自适应能力，从而有效地克服了滞后现象，提高了控制质量。

图 2-67 是吸收塔浆液 pH 值串级加前馈复合控制系统，是由两个反馈闭环回路和一个开环的补偿回路叠加而成。

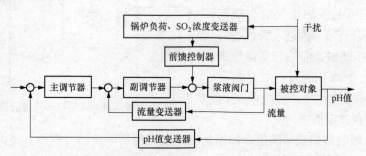

图 2-67　吸收塔浆液 pH 值串级加前馈复合控制系统的方框图

另外，该控制系统的设计中还应合理考虑浆液 pH 值测量仪表的纯滞后时间的影响。由于 pH 值测量元件安装位置引起的测量纯滞后通常很显著，一般情况下，被调量（浆液 pH 值）取样口设置在循环泵的出口管道或石膏浆液排出管道上，从取样口到吸收塔内的浆液有一段距离，取样口到测量电极之间的取样管也有一段较长长度，因此，吸收塔浆液 pH 值的分析测定需要较长的工作周期，从而造成纯滞后，这一滞后使测量信号不能及时反映吸收塔中浆液的 pH 值的变化。pH 值计电极所测得的 pH 值的时间延迟、可按下式估计，即

$$\tau_0 = \frac{l_1}{v_1} + \frac{l_2}{v_2}$$

式中　v_1、v_2——分别为出口管道与取样管道中浆液的流速；

　　　l_1、l_2——分别为出口管道与取样管道的长度。

2. 吸收塔浆池液位控制

脱硫装置运行中控制吸收塔浆池的液位，维持吸收塔内足够的持液量，保证脱硫的效果。吸收塔浆池的液位是由调节工艺水进水量来控制的，由于浆液中水分蒸发和烟气携带水分的原因，流出吸收塔的烟气所携带的水分要高于进入吸收塔的烟气水分，因此，需要不断地向吸收塔内补充工艺水，以维持脱硫塔的水平衡。在维持液位的同时也起到调节补水量调节吸收塔浆液浓度的作用，控制吸收塔浆液浓度的主要手段是控制石膏浆液的排放量。

吸收塔浆池液位控制系统的被调量为浆池液位，调节量为输入脱硫塔的工艺水流量，该补充水均是以除雾器冲洗水送入。吸收塔浆池液位是通过控制除雾器冲洗间隔时间来实现的，采取间歇补水方式，吸收塔浆池液位控制系统为闭环断续控制系统。吸收塔浆液池液位控制系统见图 2-68。

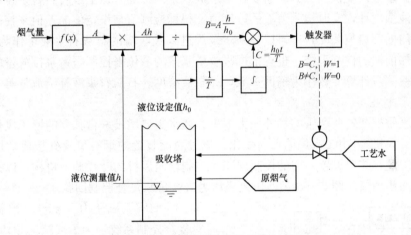

图 2-68　吸收塔浆液池液位控制系统

由于吸收塔浆液损失的水量与进入的烟气量（与/或烟气温度）成正比，当烟气量增加时，蒸发与携带的水量也将随即增大，将会使液位下降速率增快；而且，脱硫塔的横截面很大，单靠水位偏差信号调节入水流量，其调节速度会比较缓慢。因此，吸收塔浆液池液位控制系统将烟气量（锅炉负荷）作为水位调节的提前补偿信号，来补偿烟气量变化对液位的影响，以克服液位调节的较大惯性，加快调节速度。

图 2-68 为吸收塔浆液池液位闭环断续控制系统原理框图。控制系统的作用是启动除雾器冲洗顺控，冲洗水阀门为电动门，接受开关量信号 W，在 $W=1$ 时开启补水门，进入除雾器冲洗顺控，结束后关闭补水门，开关量只是基于运算回路形成的。

运算回路首先将进入吸收塔的烟气量测量值进行运算变换得到 A，然后 A 经乘法器与液位测量值 h 相乘，再经除法器除以液位设定值，得到一个经烟气量补偿的比较值 B；液位设定值 h_0 经积分器输出积分值 C，用比较器比较 B 与 C 的值。当 $B=C$ 时，触发器输出 $W=1$，启动除雾器冲洗顺控，同时将 C 清零，除雾器冲洗顺控结束后进入新一轮等待时间。C 的上升速率由积分器设定的积分时间常数 T 来控制。该系统为单向补水调节，运行调整中需要根据吸收塔中水分实际消耗量调整除雾器阀门开启最长等待时间（即积分时间常数 T），延长等待时间，可相应减少吸收塔的补充水量，避免液位上涨。

2. 吸收塔石膏浆液排出控制

脱硫吸收塔运行中，需要从浆池底部排放浓度较高的石膏浆液，以维持脱硫塔的质量平衡及合适的浆液浓度。过高的浆液浓度将会造成浆液管道堵塞，过低的浓度会降低脱硫效率。吸收塔石膏浆液为断续排放，因此，石膏浆液的脱水系统也是以间歇方式运行的，吸收塔石膏浆液排放的开关指令同时送给石膏浆液脱水控制系统。该控制系统为单回路闭环断续控制系统。

目前，常采用两种石膏浆液排出流量控制方式，区别在于所依据的检测参数不同。

（1）依据石灰石浆液供给量。根据进入吸收塔的石灰石浆液量与流出吸收塔的石膏浆液量的质量平衡关系，由检测的石灰石浆液质量流量计算出应排出吸收塔的石膏浆液的质量流量，依据计算得到的两者之间的线性比例关系，通过开、关石膏排出泵与阀门来控制吸收塔石膏浆液排出。

（2）依据浆液浓度检测参数。需要在浆液循环泵出口的管道上或者石膏浆排放泵出口管道上布置浆液浓度计，实时检测浆液的浓度值。根据检测值与设定值的差值来控制石膏浆液排出泵与阀门的开启与关闭，还可以进一步采用进入吸收塔的石灰石浆液量作为前馈信号，构成单回路加前馈的控制系统。也有依据吸收塔浆液的液位来控制石膏浆排放量的，但必须同时有其他检测或计算参数作为辅助参数，如浆液浓度、石灰石浆液补给流量等。

3. 增正风机压力（流量）控制

为了克服脱硫装置所产生的额外压力损失，通常需要增设一台独立的增压风机（比如动叶可调轴流式风机）。由于锅炉的负荷变化，流过脱硫装置的烟气量及其造成的压力损失也随之变化，因此，需要设置专门的控制回路来控制增压风机的叶片调节机构，以控制脱硫装置进口烟道的压力值。图 2-69 为增压风机压力（流量）复合控制回路。

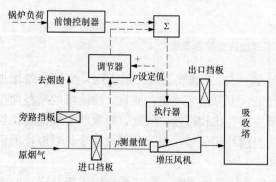

图 2-69　增压风机压力（流量）复合控制回路

增压风机压力（流量）控制回路采用复合控制系统。为了跟踪锅炉负荷的变化，采用锅炉负荷作为控制系统的前馈信号，采用增压风机入口烟道压力测量值作为反馈信号。将压力测量值与不同锅炉负荷下的设定值进行比较，得到的差值信号与锅炉负荷信号相叠加，前馈与反馈控制共同作用产生一个调节信号，来控制增压风机的叶片调节机构，使增压风机入口烟道压力值维持在设定值。

4. 石灰石浆液箱的液位与浓度控制

石灰石浆液箱液位是依据检测的液位信号，采用单回路闭环控制系统进行控制的。石灰石浆液浓度的控制可通过保持石灰石给料量和工艺水（与过滤水）的流量的比率恒定来实现，以开环方式控制石灰石浆液的浓度；也有依据布置在石灰石浆液泵出口管道上的浓度计检测的浆液浓度来实现闭环控制。

5. 真空皮带脱水机石膏层厚度控制

在石膏脱水运行中需要保持皮带脱水机上滤饼有稳定的厚度，因此，根据厚度传感器检测的皮带脱水机上滤饼的厚度，采用变频调速器来调整和控制皮带脱水机的运动速度，该系统为单回路反馈控制系统。

【例】某公司 2×300MW 火电机组脱硫控制系统的项目情况。

一、设计总则

(1) FGD_DCS 系统为软硬件一体化的完成脱硫系统各项控制功能的完善的控制系统，进行系统参数的监视、控制和数据采集功能，以满足各种运行工况的要求，确保 FGD 系统安全、高效运行。整个系统从功能上包括以下各子系统：数据采集系统（DAS）、模拟量控制系统（MCS）、顺序控制系统（SCS）。FGD_DCS 的过程 I/O 及控制功能按工艺流程（1 号机组脱硫、2 号机组脱硫、脱硫公用系统）合理地组态在各处理器内。系统设计结合机组工艺及电气系统的特点，并遵循功能分散和物理分散的原则。整个 FGD_DCS 的可利用率至少应为 99.9%。FGD_DCS 应通过高性能的工业控制网络及分散处理单元、过程 I/O、人机接口和过程控制软件等来完成脱硫工艺及其辅机系统和脱硫岛变压器/厂用电源系统的控制。FGD_DCS 硬件应安全、可靠、先进。

(2) 1 号/2 号 FGD 及脱硫公用部分采用 1 套 FGD_DCS 进行监控。

(3) FGD_DCS 的控制器、控制柜、端子/继电器柜、电源柜等设备按照单元机组和公用系统进行独立的划分，FGD_DCS 控制网络、监视网络、工程师站、操作员站和系统的对外通信接口设备为该套 FGD_DCS 公用。

(4) FGD_DCS 系统在投运后分别独立进行检修和运行管理的方式。

(5) FGD_DCS 的设计应采用合适的冗余配置和诊断至模件通道级的自诊断功能，使其具有高度的可靠性。系统内任一组件发生故障均不应影响整个系统的工作。冗余设备的切换（人为切换和故障切换）不得影响其他设备控制状态的变化。

(6) 系统的监视、报警和自诊断功能应高度集中在操作员站显示器上显示和在打印机上打印，控制系统应在功能和物理上适当分散。

(7) FGD_DCS（I/A SERIES）在系统的控制处理机中，采用专用的运行平台，与外界没有关系。可以防止各类计算机病毒的侵害和 FGD_DCS 内各存储器的数据丢失以及外部系统和人员对系统的侵害。

(8) 当部分控制器单元发生故障时，应能保证该部分生产工艺正常停运，而不影响其他生产工艺和电厂锅炉、汽轮机系统正常运行。当部分操作员站故障时，应能保证脱硫系统正常运行。

(9) FGD_DCS 应结合工艺系统和机组特点并按功能分散和物理分散的原则进行设计，是专用的控制系统。

(10) FGD_DCS 设计应遵循以下安全准则：

1) 单一故障不应引起 FGD_DCS 系统的整体故障。

2) 单一故障不应引起保护系统的误动作或拒动作。

3) 控制功能的分组划分应使得某个区域的故障将只是部分降低整个控制系统控制功能，此类控制功能的降低应能通过运行人员干预进行处理。

4) 控制系统的构成应能反映工艺设备的冗余配置，以使控制系统内单一故障不会导致运行设备与备用设备同时不能运行。

5）脱硫控制系统或部分工艺系统故障不应影响电厂锅炉、汽轮机系统的正常运行。

6）控制系统的设计应在使用一套 FGD_DCS 对 2 台机组脱硫和辅助系统进行控制的情况下，保证安全和控制的独立性，即在单台或几台脱硫工艺系统或控制系统故障（电源、控制器、I/O、网络、操作员站等故障），或因任何原因切除的情况下，不对其他正在运行机组的工艺、控制和公用系统产生任何扰动和影响。

7）保护系统应按照独立性原则设计。

为满足上述安全准则，控制系统可包括各种可行的自诊断手段，以便内部故障能在对过程造成影响之前被检测出来。此外，保护和安全系统应具备通道冗余或测量多重化以及自检和在线的试验手段。卖方对于 I/O 和控制器的分配、逻辑设计以及系统内部硬接线联系点的设计也应充分考虑上述准则。

二、硬件要求

（1）I/A 系统硬件均为有现场运行实绩的、新颖可靠的和使用微处理器为基础的分散型的硬件。

（2）系统内所有模件均应采用低散热量的固态电路，并为标准化、模件化和插入式结构。

（3）模件的插拔应有导轨和连锁，以免造成损坏或引起故障。模件的编址不应受在机柜内的插槽位置所影响，而是在机柜内的任何插槽位置上都应能执行其功能。

（4）机柜内的所有模件应能带电在线插拔和更换而不影响其他模件和自身的正常工作。同类型模件应具有可互换性。

（5）FGD_DCS 模件、设备应具有足够的防护等级和有效的保护措施，以保证在电子间和控制室空调短期停运环境下正常地工作，且所有模件的尺寸一致。

（6）过程单元的处理器模件：

1）分散处理单元内的处理器模件应各司其职，以提高系统可靠性。处理器模件 CP60 使用 I/O 处理系统采集的过程信息来完成模拟控制和数字控制。

2）处理器模件应清晰地标明各元器件，并带有 LED 自诊断显示。

3）处理器模件若使用随机存储器（RAM），则应有电池作数据存储的后备电源，电池的在线更换不应丢失数据。电池失效应有报警。说明：I/A 系统控制处理机 CP60 采用 EPROM，无须电池作为后备手段。

4）某一个处理器模件故障，不应影响其他处理器模件的运行。此外，机组级总线故障时，处理器模件应能继续运行。

5）对某一个处理器模件的切除、修改或恢复投运，均不会影响其他处理器模件的运行。

6）I/A 系统的 6 对控制处理机是冗余容错配置，在系统运行过程中，两个控制处理机同时工作，如果其中一个故障时另外一个就自动对外输出。当维护人员将故障的设备修复插入的时候，好的控制处理机会自动地将组态复制进入新的控制处理中。所以主备的切换没有时间间隔，数据的更新周期为 2～5ms。

7）当使用带有处理器功能的 I/O 或其他专用模件完成所需控制功能时，相关模件也采用冗余配置。

8）I/A 系统的控制处理机是冗余容错配置，在系统运行过程中，两个控制处理机同时工作，如果其中一个故障的时候另外一个就自动对外输出。容错配置的 CP60 模件与系统采用并行的接口，即均能接受系统对它们进行的组态和修改。容错的 CP60 模件采用并行工作的技术，互为冗余容错的两块 CP60 同时工作，不断更新其自身获得的信息。

9）CPU 冗余处理器模件可以实现在任何故障及随机错误产生的情况下连续不间断的控制。

10）电源故障应属系统的可恢复性故障，一旦重新受电，处理器模件应能自动恢复正常工作而无须运行人员的任何干预。

11）控制处理器不仅应满足规定的负荷率指标，还应充分考虑物理上和功能上分散以及 FGD＿DCS 安全准则的要求，各控制系统应相对独立。此外，控制处理器的功能分配还应与逻辑设计相结合，以尽量减小通信总线的负荷率。

12）FGD＿DCS 应遵循 1 号机组、2 号机组和公用脱硫系统独立配置过程控制器的原则。

（7）过程输入/输出（I/O）：

1）I/O 处理系统应"智能化"，以减轻控制系统的处理负荷。I/O 模件应能完成扫描、数据整定、数字化输入和输出、线性化热电偶冷端补偿、过程点质量判断、工程单位换算等功能。

2）所有的 I/O 模件都应有标明 I/O 状态的 LED 指示和其他诊断显示，如模件电源指示等。

3）所有的模拟量输入信号每秒至少扫描和更新 4 次，所有的数字量输入信号每秒至少扫描和更新 10 次。为满足某些需要快速处理的控制回路要求，其模拟量输入信号应达到每秒扫描 8 次，数字量输入信号应达到每秒扫描 20 次。

4）应提供热电偶、热电阻的开路及 4～20mA 信号的开路和短路，以及输入信号超出工艺可能范围的检查和信号质量的检查功能，这一功能应在每次扫描过程中完成。

5）所有接点输入模件都有专用的司密特回路进行消抖滤波处理。如果输入接点信号在 4ms 之后仍抖动，模件不应接受该接点信号。卖方应采取有效措施，来消除接点抖动的影响并同时确保事故顺序信号输入的分辨率为 1ms。

6）FGD＿DCS 至执行回路的开关量输出信号采用继电器输出。FGD＿DCS 与执行机构等以模拟量信号相连接时，两端对接地或浮空等的要求应相匹配，否则应采取电隔离措施。FGD＿DCS 应采取有效的措施对 I/O 的过压、过流进行保护。每一 DI 点和外供电的 AI 点都设置专用的隔离装置，做到路路隔离，以保证单个输入回路窜入高电压或电流时不损坏整个卡件。

7）重要的输入/输出信号的通道应冗余设置，并分别配置在不同通道板上，必要时应分别配置在不同控制器的不同通道板上。

8）分配控制回路 I/O 信号，应使一个控制器或一块 I/O 通道板损坏时，对脱硫系统和主机安全的影响尽可能小。工艺上并列运行或冗余配置的设备，其相关 I/O 点应分别配置在不同的 I/O 卡件上，对于重要（可引起 FGD 跳闸或减出力）并列运行或冗余配置的辅机控制 I/O，应分别置于不同控制器的通道板上。同一调节回路的参数采集和控制指令输出应尽量分配在同一控制器中，以减小通信负荷。卖方的 I/O 分配方案应满足安全和负荷均衡的要求，并经买方审核通过。如卖方的 I/O 分配方案不能满足买方要求，由此而引起的硬件增加费用由卖方自行承担。

9）当控制器 I/O 通道板及电源故障时，应有必要的措施，确保工艺系统处于安全的状态，不出现误动。FGD＿DCS 系统故障或全部电源丧失时，其输出应确保被控设备趋于安全状态。

10）处理器模件的电源故障不应造成已累积的脉冲输入读数丢失。

11）由于 I/O 模件的 A/D 转换器采用自校正的，所以组件可以做到自校正，自动地和周期性地进行零飘和增益的校正。

12）冗余输入的热电偶、变送器信号的处理，应由不同的模件来完成。单个模件的故障不能引起任何设备的故障或跳闸。

13）FGD＿DCS 应遵循 1、2 号，公用脱硫系统独立配置过程 I/O 的原则。

14）所有输入/输出模件，应能满足 ANSI/IEEE472 "冲击电压承受能力试验导则（SWC）" 的规定，在误加 250V 直流电压或交流峰—峰电压时，应不损坏系统（具体要求以导则为准）。

15）对于调节系统，每个模/数（A/D）转换器连接点数不应超过 8 点；对于数据采集系统，每个模/数（A/D）转换器连接点数不应超过 16 点，否则 A/D 转换器应冗余配置。每一个模拟量输出点应有一个单独的 D/A 转换器。每一路热电阻输入应有单独的桥路。此外，所有的输入通道、输出通道及其工作电源均应互相隔离。模拟量输入模件的 4～20mA 信号应配置成，既可模件供电，也可外部供电，并在现场可方便地调整。

16）在整个运行环境温度范围内，FGD＿DCS 精确度应满足如下要求：模拟量输入信号（高电平）±0.1％；模拟量输入信号（低电平）±0.2％；模拟量输出信号±0.25％。电气系统模拟量输入信号±0.1％；模拟量输出信号±0.2％。系统设计应满足不需手动校正而保证这三个精度的要求。

17）I/O 模件的 4～20mA 与 1～5V 信号输入应可在卡件上方便地设定。

18）I/O 类型。

a. 模拟量输入：4～20mA 信号（接地或不接地），最大输入阻抗为 250Ω，系统应提供 4～20mA 二线制变送器的直流 24V 电源，且每一分支供电回路的接地和短路不应影响其他分支供电回路的正常工作。对 1～5VDC 输入，输入阻抗应≥500kΩ。

b. 模拟量输出：4～20mA 或 1～5VDC 可选，具有驱动回路阻抗大于 750Ω 的负载能力（特殊应用回路应具有大于 1kΩ 的负载能力）。负端接到隔离的信号地上。系统应提供 24V DC 的回路电源。模拟量输出各通道间应相互隔离。

c. 数字量输入：负端应接至隔离地上，系统应提供对现场输入接点的 "查询" 电压（48VDC）。且每一分支供电回路的接地和短路不应影响其他分支供电回路的正常工作。

d. 数字量输出：数字量模件应采用隔离输出，并通过中间继电器驱动电动机、阀门等设备。中间继电器的工作电源应由输出卡件提供。所有中间继电器输出应为双刀双掷（DP-DT）类型，继电器应可长期带电，选用进口优质产品，并经买方确认。继电器触点容量（安培数）应至少满足如下要求：

	230V AC	115V DC	230V DC
Ⅰ—接点闭合（感性回路）	5A	10A	5A
Ⅱ—连续带电	5A	5A	5A
Ⅲ—接点分断	2.5A	2A	0.5A

e. 热电阻（RTD）输入：有直接接受三线制（四线制，不需变送器）的 Cu50Ω、Cu100Ω、Pt100Ω、Pt10Ω 等类型的热电阻，卖方应提供热电阻桥路所需的电源。无论买方提供的热电阻采用三线还是四线制，卖方都应承诺不因此而影响测量精度和准确性。

f. 热电偶（T/C）输入：能直接接受分度号为 E、J、K、T 型和 R 型热电偶信号（不需变送器），并可满足接地型热电偶要求。热电偶在整个工作段的线性化及温度补偿等处理，应在 I/O 模件内完成而不需要通过数据通信总线。热电偶温度补偿范围应可满足环境温度的要求。

g. 脉冲量输入：每秒至少能接受 6600 个脉冲。脉冲信号的具体频率、宽度和信号特性在设计联络会上确定。

19）系统能接受采用普通控制电缆（即不加屏蔽）的开关量输出。在机柜内布置足够多的屏蔽接线端子，以满足所有屏蔽信号在机柜侧接地的要求。

20）模拟量、数字量和脉冲量通道应满足本技术协议规定的形式和数量要求。

21）分散处理单元之间用于跳闸、重要连锁及超驰控制的信号，I/O 模件应采用双重化配置，系统信号应直接采用硬接线，而不可通过数据通信总线发送。此部分硬接线点属于 FGD_DCS 内部 I/O 点，其点数不在现场 I/O 数量范围内，卖方应在联络会上提出清单，由买方认可。

22）提供规定的输入输出通道外，系统还应满足对输入输出信号的要求，如模拟量与数字量之间转换的检查点、冷端补偿、电源电压检测及各子系统之间的硬接线连接点。

23）现场硬接线 I/O 信号总量见表 2-8。

表 2-8   现场硬接线 I/O 信号总量

		1 号机组 FGD	2 号机组 FGD	公用系统
AI：	4～20mA	78	78	66
	1～5V			
	T/C（热电偶）			
	RTD（热电阻）	90	90	80
AO		14	14	12
DI		420	420	597
SOE		20	20	24
PI		8	8	2
DO		206	206	367
小 计		836	836	1148
合 计		2820		

注 1. 上列 I/O 数量应包括工艺过程点数，不包括备用点、I/O 分配产生的剩余点以及控制系统内部的硬接线联系点等，卖方提供的 I/O 能力应充分考虑上述因素并应另加提供至少 10% 的备用点。

2. 硬件、软件冻结前，在总点数不变的前提下，买方对 FGD_DCS 过程 I/O 信号形式及控制要求的变化，卖方将及时更新设计而不发生费用问题。

3. 在 FGD_DCS 硬件与软件冻结后，如最终工艺过程实用点数在上述总点数的 5% 范围内上下变化，所引起的相关硬件变动不发生费用问题。如变化量超过 5%，对于超过部分按照模件单价，在合同总价中增加或扣除。

4. 每个机柜内每一种类的 I/O 通道有 10% 备用，10% 的继电器做备用，同时在插槽上还留有扩充 15%I/O 的裕地。所有备用设备的柜内接线和器件应完整，并引接至机柜备用端子排。备用插槽应配置必要的硬件，保证今后插入模件就能投入运行。

24）远程 I/O。

a. 本工程要求在公用系统的石灰石浆液制备车间设置 1 处远程 I/O 站，用以完成石灰石磨制和浆液制备、石膏脱水等公用系统的监视和控制。卖方提供的远程 I/O 站 I/O 容量和备用量应满足本技术协议对于过程 I/O 的相关要求。

b. 远程 I/O 及其机柜的设计应便于现场安装和卡件、设备的更换，并且具有足够的防护等级和必要的加热、通风、空调措施，以保证在就地电子设备间环境下设备正常工作。

c. 用以完成工艺过程检测和控制的 I/O 模件、继电器等设备布置在石灰石制浆车间的就地电子设备间内，完成该部分控制的处理器布置在脱硫电子设备间，石灰石制浆车间的就地电子设备间距脱硫电子设备间的电缆敷设距离按照 200m 考虑。卖方提供的远程 I/O 配置方案应适应这种布置条件，而不引起系统性能和可靠性的降低。

d. 远程 I/O 和处理器之间应为冗余的通信连接。所需的通信电缆、光缆等设备属于卖方供货范围。通信电缆或光缆采用铠装形式，冗余的通信介质必须采用 2 根，不允许合并为单根。

e. 远程 I/O 的电源应取自卖方的 FGD＿DCS 主系统，其配置应冗余，并保证可靠，从主系统至远程 I/O 的电源电缆属于卖方供货范围，电缆要求冗余、铠装。

f. 远程 I/O 的接地应可接入就地电子设备间内的电气接地扁钢，并不因此而造成系统的扰动和精度的下降。

g. 卖方应在一联会上提出远程 I/O 应用的具体方案，包括系统配置、通信、电源等，供买方审查和认可。

h. 在保证 FGD＿DCS 系统总点数的前提下，随着买方系统设计的不断完善，远程 I/O 点数和电子间内点数如有相互调整（类型调整或数量调整），无论是否带来硬件或软件修改，均不应引起买方费用的变化。

i. 初步的远程 I/O 数量见表 2-9（点数已包含在系统总点数内）。

表 2-9　　　　　　　　　　初步的远程 I/O 数量

		远程 I/O 点数
AI：	4～20mA	40
	1～5V	
	T/C（热电偶）	
	RTD（热电阻）	60
AO		12
DI		520
PI		
DO		312
SOE		
合计		944

注　远程 I/O 站的配置、裕量等要求与 3.2.3.23 条相同。

j. 初步的远程 I/O 被控对象数量初步统计见表 2-10（数量已包含在系统总量内）。

表 2 - 10　　　　　　　　　　　　　　初步的远程 I/O 被控对象数量初步统计

被控对象形式	单元数量	公用单元数量
调节型执行机构	2×10	10
开关型执行机构	2×51	91
电动机	2×24	62
开关型电气对象 电气系统	2×13	10

（8）外围设备。

1）记录打印机和彩色图形打印机。

a. 卖方应为 FGD＿DCS 系统提供 2 台记录打印机，记录打印机采用 A3 激光打印机，打印速度不小于 12 页/min。打印机存储缓冲空间大于 6M 字节，打印机带网络接口。

b. 所有记录打印机都应能互相切换使用。

c. FGD＿DCS 系统提供 1 台彩色激光（A4）图形打印机，安放在工程师室。它应能根据要求打印任一工作站显示画面。打印输出分辨率至少 720DPI，打印机应以至少 6 页/min 的速度输出高质量的画面。打印机应配置充足的存储缓冲空间（应能 1 次至少保存 15 幅屏幕画面），以确保操作员在每次要求至少 5 幅画面输出时无须暂停。

2）工作站（操作员站和工程师站）显示器、键盘和操作台。

a. 卖方所提供的工作站显示器采用 LCD，所供 LCD 应为宽视角（上下、左右视角不小于 80°），至少应有 32 位真彩色，屏幕尺寸为 21in，分辨力至少为 1280×1024 像素，显示器应为工业专用型。

b. 每台显示器应有其独立的显示发生器，控制室内的所有操作员站 LCD 显示器应组态相同，可互相备用。

c. 应提供鼠标器作为光标定位装置。

d. 操作员站应配有专用操作员键盘，键盘除具有完整的数字、字母键外，还应有若干用户键，使运行人员能直接调出各种所需的画面。用户键的用途应可由买方编程人员重新定义。键盘的操作应有触感和声音反馈，反馈的音量大小应可以调整。

e. FGD＿DCS 提供 3 台 LCD 显示器，其中 2 台安放在除灰、脱硫控制室内，1 台安放在脱硫电控楼工程师室内。

f. 操作员站和工程师站要求采用桌式结构，卖方提供的安放操作员站和工程师站设备的操作桌应美观，大方、便于操作，且满足控制室整体布置的要求。

3）磁盘驱动装置：系统数据存储采用四种类型的磁盘驱动装置，即可读写光盘和软盘驱动器、USB 接口的移动硬盘、工控机内可带电插拔的高速硬盘，并带上锁装置。

三、电源

（1）FGD＿DCS 采用电源分配柜，电源分配柜能接受由买方提供的两路交流 220V±10%，50Hz±1Hz 的单相电源。这两路电源中的一路来自不停电电源 UPS，另一路来自厂用保安段电源。DCS 系统内部各电子装置、网络系统、操作员站、工程师站、CRT、处理机柜、I/O 柜、继电器柜等的供电由卖方自行负责。

（2）FGD＿DCS 系统的配置和电源设计保证实现以下要求：

1）一个或几个单元的电源故障时，不应对公用系统和其他正在运行的 FGD＿DCS 单元产生任何扰动和影响。

2）各单元的电源可以在线独立检修和维护，并可根据各机组建设进度分别投运，在投运后，也可进行独立的检修、维护和管理。

3）公用系统的电源配置具有更高的安全性，以保证 FGD＿DCS 系统的公用部分在任何时候都能够正常工作，卖方采取特殊的安全措施，并取得买方认可。

（3）在各个机柜和站内配置相应的冗余电源切换装置和回路保护设备。机柜内布置两套冗余直流电源，这两套直流电源都具有足够的容量和适当的电压，能满足设备负载的要求。

（4）任一路电源故障都应报警，两路冗余电源通过二极管切换回路耦合，在一路电源故障时自动切换到另一路，以保证任何一路电源的故障均不会导致系统的任一部分失电和影响控制系统正常工作。

（5）电子装置机柜内的馈电应分散配置，以获取最高可靠性，对 I/O 模件、处理器模件、通信模件和变送器等都应提供冗余的电源。

（6）接受变送器输入信号的模拟量输入通道，都应能承受输入端子完全的短路，并不应影响其他输入通道。否则，应有单独的熔断器进行保护。

说明：本工程 I/A Series 系统所有模拟量输入模件中设计有通道独立的限流回路，卖方承诺可以承受端子完全短路。

（7）无论是 4～20mA 输出还是脉冲信号输出，都应有过负荷保护措施。此外，应在系统机柜内为每一被控设备提供维护所需的电隔离手段，并有过流保护措施，任一控制模件的电源被拆除，均应报警，并将受此影响的控制回路切至手动。

（8）每一路变送器的供电回路中有单独的熔断器，熔断器开断时报警。在机柜内，熔断器的更换应很方便，不需先拆下或拔除任何其他组件。

说明：本工程卖方在一路变送器的供电回路采用独立的限流回路，不设熔断器。

（9）每一数字量输入通道都应有单独的熔断器或采取其他相应的保护措施。当采用熔断器时，熔断器应方便更换而不影响其他通道的正常工作。对配有熔断器的位置，熔断器熔断时应能在卡件上予以报警和指示。

说明：卖方提供的 I/A Series 系统所有数字量输入模件中设计有通道独立的限流回路，可以承受端子完全短路。不需要单独的熔断器。

（10）FGD＿DCS 系统应在单点接地时可靠工作。各电子机柜中应设有安全地、信号参考地、屏蔽地及相应接地铜排。FGD＿DCS 系统内所有电子装置/机柜之间的接地互连电缆应由卖方提供。

（11）所有 FGD＿DCS 控制机柜将直接安装在槽钢底座上，如卖方要求在机柜和底座之间铺设绝缘材料，所有绝缘材料（包括绝缘螺栓、螺帽）均应由卖方供货，并提供详细的安装指导说明。卖方在设计技术文件中应对 FGD＿DCS 接地进行详细说明。

四、环境及抗干扰

（1）系统能在电子噪声、射频干扰及振动都很大的现场环境中连续运行，且不降低系统的性能。

（2）系统设计采用各种抗噪声技术，包括光电隔离、高共模抑制比、合理的接地和屏蔽。

（3）在距电子设备 1.2m 以外发出的工作频率达 470MHz、功率输出达 5W 的电磁干扰和射频干扰，应不影响系统正常工作。

（4）系统能在环境温度 0～40℃（控制站 0～50℃），相对湿度 10%～95%（不结露）的环境中连续运行。

（5）系统抗干扰能力：

1）共模电压不小于 500V，继电器输出 350V；

2）共模抑制比不小于 120dB，50Hz；

3）差模电压不小于 60V；

4）差模抑制比不小于 60dB；50Hz。

（6）布置。本工程脱硫控制室与除灰控制室合用一个控制室（称脱硫、除灰控制室），位于电厂的除灰系统构筑物内；脱硫系统设置脱硫电控楼，位于两台机组脱硫设备之间，二层设置电子设备间、脱硫工程师室；在石灰石制浆车间二层设置就地电子设备间。

1 号/2 号及公用部分 FGD＿DCS 的电源柜、控制柜、FGD＿I/O 柜、继电器柜等设备布置在脱硫电控楼电子设备间内；工程师站设备、MIS 接口站布置在脱硫电控楼工程师室内。公用部分的远程 I/O 柜布置在就地电子设备间。

（7）操作员站设备布置在脱硫、除灰控制室。操作员站设备至脱硫电控楼电子设备间的电缆敷设距离暂按 200m 考虑；公用部分的远程 I/O 柜至脱硫电控楼电子设备间的电缆敷设距离暂按 200m 考虑；所有预制电缆由卖方提供。FGD＿DCS 系统以及对外通信接口应能够适上述布置方式而不致引起系统控制功能、安全性和通信性能的降低。

（8）电子装置机柜、操作台和接线。

1）电子装置机柜的外壳防护等级，室内为 IP52，室外为 IP56。

2）I/A Series 采用多层次的环境防护措施。所有的组件均采用全密闭的结构。具有最好的防环境污染能力，能有效地防止灰尘、静电以及各种电磁污染。所以，一般安装在室内的，符合 NEMA12 标准的机柜的机柜门不再装设导电门封垫条。柜门上不应装设任何系统部件。机柜的前后门有永久牢固的标牌，机柜应有足够的强度能经受住搬运、安装产生的所有应力，保持不变形。机柜的钢板厚度至少为 3mm，机柜内的支撑间应有足够的强度，保持不变形。

3）机柜的设计满足电缆由柜底引入的要求，相应的电缆接线采用接线端子排方式，而非将电缆直接连接在卡件端子上。电缆引入柜内后的安装、固定附件应由卖方提供。

4）对需散热的电源装置，应提供排气风扇和内部循环风扇。排气风扇和内部循环风扇均应易于更换。风扇故障应有报警。

5）所提供的机柜内应装设温度检测开关，当温度过高时在 FGD＿DCS 报警汇总表中进行报警。

6）装有风扇的机柜均易于更换的空气过滤器。

7）机柜内的端子排布置在易于安装接线的地方，即为离柜底 300mm 以上和距柜顶 150mm 以下。

8）仪表回路的弱电信号的端子排应物理上与控制/电源供电回路的端子排分开。模拟量信号回路的端子排应物理上与数字量接线端子分离，并为每对模拟量信号提供专用的屏蔽端子。所有继电器、控制开关和设备的备用接点应接至端子排上。机柜内的每个端子排和端子都有清晰的标志，并与图纸和接线表相符。每个端子应能同时接入 2 根 1.5mm² 线径的导线。电源端子应根据电源容量及电缆截面选取。

9）端子排、电缆夹头、电缆走线槽及接线槽均应由"非燃烧型"材料制造。

10）应提供 FGD＿DCS 系统内设备之间及机柜与控制盘、台和中间继电器柜之间互联的电缆（包括两端的接触件），这些电缆应符合 IEEE 防火标准。

11）组件、处理器模件或 I/O 模件之间的连接应避免手工接线。所有 I/O 模件和现场信号的接线接口应为接线端子排，卡件和端子排之间的连线应在制造厂内接好，并在端子排上注有明显标记。

12）机柜内应预留充足的空间，使买方能方便地接线、汇线和布线。所有信号屏蔽层接地在机柜侧完成。

13）每个 FGD＿DCS 端子柜、继电器柜、控制柜等所有机柜电缆出线占用的柜内空间不得影响对于柜内设备和电缆的检修、维护。原则上每个模件柜/端子柜安排 I/O 数量控制在 300 点内。

14）机柜和柜内组件的消防要求在技术资料中要详细说明。

15）操作员站操作台、打印机台、工程师站操作台等，各类操作台应满足下列要求：

a. 所有操作台应为整体桌式结构，显示器、键盘、鼠标等设备布置于桌面，并可随意挪动；硬手操等设备镶嵌于桌面；主机、电源等设备布置于桌面下，应方便检修、维护和更换，并应考虑设备的防尘和散热措施。

b. 所有操作台应由阻燃、防静电材质制成，并具有足够的强度。各操作台的初步尺寸见技术规范附图，卖方应承诺可接受在工程设计阶段买方对操作台尺寸和型式的调整而不发生费用问题，最终尺寸由双方在设计联络会上确认。

c. 操作台的设计、制作应符合人机工程学，充分考虑操作方便和减轻运行人员疲劳程度。操作台等设备的色彩应和买方控制室布置的整体方案相协调，卖方可提出建议。

d. 操作台内的所有接线应在走线槽内，操作台所有对外接线均应通过操作台的端子排接出（预制电缆除外）。不允许任何电缆、软线或端子外露。电气设备及其安装和布置应遵循相关规范要求。

（9）系统扩展

1）下列设备应有足够备用余量，以供系统以后扩展需要：

a. 每个机柜内的每种类型 I/O 通道都有 10％的备用量。所有备用设备的柜内接线和器件应完整，并引接至机柜备用端子排。

b. 每个机柜内应有 15％的模件插槽备用量。该备用插槽应配置必要的硬件，保证今后插入模件就能投入运行。

c. 最忙时，控制站处理器的处理能力有 60％裕量，操作员站处理器的处理能力有 60％裕量。

d. 内部存储器占用容量不大于 50％，外部存储器占有容量不大于 40％。

e. 40％电源裕量。电源分配柜应考虑 10％的回路备用量。

f. 以太网通信总线的负荷率不大于 20％，令牌网通信总线负荷率不大于 40％。

g. 操作员站服务器允许最大标签量为 5 万个。

h. 继电器柜中备用继电器的数量不仅应与 DO 点备用量相匹配，且应留有一定的备用位置（包括继电器安装底座和接线端子排），以便扩展。

上述备用裕量都应是按系统联调成功正式投运时的最终容量计算的百分比值。

五、软件要求

（1）整个 FGD＿DCS 的组态，采用统一的方式进行组态。

（2）整个 FGD＿DCS 采用一套完整程序软件包，包括实时操作系统程序、应用程序及性能计算程序等。软件包括所有必需的软件使用许可证，可不受限制地对具体的软件包加以使用。

（3）所有的算法和系统整定参数应储存在各处理器模件的非易失性存储器内，执行时不需重新装载。

（4）要提供高级编程语言和程序开发工具，以满足用户工程师开发应用软件的需要。

（5）模拟量处理器模件所有指定任务的最大执行周期不应超过 250ms，开关量处理器模件所有指定任务的最大执行周期不应超过 100ms。

（6）对需快速处理的模拟和顺序控制回路，其处理能力应分别小于 125ms 和小于 50ms 执行一次。

（7）模拟控制回路和二进制控制设备的组态，应通过储存在处理器模件中的各类算法块的连接，直接采用符合 IEC1131-3 标准的功能块图（SAMA 图）的方式进行，并用易于识别的工程名称加以标明。还可在工程师站上根据指令，以图形式打印出已完成的所有系统组态。

（8）在工程师工作站上应能对系统组态进行修改。不论该系统是在线或离线都能对该系统的组态进行修改。系统内增加或变换一个测点，要求不必重新编译整个系统的程序。操作员站趋势曲线应可按用户要求以任意变量为横纵坐标进行显示和打印。工程师站还应有对于控制逻辑的强制执行功能，该功能应可按要求复位至初始状态。

（9）在程序编辑或修改完成后，能通过数据高速公路将系统组态程序装入各有关的处理器模件，而不影响系统的正常运行。

（10）顺序控制的所有控制、监视、报警和故障判断等功能，均应由处理器模件提供。

（11）顺序逻辑的编程应使程控的每一部分都能在操作站上显示，并且各个状态都能得到监视。

（12）所有顺序控制逻辑的组态都应在系统内由软件完成，而不采用外部硬接线、专用开关或其他替代物作为组态逻辑的输入。

（13）对运行操作记录、SOE 记录、跳闸记录、报警记录等需追忆的功能，FGD＿DCS 中不应提供人工清除的手段。

（14）程序控制逻辑应采用熟悉的，以应用图表形式表示的功能符号进行组态，并可在工程师站上按指令要求，以图形方式打印出已组态的逻辑。

（15）查找故障的系统自诊断功能应能够诊断至模件的通道级故障。报警功能应使运行人员能方便地辨别和解决各种问题。卖方应明确定义系统自诊断的特征。

（16）应将系统设计为电厂一般的技术人员不需具备机器语言或编程的知识即可完成系统的组态及流程。

（17）在此所列的控制系统功能和策略为参考，应根据工程经验和工程具体情况及特点设计并组态控制逻辑。

（18）为了避免误操作，运行人员根据检修工作票可在 CRT 上将被检修的单体设备设置为"检修状态"。处于"检修状态"的单体设备应拒绝所有操作指令，并可将逻辑控制程序自动跳步到下一步程序，直至解除设备的"检修状态"设置。可设置成"检修状态"的单体设备，不能因其状态的变化，影响相关系统的安全运行。

（19）控制逻辑和控制策略设计应充分适应脱硫系统的技术特点。在充分考虑并消化各设备生产厂对主辅机提出的相关控制、连锁、保护要求基础上，全面考虑整个工艺系统的流程和控制策略，使之适应整个脱硫系统的运行监控要求。

控制策略和逻辑设计应充分适应工程机组在各种工况下的特性，具有优良的安全性、调节性能和灵活性，并满足各种运行方式的切换要求。

（20）软件应有助于提高对工艺系统的控制品质、提高监控水平和运行效率、使系统更加稳定地运行。

六、人机接口

人机接口应包括操作员站、硬手操设备、工程师工作站等设备。

（1）操作员站。

1）FGD_DCS 操作员站的任务是在标准画面和用户组态画面上，汇集和显示有关的运行和操作信息，供运行人员据此对机组的运行进行监视和控制。系统应防止操作员站对于控制程序的修改。

2）FGD_DCS 操作员站应可对脱硫系统、脱硫公用系统和与 FGD_DCS 进行双向冗余通信的程控系统进行远方监视和操作。操作员站组态应采用适当的措施，以防止操作员对于不同机组脱硫系统的误操作。

3）FGD_DCS 操作员站的基本功能如下：

a. 监控脱硫系统各设备的运行状况；

b. 监视系统内每一个模拟量和数字量；

c. 显示并确认报警；

d. 显示操作指导；

e. 建立趋势画面并获得趋势信息；

f. 打印报表；

g. 控制驱动装置；

h. 自动和手动控制方式的选择；

i. 调整过程设定值和偏置等；

j. 提供有关帮助信息；

k. 屏幕硬拷贝；

l. 完成对其他与 FGD_DCS 系统进行联网通信的独立系统的远方监视和控制功能。

4）卖方应为 FGD_DCS 系统提供 2 个全功能操作员站，每个操作员站设置一个独立的服务器主机和 1 台 LCD 显示终端。

5）操作员站应设计成桌式结构，其电子部件安装在操作员站内。盘、台、柜的材料、结构需协调一致并由买方认可。盘、台、柜的颜色：

a. 色彩选择所依据的标准：《漆膜颜色标准样卡》（新版）；代号：GSB G51001—1994。

b. 色彩编号：B05，色彩名称：海灰。

6）每一个操作员站服务器都应是冗余数据高速公路上的一个站，且每个操作员站应有独立的冗余通信处理模块，分别与冗余的数据总线相连。

7）任何显示和控制功能均应能在任一操作员站上完成。

8）任何操作、显示画面均应能在小于 1s 的时间内完全显示出来。所有显示的数据应每秒更新一次。

9）调用任一画面的击键次数，不应多于三次，重要画面应能一次调出。

10）操作站的设计应考虑防误操作功能。在任何运行工况按下非法操作键时，系统应拒绝响应，并在画面上给出出错显示。

11）在正常或故障工况下操作员对顺控或单个设备控制进行手动干预时，所有通过软件方式获取或硬接线方式提供的许可和超驰信号应作为操作提示在操作员画面上显示。

12）运行人员通过键盘、跟踪球或鼠标等手段发出的任何操作指令均应在 1s 或更短的时间内被执行。从键盘发出操作指令到通道板输出和返回信号从通道板输入至操作员站上显示的总时间应小于 20s（不包括执行器动作时间）。

13）对运行人员操作指令的执行和确认，不应由于系统负载的改变或使用了 Gateway 而被延缓。对于与 FGD_DCS 系统进行通信的其他系统的监视和操作速度也应满足上述要求，卖方应保证不因采用了通信接口而被延缓。

（2）硬手操作控制。

1）设计并提供每台机组 FGD 旁路挡板快速开启的硬手操作设备，以保证在紧急情况下快速切除 FGD。硬手操开关布置于脱硫、除灰控制室 FGD 操作员站的桌面上，应便于操作，同时应带有安全防护罩以防误动。

2）硬手操设备应在操作台内的适当位置布置适当的端子排，将紧急操作设备引线引至端子排上。

3）紧急操作设备的接点输出应为双刀双掷（DPDT）类型，接点容量应至少满足如下要求：

	230VAC	115VDC	230VDC
Ⅰ—接点闭合（感性回路）	5A	10A	5A
Ⅱ—连续带电	5A	5A	5A
Ⅲ—接点分断	2.5A	2A	0.5A

4）硬接线设计和硬手操设备属 FGD_DCS 卖方的工作范围和供货范围，硬手操设备暂时按照每台机组设置 2 只硬手操按钮考虑，具体待设计联络会确定。

（3）工程师站。

1）设计一套桌式工程师站，用于程序开发、系统诊断和维护、控制系统组态、数据库和画面的编辑及修改。还应提供安放工程师站的工作台及工程师站的有关外设。工程师站布置于电控楼的工程师室内。

2）工程师站应能调出任一已定义的系统显示画面。在工程师站上生成的任何显示画面和趋势图等，均应能通过数据高速公路加载到操作员站。

3）工程师站应能通过数据高速公路，既可调出系统内任一分散处理单元的系统组态信息和有关数据，还可使买方人员将组态的数据从工程师站下载到各分散处理单元和操作员站。此外，当重新组态的数据被确认后，系统应能自动地刷新其内存。对于控制系统的组态、修改应可在线进行，并不因程序的在线修改和下装而影响系统和控制功能的正常运行。

4）工程师站应包括站用处理器、图形处理器及能容纳系统内所有数据库、各种显示和组态程序所需的主存贮器和外存设备。还应提供系统趋势显示所需的历史趋势缓冲器。

5）工程师站应设置软件保护密码，以防一般人员擅自改变控制策略、应用程序和系统数据库。

6）工程师站应采取有效的措施以防止对于不同机组的误操作。

七、数据通信系统

（1）数据通信系统应遵循国际标准和推荐要求，如 IEC、IEEE 等，系统的抗噪声干扰能力应达到 IEC60255-4 规范及 IEEE 的推荐要求。所有通信主干线和分支电缆提供的有效屏蔽因数至少应达到 90%。鉴于数据安全要求，通信介质应提供数据防窃取特性。

（2）数据通信系统应将各分散处理单元、输入/输出处理系统及人机接口和系统外设连接起来，并保证可靠和高效的系统通信。

（3）连接到数据通信系统上的任一系统或设备发生故障，不应导致通信系统瘫痪或影响其他联网系统和设备的工作。任何站与高速公路之间的接口应是无源的并是电气隔离的。通信高速公路的故障不应引起机组跳闸或使分散控制单元不能工作。

（4）通信高速公路应是冗余的（包括冗余的高速公路接口模块）。冗余的数据高速公路在任何时候都应同时工作，通信总线应采用光缆。I/A 系统单一总线上可挂 64 个站，两个站之间的距离无限制，通信速率为 100M/1G。同时，通过总线扩展，实际在总线网络上可挂的站无数量限制。

（5）挂在数据高速公路上的所有站，都应能接受数据高速公路上的数据，并可向数据高速公路发送数据。最大通信计算负荷率小于 10%。

（6）应采取可靠的措施来保证任何一台机组相应部分的 FGD_DCS 设备故障时，不对整个 FGD_DCS 系统或其他正常运行部分的 FGD_DCS 系统，产生任何扰动和影响。

（7）数据通信系统的负载容量，在最繁忙的情况下，以太网不超过 20%，以便于系统的扩展。卖方在一联会上提供计算和考核的办法，并需买方认可。

（8）在机组稳定和扰动的工况下，数据高速公路的通信速率，应保证运行人员发出的任何指令均能在 1s 或更短的时间被执行（无论是否经过网关）。应确认其保证的响应时间在所有运行工况下（包括在 1s 内发生 100 个过程变量报警的工况下）和对与 FGD_DCS 通信的，需要在 FGD_DCS 操作员站上进行远方监控的所有系统，均能达到上述指标。

（9）数据通信协议应包括 CRC（循环冗余校验）、奇偶校验码等，以检测通信误差并采取相应的保护措施，确保系统通信的高度可靠性，应连续诊断并及时报警。

（10）当数据通信系统中出现某个差错时，系统应能自动要求重发该数据，或由硬件告知软件，再由软件判别并采取相应的措施，如经过多次补救无效，系统应自动采取安全措施，如切换至冗余的装置，或切除故障设备等并在操作员站上报警，由打印机打印。

（11）通信总线应能防止外界损伤，不会由于机械振动、潮湿、腐蚀原因产生故障。DCS 所有通信电缆、光纤应为铠装形式。

（12）系统中应布置一个"数字主时钟"，使挂在数据高速公路上的各个站时钟同步、定时校准。"数字主时钟"本身须留有一个与电厂的 GPS 主时钟同步并能实现自动校正的接口，接口形式与校验方式应满足电厂 GPS 主时钟的要求。

（13）FGD＿DCS 与全厂 MIS 的通信接口。

1）FGD＿DCS 至全厂 MIS 有一套完整接口，包括接口站、操作系统、数据库、网络接口卡、驱动程序、相关网络通信电缆和完整的接口功能软件包，接口站应独立设置，布置在脱硫电控楼工程师室。

2）全厂 MIS 与机组 FGD＿DCS 网络之间的接口为冗余配置。

3）FGD＿DCS 与全厂 MIS 的接口站应能按照全厂 MIS 的要求发送所有 FGD＿DCS 数据点（包括与 FGD＿DCS 通信和硬接线联系的其他各实时系统数据点）至全厂 MIS。

4）FGD＿DCS 与全厂信息系统的接口数据传输速率应满足全厂 MIS 的要求。

5）与全厂 MIS 接口应包含软件或硬件防火墙，用以防止全厂 MIS 的数据向 FGD＿DCS 系统传送，防止信息系统上的终端对 FGD＿DCS 系统进行任何操作和修改，防止有意或无意的入侵和破坏以及计算机病毒的侵害。

八、数据采集系统（DAS）

（1）总则：

1）数据采集系统（DAS）应连续采集和处理所有与工艺系统有关的重要测点信号及设备状态信号，以便及时向操作人员提供有关的运行信息，实现工艺系统安全经济运行。一旦发生任何异常工况，应及时报警，提高机组的可利用率。

2）DAS 至少应有下列功能：

a. 显示：包括操作显示、成组显示、棒状图显示、趋势显示、报警显示等。

b. 制表记录：包括定期记录、事故顺序（SOE）记录、跳闸一览记录等。

c. 历史数据存储和检索。

d. 性能计算。

（2）显示：

2.1 总则

2.1.1 每个操作员站应能综合显示字符和图像信息，运行人员通过操作员站 LCD 实现对工艺运行过程的操作和监视。

2.1.2 每幅画面应能显示过程变量的实时数据和运行设备的状态（包括中间计算值和调节阀门/挡板的位置），这些数据和状态应每秒更新一次。显示的颜色或图形应随过程状态的变化而变化。棒状图和趋势图应能显示在任意一个画面的任何一个部位上。

2.1.3 应可显示 FGD＿DCS 系统内所有的过程点，包括模拟量输入、模拟量输出、数字量输入、数字量输出、中间变量和计算值。

对显示的每一个过程点，应显示其标志号（通常为 Tag）、中文或英文说明、数值、性质、工程单位、高低限值等。

2.1.4 应采用最新的窗口显示技术，提供对机组运行工况的画面开窗显示、多窗口显示、滚动画面显示、图像缩放显示、菜单驱动显示等功能，以便操作人员能全面监视，快速识别和正确进行操作。

2.1.5 系统模拟图。根据用户的 P&ID、电气系统接线图和运行要求，提供至少 100 幅买方批准的用户画面（通常指系统模拟图）。用户画面的数量，应可在工程设计阶段按实际要求进行增加。

系统模拟图的设计依据是用户提供的 P&ID，但卖方的设计应结合其丰富的画面设计经验，以方便运行人员对过程的监视和控制。

运行人员可通过键盘或鼠标，对画面中的任何被控装置进行手动控制。画面上的设备正处于自动程控状态时，模拟图上应反映出运行设备的最新状态及自动程序目前进行至哪一步。若自动程序失败，则应有报警并显示故障出现在程序的哪一步，且可切换到自动顺序逻辑原理图，显示条件满足情况。

2.1.6　技术人员可在工程师站和操作员站上，使用该站的画面生成程序自己制作和修改画面。卖方应提供符合 ISA 过程设备和仪表符号标准的图素。当用户需使用的图素，未包括在 ISA 标准符号中时，用户应可使用卖方提供的软件包，建立用户自定义的新图素。用户自定义的新图例应能被存储和检索。

2.1.7　I/A 系统的画面数量仅仅受到硬盘的限制，针对图素的容纳能力，以人的眼睛可以分辨为宜，对于过程量点则没有限制（本身在操作员站中没有标签量的数量限制）。

2.1.8　应提供快捷切换显示的手段（如导航窗口、下拉菜单），时运行人员无需对画面的切换步骤有过多的记忆，同时还应提供热键，允许运行人员一次击键即能调出由于监视或控制的其他显示画面。

2.2　操作和监视显示

操作和监视显示应按层组织（例如分为厂区级显示、功能组显示和细节显示），此种分层应根据工艺过程和运行要求来确定，这种多层显示可使运行人员方便地翻页，以获得操作所必需的细节和对特定的工况进行分析。

2.2.1　厂区级显示（或称概貌显示）

厂区级显示应提供整个脱硫系统运行状态的总貌，显示出主设备的状态、参数和包括在厂区级显示中的与每一个控制回路有关的过程变量与设定值之间的偏差。应允许一次击键即能调出用于监视或控制的其他显示画面。若任何一个控制回路出现报警，用改变显示的颜色来提示。

每一幅厂区级显示画面应可容纳 80 个以上的过程变量，并且应提供 20 幅以上的厂区级显示画面。

2.2.2　功能组显示

功能组显示应可观察某一指定功能组的所有相关信息，可采用棒状图形式，或采用模拟M/A 站（功能块）面板的画面，面板上应有带工程单位的所有相关参数，并用数字量显示出来。

功能组显示应包含过程输入变量、报警条件、输出值、设定值、回路标号、缩写的文字标题、控制方式、报警值等。

每幅功能组显示画面，应能显示 8～12 个控制站或功能块，并且应提供 200 幅以上的功能组显示画面。

组态的功能组显示画面应包括所有调节控制回路和程序控制回路。

2.2.3　细节显示

细节显示应可观察以某一回路为基础的所有信息，细节显示画面所包含的每一个回路的有关信息，应足够详细，以便运行人员能据以进行正确的操作。对于调节回路，至少应显示出设定值、过程变量及过程变量曲线、输出值、运行方式、高/低限值、报警状态、工程单位、回路组态数据等调节参数。对于断续控制的回路，则应显示出回路组态数据和设备状态。

2.2.4　操作显示

操作显示可按不同类型（如调节、顺控）分层（概貌、功能组显示等）设计。

设计系统和设备运行时的操作指导，并由操作员站的图像和文字显示出来。操作指导应划分为四个部分，即为启动方式、正常方式、停机和跳闸方式。

所有的操作许可、连锁、闭锁条件和正在执行的控制逻辑都应能通过梯形图或类似的画面在线看到。运行人员或工程师应能通过各种主控和功能组操作显示画面，对控制方式、控制回路和参数对进行操作或调整。

提供的标准面板式操作显示应能显示至少 8 个控制回路，带有当前的过程参数，包括过程变量（PV）、设定值（SV）、输出值、控制方式、报警、回路标号、偏差等。PV、SV 和输出应用彩色动态棒状图和数字量形式表示。卖方组态的标准面板式显示画面应包括所有调节控制回路和开关量控制回路。

所有操作画面应含有明显的机组编号信息，作为防止操作员在机组间进行误操作的手段之一。卖方还应提供其他有效措施，彻底避免发生不同机组间的误操作。

2.3　标准画面显示

包括报警显示、趋势显示、成组显示、棒状图显示等标准画面显示，并已预先做好或按本工程的具体要求做出修改。

2.3.1　成组参数显示

2.3.1.1　在技术上相关联的模拟量和数字量信号，应组合成成组显示画面，并保存在存储器内，便于运行人员调用。

2.3.1.2　成组显示应能便于运行人员按需要进行组合，并且根据需要存入存储器或从存储器中删除。

2.3.1.3　成组显示应有色彩增亮显示和棒状图形显示。

2.3.1.4　一幅成组显示画面可包含 20 个以上的测点，并且至少应提供 40 幅成组显示画面。

2.3.1.5　任何一点在越过报警限值时，均应变为红色并闪光。

2.3.2　棒状图显示

2.3.2.1　运行人员可以调阅动态，棒状图画面即以动态棒状图的外形尺寸反映各种过程变量的变化。

2.3.2.2　棒状图应可在任何一幅画面中进行组态和显示，每一棒状图的标尺可设置成任何比例。

2.3.2.3　在一幅完全为棒状图的画面上，应显示 16 根棒状图，并且至少应提供 20 幅这样的显示画面。标尺设置应采用同一比例。

2.3.2.4　进入 FGD_DCS 系统的任何一点模拟量信号，均应能设置成棒状图形式显示出来。

2.3.2.5　若某一棒状图，其数值越过报警限值时，越限部分应用红色显示出来。

2.3.3　趋势显示

2.3.3.1　系统应能提供 600 点历史数据的趋势和 600 点实时数据的趋势显示。趋势显示可用整幅画面显示，也可在任何其他画面的某一部位，用任意尺寸显示。所有模拟量信号及计算值，均可设置为趋势显示。

2.3.3.2 在同一幅显示画面上，在同一时间轴上，采用不同的显示颜色，应能同时显示 8 个模拟量数值的趋势。

2.3.3.3 在一幅趋势显示画面中，运行人员可重新设置趋势变量、趋势显示数目、时间标度、时间基准及趋势显示的颜色。

2.3.3.4 每个实时数据趋势曲线应包括 600 个实时趋势值，每个实时趋势值的时间分辨力率 1s（存储速率）。

2.3.3.5 每个历史数据趋势曲线应包括 600 个历史趋势值，时间标度可由运行人员按 0.5、1、2、5、10、15、30min 和 60min 进行选择。

2.3.3.6 趋势显示画面还应同时用数字显示出变量的数值。

2.3.3.7 趋势显示应可存储在内部存储器中，存储时间至少为 72h，并应便于运行人员调用，运行人员亦可按要求组态趋势并保存在外部存储器中，以便今后调用。应可在趋势图上切点观察任一时刻点的值。

2.3.4 报警显示

2.3.4.1 系统应能通过接点状态的变化，或者参照预先存储的参考值，对模拟量输入、计算点、平均值、变化速率、其他变换值进行扫描比较，分辨出状态的异常、正常或状态的变化。若确认某一点越过预先设置的限值，操作员站应显示报警画面，并发出声响信号。

2.3.4.2 系统应提供报警分析功能，应充分利用 FGD_DCS 所获得的过程信息对报警进行综合分析，并帮助运行人员迅速了解报警产生的原因和推荐的处理措施。报警分析应具有自学习功能，运行人员对报警的正确处理应被载入信息库，以便下一次同类报警产生时指导运行人员正确操作。

2.3.4.3 每个报警点分细分为 3 个报警组，每个组又可细分为 5 个优先级，总计有 15 个优先级，分别以不同颜色显示该点的 Tag，加以区分。

2.3.4.4 报警应可一次击键进行确认。在某一站上对某一点发生的报警进行确认后，则所有其他站上该点发出的报警，也应同时被确认。某一点发出的报警确认后，该报警点显示的背景颜色应有变化并消去音响信号。

2.3.4.5 采用闪光、颜色变化等手段，区分出未经确认的报警和已经确认的报警。

2.3.4.6 当某一未经确认的报警变量恢复至正常时，应在报警清单中消除该报警变量，并由仍处于报警状态的其他报警点自行填补某一位置空缺（用户指明的有关报警变量除外）。

2.3.4.7 所有出现的报警及报警恢复，系统应自动存储并可由运行人员选择打印。

2.3.4.8 若某一已经确认的报警再一次发出报警时，应作为最新报警再一次显示在报警画面的顶部，这一报警点的标签号颜色的改变应能表示出该报警点重复报警的次数。

2.3.4.9 所有带报警限值的模拟量输入信号和计算变量，均应分别设置"报警死区"以减少参数在接近报警限值时产生的频繁报警。

2.3.4.10 在设备停运及设备启动时，应有模拟量和数字量信号的"报警闭锁"功能，以减少不必要的报警。可由操作员站上实施这一功能。启动结束后，"报警闭锁"功能应自动解除。"报警闭锁"不应影响对该变量的扫描采集。

2.3.4.11 对某些输入信号和计算变量均可提供可变的报警限值。这些报警限值可以是过程参数（如负荷、流量、温度）的一个函数。

2.3.4.12　报警信息中应表明与该报警相对应的显示画面的检索名称。

2.3.4.13　在操作员站，通过一次击键应能调用多页的报警一览。报警一览的信息应以表格形式显示，并应包括如下内容：点的标志号、点的描述、带工程单位的当前值、带工程单位的报警限值、报警状态（高或低）及报警发生的时间。每一页报警一览应有 20 个报警点，报警一览至少应有 3500 个报警点（包括系统诊断报警点）。

2.3.4.14　所有报警都应存储下来，并可由操作员选择打印。

2.3.4.15　对于主要辅机，应能够通过机组监视模拟图方便地调出跳闸首出画面。

2.4　其他显示

2.4.1　Help 显示

为帮助运行人员在系统的启、停、运行或紧急工况时，能成功地操作，系统应提供在线的 Help 显示软件包。

运行人员应可通过相应的 Help 键，调用 Help 显示画面。

除标准的 Help 显示画面外，还应让用户使用这种 Help 显示软件包生成新的 Help 画面，以适应一些特定的运行工况。

2.4.2　系统状态显示

系统状态显示应表示出与数据高速公路相连接的各个站（或称 DPU）的状态。各个站内所有 I/O 模件的运行状态均应包括在系统状态显示中，任何一个站或模件发生故障，相应的状态显示画面应改变颜色和亮度以引起运行人员的注意。

系统诊断信息显示还应包括：每个 CPU 的负载率、主干网络通信负载率、电源负载率等。

3　记录

所有记录使用可编辑的标题，而不是预先打印的形式。

记录功能可由程序指令或运行人员指令控制，数据库中所具有的所有过程点均应可以记录。

3.1　定期记录

定期记录包括交接班记录、日报和月报。对交接班记录和日报，系统应在每一小时的时间间隔内，提供 500 个预选变量的记录。而对月报，则在每一天的时间间隔内，提供 500 个预选变量的记录。在每一个交接班后，或每一天结束时，或每一个月结束时，应自动进行记录打印。或根据运行人员指令召唤打印。

3.2　运行人员操作记录

系统应记录运行人员在进行的所有操作项目及每次操作的精确时间。通过对运行人员操作行为的准确记录，可便于分析运行人员的操作意图，分析机组事故的原因。操作员记录可按要求进行，可预先选择记录打印的时间间隔或立即由打印机打印出来。操作员记录可由 20 个组构成，每组 16 个参数。所有具有地址的点均可设置到操作员记录中。操作员记录应不可以任何方式清除。

3.3　事件顺序记录（SOE）

FGD_DCS 系统应提供高速顺序记录，其时间分辨率应不大于 1ms，卖方所提供的 SOE 系统必须是 FGD_DCS 整体的组成部分，不允许采用单独的 SOE 装置。所有事件记录必须参比于同一时间标准。提供的 SOE 应具备以下功能：

3.3.1 应在 SOE 数据收集启动后通知操作员站和报警打印机：SOE 数据收集已经开始。

3.3.2 SOE 卡件应具备数字量输入卡件的所有功能。

3.3.3 系统设计应考虑 SOE 报表的历史数据存储和检索功能。

SOE 点应在工程设计阶段和现场施工调试阶段根据买方要求进行调整。

接入事件顺序记录装置的任何一点的状态变化至特定状态时，立即启动事件顺序记录装置。事件顺序记录应包括：测点状态、英文或中文描述以及三个校正时间。即接入该装置的任一测点发生状态改变的继电器动作校正时间，启动测点状态改变的校正时间，毫秒级的扫描第一个测点状态改变与随后发生的测点状态改变之间的时间差校正。所有 SOE 记录应按经过时间校正的时序排列，并按时、分、秒和毫秒打印出来。

事件顺序记录完成后，其报告应自动打印出来，并自动将记录存储在存储器内，以便以后按操作员的指令打印出来。存储器应有足够的空间，以存储至少 5000 个事件顺序记录。这种足够存储空间应保证不会丢失任何输入状态改变的信号，并且在 SOE 记录打印时，留有足够的采集空间。

3.4 跳闸记录

应提供跳闸后的分析记录。一旦检测到系统某一主设备跳闸，程序应立即打印出能够表征系统主设备运行状况和引起跳闸原因足够数量参数的完整记录，应提供跳闸前 10min 以 10s 时间间隔和跳闸后 5min 以 1s 时间间隔的快速记录。

运行人员还应方便地通过机组模拟图调出跳闸设备的首出画面。

跳闸记录应自动打印或按运行人员指令打印。

3.5 设备运行记录

在每天结束时，应打印出泵、风机等主设备的累计运行小时数和启停次数。

3.6 报警记录

报警记录至少应有 5000 个存储报警点。

4 历史数据的存储和检索（HSR）

历史数据站应具备系统和网络管理，数据库管理、数据存储及检索功能。在 FGD＿DCS 的任何操作员站上均能进行历史数据的检索。

历史数据站至少应能处理 20000 个过程点，生产工艺系统所有涉及设备和人身安全的重要模拟量和监视点应至少每秒采样 1 次；所有非重要过程点的采样周期可适当加大。历史数据站上的所有过程数据可存储 30 天，系统设计中应采用差异存储技术以减少数据存储空间。

系统布置长期存储信息的可读写光盘驱动器，当历史数据站中的存储数据所占空间达到总容量的 60％时，系统应自动将数据转至可读写光盘并在操作站上报警通知运行人员。HSR 的检索可按指令进行打印或在操作站上显示出来。

5 性能计算

5.1 系统应能在线计算 FGD 及其部件的各种效率和性能值，这些值和各种中间计算值应能作为记录和显示器显示的输出。大多数计算应采用输入数据的 2min 算术平均值来进行。

5.2 性能计算为运行人员提供运行参数与所要求的脱硫效率之间的偏差，提供 FGD 系统性能的长期历史记录并用于经济分析和维护分析。

5.3　性能计算应能包括但不限于下列项目：

5.3.1　脱硫效率计算；

5.3.2　耗电量计算；

5.3.3　耗水量计算；

5.3.4　石灰石利用率计算；

5.3.5　热交换器效率以能量平衡的方法计算；

5.3.6　增压风机、浆液再循环泵效率计算。

以上为性能计算的基本内容。卖方还应能实现买方根据其供货装置的特点所增加性能计算项目。性能计算在20％以上的负荷时进行，每10min计算一次，计算误差应小于0.1％。

5.4　所有的计算均应有数据的质量检查，若计算所用的任何一点输入数据发现问题，应告知运行人员并中断计算。如若采用存储的某一常数来替代这一故障数据，则可继续进行计算。如采用替代数据时，打印出的计算结果上应有注明。

5.5　性能计算应有判别FGD系统运行状况是否稳定的功能，使性能计算对运行有指导意义。在变负荷运行期间，性能计算应根据稳定工况的计算值，标上不稳定运行状态。

5.6　系统应提供性能计算的期望值与实际计算值相比较的系统。比较得出的偏差应以百分数显示在显示器上。运行人员可对显示结果进行分析，以使FGD系统每天都能运行在最佳状态。

5.7　除在线自动进行性能计算外，还应为工程提供一种交互式的性能计算手段。

5.8　系统还应具有多种手段，以确定测量误差对性能计算结果的影响。同时，还应具有对不正确的测量结果进行定量分析和指明改进测量仪表的功能，从而大大提高性能计算的精确度。

6　模拟量控制系统（MCS）

基本要求：

6.1　控制系统应包括由微处理器构成的各个子系统，这些子系统应实现下文规定的对脱硫及其辅助工艺系统的调节控制。

6.2　MCS应能够满足脱硫系统启停、变负荷运行工况的所有要求，保证系统在30％～100％MCR负荷范围内，控制脱硫系统运行参数不超过允许值。同时应确保脱硫装置自动跟随锅炉运行，并快速和稳定地满足主机组负荷的变化，保持稳定的运行。

6.3　控制系统应满足脱硫系统安全启、停及各种工况下运行的要求。

6.4　控制系统应划分为若干子系统，子系统设计应遵守"独立完整"的原则，以保持数据通信总线上信息交换量最少。

6.5　冗余组态的控制系统，在控制系统局部故障时，不引起脱硫系统和主机组系统的危急状态，并将这一影响限到最小。

6.6　MCS控制系统应与锅炉控制系统完全协调动作。

6.7　控制的基本方法是必须直接并快速地响应代表负荷或能量指令的前馈信号，并通过闭环反馈控制和其他先进策略，对该信号进行静态精确度和动态补偿的调整。

6.8　控制系统应具有一切必要的手段，自动补偿及修正脱硫系统自身的瞬态响应及其他必需的调整和修正。

6.9 在自动控制范围内，控制系统应能处于自动方式而不需任何性质的人工干预。

6.10 控制系统应能调节控制装置以达到脱硫系统的性能保证指标，控制设备实现性能要求的能力，不应受到控制系统的限制。

6.11 控制系统应能操纵被控设备，特别是低负荷运行方式的设备，其自动方式能在30%BMCR负荷到满负荷范围内运行。

6.12 控制系统应有连锁保护功能，以防止控制系统错误的及危险的动作，连锁保护系统在工艺设备安全工况时，应为维护、试验和校正提供最大的灵活性。

6.13 如系统某一部分必须具备的条件不满足时，连锁逻辑应阻止该部分投"自动"方式，同时，在条件不具备或系统故障时，系统受影响部分应不再继续自动运行，或将控制方式转换为另一种自动方式。

6.14 控制系统任何部分运行方式的切换，不论是人为的还是由连锁系统自动的，均应平滑进行，不应引起过程变量的扰动，并且不需运行人员的修正。

6.15 当系统处于强制闭锁、限制或其他超驰作用时，系统受其影响的部分应随之跟踪，并不再继续其积分作用（积分饱和）。在超驰作用消失后，系统所有部分应平衡到当前的过程状态，并立即恢复其正常的控制作用，这一过程不应有任何延滞，并且被控装置不应有任何不正确的或不合逻辑的动作。应提供报警信息，指出引起各类超驰作用的原因。

6.16 对某些重要的关键参数，采用三重冗余变送器测量。对三重冗余的测量值，系统应自动选择中值作为被控变量，而其余变送器测得的数值，若与中值信号的偏差超过预先整定的范围时，应进行报警。如其余两个信号与中值信号的偏差均超限报警时，则控制系统受影响部分应切换至手动。

6.17 运行人员可在操作员站上将三选中的逻辑切换至手动，而任选三个变送器中的某一个信号供自动用。

6.18 对某些仅次于关键参数的重要参数，采用双重冗余变送器测量，若这两个信号的偏差超出一定的范围，则应有报警，并将受影响的控制系统切换至手动，运行人员可手动任选两个变送器中的一个信号用于投自动控制。

6.19 在使用不冗余变送器测量信号时，如信号丧失或信号越限，均应有报警，同时系统受影响部分切换至手动。

6.20 在使用不冗余变送器测量信号时，如信号丧失或信号超出工艺过程实际可能范围，均应有报警同时系统受影响部分切换至手动。

6.21 控制系统的输出信号应为4~20mA DC连续信号，并应有上下限定，以保证控制系统故障时设备的安全。

6.22 控制系统所需的所有校正作用，不能因为使驱动装置达到其工作范围的控制信号需进行调整而有所延滞。

6.23 控制系统应监视设定值与被控变量之间的偏差和输出信号与控制阀门位置之间的偏差。当偏差超过预定范围时，系统应将控制切换至手动并报警。

6.24 风机、泵等跳闸，应将与之对应的控制系统由自动切换至手动运行方式。

6.25 当两个或两个以上的控制驱动装置控制一个变量时，应由一个驱动装置维持自动运行。运行人员还可将其余的驱动装置投入自动，而不需手动平衡以免干扰系统。当追加的驱动装置投入自动后，控制作用应自动适应追加驱动装置的作用，也就是说不管驱动装置在手动或自动方式的数量如何变化，控制的作用应是恒定的。

6.26 手动切换一个或一个以上的驱动装置投入自动时，为不产生过程扰动，而保持合适的关系，应使处于自动状态的驱动装置等量并反向作用。

6.27 应对多控制驱动装置的运行提供偏置调整，偏置应能随意调整，新建立的关系不应产生过程扰动。

6.28 在自动状态，设置一个控制驱动装置为自动或遥控，不需进行手动平衡或对其偏置进行调整，并且不论此时偏置设置的位置或过程偏差的幅度如何，不应引起任何控制驱动装置的比例阶跃。

7 具体控制回路

7.1 FGD_DCS控制系统至少应能够完成下列控制功能。

7.2 烟风道系统调节。

7.3 以增压风机旁路挡板差压、进出口挡板调节、增压风机流量调节及其旁路挡板控制为主的调节回路构成了烟风道调节系统。主要完成烟风系统的压力、流量匹配以及紧急状态下的保护。

7.4 脱硫性能控制。

7.5 通过对吸收塔液位、吸收塔pH和吸收塔排出石膏浆液流量的控制来维持脱硫系统的脱硫性能指标，维持实现主要的物料平衡控制。

7.6 石灰石浆液制备系统控制。

7.7 通过对湿式石灰石球磨机及其辅助系统的控制，使石灰石浆液箱液位和石灰石浆液浓度保持在一定范围以内。

7.8 石膏脱水系统调节。

7.9 主要任务是维持真空皮带机滤饼厚度、滤布清洗水箱水位、滤液水箱水位在所要求的值。

7.10 其他模拟量调节回路。

8 顺序控制系统 (SCS)

8.1 基本要求

8.1.1 顺序控制系统为FGD_DCS的一部分，应完成脱硫岛工艺及其辅机系统、脱硫变压器及厂用电源系统的启停顺序控制。

8.1.2 一个功能组项被定义为某一工艺系统内所有辅机及其所有的相关设备，如脱硫烟气系统内的增压风机及其相关辅助设备和风门挡板等。一个子组项被定义为某个设备组，如一台风机及其所有相关的设备（包括风机油泵、挡板等）。

8.1.3 所设计的功能组和子组级顺序控制应进行自动顺序操作，目的是为了在系统启、停时减少操作人员的常规操作。各子组项的启、停在安全的基础上应能独立进行。

8.1.4 对于每一个子组项及其相关设备，它们的状态、启动许可条件、操作顺序和运行方式，均应在操作站上显示出系统画面。

8.1.5 在手动顺序控制方式下，应为操作员提供操作指导，这些操作指导应以图形方式显示在操作站上，即按照顺序进行，可显示下一步应被执行的程序步骤，并根据设备状态变化的反馈信号，在操作站上改变相应设备的颜色。

8.1.6 运行人员通过手动指令，可修改顺序或对执行的顺序跳步，但这种运行方式必须满足安全要求。如顺序未能在约定的时间内完成，则报警，并禁止顺序进行下去。如果故障消除，在运行人员再启动后，可使程序再进行下去。

8.1.7　控制顺序中的每一步均应通过从设备来的反馈信号得以确认，每一步都应监视预定的时间。如顺序未能在约定的时间内完成，则应发出报警，并禁止程序进行下去。如果故障消除，在运行人员再启动后，可使程序再进行下去。

8.1.8　在自动顺序执行期间，出现任何故障或运行人员中断信号，应使正在运行的程序中断并回到安全状态，使程序中断的故障或运行人员指令应在操作员站上显示，并由打印机打印出来。当故障排除后，顺序控制在确认无误后再进行启动。

8.1.9　顺序控制是按命令逻辑顺序进行的，每步都应有检查，在正常运行时，顺序一旦启动应至结束。在顺序过程中每一步应有指示，在此步完成后自行熄灭，顺序是否完成应有分别的指示。

8.1.10　运行人员应在操作员站/键盘上操作每一个被控对象，手动操作应有许可条件，以防运行人员误动作。卖方应提供子组级（对于功能组级顺控）和执行级控制，操作员应能操作所有设备（如泵、风机、阀门和挡板等），通过操作员站/键盘进行远方操作，按设备和运行要求，驱动级控制应有连锁。

8.1.11　卖方除了满足上述要求外，还应符合设备制造厂的推荐意见和安全要求。

8.1.12　设备的连锁、保护指令应具有最高优先级；手动指令则比自动指令优先。被控设备的"启动"、"停止"或"开"、"关"指令应互相闭锁，且应使被控设备向安全方向动作。保护和闭锁功能应保持始终有效，应设计成无法由运行人员人工切除。当由于运行工况需要进行切除时，系统应采用明显的特殊标志予以标识，以便运行人员了解实际保护和闭锁功能的投入状态。

8.1.13　保护和闭锁功能应是经常有效的，应设计成无法由控制室人工切除。

8.1.14　SCS应通过连锁、联跳和保护跳闸功能来保证被控对象的安全。连锁及保护跳闸功能，包括紧急跳闸均应采用硬接线连接。

8.1.15　用于保护的接点（过程驱动开关或其他开关接点）应是"动合型"的，以免信号源失电或回路断电时，发生误动作（采用"断电跳闸"的重要保护除外）。

8.1.16　对成对的被控设备（如泵和风机的润滑油泵等），控制系统的组态应考虑采用不同的分散处理单元或控制组件（如二进制卡件），以防系统故障时两个被控设备同时失去控制。

8.1.17　系统中的执行级应使用可独立于逻辑控制处理单元的二进制模件。卖方应在报价中详细说明其功能。

8.1.18　逻辑中应提供相关的连锁，以防设备在非安全或潜在危险工况下运行。设备控制一般分三种模式：手动（操作员控制）、自动控制、后备。

（1）在手动模式下，操作员将根据系统运行需要进行设备的启/停、开/关操作。非频繁操作设备（如辅助电气系统的进线开关）或无人监视工况下不可进行启动的设备只提供手动控制。

（2）维持过程控制而需要频繁起停的设备应提供自动控制模式。原则上，自动逻辑引起的动作不应报警，保护连锁触发式自动功能失效应产生报警，如旁路挡板电源失去。

（3）冗余或具有指定备用的设备应提供后备（STANDBY）控制模式。当过程参数表明在役设备故障，处于后备模式的备用设备应自动启动，连续运行直至操作员或保护连锁发出停运指令。系统应提供报警以提醒操作员备用设备已启动。

所有设备均应提供手动模式。自动和后备模式应根据设备运行要求按需提供。

8.2 具体功能

根据脱硫系统运行特性及附属设备的运行要求，构成不同的顺序控制子系统功能组和子组，并实现从系统短期停运到正常运行状态的全自动步序。顺序控制至少应提供以下子系统功能组：

8.2.1 烟风挡板系统功能组；

8.2.2 吸收塔循环系统功能组；

8.2.3 吸收塔排放系统功能组；

8.2.4 石灰石浆液制备系统（包括磨机）功能组；

8.2.5 除雾器和吸收塔冲洗系统功能组；

8.2.6 吸收塔入口烟道冲洗系统和事故冷却系统功能组；

8.2.7 石膏脱水系统功能组；

8.2.8 其他子系统顺控功能组在设计联络会上确定。

8.3 电气控制纳入 FGD ＿DCS 监控的范围

电气控制部分进入 DCS 有变压器回路开关、380V PC 进线及分段开关、馈线开关，脱硫变压器，保安电源系统；直流系统、UPS。

在 FGD ＿DCS 中进行监视的参数有 380V 低压厂用电源 3 相电流、有功功率；380V 低压厂用母线 3 线电压；380V 保安电源 3 相电流、有功功率；直流母线电压；6kV 高压电动机及 45kW 以上低压电动机单相电流；380V 低压 PC 所有开关的合闸、跳闸状态、事故跳闸、控制电源消失；干式变压器温度；所有电动机的合闸、跳闸状态、事故跳闸、控制电源消失（不在本岛供货范围内的高压系统监视、测量信号除外）。卖方对电气系统控制功能的分配和设计，应充分适应本工程脱硫岛电气系统的配置特点，并能够满足各台机组分期投运、独立检修和电源切换的要求。

9 备品备件和专用工具

9.1 备品备件

9.1.1 应保证备品备件长期稳定地供货。对主要设备或与主设备功能相同并考虑接插兼容的替代品，当厂家决定中断生产某些组件或设备时，应及时得知消息，以便增加这些设备的备品备件。

9.1.2 妥善保存备品备件的说明书，以便了解这些备品备件用于那些具体项目上。

9.1.3 若 FGD ＿DCS 的标准组件如有改动，则备品备件应做相应修改。

9.1.4 妥善保存有关备品备件的保管资料，如存放期限、是否需干燥剂等。

9.1.5 所有备品备件的一些主要部件（如印刷电路板和各类模件等）在发运前，都应逐件进行测试，以保证在 FGD ＿DCS 中正常运行。

9.1.6 每一种类的模件，应按照机组最终实用点数的 10％（至少一块模件）提供备品备件。

9.2 专用工具

9.2.1 备用所有便于维修和安装 FGD ＿DCS 所使用的专用工具，而且这些工具用户难以从电气和电子市场买到。专用工具至少应包括下列项目：

9.2.1.1 专用测试设备；

9.2.1.2 专用工具、夹具、卡具；

9.2.1.3 便携组态器；

9.2.1.4 安装接线专用设备。

9.2.2 除专用工具外，卖方还应向买方提供一份推荐的维修测试人员必备的标准工具的清单。FGD、DCS技术数据汇总表见表2-11。

表2-11 FGD_DCS技术数据汇总表

序号	技术项目	技术数据	备注
一	系统总体指标		
1	整个系统耗电量（kW）/电源负荷裕量（%）	13/—	
2	整个系统可用率（%）	99.9	
3	系统平均无故障时间（MTBF）		
	数据采集系统DAS	>5年	
	顺序控制系统SCS	>5年	
	模拟量控制系统MCS	>5年	
二	监视控制级网络		
1	操作员站	WP51F	
	CRT尺寸、分辨率、色彩、刷新率、显存	21in LCD 1280×1024	
	站用主机主频、内存、硬盘容量	Ultral SPARC ii 64位 主频650MHz 内存512M 硬盘80G	
	操作员站最繁忙时CPU负荷率（%）	<40	
	操作系统	UNIX（Solaris 2.8）	
	系统容纳最大标签量	无最大标签量限制	
	画面对键盘响应周期（s）	<1	
	画面上数据刷新周期（s）	<1	
	键盘指令到通道板输出和返回信号从通道板输入到CRT上显示的总时间（s）	<2	不包括执行器动作时间
2	工程师站、历史站:	AW51F	
	CRT尺寸、分辨率、色彩、刷新率、显存	21in LCD 1280×1024	
	站用主机主频、内存、硬盘容量	Ultral SPARC ii 64位 主频650MHz 内存512M 硬盘80G	

序号	技术项目	技术数据	备注
2	操作系统	UNIX (Solaris 2.8)	
	系统容纳最大标签量	无最大标签量限制	
	编程语言、组态方式	图形	
	历史站存储机组数据时间（个月）	＞6	
	历史站硬盘容量（G）	80	
3	操作员站画面数量（幅）	＞150	
	棒状图数量	满足工程要求	
	成组显示数量	满足工程要求	
	趋势显示数量	满足工程要求	
	模拟图数量	满足工程要求	
	报警显示数量	满足工程要求	
	其他标准显示画面数量	满足工程要求	
4	报表和记录		
	班报表/日报表/月报表	满足工程要求	
	成组打印	满足工程要求	
	事故追忆打印	满足工程要求	
	事故顺序记录	满足工程要求	
	趋势记录	满足工程要求	
	操作员操作记录	满足工程要求	
	历史数据记录	满足工程要求	
5	网络通信		
	网络形式、网络标准、通信速率	以交换机为基础的以太网 100M	
	通信介质、通信协议	光缆 IEEE802.3u	
	最繁忙时通信总线负荷率（%）	＜10	
	网络最多支持节点数	64	
	网络接口设备型式	以太网接口	
	对外接口形式	API/OPC	
三	脱硫工艺过程控制级网络		
1	控制处理器分配方式	单元机组各 2 对，公用 2 对	
2	处理器性能		
	控制处理器形式	AMD DX5	
	控制处理器主频（MHz）	133	
	控制处理器内存（MB）	8	
	对数字量控制的最快处理周期（ms）	10	
	对模拟量控制的最快处理周期（ms）	2～5	
	控制处理器数据更新时间（ms）	50	

续表

序号	技术项目	技术数据	备注
2	控制处理器最繁忙时，CPU 负荷率（%）	≤40%	
	冗余控制器切换时间	无切换时间	
3	I/O 性能		
	I/O 裕量（I/O 点裕量、考虑规范书中要求因素后裕量分列,%）	10	
	普通卡件对模拟量的一般扫描速度（ms）	250	
	普通卡件对模拟量的最快扫描速度（ms）	20	
	普通卡件对数字量的一般扫描速度（ms）	100	
	普通卡件对数字量的最快扫描速度（ms）	5	
	快速采集卡件的最低扫描速度（ms）	1	
	SOE 分辨力（ms）	1	
	每个 A/D 转换所带模拟量点数	1	
	模拟量输入隔离方式	电气与变送器双重隔离	
	数字量输入防抖措施	内置司密特回路	
	驱动器卡件性能说明	见 1.1 I/A 系统综述	
	控制继电器型式规范、产地	和泉（日本）/TURCK（西班牙）	
	控制继电器触电容量、触点形式	220Vac 5A/230VDC 10A	
4	网络通信		
	网络形式、网络标准、通信速率	以交换机为基础的以太网 100MB	
	通信介质、通信协议	光缆 IEEE802.3u	
	网络接点间最大允许距离（km）	20	
	网络最多支持节点数	64	
	最繁忙时通信总线负荷率（%）	<10	
	公共网络与单元机组网络连接形式	光缆	
	远程 I/O（站）与网络连接形式	光缆	
	网络接口设备形式	光缆交换机	
	与 MIS 系统通信接口形式	光缆、以太网接口 TCP/IP 协议	
5	控制机柜防护等级/空调通风措施/外部环境要求	(1) 室内 IP52，室外 IP56 (2) 机柜内置抽风电扇 (3) 卡件环境温度 −20～70℃ 湿度 5%～95%	

第八节 脱硫装置的顺序控制、保护与连锁

一、顺序控制

顺序控制是实现工艺过程所要求的一系列顺序动作的控制，顺序控制的功能是按照预定的顺序和条件自动完成相关控制对象的开关操作，是开关量控制组中一种主要的控制方式，按时间始发顺序控制的为时间定序顺序控制，按条件始发顺序控制的为条件定序顺序控制。顺序控制主要用于机组的启停和辅助系统的操作，以减轻运行人员的劳动强度和减少人为的误操作。

脱硫装置顺序控制的目的是满足脱硫装置的启动、停止及正常运行工况的控制要求，并实现脱硫装置在事故和异常工况下的控制操作，保证脱硫装置的安全。顺序控制的具体功能包括：

（1）实现脱硫装置主要工艺系统的自启停。

（2）实现吸收塔及辅机、阀门、烟气挡板的顺序控制、控制操作及试验操作。

（3）实现辅机与其相关的冷却系统、润滑系统、密封系统的连锁控制。

（4）在发生局部设备故障跳闸时，连锁启停相关设备。

（5）实现脱硫厂用电系统的连锁控制。

脱硫工艺的顺序控制及连锁功能可纳入脱硫分散控制系统，也可采用可编程控制器实现。

脱硫装置顺序控制的典型项目包括：

（1）脱硫装置烟气系统的顺控，具体为 FGD 的进口与出口烟气挡板，BUF 旁路、进口与出口烟气挡板的开启与关闭操作。为了确保脱硫装置和机组安全运行，通常配置旁路挡板的后备操作设备。

（2）除雾器系统的顺控，具体为各层冲洗水的开启与关闭操作。

（3）吸收塔浆液循环泵的顺控，具体为循环泵的电动门、排污门、冲洗水门及循环泵的开启与关闭操作。

（4）石灰石浆液泵的顺控，具体为浆液泵的电动门、排污门、冲洗水门及浆液泵的开启与关闭操作。

（5）石膏浆液泵的顺控，具体为浆液泵的电动门及泵的开启与关闭操作。

（6）工艺水泵的顺控，具体为水泵的电动门、排污门、冲洗水门及循环泵的开启与关闭操作。

（7）排放系统的顺控操作。

（8）电气系统的顺控操作。

二、保护与连锁

保护是指当脱硫装置在启停或运行过程中发生危及设备和人身安全的工况时，为防止事故发生和避免事故扩大，监控设备自动采取的保护动作措施。保护动作可分为三类动作形态：

（1）报警信号。向操作人员提示机组运行中的异常情况。

（2）连锁动作。必要时按既定程序自动启动设备或自动切除某些设备及系统，使机组保持原负荷运行或减负荷运行。

（3）跳闸保护。当发生重大故障，危及设备或人身安全时，实施跳闸保护，停止整个装置（或某一部分设备）运行，避免事故扩大。

脱硫运行中的保护与报警的内容包括：

（1）工艺系统的主要热工参数、化工参数和电气参数偏离正常运行范围。

（2）热工保护动作及主要辅机设备故障。

（3）热工监控系统故障。

（4）热工电源、气源故障。

（5）辅助系统及主要电气设备故障。

在脱硫装置启停过程中应抑制虚假报警信号。

脱硫运行中保护与连锁的典型项目包括：

（1）FGD 装置的保护。FGD 装置停运保护的工况包括：两台浆液循环泵都故障停运；正常运行时 FGD 入口或出口挡板关闭；FGD 系统失电；FGD 入口烟温超过规定值；GGH 发生故障等。

（2）烟气挡板的保护与连锁。

（3）密封风机的保护与连锁。

（4）除雾器系统的连锁。

（5）循环泵的保护与连锁。

（6）吸收塔搅拌器的保护与连锁。

（7）氧化风机的保护与连锁。

（8）石灰石浆液泵的保护与连锁。

（9）石灰石浆液罐液位及搅拌器的保护与连锁。

（10）石膏浆液泵及电动门的保护与连锁。

（11）石膏浆罐液位及搅拌器的保护与连锁。

（12）工艺水箱液位的保护与连锁。

第三章

FGD 系统的防腐材料

第一节　FGD 系统内的主要腐蚀环境及常用的防腐材料

烟气中含有粉尘、SO_2、HF、HCl、NO_x、水蒸气、H_2SO_4、H_2SO_3 等复杂的组合成分，酸碱交替、冷热交替、干湿交替、腐蚀磨损并存，系统必须承受物理、化学、机械负荷、温度变化等多种多样的损伤。特别是其中新生态的 H_2SO_3、H_2SO_4、HF、HCl 是导致设备腐蚀的主体，FGD 系统内的主要腐蚀环境见表 3-1。因此，FGD 设备对防腐材料的要求极为严格。但是直到现在，对 FGD 湿法工艺主要设备的防腐仍没有形成统一的模式，各国在工程实践中形成了各自的技术特点。国内外防腐公司经多年研究，并经电厂的实际运行经验得出，目前在烟气脱硫防腐中一般采用以下几种防腐材料：

(1) 镍基耐蚀合金；

(2) 橡胶衬里，特别是软橡胶衬里；

(3) 合成树脂涂层，特别是带玻璃鳞片的；

(4) 玻璃钢；

(5) 耐蚀塑料，如聚丙烯，硬聚氯乙烯，填充聚四氟乙烯，聚三氟氯乙烯等；

(6) 不透性石墨；

(7) 耐蚀硅酸盐材料，如化工陶瓷；

(8) 人造铸石等。

这些材料的性能各异，具体的应用范围也不尽相同。

表 3-1　　　　　　　　　　　FGD 系统内的主要腐蚀环境

序号	位置	腐蚀物	温度（℃）	备注
1	原烟气侧至 GGH 热侧前（含增压风机）	高温烟气，内有 SO_2、SO_3、HCl、HF、NO_x、烟气、水汽等	130～150	一般来说，烟气温度高于酸露点，但 FGD 系统停运时烟气可能漏入，可适当考虑防腐
2	GGH 入口段、GGH 热侧	部分湿烟气、酸性洗涤物、腐蚀性的盐类（SO_4^{2-}、SO_3^{2-}、Cl^-、F^- 等）	80～150	应考虑防腐
3	GGH 至吸收塔入口烟道	烟气内有 SO_2、SO_3、HCl、HF、NO_x、烟气、水汽等	80～100	烟气温度低于酸露点，有凝露存在，应防腐

序号	位置	腐蚀物	温度（℃）	备注
4	吸收塔入口干湿界面区域	喷淋液（石膏晶体颗粒、石灰石颗粒、SO_4^{2-}、SO_3^{2-}盐、Cl^-、F^-等）、湿烟气	45~80	pH=4~6.2，会严重结露、洗涤液易富集、结垢，腐蚀条件恶劣
5	吸收塔浆液池内	大量的喷淋液（石膏晶体颗粒、石灰石颗粒、SO_4^{2-}、SO_3^{2-}盐、Cl^-、F^-等）	45~60	pH=4~6.2，有颗粒物的摩擦、冲刷
6	浆液池上部、喷淋层及支撑梁、除雾器区域	喷淋液（石膏晶体颗粒、石灰石颗粒、SO_4^{2-}、SO_3^{2-}盐、Cl^-、F^-等）、过饱和湿烟气	45~55	pH=4~6.2，有颗粒物的摩擦、冲刷，温度低于酸露点
7	吸收塔出口到GGH前	饱和水气、残余的SO_2、SO_3、HCl、HF、NO_x，携带的SO_4^{2-}、SO_3^{2-}盐等	45~55	温度低于酸露点，会结露、结垢
8	GGH冷侧	饱和水气、残余的SO_2、SO_3、HCl、HF、NO_x，携带的SO_4^{2-}、SO_3^{2-}盐等，热侧进入的飞灰	45~80	温度低于酸露点，会结露、结垢
9	GGH出口至FGD出口挡板	水气、残余的酸性物SO_2、SO_3、HCl、HF等	≥60	会结露、结垢
10	FGD出口挡板至烟囱	水汽、残余的酸性物SO_2、SO_3、HCl、HF等	≥60~150	FGD运行时会结露、结垢、停运时要承受高温烟气
11	烟囱	水气、残余的酸性物	≥60~150	FGD运行时会结露、结垢、停运时要承受高温烟气
12	循环泵及附属管道	喷淋液（石膏晶体颗粒、石灰石颗粒、SO_4^{2-}、SO_3^{2-}盐、Cl^-、F^-等）	45~55	有颗粒物的严重摩擦、冲刷
13	石灰石浆供给系统	$CaCO_3$颗粒的悬浮液，工艺水中的Cl^-、盐等，pH≈8	10~30	有颗粒物的严重摩擦、冲刷
14	石膏浆液处理系统	石膏浆液（石膏晶体颗粒、石灰石颗粒、SO_4^{2-}、SO_3^{2-}盐、Cl^-、F^-等），pH<7	20~55	有颗粒物的严重摩擦、冲刷
15	其他如排污坑、地沟等	各种浆液，一般pH<7	<55	需防腐
16	废水处理系统	浓缩的废水，Cl^-含量极高，可达$4×10^{-2}$（体积）	常温	需防腐

第二节　镍基耐蚀合金

许多早期的 FGD 设备通常在碳钢表面衬塑料或非金属涂层。但在一定的温度条件下，内衬损坏会导致电厂停机，如 1987 年 1 月德国莱茵—威斯特法仑公司努劳特电厂的 FGD 设备失火、1990 年 5 月日本关西电力公司的 Kainan 电厂失火、1993 年德国费巴公司的苏尔文电厂失火和北美的电厂失火等。目前非金属防腐材料已有很大发展，镍基合金以其出色的防腐蚀性能，在 FGD 装置中得到了广泛的应用。选用适当的含镍合金和不锈钢，可以有效地解决大部分 FGD 设备的材料问题，在常规电厂预期设备寿命期间，可确保较低的维修费用和较高的设备利用率。

镍之所以能作为高性能耐蚀合金的重要基体，是因为它具有一些独特的电化学性能和其他必要的工程性质。由于镍的电位序高于 Fe（$E_{Ni}^0 = -0.025V$；$E_{Fe}^0 = -0.44V$）容易极化，同时镍能耐性质活泼的气体（如氟、氯、溴以及它们的氢氧化物）、氢氧化物（如 NaOH、KOH）和盐等介质，并且抵御多种有机物质的腐蚀能力比 Fe 好得多，这也暗示镍基耐蚀合金的耐蚀性要远优于铁镍基合金和铁基不锈钢。镍的电极电位尽管比 Cu（$E_{Fe}^0 = 0.34V$）小，但它在非氧化性酸中保持稳定，因为与 Cu 相比，镍具有较大的转化为钝化态的能力，使其耐蚀性能显著提高，尤其在中性和碱性溶液中。

镍在干、湿大气中非常耐蚀，在非氧化性的稀酸（如小于 15% 的盐酸、小于 70% 的硫酸）和许多有机酸中，室温下相当稳定。镍在碱类溶液（无论高温或熔融状态的碱）中都完全稳定，这是镍的突出特性，如镍在 75% NaOH 中的腐蚀率为 0.076mm/a，仅为钢的 1/100，因此镍是制造溶碱容器的优良材料之一。镍还具有较高的强度与塑性。

镍在耐蚀合金中的一个极其重要的特征是，许多具有种种耐蚀特性的元素（例如 Cu、Cr、Mo、W），在镍中的固溶度比在 Fe 中大得多（在 Ni 中分别可溶 100% Cu、47% Cr、39.3% Mo 及 40% 的 W），能形成成分广泛的固溶体合金，既保持了镍固有的电化学特性，又兼有合金化组元的良好特有耐蚀品质。这样镍基耐蚀合金既具有优异的耐蚀性能，又具有强度高、塑韧性好，可以冶炼、铸造，可以冷、热变形和成型加工，以及可以焊接等多方面的良好综合性能。

一、常用的几种镍基合金的化学成分

镍基合金的种类很多，常用的几种镍基合金的化学成分及含量见表 3-2。

表 3-2　　　　　几种常用的镍基合金的化学成分及含量　　　　　%

镍基合金	化学成分								
	Ni	Fe	Cr	Mo	Cu	C	Si	Mn	N
316L	13.0	平衡值	17.0	2.25	0	≤0.03	≤1.0	1.8	0.02
317L	14.0	平衡值	19.0	3.25	0	≤0.03	≤1.0	≤2.0	—
904L	25.0	47.0	20.0	4.5	1.5	≤0.02	0.35	1.7	—
317LM	15.5	平衡值	18	4	—	—	—	—	0.06
317LMN	14.0	平衡值	18	>4.5	—	—	—	—	0.16
合金 825	42.0	30	21	3.0	1.8	0.03	0.35	0.65	—

镍基合金	化 学 成 分								
	Ni	Fe	Cr	Mo	Cu	C	Si	Mn	N
合金 G	45	20	22	6.5	2.0	0.03	0.35	1.3	—
双相不锈钢	5.5	平衡值	22	3	—	—	—	—	0.17
超级奥氏体不锈钢	平衡值	21	6.5	—	1	—	—	—	0.22
超级双相不锈钢	6.5	平衡值	21	6.5	—	—	No22	—	0.22
合金 625	61	平衡值	22	9	—	—	—	—	—
合金 C-276	56	平衡值	16	16	—	—	—	—	—
合金 C-22	59		22	13	—	—	—	—	—

不同的镍基合金，其化学成分不同，因此它们的耐蚀能力也不一样，组成一种合金的每一种元素都会对合金暴露于各种环境时的特性和使用性能产生影响。

铬是一种比铁更为活泼的元素，在氧化性介质环境下很容易与氧反应，在合金表面生成一种具有保护性的薄膜——钝化膜，而绝大部分的金属或合金的耐蚀能力主要是由这种金属或合金能否迅速生成钝化膜，以及这层钝化膜被破坏后，再次生成钝化膜能力的高低所决定的。铬与氧反应生成的钝化膜是使铁基和镍基合金具有良好耐蚀性能的主要原因，因此，铬赋予镍在氧化条件下（如 HNO_3、$HClO_4$ 中）的抗蚀能力，以及高温下的抗氧化、抗硫化的能力，使其耐热腐蚀性能提高。实践表明，当镍、铬合金表面的钝化膜遭受破坏时，钝化膜可以在瞬间修复，比纯铬合金表面钝化膜的修复要快得多。

钼可以提高奥氏体不锈钢对硫酸、新生态亚硫酸和大多数有机酸的耐蚀性。在石灰石/石头膏法 FGD 装置中，各运行区的 pH 值在 0.1~7 之间，Cl^- 的浓度在 0.01％~3％之间。此时钼对合金的耐蚀性能影响最大，它可以提高合金对点蚀和缝隙腐蚀的耐蚀性，特别是在 Cl^- 浓度较高时，更显示出钼的作用，钼的含量超过 2.9％时，其耐应力腐蚀断裂的性能大大增强。实验表明：Cr18Ni14M4 合金在中性氧化物中抵抗应力腐蚀断裂的时间为 1440h，在酸性氧化物中 1464h；而工业品的 304 不锈钢 Cr8Ni9 在同样环境中分别为 120h 和 160h 以下。试验表明，随 Mo 含量的提高，镍铬合金在 H_2SO_4、HCl、H_3PO_4 等还原性酸和 HF 气氛中的耐一般腐蚀性能，以及在 $FeCl_3$ 溶液中的耐孔蚀性能均提高。

铜的加入提高了镍在还原性介质中的耐蚀性和在高速流动的充气海水中均匀的钝性；但铜会降低镍在氧化性介质中的抗蚀能力以及在空气中的抗氧化性。

不锈钢只能用于普通自然环境以及稀硝酸中，在较高温度和较苛刻的介质（无论是还原性或氧化性的）中腐蚀严重。一旦存在氯离子，不锈钢就会产生点蚀和缝隙腐蚀，还具有严重的应力腐蚀倾向（危害最大），氯化物应力腐蚀断裂是限制奥氏体不锈钢应用的主要因素，铜合金主要耐大气腐蚀、淡水腐蚀，白铜对海水有较好的抗蚀能力，铁及钛合金容易钝化，但在许多介质中（含海水）有较为严重的应力腐蚀开裂倾向。

镍基耐蚀合金，不光耐蚀性能比上述合金更为优良，而且适应性比较广泛。它除了适应于普通环境（大气、淡水、海水、中性溶液）外，还能在氧化、还原反应性介质中应用。镍基耐蚀合金对特别强烈腐蚀性介质（如盐酸、氢氟酸）以及某些特殊介质（如 3 价铁离子溶液、热的 HF 溶液）具有卓越抗力，这一家族中的某些合金还能承受各种复杂的化工过程和污液侵蚀。由于合金中铬、钼的含量高，其抗均匀腐蚀性远胜于奥氏体不锈钢，在含热氯化物介质中也极少发生应力腐蚀、点蚀、开裂，是能够抵抗热氢氟酸的少数几种材料之一。这种介质对于 Ti、Zr、Nb 及 Ta 极具腐蚀性。例如镍基耐蚀合金具有大大改善了，在各种氯化物介质中抗应力腐蚀开裂的性能，有试验表明，美国 304 与 316L 奥氏体不锈钢在沸腾的 $42\%MgCl_2$ 中 $1\sim2h$ 即断裂，而镍基耐蚀合金 C-276 及 625 在同样条件下 1000h 仍未断。

二、不同腐蚀环境条件下镍基合金的选材原则

在 FGD 装置中，镍基合金的选择主要由以下几个因素来决定：使用环境条件下的温度、pH 值、氯化物的浓度以及可溶性氟化物的浓度。不同腐蚀环境条件下的选材原则见表 3-3。

表 3-3　　　　　　　　　　　　　不同腐蚀环境条件下的选材原则

Cl⁻ 浓度（$\times10^{-6}$） pH 值	100～500	1000	5000	10 000	30 000	50 000	100 000	200 000
6.5	316L	不锈钢	317LMN 不锈钢				镍合金 625 等	
4.5		317LMN 不锈钢		超级双相不锈钢		超级奥氏体不锈钢	镍合金 C-276 等	
2.0	317LMN 不锈钢		双相不锈钢					
1.0	317LMN 不锈钢	超级奥氏体不锈钢			镍合金 625 等			

由于绝大多数大型洗涤塔都是石灰石/石膏法，氟离子可以与钙离子生成氟化钙沉淀下来，不存在氟离子富集的问题，因此可溶性氟化物的腐蚀问题可以不考虑。在我国 FGD 系统中，Cl⁻浓度在 3×10^{-2}（体积分数）就使用 C276 了。

注意：无论吸收塔的性能多么相似，塔内环境条件都不尽完全相同，燃料、水、运行状态等的微小差异都会对材料性能产生较大的影响。

三、奥氏体不锈钢及高镍基合金在设计制造中应注意的事项

（1）采用轻型设计，降低设备成本。

（2）设计安装的少死角原则（光滑曲面可以）。

（3）基板应平整，无凹凸；在焊接前应清理干净，确保无油物、氧化物、腐蚀物等，特别是要保持焊接区域干净。需要焊接的部件和焊条上的焊药应干燥无水，无焊渣，无氧化物，以避免焊缝出现气孔。同时为防止缝隙腐蚀，焊接应完全焊透，表层焊缝及焊渣必须清理干净。

（4）焊接时应按规定的参数要求操作，如电源特性、移动速度、电压高低、电流大小、焊接速度等。

（5）在采用贴壁纸衬里时，应注意到奥氏体不锈钢的电阻率、导热性和热膨胀系数，与碳钢焊接时应事先计划好操作顺序、定位工序，防止扰曲或皱折；加工安装时应小心，防止造成贴壁纸的机器损伤。当然，碳钢基体与前面讲到的橡胶、涂层衬里一样，需要进行表面去锈、去油污等工作后方可进行衬里的有关操作。

目前，合金钢在 FGD 领域中的应用有两种方式：一种是在 FGD 系统中某一局部范围内作为整体构件使用，如局部区域吸收塔入口烟道壁板、烟气挡板、部分管道等，国外也有极少整个吸收塔等罐体用合金钢制造的；另一种是在价格低廉的碳钢上衬合金钢箔（贴壁纸）形成复合板，用于吸收塔和烟道内表面的防腐。

四、整体合金钢的使用

整体合金就其单位成本而言，与其他材料相比，其价格要高得多，但它具有以下优点：

（1）整体合金设备的维护工作既可以在锅炉设备检修停炉时平行进行，又可以在烟气除尘脱硫装置运行中从外部进行维修，而采用衬里结构的装置出现故障时必须立即停机检修，以免造成更大程度的损坏。

（2）合金设备的外表面不用刷漆，改变设备结构容易，不用担心衬里会造成破坏。

（3）可以根据设备不同部位的腐蚀环境，选择相应的镍基合金，采用不同耐蚀合金的组合焊接，以获得最低成本的设备。

（4）镍基合金具有很好的加工特性，这为改变设备结构和维修提供了方便。

（5）镍基合金耐高温性能好，即使在使用过程中出现温度高于设计要求的现象，也不会对烟气除尘脱硫装置造成损害。

（6）贴壁纸工艺是采用薄壁合金板材作为碳钢的衬里，典型使用的厚度仅为 1.6mm。采用贴壁纸工艺可以大大降低 FGD 装置的造价，从长远来看，比鳞片或衬胶更节约成本，因此，贴壁纸工艺也就越来越得到人们的重视。美国和欧洲在这方面已有近 20 年的丰富经

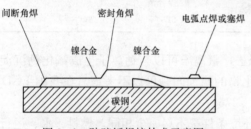

图 3-1 贴壁纸焊接技术示意图

验。但它对焊接工艺参数的控制要求较为严格，通常需要用微机严格控制焊接工艺参数，并使用 MIG 焊机进行焊接，以避免碳钢基体和镍基合金衬里因热膨胀而产生热应力。若用电弧点焊时，在完成焊接工艺后，需利用填充金属连续地对焊接处进行熔敷盖面，以弥补焊缝耐蚀能力的降低。图 3-1 显示为确保合金薄板贴到基板和完全密封所采用的搭接技术，以适当的间距（0.61m）进行塞焊或电弧点焊可有效地减少振动。

第三节 橡 胶 衬 里

橡胶是有机高分子化合物，有优良的物理、化学性质，如高度的弹性和一定的机械性能、耐磨、耐腐蚀、可黏结、可配合、可硫化，是工业用途广泛的一种工业材料。通常将其加工成片状，贴合在碳钢或混凝土表面形成良好的表面防腐层，将基体与介质隔离。

一、橡胶衬里应满足的要求

（1）应对水蒸气、SO_2、HCl、SO_3、NO_x、O_2 及其他气体有较强的抗渗性。

（2）能耐盐酸、新生态亚硫酸、浓硫酸、氢氟酸及盐类的腐蚀。

（3）有较强的抗氧化性（主要是浓硫酸氧化）、抗老化性。

（4）能耐较高的温度（通常在 70℃ 以上）。

（5）耐磨性能好（与悬浮液接触时）。

（6）有良好的黏结性。

（7）施工操作简单、安全、可靠。

天然橡胶的基本化学结构是异戊二烯，以其为单体，通过与其他有机物、无机物、单元素等反应，得到合成橡胶，主要有氯丁橡胶、丁基类橡胶（包括丁基橡胶、氯化丁基橡胶、溴化丁基橡胶）等。与天然橡胶相比，合成橡胶的化学、物理性能都发生了变化。

二、橡胶抗渗透性（即橡胶的低溶胀性）

橡胶衬里的抗渗透性能是评价和选择橡胶的一个非常重要的指标。气体渗透的基本原理是：气体分子首先溶解于橡胶材料中，然后由于橡胶两面分压差的存在，气体分子由分压高的一侧向分压低的一侧扩散。因此，渗透过橡胶板的气体流量 Q 与橡胶表面积 A、时间 t 和分压差 Δp 成正比，而与橡胶板厚度 L 成反比，即

$$Q = DSAt\Delta P/L$$

式中　D——比例系数；

　　　S——溶解系数。

比例系数 D 表征气体分子在橡胶层中的流动性，称作扩展系数；S 为溶解系数，代表气体在橡胶层中的溶解度。两者的乘积称为渗透系数 $P=DS$，P 越大表明材料的防渗透性越差。

在 FGD 系统中，对水蒸气、SO_2、HCl 和其他气体有较低渗透系数的要求，限制了橡胶的选择。只有几种橡胶对水蒸气及其他气体的渗透性较低，其中最重要的是丁基材料，如丁基橡胶、氯丁基橡胶、溴丁基橡胶。几种橡胶的抗水蒸气渗透性能见表 3-4。

表 3-4　　　　　　　　　　　几种橡胶的抗水蒸气渗透性能

材料名称	丁基橡胶		氯化丁基橡胶			溴化丁基橡胶		氯丁橡胶	天然橡胶
温度（℃）	20	38	20	38	65	20	65	38	38
渗透系数 $[ng \cdot cm/(cm^2 \cdot h \cdot torr)]$	1.2	4.0	0.8	5.0	5.8	0.8	5.8	44	53

注　1torr=133.3224Pa。

38℃时，丁基橡胶由于甲基群体的存在而导致很低的渗透率；氯化丁基橡胶、溴化丁基橡胶由于含有极性卤原子，而渗透率降低。从表 3-4 中还可看出，渗透系数随温度的升高而增大。

人们发现，氯化丁基橡胶可掺入一定比例的氯丁橡胶而不致明显地增大渗透性。随着氯丁橡胶的掺入，橡胶衬里的一些特性，如可加工性得到改善。用掺入氯丁橡胶的氯化丁基橡胶制的预硫化橡胶板在 FGD 装置中显示出优良的性能。

一般可采取以下措施来增强橡胶的抗渗耐蚀性能：

（1）增强硫化程度。硫化程度增强，橡胶渗透性减小。但硫化程度对丁基橡胶抗渗性能的影响比对其他橡胶（如天然橡胶）的影响要小。

（2）适当提高补强剂、填充剂等添加剂及颜料的含量。选用特种填充剂可将水蒸气渗透性在一定程度内降低，但过多的添加剂和颜料的含量会引起橡胶基体中固体的分散不均匀，形成不合要求的孔隙率，而且由于极性组分的加入会使橡胶的吸水量增高，引起橡胶膨胀，

造成橡胶机械性能下降。

（3）增加橡胶件层的厚度。渗透通量与衬里厚度成反比，达到饱和浓度的时间与厚度的平方成正比，实践中基于这一方面的考虑，橡胶层的厚度高达 3～4mm，甚至更厚。与合成树脂涂层不同，衬橡胶达到这一厚度没有特殊的技术问题。

（4）采用合适的硫化方式。硫化决定了橡胶衬里的基本特性。对于厂家车间生产衬橡胶无任何困难，因为硫化可在温度为 120～150℃、压力高达 600kPa 条件下完成，还可在蒸气硫化釜或热空气硫化釜内进行。然而，现场无法满足这些条件，故现场一般使用自硫化橡胶板或预硫化橡胶板。自硫化橡胶板的硫化经加速（加含硫的加速剂）后在 40℃ 以下就能进行。预硫化橡胶板是厂家已在一定条件下硫化的，在现场可直接应用。

预硫化橡胶板有下列特点：

（1）预硫化橡胶板具有一定的硫化度，在现场应用时已有稳定的机械性能；

（2）它们可以无限期储存而不必冷藏；

（3）无须在现场进行费时而昂贵的硫化；

（4）衬完胶后即可承受各种物理、化学负荷；

（5）黏合剂可在环境温度下凝固；

（6）可方便地连接和维修。

并非所有橡胶都适于制作自硫化或预硫化橡胶板。溴化丁基橡胶、氯化丁基橡胶及氯丁橡胶比丁基橡胶容易硫化，后者需要更高的硫化温度。因此，含丁基橡胶的衬胶一般在厂家生产车间内完成。

（7）选择合适的黏合剂，严格控制黏合剂的用量。为了保证橡胶衬里的使用寿命，整个钢表面都要与橡胶衬里完全贴好。要达到这一目的，必须使用黏合剂。黏合剂含有天然橡胶、聚合物及树脂等。在厂家生产车间内衬胶时，黏合剂与橡胶板一起硫化。在现场衬胶时，由于只能在环境温度或比它稍高一点的温度下施工，黏合剂中必须加入硫化剂，以加速硫化。硫化剂与橡胶板中的相似，如含硫的加速剂，还有聚异氰酸酯（其中以三异氰酸酯用得最多）。用预硫化橡胶板时，要求黏合剂能在短时间内达到其黏合强度，以克服橡胶板的恢复力，尤其是径向产生的恢复力。在其他领域已用了几十年的由氯丁橡胶和芳香三异氰酸酯制成的黏合剂在实际应用中很成功。

溶剂蒸发后，氯丁橡胶部分结晶，从而获得了初始黏合强度。聚异氰酸酯和氯丁橡胶的烃基进行反应，使黏合剂的黏合强度在几天内进一步提高。聚异氰酸酯的应用不仅提高黏合强度，也提高抗化学腐蚀性、抗热性和黏合力。应注意的是，一定要使聚异氰酸酯均匀地分布于整个黏合层上，并且应过量添加，以便反应后黏合剂中仍有自由异氰酸酯存在。异氰酸酯是可与许多物质发生反应的活性部分。但它与水反应发生的二氧化碳会引起麻烦，因为二氧化碳的累积可在橡胶衬里中形成气泡。黏合剂的涂量为 15mg/cm^2 时，若黏合剂中异氰酸酯的质量百分比为 1.5%，则异氰酸酯与水完全反应生成的二氧化碳为 0.12mg/cm^2 或 0.06cm^3/cm^2（常温常压下）。这一少量的二氧化碳是在水渗过整个厚度中很长的时间内生成的，故一般不考虑气泡的生成。

使用氯丁橡胶黏合剂时可能会生成氯化氢，但试验结果没有发现氯化氢的大量生成。在正常黏合剂涂量下，钢表面的氯负荷大约为 15mg/m^2，这大大低于 DIN 标准中的危险氯负荷 500mg/cm^2。这一结果与实践及文献中描述的结果一致，含氯丁橡胶的黏合剂能够长时间使用。

橡胶板内的气体（如水蒸气）的分压差也影响渗透。若橡胶板内的温度梯度很低，则仅有很小的分压差。这样，在设计 FGD 装置的构件时，衬胶部件的绝缘问题就显得特别重要。

三、橡胶的防 Cl⁻ 性能

Cl^- 对橡胶具有强烈的渗透性能，一般应选择在任何溶液中都具有很好抗 Cl^- 性能的丁基橡胶和氯丁橡胶，这样，完全不会发生任何腐蚀问题。

四、橡胶的抗热性

橡胶被热源破坏是由于电解氯气渗透到橡胶分子中而导致胶板被氧化和破坏。同时，橡胶的防热性能比处于高度不饱和状态下的橡胶分子差。橡胶的防热性能通常按以下顺序排列：天然硬质橡胶≥丁基橡胶＞氯丁橡橡胶＞天然软质橡胶。一般氯丁橡胶的最大操作温度为 90℃，比丁基类橡胶低 30℃。氯丁橡胶的抵抗热性会使其暴露部位的机械性能下降，并使它在工作环境中表层等脆化。

五、橡胶的耐磨性

几种橡胶的耐磨性能见表 3-5。

表 3-5　几种橡胶的耐磨性能

材料名称	磨耗量（mg）	磨耗条件	材料名称	磨耗量（mg）	磨耗条件
丁氯橡胶	44	Cs17 轮	丁苯橡胶	177	23℃
天然硬质橡胶	235	1000g/轮	丁基橡胶	205	
天然软质橡胶	146	5000r/min	氯丁橡胶	200	

橡胶的防浆料磨耗性能是由于橡胶的高弹性，能够吸收碰撞浆料带来的能量形成的。橡胶的防磨耗性能按以下顺序排列：

天然软质橡胶＞氯丁橡胶＞丁基橡胶＞天然硬质橡胶。

从 FGD 装置及其管道的实际使用情况来看，丁基橡胶的防浆料磨耗性能足以满足使用要求，橡胶只用于接头和管道的法兰橡胶。另外，防浆料磨耗性能在很大程度上取决于橡胶板厚度。

六、橡胶的抗膨胀性

橡胶吸水能力强，就容易膨胀，抗膨胀性就差。由于硫化和交链程度低于热固塑料，与合成树脂涂层相比，橡胶衬里对水分的吸收量较大，因而有较大的膨胀度。这一弱点，可以用橡胶衬里的厚度来弥补，因为吸收达到饱和的时间与橡胶衬里厚度的平方成正比，分析表明，丁基类橡胶能从吸收塔内介质中吸收水分，橡胶衬里对水吸收的饱和度取决于它的组成，非极性橡胶，如丁基橡胶，比含极性组分的橡胶吸收的水要少。在丁基类橡胶中，丁基橡胶对水的吸收量最少，而氯丁基橡胶和溴丁基橡胶由于含有极性卤原子，而吸收更多的水。对水的吸收也受填充剂、颜料、硫化剂等能引入极性组分物质的加入和橡胶衬里硫化度的影响。由于水分子要占据一定的空间，橡胶的膨胀与水的吸收有关。橡胶的膨胀度，尤其与工艺介质接触的一层，如果吸水量很高，会引起机械性能的下降。橡胶抵抗这种膨胀的能力按以下顺序排列：天然硬质橡胶＞氯丁橡胶＞丁基橡胶＞天然软质橡胶。

七、橡胶的防氟离子（F⁻）性能

若橡胶板用于含有 F⁻ 的盐溶液中，如 NaF 或 CaF_2 溶液中，F⁻ 不会直接影响橡胶衬里。若橡胶板存在于酸性介质中，如氢氟酸中，橡胶板会由于强烈的渗透性而膨胀和被破坏。橡胶板的抗 F⁻ 性能一般按以下顺序排列：天然硬质橡胶＝丁基橡胶＞氯丁橡胶＞天然软质橡胶。

八、橡胶的防 SO_2 性能

SO_2 气体和 H_2SO_4 很容易和有机物质相溶，它们含量越高，橡胶板越容易膨胀和被破坏。如果含量较低，所有橡胶板都能保持良好的抵抗性能，即使 SO_2 气体和 H_2SO_4 变成盐质，也不会对橡胶板带来任何直接影响。橡胶抵抗 SO_2 性能按以下顺序排列：天然硬质橡胶＞丁基橡胶＞氯丁橡胶＞天然软质橡胶。

由以上分析可知，丁基橡胶具有良好的抗蒸汽渗透、防浆料磨耗、防 F⁻、防 SO_2 腐蚀和抗热性能，因此选择丁基橡胶作为衬里材料极佳，厚度为 5mm 较合适。但不论是何种橡胶作衬里，都有着表 3-6 所示的优缺点。

表 3-6 橡 胶 的 优 缺 点

优　点	缺　点
（1）对基体结构的适应性强，可进行较复杂异形结构件的衬覆。 （2）具有良好的缓和冲击、吸收振动能力。 （3）衬里破损较易修复。 （4）衬胶方式灵活，对于小型部件，可采用车间衬胶；对于大型设备，可采用现场衬胶。 （5）衬胶层的整体性能好，致密性高，具有良好的抗渗性能。 （6）橡胶衬里的价格较低，其价格性能比非常具有竞争力	（1）耐用热性能较差，一般硬质橡胶的使用温度为 90℃ 以下，软质橡胶为 -25～80℃；近年来，由于生产加工等技术的进步，许多橡胶已可以耐温达 130～150℃，但尚需长期实施验证。 （2）对强氧化性介质的化学稳定性较差。 （3）橡胶衬里容易被硬特等造成机械性损伤。 （4）橡胶的导热性能差，一般其导热系数为 0.576～1kJ/(m·h·℃) （5）硬质橡胶的膨胀系数要比金属大 3～5 倍，在温度剧变、浊差较大时，容易使衬胶开裂及胶层和基体之间出现剥离脱层现象。 （6）设备衬胶后，不能在基体进行焊接施工，否则会引起胶层遇高温分解，甚至发生火灾事故

为确保橡胶衬里的质量，必须对整个施工过程进行全面的质量控制，其控制内容、检测分析及控制指标可分别参见表 3-7、表 3-8。

表 3-7 原材料（胶料）质量控制

控制项目	检测方法	控制指标	控制项目	检测方法	控制指标
可塑度	可用塑度计测定	按有关标准执行	厚度	用磁性测厚仪测量	按有关标准执行
门尼焦烧	用门尼黏度计测定				
物理机械性能（如硬度、相关强度等）	用专门橡胶仪器测定		平整度	用直尺测量	

表 3 - 8   衬里胶层的质量控制

控制项目	检测方法	控制指标
外观	用目测和锤击法检测	胶层表面允许 有凹陷和深度不超过 0.5mm 的外伤以及在粘接滚压时产生的印象，但不得出现裂纹或海绵状气孔
尺寸规格	用直尺、卡板、样板检测	按有关要求执行
衬里胶层厚度	用磁性测厚仪测定	按有关要求执行
衬里胶层针孔	用电火花针孔检测仪检查	不得有漏电现象
衬里胶层硬度	对软质橡胶板，用邵氏 A 硬度计测定；对硬质或半硬质橡胶板，用邵氏 D 硬度计测定	按有关标准执行
衬里胶层粘接的连续性	对软质橡胶用金属棒轻敲法或指压法	对真空、受压设备和转动部件、法兰边缘等不得有脱层现象；对常压设备，允许橡胶与金属脱开面积在 20cm^2 以下，衬里面积大于 4m^2 的不多于三处，面积为 2～4 m^2 的水不多于两处，衬里面积小于 2m^2 的不多于一处；常压管道衬里胶层允许有不破的气泡，每处面积不大于 1m^2，突起高度不大于 2cm，脱开面积不大于管道总面积的 1%

第四节　合成树脂涂层

　　防腐涂层是将防腐涂料涂敷于经处理的金属表面、混凝土表面等需防护的材料表面上，再经室温固化后所得到的衬层。由于涂层具有屏蔽缓蚀和电化学保护功能，可以对被防护的材料起到良好的保护作用。

　　为提高防腐涂层对水蒸气、二氧化硫及其他气体的抗扩渗能力，20 世纪 50 年代美国一家公司发明出鳞片树脂防腐涂料。它在涂料中掺入具有一定片径和厚度的磷片，鳞片填料对于大幅度提高防腐涂料的耐蚀性能具有重要的作用。目前，国内外生产使用的鳞片主要有玻璃鳞片、镍合金不锈钢鳞片、云母鳞片及利用其他一些硅酸盐类矿产原料生产的鳞片，这些鳞片具有良好的耐蚀、耐温性能。玻璃片可采用人工吹制或专用机械制得，而云母由于其具有极其良好的解体整理性，可以剥成很薄的鳞片。由于镍合金不锈钢鳞片和云母鳞片价格昂贵，其他一些硅酸盐类鳞片尚未有长期应用的经验，因此，目前应用最为广泛的鳞片仍是玻璃鳞片。玻璃鳞片涂料是以耐蚀树脂作为成膜物质，以玻璃鳞片为骨料，再加上各种添加剂组成的厚浆性涂料。由于玻璃鳞片穿插平行排列，使抗介质渗透能力得到极大提高。玻璃鳞片涂层断面见图 3 - 2。

　　一、鳞片防腐层组成及各组分对材料性能的影响

　　鳞片衬里材料的组成主要有树脂、鳞片、表面处理剂、悬浮触变剂、其他添加剂等。对

图 3-2 玻璃鳞片涂层断面显微照片

其性能影响最大的是鳞片增加量及表面处理剂量，对施工性能影响较大的是悬浮触变剂等。

1. 树脂

凡可室温固化的离子型固化反应耐腐蚀热固性树脂均可作材料的基料，如环氧、聚酯、乙烯基酯树脂等。之所以要强调室温固化，是因为高温固化的树脂在升温时会出现流淌，使厚度失控，导致表面劣化。

如先经室温初步固化，再进行热固化则是允许的。此外，若树脂在固化时，有大量低分子气体逸出则应慎重，因这种情况下低分子气体在鳞片层中不易逸出，影响材料的使用寿命。

2. 鳞片

目前国内生产的鳞片主要由人工吹制，化工机械研究院 1992 年开发成功机械化生产装置，生产的鳞片厚度为 40μm 以下、20μm 以下、6μm 以下 3 种规格。粒径分 3 级，分别为 0.4mm 以下，0.4～0.7mm，0.7～2.0mm，以满足不同的配制需要。

由于鳞片的原料与制造玻璃纤维用的原料相同，故耐蚀性可参照玻璃纤维。鳞片的影响主要在于它的填加量及片径大小。试验结果表时，鳞片填加量越高，其沸水煮 8h 的弯曲强度也越高，但其孔隙率则随之增大。浸泡质量增加试验结果表明，鳞片片径的增大使材料的抗渗性提高，见图 3-3。

但对强度腐蚀介质（如 H_2SO_4）效果则不显著，这是因为强腐蚀介质对树脂及界面的破坏作用已超出鳞片片径对材料所起的作用。

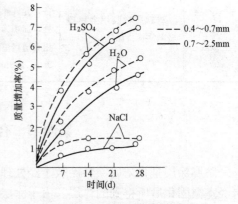

图 3-3 浸泡质量增加

3. 界面偶联

界面偶联即采用化学处理剂来改善树脂与鳞片的界面黏结，旨在提高材料的湿态强度及耐蚀性。玻璃鳞片是否经偶联剂处理，对材料性能及预混料性能的配制工艺影响很大。增加质量及巴氏硬度测定结果表明：偶联剂对材料性能的影响，特别是在 H_2SO_4 类强腐蚀介质中最为明显，见图 3-4、图 3-5。

浸泡温度 80℃，H_2SO_4 质量分数 25%，NaCl 溶液浓度饱和。

这说明不同介质对同一种偶联剂作用不同，破坏力也不同。H_2SO_4 对树脂及界面的破坏力较强，故偶联剂对界面的效应很明显，而 NaCl 及水对界面的破坏力较弱，故偶联剂对它们破坏的缓解作用也不明显。

4. 防腐特性

鳞片涂层或胶泥具有优良的耐腐蚀性能，主要与其组成有关。一般情况下，防腐功能减退表现为：基体树脂首先产生失重、变色等情况，引起材料的鼓泡、分层、剥离或开裂，最后导致防腐蚀层失效。尤其由于渗透等因素，加速了腐蚀性的化学介质渗入到防护层的内部。因此在选择具有良好耐腐蚀性能树脂基体的同时，应采取有效的措施来减弱、减缓腐蚀介质或水蒸气的渗透作用。以乙烯酯树脂 VEGF（Vinyle Ester Glass Flake）鳞片胶泥为例，它比基体树脂能够提供更为有效的耐腐蚀性能，主要是因为它能够有效地防止腐蚀介质或水蒸气的物理渗透。

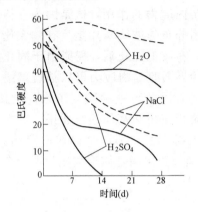

图 3-4　浸泡过程巴士硬度随时间的变化图

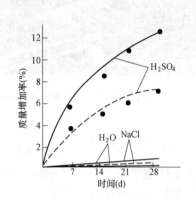

图 3-5　浸泡增加质量随时间的变化

5. 抗渗透性

VEGF 鳞片胶泥中含有 10%～40% 片径不等的玻璃鳞片、胶泥，在施工后，扁平的玻璃鳞片在树脂连续相中呈平行重叠排列，形成致密的防渗层结构，并有迷宫效应。腐蚀介质在固化后的胶泥中渗透必须经过无数条曲折的途径，因此在一定厚度的耐腐蚀层中，腐蚀渗透的距离大大延长，客观上相当于有效地增加了防腐蚀层的厚度，或提高了渗透阻止效应。而在无玻璃鳞片增强情况下，树脂基体连续相中会存在大量的所谓的"缺陷"，如微孔、气泡及其他微缝等，这些缺陷的存在会加速腐蚀介质的渗透过程。因为一旦介质渗透到这些缺陷中，加速了物理渗透和化学腐蚀过程。而在玻璃鳞片胶泥中，由于平行排列的玻璃鳞片能有效地消除、分割基体树脂连续相中的这些"缺陷"，从而能够有效地抑制腐蚀介质的渗透速度。

除了具有腐蚀性的化学介质渗透之外，还存在着水蒸气的渗透。通常高分子聚合物材料的分子间距为 10Å（$1Å=10^{-10}$ m），而对于水蒸气来说，只要高分子聚合物材料的分子间距达到 3Å，水蒸气就能容易地透过高高分子聚合物的单分子层。若基础材料是碳钢，水蒸气由于渗透而达到碳钢表面后，在氧气存在情况下，由于电化学反应而生锈。

VEGF 鳞片胶泥在固化后，乙烯基酯树脂的高交联密度可以有效地减弱水蒸气和腐蚀化学介质的渗透，并由于其独特结构更能达到防渗和减渗效果。

6. 固化后的鳞片胶泥

固化后的鳞片胶泥是一种复合材料，其中基体树脂起黏结作用。具有高度活性的不饱和双键基体树脂通过交联，形成三维的体形结构，其线性的高分子形成网状的介质会导致化学体积的收缩，同时分子中的不饱和双键打开生成饱和单键时伴随着分子体积的变化。有数据表明：液态树脂中 C=C 基因分子体积在固化后会缩小 25%，这个树脂固化过程中分子自由体积的变化，也是造成不饱和树脂收缩的一个重要原因。而收缩会产生内应力，严重时会导

113

致微裂纹等的出现，并且残余内应力的存在为微裂纹的扩展提供了潜在条件。因此在选择基体树脂时，应充分考虑树脂具有良好的耐腐蚀性能，同时应具有较低的收缩率。由于加入了玻璃鳞片和其他填料，鳞片胶泥的收缩率会大幅度降低。玻璃鳞片的存在还可以起到降低固化后的残余内应力的作用，这是因为在树脂基体中不规则分布的玻璃鳞片是具有较大比面积的分散体，在胶泥固化后，树脂由于固化后收缩而产生的界面收缩内应力可以被玻璃鳞片所稀释或松弛，因此有效地减弱了内应力影响。虽然玻璃鳞片在树脂基体连续相中，绝大多数是近乎平行排列的，那还是存在一定的倾角，该倾角的存在，对收缩应力起到制约作用，可以有效地分割树脂基体连续相为若干个小区域，使应力不能相互影响或传递，如图3-6所示。

图3-6 玻璃鳞片的存在有效阻止了树脂中裂纹的发展

7. 良好的耐磨性

鳞片树脂衬里的耐磨性是通过合理的材料配比实现的，其中玻璃鳞片是耐磨的主要骨架。另外，在个别磨损严重的部位还需做特别处理或进行特殊耐磨结构设计。试验表明，在无腐蚀条件下，玻璃鳞片树脂的耐磨性优于天然橡胶和丁基橡胶，但较氯丁橡胶略差一些。经过腐蚀介质的浸泡后，橡胶的耐磨性急剧下降，而玻璃鳞片树脂涂层的耐磨性却几乎保持不变，这是对富士6R涂层与橡胶的对比试验得出的结论（氯丁橡胶是早期FGD防腐内衬采用的橡胶，由于其较高的吸水率、水蒸气透过率和可被吸收浆液浸出相关组分等缺陷而被丁基橡胶取代）。图3-7是在耐腐蚀试验（5% H_2SO_4，80℃）后做擦伤试验得出的性能比较曲线。

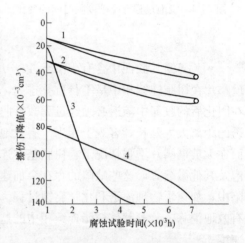

图3-7 玻璃鳞片涂料与橡胶的耐磨性比较
1—富士鳞片6RU. AC；2—富士鳞片6RU. AR；
3—氯丁橡胶；4—丁基橡胶

另外，鳞片涂层的机械性能通过叠压平行于基体表面的鳞片而得到明显改善，它具有较小的扯断伸长率。双酚A形乙烯酯树脂的热稳定性为120℃（在干燥环境中），酚醛类乙烯酯树脂可耐180℃。

二、橡胶衬里和防腐涂层对基体（金属和混凝土）结构及表面状态的要求

（一）对金属基体结构及表面的质量要求

（1）金属构件必须具有足够的强度和刚度，确保能够承受金属构件在运输、安装、施工、使用等过程中所发生的机械性强度，不发生变形。当采用硬橡胶或涂层时，更应注意防止金属构件变形而发生龟裂（对涂层来说，还要考虑温度变化时，两体线胀系数差异可能造成的不良影响）。

（2）金属构件的结构必须满足材料施工的作业条件，以能够用手够得到为宜，同时还应考虑检测、维护、保养是否容易进行，所以构件结构应尽可能简单，并可拆卸分割。

（3）无论是橡胶衬里还是涂层，其施工条件都是比较恶劣的，且属于有毒易燃物质，有关密闭容器应按规定开设人孔，使容器内部持良好的通风条件，并有利于安全监护人员处理紧急情况。

（4）需进行衬里的表面应尽量简单、光滑平整及无焊渣、毛刺等，表面焊缝凸出高度不应超过 0.5mm。

（5）不可直接向衬胶壳体外侧加热，以防止橡胶、涂层的剥离和翘起。从衬里侧加热时，加热管道应距离衬里 100mm 以上；吹入蒸汽时，其构造不能使蒸汽直接吹在衬里表面。

（6）装有内部构件并在运行使用中需经常检修的设备，应具有检修、安装的条件，确保在安装及检修中不损坏衬层。

（7）金属表面预处理质量的好坏，直接影响到防腐蚀施工质量。基体表面不但要达到规定的除锈标准，而且还要有一定的粗糙度。通常要求表面必须经过严格的喷砂除锈，并使预处理表面质量等级至少达到 GB 8923—1988 的 Sa2I/2 的水平。金属表面预处理后应立即施工或采取保护措施，以防重新锈蚀。

（8）衬里侧的焊缝应为连续焊缝，不能采用重叠焊缝，应采用对接焊缝。焊接时优先焊接衬里一侧，不得已从对侧先开始焊接时，应将焊缝间隙扩大，先对背面打磨加工后再进行焊接。

（9）在使用铆钉的场合，衬里侧应使用沉头铆钉，完全铆接后进行平滑加工。

（10）需进行衬里施工的阴阳角处应有圆滑过渡，过渡半径应不小于 3mm，通常选择6mm 以上比较合适。

（11）应避免管口直接伸入内表面，必要时可采用法兰连接。

（12）对要进行衬里施工的螺孔不能进行圆弧加工时，应取 45°左右的斜面。

（13）设备所有的加工、焊接、试压应在衬里施工之前完成，衬里完成后严禁在金属构件上进行焊接，否则轻则破坏衬里，重则引发火灾。

（14）进行衬里施工的管道尽可能用无缝钢管，镀锌表面不能涂盖防锈漆。

（二）对混凝土基体结构及表面的质量要求

（1）混凝土基体或水泥砂浆抹面的基体，必须坚固密实、平整，需对衬里表面进行喷砂处理，除去那些松脆、易剥落的水泥渣块、泥灰及其他杂物。

（2）进行村里施工的表面的平整度可用 2m 的直尺检查，允许间隙不大于 5mm。

（3）表面应在衬里施工之前，涂上一层约 1mm 厚的光洁导电薄膜找平层，可改善表面的平整度及用作电火花检测衬里密封性时的反极。

（4）混凝土必须干燥，其表面残余湿度应低于 4%。

（5）选用底漆时，应考虑到混凝土的碱性是否会使底漆发生皂化反应。因为基体发生皂化反应，涂层将会很快脱落，此时应考虑选用耐潮、耐碱性能良好的底漆对混凝土表面进行中和处理。

（6）施工环境温度以 15～30℃为宜，相对湿度以 80%～85%为宜。应该说涂层的防腐蚀性是相当出色的，但目前其价位仍然偏高，是限制涂层广泛应用的一个重要因素。因此，国内外的厂家都在积极开发物美价廉的涂料，他们主要从以下几方面着手：

1）采用价格低廉的鳞片填料。通常采用一些来源广泛、价格便宜的硅酸盐类矿产原料或废渣制取鳞片，经过化学处理剂进行表面处理后，可以达到与玻璃鳞片相当的防腐性能，用来替代玻璃鳞片，因而也就降低了成本。

2）无溶剂化。所谓无溶剂化是指涂料中不含或仅含有少量的挥发性溶剂，这样的涂料固体含量高，大大减少了施工中溶剂挥发造成的材料浪费，同时也减轻了环境污染，涂装效率也得到了提高。

3）表面处理简单化。涂层对基体表面较高的预处理要求，也是导致使用涂料价位偏高的原因之一，基体表面处理的简单化依赖于涂层与基体要求（金属或混凝土表面）黏结强度的提高。

4）采用先进的涂装技术。如果涂料的涂装工艺过于烦琐，要求过于苛刻，即使其防腐性能再突出，要在工程上实施也是很困难的。现在比较流行的涂装技术是采用高压无空气喷涂，底漆、面漆合一的技术，简化了施工工艺难度，提高了涂装效率，降低了工程成本。

第五节　鳞片衬里防腐

对于吸收塔，美国主要采用镍基合金或碳钢内覆高镍基合金板；德国多采用碳钢内衬橡胶板；日本多采用碳钢内涂玻璃鳞片树脂防腐。国内根据引进的脱硫技术不同，主要是衬胶和鳞片衬里，具体情况见表3-9，镍基合金或碳钢内覆高镍基合金板使用寿命长，但价格过于昂贵，国内尚无使用业绩。

表3-9　　　　　国内有关电厂湿法脱硫防腐采用鳞片衬里的情况

电厂名称	FGD容量（MW）	玻璃幼片防腐部位	施工单位
华能珞磺发电厂	2×360	吸收塔、烟道、事故浆罐	日本三葵
杭州半山电厂	2×125	烟道、事故浆罐	西格里
北京一热	4×100	烟道、事故浆罐	西格里
重庆电厂	2×200	烟道、事故浆罐	西格里
京能热电	2×200	烟道事故浆罐	西格里
广东粤连电厂	2×125	烟道、事故浆罐	西格里
浙江钱清发电厂	135	烟道、事故浆罐	靖江中环
夏港电厂	300	吸收塔、烟进、事故浆罐	靖江中环
山东黄台发电厂	2×330	烟道、事故浆罐	靖江中环

一、鳞片衬里的防腐特点

鳞片衬里是以耐酸树脂为主要基料，以薄片状填料（外观形状似鱼鳞，故称为鳞片）为骨料，添加各种功能添加剂混配成胶泥状或涂料状防腐材料，再经专用设备或人工按一定施工规程涂覆在被防护基体表面而形成的防腐蚀保护层。图3-8为鳞片衬里的断面示意图。

鳞片衬里层有不连续的片状鳞片。单层鳞片是不透性实体，在衬层中垂直于介质渗透方向的鳞片呈多层有序叠压排列。

鳞片树脂衬里最突出的性能是具有优良的抗腐蚀介质渗透性。有关试验表明：0.5mm 厚的鳞片的抗渗透性略大于 20mm 的玻璃钢，1.5mm 厚的鳞片衬里，就可以达到非常理想的抗渗效果。鳞片防腐之所以具备很高的抗渗透性能，是由于鳞片的防腐层中扁平的鳞片在树脂中平行叠压排列，介质渗透为绕鳞片曲折狭缝扩散过程。玻璃鳞片具有很好的迷宫效应，如图 3-9 所示，使渗透介质在不同鳞片层内渗透动力逐渐衰减，介质向纵深渗透趋缓。

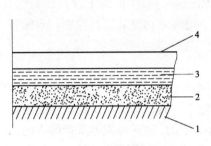

图 3-8 鳞片衬里断面示意图
1—基体；2—底涂；3—鳞片衬层；4—面漆层

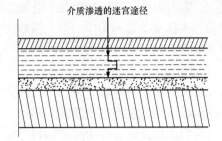

图 3-9 鳞片衬里渗透迷宫效果示意图

对于烟气脱硫来说，玻璃鳞片按照其使用部位与特点，可分为低温玻璃鳞片，高温玻璃鳞片和耐磨玻璃鳞片等。低温玻璃鳞片一般具有优良的耐水汽的渗透性、耐化学性、耐腐蚀性等特点，使用温度一般低于 100℃，是脱硫装置的重要衬里材料，主要应用于吸收塔的低温部分、事故浆罐、净烟气烟道等部分。高温玻璃鳞片一般具有优良的耐高温性能，其长期使用温度可以达到 160℃以上。主要应用于烟气换热器与吸收塔之间的原烟气烟道、吸收塔入口处、烟气换热器原烟气区域以及烟气出口挡板门后的烟道部分。耐磨玻璃鳞片是特殊配方的鳞片树脂，一般添加陶瓷耐磨材料增加耐磨特性。耐磨玻璃鳞片主要应用于吸收塔喷淋部位或浆液磨损严重的区域（如安装搅拌器的部位）。

二、玻璃鳞片的施工要领

鳞片衬里施工为手工作业，施工质量在很大程度上取决于操作者的操作技能和熟练程度。在钢材表面涂玻璃鳞片时，要求在焊缝位打磨、钢板焊接、喷丸处理等各个方面都必须严格把关，一个环节出现问题都会引起运行后鳞片衬里起气泡、脱落等问题。一般应从以下几个方面控制施工质量。

1. 环境参数的控制

环境参数对于喷丸处理、刷底涂层和涂鳞片都非常重要，尤其是湿度的控制。湿度一般应低于 70%，设备表面的温度至少应高于露点温度 3K 以上，在整个施工过程中不能有结露，冬天施工环境温度至少在 10℃以上，达不到上述条件应采取去湿或升温等相应措施。

2. 喷丸前的表面检查

喷丸前对表面进行检查的项目主要有：表面平整度、焊缝打磨检查。表面平整度一般要小于 3mm/m；要求焊缝打磨成圆角，外凸的最小圆角半径为 3mm，内凹转角的最小半径为 10mm，焊缝处不得有气孔。

3. 喷丸要求

喷丸首先要保证环境参数的控制，可使用充分干燥的石英砂或铁矿砂。对喷丸工艺有一个重要的检查指标是表面粗糙度，喷丸标准要达到表面粗糙度 $R_1 > 70\mu m$，喷丸结束后的金属表面和焊缝不能有气孔等缺陷。

喷丸用的压缩空气应干燥洁净，不得含有水分和油污。检验方法：将白布或白漆靶板置于压缩空气流中 1min，表面观察无油污为合格。

4. 刷底涂

刷底涂是为了增加玻璃鳞片的附着力。刷底涂应在喷丸后尽快涂刷，一般应在表面处理完成后 6h 内完成第一道底漆涂刷。刷底涂前将金属表面的灰尘清理干净，刷底涂应均匀，避免淤积、流挂或厚度不匀等。第二道底漆应在第一道底漆初凝后即行涂刷，且涂刷方向与第一道相垂直。

5. 不同涂层的施工要领

鳞片衬里的施工方法有 3 种：①高压无空气喷涂；②刷、刮涂，主要用于厚浆型涂料施工；③抹涂滚压法，主要用于胶泥状鳞片衬里涂抹施工。其中抹涂滚压法施工简便，衬里施工质量高，应用较广泛。作为鳞片涂料，厚浆型无溶剂鳞片涂料是发展选择的方向。

（1）抹层防腐。抹层防腐是用抹刀施工，其结构通常有以下几个部分：底涂、中间层、抹层、密封层。抹层的鳞片一般粒径较大。原材料按厂家说明书按比例添加凝固剂，需配备专用真空搅拌混料设备混合均匀，以最大限度地减少配料过程中气泡的产生。用抹刀均匀地将涂料抹在已刷底涂的机体表面上，并使表面平整一致，必要时再用棍子压实，使鳞片埋在树脂中合适的位置，避免鳞片外露，涂层内无气泡，厚度不足处应补足厚度。

第一层涂完后应进行相关的检查，合格后再进行第二层的施工。两层涂抹层的搭界接头处必须采取搭接方式。

（2）喷涂防腐。喷涂一般只有两层：底涂和喷涂层。采用喷涂可以多遍喷涂，每一遍的厚度和施工时间间隔由涂层材料厂商提供。各层的颜色应有区别，以便检查和确定是否漏喷。

6. 中间检查和最终验收

防腐是湿法烟气脱硫工程建设中非常重要的环节，关系到脱硫系统投入运行后设备能否安全运行，因此必须加强防腐施工过程的验收，同时要检查和监督施工过程中同时制作的实验板。

（1）外观检查。目视、指触等确定有无鼓泡、针空、伤痕、流挂、凹凸不平、硬化不良、鳞片外露等。

（2）厚度检查。使用磁石式或电磁式厚度计测定鳞片涂层厚度，对不合格处进行修补。

（3）硬度检查。玻璃鳞片的硬度检查应在实验板上进行，不能直接在涂层上做硬度检查，以免损坏玻璃鳞片。

（4）打诊检查。用木制小锤轻轻敲击衬里面，根据声音判断衬里内有无气泡或衬里不实的现象。

（5）漏电检查。对于玻璃鳞片衬里，漏电检查非常重要，其目的是检查有无延伸到基体的针空、裂纹或其他缺陷。使用高压漏电检测仪 100% 扫描衬里面，根据衬里的厚度调整检查电压数值。如果漏衬或衬里层有孔，电弧会被金属吸引，产生电火花。

（6）黏接强度。将实验模块黏接在实验板上，在模块上施力通过拉断实验模块与实验板间的玻璃鳞片，确定玻璃鳞片的黏接力。一般黏接强度应大于 $5N/mm^2$。

7. 缺陷的修补

鳞片衬里在施工过程中或运行一段时间后出现以下情况，需要进行修补处理：

（1）针孔；

（2）表面损伤；

（3）鳞片内有明显杂物；

（4）施工后出现的碰伤修补时，将缺陷周围磨成波形坡口，将缺陷完全消除，然后用溶剂清洗干净，应打磨该区域，然后按鳞片衬里施工方法修涂，具体示意图如图 3-10 所示。

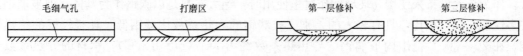

图 3-10 缺陷的修补方法

对于特殊部位的处理，如烟道与吸收塔的连接、法兰面等处，由于鳞片是分散不连续填料，其配制成鳞片衬里的材料强度比玻璃钢低，易受应力破坏，因此需要在特殊部位采取玻璃布补强措施。见表 3-10。

表 3-10　　　　　　　某电厂鳞片防腐验收检查结果汇总表

检查内容	评判标准	检查结果	检查工具
喷丸	$R_g \geqslant 70 \mu m$，无气孔	$R_g > 75 \mu m$	粗糙度仪、目测
鳞片外观	无机械损伤、锐器划伤等伤痕，无严重的凹凸不平、硬化不良等缺陷，无鼓泡、异物、脏物，无对使用有害的缺陷	光滑平整、无明显杂物、无硬化不良区域、无颜色不均现象	目测、直尺
法兰	法兰面平整度	法兰面平整	
鳞片厚度	标准厚度为 1.5～2.0mm	1.7～1.9 mm	电磁测厚仪
电火花	无漏电现象	4kV/mm 无漏电	电火花检测仪
黏强度	最小断裂强度 5N/mm²	＞6N/mm²	引张附着试验器

由于防腐技术的不断进步，鳞片衬里在湿法烟气脱硫工艺中应用越来越广泛，基本能满足湿法烟气脱硫苛刻的工艺要求。鳞片衬里具有的耐高温特性（可在 160℃ 环境下稳定运行）是衬胶和玻璃钢所不具备的，同时具有耐腐蚀和耐腐损的特性。

第六节　玻　璃　钢

一、组成与特点

玻璃钢（Fiberglass Reinforced Plastics，FRP）是一种由基体材料和增强材料两个基本组分，并添加各种辅助剂而制成的一种复合材料。常用的基体材料为各种树脂，如环氧树脂、酚醛树脂，呋喃树脂等；常用的增强材料主要有碳纤维、玻璃纤维、有机纤维等；常用的辅助剂有固化剂、促进剂、稀释剂、引发剂、增韧剂、增塑剂、触变剂、填料等。在FGD装置中，用得较多的玻璃钢是由玻璃纤维和碳纤维制成的。

碳纤维多采用聚丙烯腈纤维为原料制成，玻璃纤维则是由各种金属氧化物的硅酸盐类经熔融后抽丝而成，其成分以二氧化硅为主，通常含有碱金属氧化物。碳纤维与玻璃纤维相比，前者的弹性模量高于后者，在相同外载的作用下应变小；前者制件的刚度也比后者制件高。此外，碳纤维比玻璃纤维具有更好的耐腐蚀性能，但碳纤维与树脂的前结能力比玻璃纤维差，所以碳纤维复合材料的层间剪切强度较低。目前烟气除尘脱硫装置中使用最多、技术最为成熟的玻璃钢仍采用玻璃纤维作为增加材料。

FGD 装置中使用的玻璃钢通常有两种形式，即整体玻璃钢和玻璃钢衬里。整体玻璃钢大多作为单元设备来使用，玻璃钢作衬里使用时，绝大多数是以碳钢作为基体，但玻璃钢的许多性能与钢材相比，具有较大的差别。玻璃钢的导热系数比碳钢低，具有较好的绝热性能，在 20～200℃ 范围内玻璃钢的导热热系数约为 3kJ/(m·h·℃)，钢材的导热系数为 148～221kJ/(m·h·℃)。另外，在 20～200℃ 范围内，玻璃钢的线膨胀系数约为 $1.8 \times 10^{-5}℃^{-1}$，钢材约为 $1.2 \times 10^{-5}℃^{-1}$。因此，使用玻璃钢衬里时，需考虑到玻璃钢基体的黏结性能及基体本身的耐酸、耐温性能。根据使用树脂的不同，玻璃钢可分为环氧玻璃钢、酚醛玻璃钢及呋喃玻璃钢。常用玻璃钢的性能及其适用范围见表 3-11。

表 3-11　　　　　　　　　常用玻璃钢的性能及其适用范围

种类	性能特点	适用范围
环氧玻璃钢	耐稀酸、稀碱性能好；与基体钢板的黏结力强，抗渗性能好，固化时收缩率低；但价格较贵，脆性较大	适用于操作温度为 100℃ 以下的稀酸；另外，还常用于复合树脂层中做底漆使用
酚醛玻璃钢	耐酸性介质性能好，与基体黏结力强，抗渗性尚好，使用温度在 120℃ 以下；不耐氧化性介质与碱性介质，对玻璃纤维的黏结力差	适用于操作温度为 120℃ 以下的 70% 以下的硫酸、盐酸、醋酸等介质中
呋喃玻璃钢	耐酸、耐碱能力好，抗渗能力一般，与基体黏结力弱，成型收缩率大，使用温度小于 150℃，不耐氧化性介质	特别适用于操作温度为 150℃ 以下的酸碱交替的设备中

从表 3-11 可以看出，单一树脂的玻璃钢各有各的优缺点，难以满足 FGD 系统的防腐要求，但可将这些树脂进行混配改性，优势互补，可制得性能优良的复合玻璃钢。一般 FGD 装置中使用的玻璃布为无碱（或微碱）、无捻平纹方格玻璃布，可以避免强度的方向性和减轻腐蚀介质沿玻璃布纹的渗透。树脂一般采用黏结力强、机械强度高、固化成型方便的环氧树脂打底，复配耐温性好、耐酸碱性能也较好的呋喃树脂，并加入耐磨（如二硫化钠）、导热（如金属粉末）及抗老化、抗渗性能好的填料（如瓷土、石英粉等）和辅助剂。

实践表明，这种利用改性呋喃树脂制成的玻璃钢，其耐磨、耐水、耐湿热、抗老化。抗拉、抗压、抗剪切力学性能均明显优于单一树脂制成的玻璃钢。

(1) 耐腐蚀性。玻璃钢的耐腐蚀性主要取决于树脂。随着科学技术的不断进步，树脂的性能也在不断完善，尤其是 20 世纪 60 年代乙烯基酯树脂的诞生，进一步提高了玻璃钢的耐腐蚀性及耐热性。乙烯基酯是用环氧与不饱和酸反应制成的。它的分子链结构不同于聚酯，末端具有高交联度、高反应活性的双链，具有稳定的化学结构，其中的稳定苯醚键使树脂耐腐蚀，强度接近环氧。另外，酯基只位于分子链端部，与聚酯不同，聚酯的酯基出现在主链上，因此，水解后，乙烯基酯性能并不下降。此外，当固化反应后，交联反应只在端部进行，整个分子链不全参加反应，因此，分子链可以拉伸，宏观上表现出较好的韧性，乙烯基酯延伸率为 4%~8%，而聚酯的仅为 1%~1.5%。由于乙烯基酯独特的分子链构造及其制造合成方法，使其固化后的性能与环氧接近，其工艺性能类似于聚酯，耐酸性优于氨类固化环氧，耐碱性优于酸类固化环氧和不饱和聚酯。从工艺上看，乙烯基酯适合于大多数的玻璃钢成型工艺，例如纤维缠绕、拉挤、手糊等。乙烯基酯黏度低，与纤维浸渍效果好，可保证制品的质量。因此乙烯基酯非常适合于做脱硫玻璃钢设备的树脂基体，它的防腐性能好，韧性好，高温性能突出，价格适中。在国外的玻璃钢脱硫设备中基本上都采用乙烯基酯玻璃钢，几种国外的乙烯基酯的性能见表 3-12。表 3-13 列出了用酚醛环氧型乙烯基酯树脂做成的玻璃钢，与其他材料在不同温度下耐强酸、高氯化物腐蚀的性能比较。

表 3-12　　　　　　　　　几种国外的乙烯基酯树脂室温时的标准性能

性能	双酚 A 环氧树脂系乙烯基酯树脂	可溶酚醛环氧树脂系乙烯基酯树脂	双酚 A 环氧树脂系乙烯基酯树脂溴化结构
未硬化树脂 25℃时黏度（mPa・s）	500	200	250
苯乙烯含量（%）	45	36	40
硬化树脂 拉伸强度（N/mm²）	81	73	73
伸长率（%）	6	3.6	5
弯曲强度（N/mm²）	124	133	124
弯曲模量（N/mm²）	3100	3800	3500
冲击强度（kJ/m²）	22	11	16
耐热畸变性（℃）	102	145	110

表 3-13　　　　　　几种材料在不同的温度下耐强酸、高氯化物腐蚀的性能比较

材料	H_2SO_4（稀）	H_2SO_4（冷凝）	HCl（稀）	HCl（冷凝）	HNO_3（稀）	氟化物（盐）	NaOH（稀）
FRP	+	+	+	+	+	+	+
碳钢（1020）	−	+	−	−	−	−	+
316 不锈钢	+	+	−	−	+	−	+
镍合金钢	+	+	+	+	+	+	+

注　+——未腐蚀；−——腐蚀。

（2）耐热性。图 3-11 是酚醛环氧型乙烯基酯树脂玻璃钢和氯茵酸型聚酯树脂玻璃钢在连续干热状态下的抗弯曲强度和耐温性能比较。

将用 2 种树脂分别做成的试样暴露在 193℃空气 12 个月后，发现酚醛环氧型乙烯基酯树脂的保留强度比氯茵酸聚酯树脂高得多，而后者已在湿法 FGD 系统的烟道和烟囱衬里工艺中成功应用多年。由此可以证明，乙烯基酯树脂玻璃钢做成的脱硫塔，将能耐受更高的温度，使用寿命更长，也更可靠。图 3-12 是 2 种树脂做成的玻璃钢层合板暴露在 65℃烟气中 90d 对弯曲强度的影响。

热振性能试验是把 2 种玻璃钢层合板放到 204℃以上的溶液中。取出后立即放入冷水并保持 2h，再对 2 种层台板进行 6h 的干燥，然后测定弯曲强度。试验表明用乙烯基酯树脂制成的玻璃钢层合板保留了绝大部分抗弯强度，而用耐温氯茵酸聚酯树脂制成的玻璃钢层合板暴露在干热状态下 4h 后就开始分层，弯曲强度下降了 40%。乙烯基酯树脂的抗热振性能归

功于它的延伸率是氯茵酸聚酯树脂的 3～4 倍。高的延伸率使它具有极高的抗冲击性能，并增大了对温差、压力波动、机械振动的适应范围。乙烯基酯树脂做成的玻璃钢已成功地用于湿法 FGD 系统的烟囱衬里。

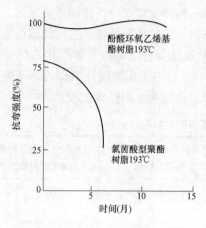

图 3 - 11　抗弯曲强度与热老化时间

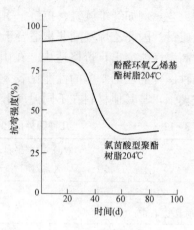

图 3 - 12　弯曲强度与热振

（3）耐磨损性能。在腐蚀环境中，玻璃钢的耐磨性能优于钢铁，为提高玻璃钢的耐磨性，可以在树脂基体中适当加入填料如金刚砂等，但不能使玻璃纤维暴露出来。1987 年，位于德国 Weisweiler 的 RWE 火电厂采用湿法石灰石/石膏 FGD 工艺，浆液中固体含量达 15%，吸收塔和输送浆液的管道均为玻璃钢，至今运行良好。

阻燃性能也是另一关键问题，玻璃钢结构在制作时可加入适量的阻燃剂以保证其安全工作。

二、玻璃钢的质量检验

常见玻璃钢的缺陷及其解决办法见表 3 - 14，玻璃钢的质量检验见表 3 - 15。

表 3 - 14　　　　　　　　　　　常见玻璃钢的缺陷及解决办法

常见缺陷	产生原因	解决办法
玻璃钢表面发黏	空气湿度太大	应保证在相对湿度低于 80% 的条件下进行玻璃钢制品的手工糊制
	空气中氧的阻聚作用	在聚酯树脂中应加足够的石蜡。或在制品表面加玻璃或聚酯薄膜
	固化剂、促进剂用量不符合要求	一定要根据小样试验确定的配方控制用量
	对于聚酯树脂而言，稀释剂苯乙烯挥发过快、过多，造成树脂中单体不足	脂胶凝前不能加热，环境湿度不宜太高，风量亦不宜过大
制品气泡太多	赶压气泡不彻底	每一层铺布或毡应用压辊反复滚压
	树脂黏度太大	应加入适当的稀释剂，如苯乙烯、乙醇等
	增强材料选择不当	应重新考虑所用增强材料的种类
	操作工艺不当	应根据树脂及增强材料种类的不同，选择恰当的浸胶、涂刷、滚压等工艺方法

续表

常见缺陷	产生原因	解决办法
制品流胶严重	配料不均匀，造成胶凝，固化时间不统一	应将料液搅拌均匀
	固化剂、促进剂用量不够	应用足量的固化剂、促进剂
	树脂黏度太小	可加适量的触变剂
制品有分层现象	玻璃布未经脱蜡，或脱蜡不够	玻璃面应彻底脱蜡
	玻璃布糊制时不紧密，或气泡太多	玻璃布应铺放紧密，赶走气泡
	树脂不够或黏度大，玻璃布未浸透	应加足量的树脂和稀释剂
	配方不合适，导致黏结性能差，或固化速度过快、过慢	应按有关要求正确配方
	粘贴表面不干净，有灰尘等杂质	应将粘贴表面清理干净
固化不完全，制品表面发软或强度低	配方中固化剂用得过多或过少，增塑剂或活性稀释过多，或搅拌不均匀	应使用正确的固化剂、增塑剂、活性稀释剂用量
	吸水严重或操作环境湿度太大	降低周围环境的湿度

表 3 - 15　　　　　　　　玻 璃 钢 的 质 量 检 验

检查项目		质 量 要 求
外观	气泡	耐蚀层表面允许最大气泡直径为 5mm，每平方米直径不大于 5mm 的气泡数目少于 3 个
	裂纹	耐蚀层表面不得有深度 0.5mm 以上的裂纹，增强层表面不得有深度为 2mm 以上的裂纹
	凹凸	耐蚀层表面应平整光滑，增强层的凹凸部分厚度应不大于厚度的 20%
	返白	耐蚀层不应有返白处，增强层返白区最大直径应小于 50mm
	其他	衬里各层之间及衬里与基体之间的黏结应牢固，无分层、纤维裸露、树脂结块、色泽明显不匀等现象
固化度	现场检查	手触玻璃钢表面应无黏感；用蘸有丙酮的干净棉球放在玻璃钢表面上，不应变色，并且很容易吹掉；用手或硬币敲击制品，声音应清脆
	简易检验	对于环氧玻璃钢，取样加热到 100~120℃，不会变软、变黏，用刀片刮表面，刮出物为无黏性卷状物；对于呋喃玻璃钢，取样浸入盛有丙酮的烧杯中封口浸泡 24h，试样表面应仍光滑完整，丙酮不变色
巴氏硬度		采用巴柯尔硬度计，用测得的巴氏硬度换算出近似固化度，固化比较理想的巴氏度硬度一般为 40~50
衬里微孔		采用电火花检测器或微孔测试仪进行抽样检查，不得有针孔出现

三、玻璃钢的应用

由于玻璃钢具有耐化学腐蚀且价格低的特点，故已成功地应用于湿法 FGD 系统。主要在以下部位使用：①吸收塔等塔体；②喷头；③集液器、除雾器；④管路；⑤烟道；⑤烟囱。使用者认为玻璃钢质量轻、耐腐蚀，造价比合金材料低，极具应用潜力，德国某电厂几台洗涤塔长期使用此种材料的成功就是例证。不同材料除雾器的价格比较见表 3 - 16。

表 3-16 不同材料除雾器的价格比较

材料	造价（万元）	价格比率	材料	造价（万元）	价格比率
玻璃钢	246	1.0	高镍合金	1230	3.0
317L 不锈钢	794	2.0			

玻璃钢烟道的成功应用已有相当长的时间，1982 年，美国就在直径 4～9m 的烟道上应用了玻璃钢；1988 年，德国在直径为 7m 的烟道上的应用也获得成功。玻璃钢烟囱作为脱硫工厂的一部分，成为代替混凝土烟囱，提高烟囱使用寿命的理想替换结构。1983 年，美国 ASTM 学会起草了玻璃钢烟囱的设计标准 ASTM D-20，建议烟囱的最大挠度不应超过烟囱高度的 5％。20 世纪 80 年代，美国 Century Fiberglass 公司制造了当时世界上最高的自支撑式玻璃钢烟囱。烟囱高 51.8m，总重 9.53t，顶部壁厚 0.64cm，底部壁厚 2.21cm，烟囱的防腐层厚 0.05m，用 10％的表面毡，树脂含量为 90％，前两层是用 0.25cm 厚的短纤维（1.9cm 长）增强树脂层，纤维含量为 25％，延伸率大于 40％，以防开裂。结构层采用纤维编绕工艺成型，玻纤含量为 70％。在玻璃钢烟囱的外表面要涂覆耐大气老化层。

在国内，北京国华热电公司的进口的 FGD 系统中，石灰石浆液输送管道和储存罐均为玻璃钢。广东连州电厂和瑞明电厂 FGD 系统的石灰石浆液罐、吸收塔浆液循环管道及塔内浆液分配管也都是玻璃钢。深圳西部海水 FGD 系统的海水输送及恢复管道、在四川白马电厂试验采用 NADS 技术的吸收塔均是玻璃钢。随着 FGD 装置的增长，玻璃钢应用得越来越多。

玻璃钢脱硫装备的社会效益和经济效益都很显著。在国外，玻璃钢设备已趋于成熟，其显著的优点已被人们承认和接受。目前玻璃钢脱硫装备正趋于大型化，如英国 Plastilon 计划制造直径为 20m 的洗涤塔。大的玻璃钢结构，给运输带来了很大的麻烦。因此，"就地"制造的技术与设备就显得十分重要，国外正在进行这一方面的研究，应引起重视。

第七节 其他耐蚀材料

一、高分子热塑性塑料

聚氯乙烯（PVC）。聚氯乙烯塑料是以 PVC 树脂为主要原料，加入其他添加剂，经过捏和、混炼、加工成型等过程制得。根据增塑剂的加入量的不同，分硬聚氯乙烯、软聚氯乙烯两大类。硬聚氯乙烯具有较高的机械强度和刚度，一般可以用作结构材料。它具有优良的耐化学腐蚀性，当温度低于 50℃时，除强氧化性酸外，耐各种浓度的酸、碱、盐类的侵蚀。在芳香烃、氯化烃和酮类介质中，硬 PVC 溶解或溶胀，但不溶于其他有机溶剂。其耐热性常用马丁耐热温度表示，为 65℃。实际使用中的硬 PVC 塑料的使用温度常根据其使用条件的不同而不同，如介质腐蚀性越强，使用温度越低。另外，作为受力构件使用时，应力越高，使用温度下降。由于硬 PVC 塑料一定的机械性、优良的耐化学腐蚀性，更因为其来源广泛，价格便宜，且相对密度小，吊装方便，焊接、成型性能良好，易加工，而成为化工、石油、染料等工业中普遍使用的一种耐腐蚀材料。它常用来做塔器、储槽、排气筒、泵、阀门及管道。由于硬 PVC 线膨胀系数较大，较高的温度会造成较大的应力，因而在设计 PVC 设备、管道及固定安装时，必须考虑这一特点。

由于软 PVC 加入大量的增塑剂，质地较软，强度低，刚性差，耐热性不如硬 PVC，耐化学性与硬 PVC 近似，主要用于制造密封垫片、密封圈及软管，还适用于大型设备衬里。

二、聚丙烯（PP）

PP 树脂根据合成过程中使用催化剂的不同，所得分子结构有所不同。其耐蚀性、物理机械性及耐热性等与其结晶性有密切的关系。一般来说，结晶度越高，耐蚀性越好。它对于无机酸碱盐化合物，除氧化性的介质外，接近 100℃无破坏作用。室温下，PP 在大多数有机溶剂中不溶解，某些氯化烃、芳香烃和高沸点脂肪烃能使 PP 溶解，且溶胀度因湿度升高而升高。聚丙烯耐热性较高，在熔点以下，材料具有很好的结晶结构，其使用温度为 110～120℃，无外力时，可达到 150℃。PP 的高度结晶性，使其具有较好的机械强度，常温下，可用作结构材料，但其刚性因温度升高而降低较大，因而在高温下，不宜作结构设备。与 PVC 比较，当温度大于 80℃时，PVC 已完全失去强度，而 PP 仍可保持一定的强度，作为耐蚀材料使用。

PP 常用于化工管道、储槽、衬里等，湿法 FGD 的除雾器常常用 PP 制造，如连州电厂、太原一热 FGD 的除雾器。在实际使用安装时，因其热膨胀系数较大，需考虑安装热补偿器，另外，采用无机填料增强 PP，可提高其强度、抗蠕变性。如使用玻纤增强 PP 制造保尔环及阶梯环。若用石墨改性，可制成石墨换热器。

三、氟塑料

含氟原子的塑料总称氟塑料。由于分子结构中含有氟原子，使聚合物具有极为优良的耐蚀性、耐热性、电性能和自润滑性，主要品种有聚四氟乙烯、聚三氟氯乙烯、聚全氟乙丙烯。

聚四氟乙烯又称特氟隆，简称 PTFE 或 F4，是单体四氟乙烯的均聚物。PTFE 是白色有蜡状感觉的热塑性树脂，它具有高度的结晶性，熔点为 327℃，熔点以上为透明状态，几乎不流动，不亲水，光滑不黏，摩擦特征与水相似，密度很大，为塑料中密度最大者，具有良好的耐热性及极佳的耐化学药品的腐蚀性，能耐王水的腐蚀，有"塑料王"之称。

PTFE 有如下特性：

（1）优良的耐高、低温特性。能在-269℃～+260℃温度下工作。

（2）优异的耐化学腐蚀性。除熔融的碱金属或其氨溶液、三氟化氯及元素氟在高温下对它发生作用外，其他任何浓度的强酸、强碱、强氧化剂和溶剂对它都不起作用，如它在浓硫酸、硝酸、盐酸，甚至王水中煮沸，其质量及性能均无变化。它能耐大多数有机溶剂，如卤代烃、丙酮、醇类等，不会产生任何质量变化及膨胀现象。可见，它的化学稳定性甚至超过贵重金属（如金、铂等）、玻璃、搪瓷等。

（3）很低的摩擦系数。比磨得最光滑的不锈钢的摩擦系数小一半，磨损量只有它的 1%。

（4）优异的介电性能。一片 0.025mm 的薄膜，能耐 500V 高压，比尼龙的介电强度高一倍。

另外，PTFE 的抗渗性能优良，吸水率仅为 0.005，由于聚四氟乙烯分子间作用力小，表面能低，因而具有高度的不黏性，很好的润滑性。当粘贴于橡胶表面时，可以有效地防止结晶石膏的结块现象，以及 FGD 下游烟道中潮湿部分强烈的水蒸气渗透和橡胶的溶胀，其综合性能见表 3-17。

表 3-17　聚四氟乙烯的综合性能

项目	密度 （kg/m³）	吸水率 （%）	拉伸强度 （MPa）	断裂伸长率 （%）	邵氏 D 硬度
数据	$(2.1\sim2.2)\times10^3$	0.05	14～31.5	250～350	50～65

项目	膨胀系数 （×10⁻⁵/℃）	热导率 [kJ/(m·h·℃)]	热变形温度 （0.46MPa,℃）	弯曲疲劳 （0.4mm 厚，万次）
数据	10～12	0.12	121	20

但是，聚四氟乙烯的机械强度一般，蠕变现象严重，刚性低，不易作刚性材料。聚四氟乙烯的主要缺点是其成型加工困难，不能用一般热塑性塑料的成型加工方法来加工，只可采用类似粉末冶金的方法把聚四氟乙烯粉末预压成型，再烧结成型。为了适应使用要求，应对 PTFE 进行填充改性，常用的填充剂有石墨、二硫化钼、炭黑、云母、石英、玻璃纤维、青铜粉、石棉、陶瓷等。玻璃纤维是最常用的填充剂，它对 PTFE 的化学性能、电气性能影响很小，却提高了其他性能。青铜的作用是增加了散热性。二硫化钼的作用是增加耐磨性、刚性、硬度。

聚四氟乙烯主要用于衬里材料，其不黏性使其衬里工艺较困难，可采用深层或板衬形式，一般用于管道、管件、阀门、泵、容器、塔等设备衬里的防腐。在太原一热 FGD 系统中，除雾器的冲洗喷嘴是用聚四氟乙烯制造的。其他氟塑料由于分子结构上不全为氟原子组成，因而其耐蚀性、耐热性比聚四氟乙烯稍差。但其加工性要优于聚四氟乙烯，可用一般塑料加工方法加工，用于制作泵、阀、棒、管等，还可用于设备的防腐涂层。

四、氯化聚醚

氯化聚醚是一种线形高结晶度热塑性塑料，具有较高的耐热性及耐蚀性。耐蚀性仅次于聚四氟乙烯，除强氧化剂及酯、酮、苯胺等极性大的溶剂外，能耐大部分酸、碱和烃、醇类溶剂以及油类。其耐磨性好，尺寸稳定性好。其抗拉强度与特性黏度 η 有关。$\eta\geq1.2$，可用作结构材料；η 在 0.8～1.2 之间，用作涂层。其加工法可用一般的加工方法，即注射、挤出、模压、焊接、喷涂都可。氯化聚醚在化工中除了可以加工成管、板、棒及相应的零件外，还常用于涂层和衬里。

五、聚苯硫醚

聚苯硫醚是一种较好的耐高温、耐蚀工程塑料，其耐热性可与聚四乙烯、聚酚亚胺媲美，250℃下可长期使用。线形聚苯硫醚加热或化学交联后，可在 200℃下使用，其机械强度高于氯化聚醚，特别是高温机械强度好，抗蠕变性优良。175℃以不溶于所有溶剂，250～300℃不溶于烃、酮、醇等，耐酸、碱，但不耐强氧化剂的酸，也不耐氟、氯、溴介质的腐蚀。聚苯硫酸的主要加工方法有注射、压制、喷涂等，压制成棒材、板，再制成相应的零件。另外，还可用热压的方法制作金属泵、阀等的衬里。目前，国内多采用它作防腐材料。

六、热固性增强塑料

热固性增强塑料是一种以合成树脂为基体，以纤维质为骨架的复合材料。由于它具有质量轻、强度高、耐腐蚀、成型性好、适用性强等优异性能，已成为化工防腐工程中不可缺少的材料之一。

热固性增强塑料的强度主要由骨架材料纤维质承受，合成树脂黏附于纤维骨架，是传递力的介质。

增强塑料的性质不仅取决于骨架纤维材料、合成树脂，而且还与两者的黏结性有关。增强塑料的树脂与纤维界面间的黏结性决定了其物理、化学性能。纤维表面因为拉丝的需要，沾有石蜡等浸润剂，会严重影响玻纤与合成树脂的黏结力。因此，玻纤表面的处理是改善纤维与树脂间黏结性的关键。工程中常采用偶联剂对玻璃纤维进行表面处理，目的是使增强塑料界面黏合从物理黏合变为化学结合，以提高纤维与树脂的黏结力，从而使复合材料具有较高的刚性及强度。增强塑料常用的合成树脂如下。

1. 酚醛树脂

酚醛树脂是酚类化合物与醛类化合物在催化剂的作用下，缩合而成的一类化合物的总称。其特点是耐化学性好，在非氧化性的酸中稳定，但不耐碱及氧化性酸，耐热性较好，其马丁耐热温度为 120℃。为了克服酚醛树脂耐碱性差的缺点，可引入 α、β-二氯丙醇。另外，根据施工的需要，还常引入稀释剂，如苯、甲苯、二甲苯、丙酮、乙醇等来调节树脂黏度。

2. 呋喃树脂

呋喃树脂具有良好的耐酸、耐碱性，可在酸、碱交替的介质中使用，但对强氧化性酸，如浓 H_2SO_4、HNO_3 及其他氧化性介质不耐蚀。它由于固化程度较高，因而具备良好的耐溶剂性及耐热性，其耐热温度可达 180～190℃。呋喃树脂性脆，可通过加入增塑剂，如苯二甲酸二丁酯，或其他树脂（如环氧树脂）来加以改性。其对光滑无孔的基材黏结性差，而对多孔表面材料有好的浸渍渗透和黏结性。

3. 环氧树脂

环氧树脂是含有环氧基的高聚物的统称。其种类很多，但在防腐工程中使用最广泛的是环氧氯丙烷与双酚 A。环氧树脂化学性质稳定，耐稀酸、碱，但在浓碱及加热情况下易为碱所分解。其机械强度主要体现为抗弯强度较高，具有柔韧性。另外，由于环氧树脂含有许多强极性基，因而具有很强的黏结力，可黏结金属、非金属与多种材料，因而广泛用于玻璃钢、黏结剂、涂料等。环氧树脂的耐热温度（马丁耐热温度）为 105～130℃，使用温度应根据实际应用条件而确定，如在酸碱浓度较高的环境下，其使用温度大大下降，只可在常温下使用，在非腐蚀性条件下，固化物使用温度大于 100℃。

4. 不饱和聚酯

不饱和聚酯是聚酯树脂的一类，它是由不饱和二元酸及其酸酐或饱和多元酸及其酸酐，与二元醇经缩聚而成的合成树脂。不饱和聚酯的最大优点就是成型工艺优良，固化后的综合性能良好。其力学性能介于环氧与酚醛之间。不饱和聚酯不耐氧化性介质，耐碱、耐溶剂性能差，耐温性较差，且随温度的上升其老化加速，这些缺点可通过在树脂结构中引入其他单体加以改进。

七、石墨

1. 不透性石墨

石墨是一种结晶形碳，它与其他碳（如焦炭、无烟煤）的主要区别在于有明显的晶体构造。石墨晶体属六方晶体系列，在石墨晶体中，碳原子按正六角形排列于各平面上，在每一个平面内，每一个碳原子都和其他三个碳原子以共价键相连接。这种共价键结合是非常牢固的，所以有很好的化学稳定性。这就使石墨表现出卓越的耐腐蚀性，除了强氧化性的酸，如硝酸、铬酸、发烟硫酸、卤素之外，在其他化学介质中都很稳定，甚至在熔融的碱中亦稳定。但在人造石墨的制造过程中，由于高温焙烧而逸出的挥发物，致使石墨材料形成很多微细的孔隙，孔隙的存在不但影响到它的机械强度和加工性能，而且使它对液体和气体的抗渗性能变差。因此，需要采取适当的方法填充石墨的孔隙，即进行不透性处理，使其成为不透性石墨。不透性石墨可进行各种机械加工，如车、刨、锯、钻、铣等。它的耐蚀性与耐热性由合成树脂和石墨共同确定。石墨本身在450℃以下对大多数腐蚀介质具有很高的稳定性，但在空气中，温度高于450～500℃时，开始氧化。根据制造方法的不同，可分为浸渍石墨、压型石墨、浇注石墨。石墨的物理机械性能及耐蚀性能见表3-18和表3-19。

表3-18　　　　　　　　　　　石墨的物理机械性能

性能	浸渍石墨			酚醛压型石墨
	酚醛	呋喃	水玻璃	
密度（g/cm³）	1.8～1.9	1.8	—	1.8～1.9
吸水率（%）	—	—	—	0.07
热导率［W/(m·K)］	105～116	—	—	31.5～39.8
抗压强度（MPa）	58～68	64	40	84～120
抗拉强度（MPa）	7～9	12	5	24～27
抗渗强度（MPa）	0.6	0.6		0.8
耐热（℃）	<170	<190	—	<170
耐磨性能	较好	较好	较好	较好
黏结性能	好	好	好	好
耐温急变性能	较好	较好	较好	较好

表3-19　　　　　　　　　　　石墨的耐蚀性能

腐蚀介质	浸渍石墨			酚醛压型石墨
	酚醛	呋喃	水玻璃	
70%的硫酸	尚耐	尚耐	耐	尚耐
50%的硫酸	耐	耐	耐	耐
30%的硝酸	不耐	不耐	耐	不耐
盐酸	耐	耐	耐	耐
氢氟酸	耐	耐	不耐	耐
碱溶液	不耐	耐	不耐	不耐
冰醋酸	耐	耐	耐	耐
磷酸	耐	耐	耐	耐
湿氯气	不耐	不耐	耐	不耐

不透性石墨材料是非金属材料中唯一具有优良导电、导热性能的材料，其线膨胀系数较其他材料小，化学稳定性高，且具有良好的机械加工性能，因此不透性石墨常用来制作传热、传质设备，反应设备及流体输送设备。用不透性石墨制成的传热设备，由于传热效率高，耐蚀性好，使用最为广泛。

2. 浸渍石墨

浸渍石墨是目前国内用于设备防腐蚀内衬用不透性石墨板主要材料，其基本过程是先将人造石墨材料烧结成棒材或块材，用机械方法加工成所需板材，然后通过真空法使浸渍剂在外压条件下浸渍石墨板孔隙，再固化成型。人造石墨在成型烧结过程和石墨化过程中会挥发出低沸点组分，从而产生密布的微孔，经合成树脂浸渍将微孔填塞，所得浸渍石墨具有不透性。

浸渍石墨常用的浸渍剂有酚醛树脂、呋喃树脂、水玻璃、氟树脂等，其中以酚醛浸渍石墨最常用。酚醛浸渍石墨具有良好的耐酸、耐溶剂性，耐碱和氧化性酸较差，可加入 1、3-二氯丙醇改进其耐碱性。若经高温处理，树脂开始焦化，其耐酸、耐碱性提高，但机械强度下降。其耐热性由酚醛树脂决定，一般在 170℃ 下使用，也可在 180℃ 下使用，但由于树脂的老化，强度下降，树脂分解，易造成渗漏。

呋喃浸渍石墨具有良好的耐酸碱性和耐溶剂性，在浓度较高的醋酸溶液中尤为稳定，耐热性优于酚醛浸渍石墨。

氟树脂浸渍石墨耐蚀性优良。由于氟树脂的耐蚀性超过石墨材料，因此，其耐蚀性取决于石墨的耐蚀性，即耐除氧化性酸以外的多数酸，耐任意沸腾碱，在氯—碘中稳定；耐除氧化性盐溶液以外的多数盐溶液，对大多数有机溶剂稳定。其耐热性取决于氟树脂，只可在 200℃ 以下的介质中使用。水玻璃浸渍石墨常用于不能使用合成树脂浸渍的石墨材料，能在强氧化性介质或较高的温度条件下使用。耐高温可达 300~400℃，但不耐稀酸和水的腐蚀。

3. 压型石墨

压型石墨是用石墨粉作骨料，与合成树脂经捏合机混匀，制成坯料或造粒，于液压机中模压成型或挤压成型。可以制成压制石墨制品，如管材、板材、三通、阀门、泵叶轮等。其中管材应用最广，除用于流体输送系统外，还用来制作各种类型的列管式换热器。压型石墨制品的主要品种有酚醛压型石墨、呋喃压型石墨、环氧压型石墨及改性树脂压型石墨。当石墨含量为 75% 左右时，有较高的化学稳定性。压型不透性石墨板的耐腐蚀性能主要取决于树脂的耐腐蚀性，如压型酚醛石墨板除强氧化性介质外（硝酸、铬酸、浓硫酸等），能耐大多数无机酸、有机酸、盐类及有机化合物、溶剂等介质的腐蚀，但不耐强碱。

八、耐蚀硅酸盐材料

1. 化工陶瓷

陶瓷一般为陶器、炻器、瓷器等黏土制品的通称。其坯体主要由黏土、长石、石英配制而成。作为化工陶瓷设备，除了要求耐腐蚀以外，还要求尺寸较大，耐一定的温度急变和压力等。化工陶瓷中坯体原料主要有三种：黏土（赋予泥料以成型性能）、长石和石英（减小干燥与烧成收缩）、溶剂原料长石（降低烧成温度）。原料坯体中的化学成分主要有 SiO_2、Al_2O_3、Fe_2O_3、MgO 等。原料产地不同，所含的化学成分也不同，则制品的性能也不同，如 SiO_2：Al_2O_3＝3：1（质量）制品具有较好的机械强度和低的线膨胀系数。当 Al_2O_3 含量为 23%~27% 时，制品的耐酸性最好。

化工陶瓷除氢氟酸和硅氟酸外，几乎能耐所有浓度的无机酸和盐类以及有机介质的腐蚀，但它对磷酸的耐蚀性差，不耐碱，特别是浓碱。缺点是机械强度较差，是典型的脆性材料，冲击韧性低，抗拉强度小，且热稳定性低。因此其使用温度、压力都很低，只能用在常压或一定真空度的场合。一般耐酸陶瓷设备、管道的使用温度低于 90℃。耐温陶瓷设备、管道的使用温度不高于150℃。化工陶瓷的主要技术性能见表3-20。

表3-20　　　　　　　　　　　　化工陶瓷的主要技术性能

项目	耐酸砖板	耐酸耐温砖板	项目		耐酸砖板	耐酸耐温砖板
密度（g/cm³）	2.2~2.3	2.1~2.3	最高使用温度（℃）		<200	<400
气孔率（%）	<1.5	<12	耐腐蚀性能	无机酸	耐	
吸水率（%）	≤0.5	<6		氢化物	耐	
耐酸率（%）	≥98	≥97		有机物	耐	
抗拉强度（MPa）	7.8~11.8	6.9~7.8		氢氟酸	不耐	
抗压强度（MPa）	78~118	117~137		碱溶液	尚耐	
抗弯强度（MPa）	39.2~58.9	29.4~29		高温浓碱溶液	不耐	
线膨胀系数（1/℃）	(4.5~6)×10⁻⁶					
热导率[W/(m·K)]	0.93~1.05					
热稳定性（20~25℃）	>2					

在 FGD 装置中，化工陶瓷砖板主要用于吸收塔底部的吸收氧化槽内壁、槽底及烟气入口等冲刷强度高、容易造成机械损伤的地方，吸收塔喷淋层的喷嘴也常用陶瓷制造，如太原一热 FGD 的雾化喷嘴等。在安装及使用中应注意：化工陶瓷耐温度急变性差，设备和管道应尽量安装在室内，特别是加热设备，如在露天安装，应考虑保温措施。操作时还应避免过冷、过热，如突然往冷的设备内加入热的介质，陶瓷设备允许的温度急变范围一般为20~30℃。另外化工陶瓷不宜高压操作，其升压、减压应缓慢进行。陶瓷管道的安装应在地下或以支架架空，不允许呈悬垂状态。在与泵设备连接时，应加一柔性接管，以免受振破坏。连接陶瓷管的阀门应个别固定，以防扳动阀门时扭坏陶瓷管。在采用法兰连接时，连接处必须填有耐蚀垫片，且螺母应均匀拧紧。安装大型塔器、容器时，必须有混凝土基础，上面垫以石棉及其他软垫片。

陶瓷制品的机械加工较困难，一般用砂轮磨削，也可用金刚石钻制的车刀进行车削，加工时，可在一般的金属切削机床上进行，也可用金刚砂手工研磨。

2. 化工搪瓷

化工搪瓷是将瓷釉涂在金属底材上，经高温烧制而成，它是金属与瓷釉的复合材料。化工搪瓷设备选用含硅量高的耐酸瓷釉涂敷在钢制设备表面，经高温烧制，使之与金属附着形成致密的耐蚀玻璃质薄层。因此，化工搪瓷设备兼有金属设备的力学性能和瓷釉的耐蚀性。制品的基体材料主要是低碳钢、铸铁。制造瓷釉的原料有石英砂、长石等天然岩石加上助熔剂如硼砂、纯碱、氯化物等，以及少量使瓷釉能牢固附着的物质。除氢氟酸及含氟的介质、温度高于180℃的浓磷酸及强碱外，搪瓷能耐各种浓度的无机酸（包括强氧化性酸）、有机酸、弱碱和强有机溶剂。具备一定的热传导能力，其使用温度在缓慢加热和冷却条件下为−30~270℃。耐冷冲击（由热快变冷）的允许温差小于110℃。耐热冲击（由冷快变热）的允许温差小于120℃。能耐压力，搪瓷使用压力取决于钢板强度、设备的密封性及制造水平。一般罐内压强不大于0.25MPa，夹套内压强不大于0.6MPa。负压操作时，使用真空值不大于700mmHg。搪瓷还具有良好的耐磨性、电绝缘性、抗污染性、不易黏附物料等优点。

搪瓷机械强度比陶瓷、玻璃制品要好得多。但它的瓷釉毕竟是玻璃质脆性材料，易受损坏，因此在搪瓷设备的使用及安装吊运过程中应避免碰撞和振动，在室外放置应避免雨淋、灌水，否则冬季结冰会将瓷层胀裂。搪瓷设备焊接时，不允许在瓷层外壁焊接，应在无瓷层的夹套上施焊，且需采取保护带瓷钢板的措施，即不用氧气割、焊，而用电焊，并采取冷却措施以避免局部过热。升温、降温、加压和降压也应缓慢进行，避免酸、碱介质交替使用。另外清洗设备夹套严禁用盐酸，以免引起罐内壁爆瓷。

3. 人造铸石

人造铸石是以天然石材辉绿岩、玄武岩为原料，配以解闪石、白方石、铬铁等附加料，经配料粉碎、熔化、浇铸、成型、结晶、退火等工序而制成的一种耐磨、耐腐蚀的硅酸盐制品。根据所用原料的不同，人造铸石可分为玄武岩铸石、辉绿岩铸石，其中以辉绿岩铸石最为常用。

虽然铸石所用的原料中含有 Fe_2O_3 等不耐酸成分，但在高温时能和 SiO_2、Al_2O_3 等化合成具有良好耐酸性能的铁铝硅酸盐，所以铸石具有良好的物理、化学、机械性能。与化工陶瓷一样，它硬度高，耐磨性能好，除氢氟酸、热磷酸、熔碱以外，对其他各种浓度的无机酸、有机酸、氧化性介质、盐类、稀碱溶液性能均稳定。铸石制品具有独特的耐磨性能，在干摩擦或半干摩擦工作状态下，铸石的耐磨性能比合金钢、普通碳素钢、铸铁等高十几倍。20世纪70年代初就广泛用于火力发电厂水力出灰槽和球磨机出口等易磨损部位，以及水电站排沙管的护衬、轴的机械密封部件，是代替金属的理想材料。

铸石表面光滑，可以按照用户要求设计成各种尺寸和形状，如圆形、矩形、扇形、多边形等形状，常用于输送腐蚀介质的明渠中，用于各种酸碱反应设备或容器的防腐蚀内衬，是代替有色金属或橡胶的理想材料。铸石的主要缺点是脆性大、抗冲击韧性差和热稳定性不高，单纯的铸石管不适合广泛应用。通常的做法是铸石管外加套钢管，钢管与铸石管之间的间隙用水泥浆填充，形成复合铸石管。这种复合铸合管具有很好的抗磨损性，良好的抗弯、抗拉性能，以及耐腐蚀、稳定性好等优点。目前我国生产的工业用铸石产品大体有三大类，即普通、异型铸石板，各种规格的铸石管件以及铸石粉等。最近又开发了夹筋铸石管和夹筋铸石板新产品。我国目前铸石产品的品种、质量和生产能力大体可以满足需要。只要严格执行施工工艺，即可达到预期的技术经济效果。常见铸石的化学成分。物理化学机械性能见表 3-21 和表 3-22。

表 3-21　　　　　　　　　　铸石的化学成分及含量

成分		SiO_2	Al_2O_3	TiO_2	CaO	Na_2O	MgO	K_2O	Fe_2O_3	其他
含量(%)	辉绿岩铸石	50	17	1	10	3	7	1	7	平衡值
	玄武岩铸石	46	17	1	10	4	8	1	6	平衡值

表 3-22　　　　　　　　　　铸石物理化学机械性能

项目	辉绿岩铸石	玄武岩铸石	项目	辉绿岩铸石	玄武岩铸石
耐酸度（98%硫酸,%）	>99	>99	热稳定性	20~200℃ >3次不裂	20~180℃ >3次不裂
耐碱度（30%氢氧化钠,%）	>98	>97			
抗压强度（MPa）	>550	>600	线膨胀系数（1/℃）	$1×10^{-5}$	$1×10^{-5}$
抗弯强度（MPa）	>65	>65			

第八节　防腐材料的比较与选用

湿法 FGD 设备防腐措施的采用主要取决于所接触介质的温度、成分。从理论上讲，橡胶衬里的耐热性比涂层差，而耐磨性、抗渗透性比涂层要好，因此，橡胶衬里一般应用与机械负荷大的区域，如吸收塔内部、石灰石浆液系统、石膏干燥系统、温度较低的烟道等，一般衬里 4～5mm 厚，个别区域采用双层衬里；涂层一般应用于烟道、热交换器等。另外，喷涂涂层的耐温性高于抹涂涂层，而抗渗透性低于抹涂涂层，因此，在长期潮湿的部位，优先采用较厚的抹涂涂层，而在干燥部位，一般采用喷涂涂层。在实际操作中，大面积区域用喷涂法，局部用抹涂法。

在腐蚀强烈、温度较高以及机械负荷较强等防腐条件特别苛刻的情况下，单一衬里往往难以满足设备的使用要求，此时往往需要采用复合多层防腐衬里，如在橡胶或涂层表面再铺上一层陶瓷砖板或炭砖，形成一个隔热层，用环氧树脂或水玻璃进行黏结，这种方法特别适用于吸收塔的原烟气入口处或吸收塔底部。瓷砖铺面也能对机械性损伤起到良好的保护作用，如在吸收塔内的衬胶上加铺瓷砖，可以避免脱落石膏片的损伤。

欧洲的橡胶板复合技术和粘连技术发展较成熟，德国等国家倾向在吸收塔和出口烟道内表面使用橡胶衬里。连州电厂 FGD 装置的吸收塔使用了防腐橡胶内衬。

早期使用氯丁橡胶作为衬里材料，但效果不好，最后在丁基橡胶的应用上取得成功，现在德国大部分 FGD 吸收塔使用这种橡胶。德国 LCS 公司在中国承包的 3 个 FGD 项目在吸收塔和出口烟道上使用的胶板就是氯丁基预硫化胶板。

人们在成膜物质的选择上经过了长期实践，如对美国 San Mingual 电厂 FGD 吸收塔的维修过程中曾先后使用聚酯树脂、氟橡胶、乙烯基酯树脂等材料，根据使用状况，认为玻璃鳞片乙烯基酯树脂在 FGD 工艺中是最理想的抗腐蚀材料，与基体具有优良的黏结性，固化时放热量低、收缩小，1.5 年后的维修率小于 1‰。同橡胶衬里一样，施工质量很大程度上影响涂层的使用寿命。因施工质量问题而出现失败的例子在 FGD 防腐领域中已屡见不鲜，所以一些著名的防腐公司对施工要求极为严格。

日本从美国引进涂磷技术用于吸收塔和出口烟道内表面防腐，并成为日本 FGD 防腐技术的特点。日本在橡胶衬里方面也经历了从天然橡胶、氯丁橡胶到丁基类橡胶的发展过程，并且技术也很成熟。但从施工角度来说，使用鳞片树脂施工费用比衬胶低。在劳动力相同的情况下，鳞片施工的速度比衬胶快 4～5 倍。但鳞片树脂在角落部位易产生裂纹，通常需用 FRP 材料进行强化。另外，相对于衬胶，该方法容易产生裂纹，需定期检查和维修。连州电厂 FGD 上一人孔门上出现过涂层裂纹情况。

在 FGD 系统中，如果某些区域腐蚀条件恶劣，同时环境温度较高，这时依靠合金钢防腐显得很有必要，一些特殊的合金材料都在 FGD 中使用过，如镍基合金钢、钛基合金钢，主要牌号有 2.4605、C276、C22、904L 等。这种方法施工要求较严，使现场施工难度增大，但施工质量不像上面两种方法对使用寿命的影响那样显著。该方法成本高，增加了 FGD 系统的投资，对发展中国家来说，受到资金方面的制约。

美国在尝试了玻璃鳞片和橡胶后更倾向使用衬合金钢箔用于吸收塔和烟道内表面的防

腐，并成为美国 FGD 防腐技术的特点。以乙烯基酯树脂做成的玻璃纤维增强塑料（玻璃钢 FRP）在 20 世纪 70 年代首先在美国得到应用，80 年代在欧洲掀起了用玻璃钢制造脱硫设备的热潮，其价格比不锈钢低，可以部分取而代之。

日本是较早对火电厂 FGD 设备制定技术指南的国家，1975 年制定了《排烟脱硫设备指南》，并于 1989 年和 2002 年进行了两次修订。在 2002 年的修订中，将《排烟脱硫设备指南》（JEAG3603）、《排烟脱硝设备指南》（JEAG3604）以及《除尘装置规程》（JEAC3719）合并成《排烟处理设备指南》（JEAG3603—2002）（以下简称《指南》）。《指南》由日本电协会火电专委会制定，并由日本电气协会发行，属指导性的技术指南。《指南》以石灰石/石膏法为例，从影响因素（腐蚀性气体、酸性溶液、反应生成物）、影响因子（腐蚀、磨损）、影响结果（腐蚀与影响的状况）等出发，提出了将不同材料（陶瓷、金属材料、塑料、橡胶内村、树脂内村）用于不同设备的要领。当腐蚀性大、磨损也大时，选用陶瓷材料，主要用于喷雾器喷嘴、旋流器喷嘴、泥浆调节阀的接触液体部分和小型泵。当腐蚀性大、磨损稍大时，选用金属材料，如吸收塔内部元件、泵、配管、阀等。塑料用于喷雾器导管、除雾器、填料、配管、阀等。橡胶内村用于吸收塔内部元件、储罐、泵、配管、阀等。当腐蚀性大、磨损小时，可用树脂内村，如烟气处理系统的外壳、酸露点及低 pH 值水雾氛围下的管道、储罐等。表 3-23 给出了石灰石/石膏法 FGD 系统的主要设备、部件的使用材料。

表 3-23　　　　日本石灰石/石膏法 FGD 系统的主要设备、部件的使用材料

项目	设备或部件	使用材料	项目	设备或部件	使用材料
除尘系统	除尘塔		吸收塔系统	氧化装置	不锈钢、特殊不锈钢、橡胶
	本体及液室	树脂内村、橡胶内村、树脂内村+耐酸耐热转			内村、热硬性树脂
	喷雾管道	特殊合金、橡胶内村、树脂内村、热硬性树脂		除雾器	塑料、不锈钢
	喷雾管嘴	陶瓷、特殊不锈钢		吸收塔系统的泵	
	除雾器	塑料		外壳	橡胶内村
	内部金属部件	特殊合金		叶轮	特殊不锈钢、成型橡胶、陶瓷
	除尘塔系统的泵				
	外壳	橡胶内村		吸收塔搅拌机	橡胶内村、不锈钢
	叶轮	特殊不锈钢、成型橡胶、陶瓷、特殊合金	脱硫风机	本体	碳钢、树脂内村
				叶轮	碳钢、特殊合金、耐蚀钢
吸收塔系统	吸收塔			—	不锈钢、树脂内村、橡胶内村
	本体及液室	树脂内村、不锈钢、特殊不锈钢	烟道	烟道本体	碳钢、树脂内村、热硬性树脂、耐蚀钢、不锈钢
	填料	塑料、不锈钢		风机	碳钢、树脂内村、耐蚀钢、不锈钢
	喷雾管道	热硬化性树脂不锈钢	配管及配件	脱尘系统	
				配管	橡胶内村、聚乙烯内村
	喷雾管嘴	陶瓷、不锈钢、热硬性树脂		阀类	橡胶内村、特殊合金

项目	设备或部件	使用材料	项目	设备或部件	使用材料
配管及配件	吸收系统		原料系统及副产品处理系统	泵类叶轮	特殊不锈钢、成型橡胶、陶瓷
	配管	橡胶内衬、树脂内衬、不锈钢		搅拌器类	橡胶内衬、不锈钢
	阀类	橡胶内衬、不锈钢、特殊合金		坑类	混凝土、混凝土＋耐腐蚀灰浆
	计量装置	陶瓷、橡胶内衬、不锈钢			树脂内衬
	用调节阀	特殊合金		氧化塔本体	树脂内衬、橡胶内衬
原料系统及副产品处理系统	篮式离心分离机			氧化塔喷雾器	不锈钢、钛
	外壳	不锈钢、橡胶内衬		回转再生式	
	提篮	树脂内衬、橡胶内衬		部件	搪瓷涂料
	滗式离心分离机			外壳	碳钢、耐蚀钢、不锈钢、树脂内衬
	外壳	不锈钢	GGH		
	转子	不锈钢		热媒循环式	
	带式分离机			传热管	碳钢、耐蚀钢、不锈钢、树脂内衬
	滤布	聚乙烯			
	槽类	橡胶内衬、不锈钢		外壳	碳钢
	泵类外壳	特殊不锈钢、橡胶内衬		—	—

各种防腐材料各有特点，表 3-24 对它们的性能作了一个简要的评价。

表 3-24　　几种防腐材料的性能比较

对比指标	材料									
	丁基橡胶	乙烯基酯树脂玻璃鳞片		合金		麻石	化工陶瓷	铸石	不透性石墨	玻璃钢
		刷层	喷层	整体合金	贴壁纸					
化学稳定性	好	好	好	好	好	极好	极好	极好	好	好
抗应力腐蚀	好	好	好	好	好	极好	极好	极好	好	好
抗热老化	好	好	好	极好	极好	极好	极好	极好	极好	中
耐温急变性	好	好	好	好	好	差	差	差	好	好
本体机械性能	好	差	差	好	好	好	好	好	好	好
与基体的黏结强度	中	好	好		好		中	中	中	中
对基体要求	高	高	高		中		中	中	中	中
作业条件	恶劣	恶劣	恶劣	好	好	好	好	恶劣	恶劣	恶劣
对操作者素质要求	高	很高	很高	中	中	低	低	中	中	高
对施工环境要求	高	高	高	中	中	低	低	高	高	高
施工周期	长	较短	短	短	短	中	中	长	长	长
质量控制难度	高	很高	高	中	中	低	中	中	中	高
衬里修复性能	较差	好	好		中			较差	较差	较差
维护工作量	中	中	中	小	小	小	小	中	中	中
质量检验	较难	难	难	容易	容易	容易	难	难	难	难

第四章

FGD 系统调试、验收、性能试验

第一节　系统检验、试验和验收

在总承包的技术管理模式下，系统安装前至安装结束后试运以前，需对承包商提供的设备进行检验和试验，共包括工厂检验和试验、现场检验和试验及验收试验三个阶段。其中工厂检验和试验是对材料及制造工艺进行检验，通过试验证实各设备的性能，而验收试验则指通过最终全面运行证明其性能的实际效果。

承包商在编制设计文件和设备技术规范书时必须按规定的要求，对各设备供货商提出相应的检验和试验要求。业主将按最新版规定的性能试验标准来接收整套脱硫装置。承包商应负责设计和提供必要的试验用设备、管道和仪表，以供业主来完成验收试验。

承包商在合同生效后，必须向业主提交所有应用的有效的标准和规范，以及最终验收试验前必须检验、试验及通过的项目。承包商的供货范围应包括技术规范书要求的所有设备工厂试验、使用的标准和规定、制造商的质量控制计划等。承包商提供的设备及系统应经试验证实其能满足规定要求的全部性能。所有设备试验应按招标文件规定的标准规范进行。如采用其他的标准，应经业主审查同意。

承包商应至少在开始试验前 2 个月提交所有系统和设备的试验或启动步骤流程图和计划，供业主检查及实施。这些步骤、流程图和计划应包含涉及所要做的特性检查项目和验收标准。承包商必须提前 2 个月通知业主所提供设备检验日期、地点及试验项目，业主应提前一个月通知承包商进行检验和试验，并指定专家参加某些检验和全部试验过程。承包商应着重检验和试验业主代表要求的数据、试验结果，签名及提交报告等。

业主要检验和见证的项目，双方应在联席会议上确定。最终性能验收试验报告由业主委托第三方完成，承包商参加。

一、发货前试验和记录

在承包商或其分包商制造厂包装或发运前，要根据有关规范标准进行合同要求的有关性能和其他试验，经业主检查认可并使业主满意。

承包商应提供 6 份装订成册的制造厂阶段所有带索引的设备性能试验证书。

二、检验、试验用仪表

承包商应指明所有必需的质量点并经业主认可。现场试验将部分或全部利用本工程安装的永久性仪表。因此，对这些仪表的精度要求必须由承包商提出并适用于试验，承包商应提供全部现场试验所需的其他仪表和专用仪表。

三、责任划分

承包商应按本规范和所有适用的标准规范进行全部工厂试验，并通过试验确保所供设备和材料能满足规定的技术要求。业主有权派代表到任何及全部试验场所现场观察试验，但业主现场观察试验并不能使承包商免除本规范约束。

在承包商现场代表指导下，业主将进行全部现场检查试验和性能试验及验收试验，承包商应发挥以下几点现场作用：

（1）对需进行测试的项目，提出试验步骤，测试仪表的详细说明、接线、系统要求、试验用设备及其位置、图示标明所有试验仪表接线和测点位置。

（2）提供管理或现场察看试验仪表安装及试验操作。

（3）指定试验所需仪表之校正。

（4）从事试验计算并向业主提供试验报告。

根据规定的技术要求，承包商应分别对脱硫装置整体性能，设备性能和特性负责。其责任规定如下：

（1）承包商供货的设备及材料的工厂检验及试验、现场检验及试验由承包商负责，包括现场试验及检查的费用。

（2）承包商设计范围内由业主负责采购的设备及材料的工厂检验及试验、现场检验及试验由设备及材料供货商负责。

（3）脱硫装置或设备在调试和验收试验中不能达到合同规定的性能保证值时，因承包商设计原因和供货设备造成的，承包商应自负费用对设计进行修改，或对设备进行调整、增添，并再次试验直至满足性能保证值。否则，业主将根据合同进行罚款。

承包商提供技术参数和技术规范书，由业主进行采购的设备在调试和验收试验中不能达到合同规定的性能保证值时，应视其造成的原因追究其责任。如属承包商提供的技术参数及技术要求不正确，不完整引起的，应由承包商负责。如承包商提供的技术参数及技术要求正确、完整，实属设备自身的设计或制造质量引起的，应由设备供货商负责。

四、验收试验报告签字

验收试验结束后，承包商和业主应在报告中签字。

五、偏离已认可的设计

在生产制造和安装过程中，若主要项目偏离已认可的设计，则必须提交业主，并取得其认可。

第二节　工厂检验及试验

试验所用的全部测试仪器应进行常规校正，结果应由业主检查。试验期间驱动设备的电动机应尽可能为设备本身的电动机（如果设备需电动机驱动）。在任何情况下，所用电动机的性能应由业主检查，并应包括在产品试验证书中。工厂试验报告由承包商完成，但试验的结果应取得业主的同意。

一、转动机械设备

（一）电动机

应根据约定的标准进行电动机的试验。

对每一电动机应进行以下试验：噪声测试；线圈电阻测试；无负荷/短路测试；绝缘试验；测试绝缘电阻；电动机线圈；内置温度监测器；轴承绝缘；转子锁紧试验；检查电动机振动；超速试验（对于国产 HV 电动机提供定型试验报告，进口 HV 电动机必须进行试验）遵照规范的物理检查；满负荷热运转试验（对于国产 HV 电动机提供定型试验报告，进口同类 HV 电动机必须对每种型号中的一个进行试验）。

（二）风机

对风机和部件进行必要的规定范围的工厂试验，证明材料及加工无缺陷，其试验的性能应符合规定设计要求的。承包商应将试验方法和装置交业主确认。

风机工厂试验包括风机性能试验、动平衡试验、主轴承箱功能检查试验，空气动力特性试验，转子无损探伤试验、调节驱动装置全行程试验及叶柄轴承全密封试验（轴流风机）、材料性能试验、材料强度试验、噪声试验、电气设备试验等。静叶可调轴流风机特性曲线见图 4-1。

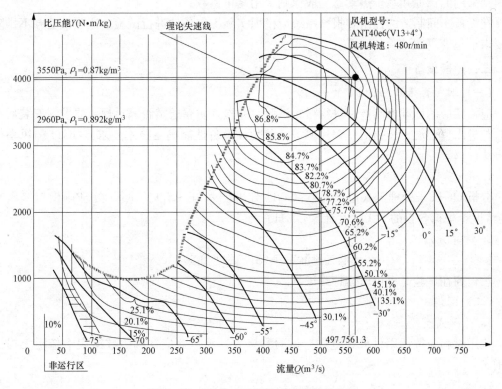

图 4-1　AN 静叶可调轴流风机特性曲线

试验后应提供校正曲线及试验报告。

（三）泵

承包商应在制造厂对泵进行全运行范围试验，包括转动试验和性能试验，应提供指示流量/压头、流量/能耗、流量/效率、流量/NPSH 的图表。

（四）真空皮带脱水机

承包商应在制造厂根据标准对设备进行检查和试验。安装后应协助业主在现场试验，以证明设备的性能满足要求。

（五）搅拌器

应根据相应的材料规范对所用材料进行试验和修复。承包商应在制造厂进行设备的表观和尺寸检查、衬里材料的检查等，并且对于转动构件应进行单个部件和组装后整体的静、动平衡试验和振动试验。安装后应检查设备的运行性能满足技术要求。

（六）输送机

（1）材料检查；

（2）外观及尺寸检查；

（3）空负荷试运转。

（七）空压机

应根据约定或认可的标准进行空压机的试验。试验条件的任何变化要求应根据制造商对标准中修正系数调整的建议进行。除非业主另行同意，允许的误差应符合约定的标准。

在制造商工厂的试验期间，应尽可能模拟实际工作条件。如果实际工作条件不能保持，应根据采用的标准和基于热动态一般原则采用修正系数。

在设备车间制造的控制和报警系统应模拟实际工作条件进行试验。这些试验并不排除现场要求承包商再次试验。

二、一般设备

（一）烟气再热器 GGH

应按相应的标准在制造厂进行材料试验，并检查防腐层是否满足规范要求，安装后在现场检查进出口温度、压损值、漏风率等，并验证设备性能满足技术要求。GGH 漏风率按如下方法计算。

1. 测试

分析 GGH 未处理侧入口（S_1）、GGH 处理侧入口（S_3）、GGH 处理侧出口（S_4）的 SO_2 浓度、根据各自的 SO_2 浓度计算 GGH 的泄漏率。

2. 计算方法

$$烟气泄漏率＝(S_4－S_3)/S_1×100\%$$

承包商在试验时提供所需特殊工具。

（二）阀门

1. 材料试验

所用材料应按适用材料规范进行试验和修复。承包商应在阀门数据表中指明无损探伤范围。

2. 工厂试验

应根据约定的标准或规范，对阀门进行水压试验和泄漏试验。闸阀阀座应在阀两侧做试验、截止阀阀座要在规定压力下试验。铸钢阀在水压试验前要先进行三次加压和泄压试验，所有电动、气动阀应在最大工作压力下全开、全关一遍，以保证工作行程能在规定时间内完成，并且操作平滑稳定，所有其余类型的阀门应进行一次全开、全关试验。

衬橡胶的阀门应通过气泡肉眼检查和经高压电弧试验检查肉眼看不见的细孔。硫化橡胶衬套应进行拉伸试验。用环氧树脂作衬套的阀门应通过低电压泄漏探测器检查有无肉眼看不见的缺陷。

（三）烟气再热器 GGH 的吹灰器

在安装好后应进行操作机构的试验，顺序操作的控制试验、吹扫阀的吹扫角和流量调节的试验等。

（四）除雾器

用于制造设备外壳的材料应按有关规范进行冲击试验，并且承包商还应提供工厂试验证明书以证明所选用的材料和采用的技术没有缺陷。在设备安装好后，应进行性能测试以证明其满足规范的要求。除雾器出口雾滴尺寸的测试方法，即冲击法。雾滴含量的测定方法，即质量法。取烟气样品，测试烟气中的雾滴质量。测量标准为 JIS—Z8808。

（五）喷嘴

承包商应检验喷嘴的强度和耐磨性能，并提交车间试验证明书以证实材料的选择是正确和完美的。并且承包商还应进行水压试验和性能试验，以保证完全满足技术规范的要求。现场水压试验和管路系统试验一起进行。

（六）称重给料机

（1）性能试验：称量设备的精度、细调范围、线性调节特性等。

（2）控制系统的可靠性。

（七）箱罐和容器

所有箱罐和容器的设计、制造和试验应符合双方约定的标准。承包商如用其他标准须先征求业主的同意。

要为所有的射线拍片准备射线试验报告。所有摄片图集上的照片要有标记并能辨认。所有内部管道焊口、对接焊口和底板填焊焊口均应进行液压渗漏试验。除底板外部以外的所有部分在涂漆之前，根据适用标准要求应进行箱罐泄漏试验。承包商应对所有压力容器在制造厂进行不小于其设计压力 1.5 倍的液压试验。试验压力的保持时间根据最大壁厚 26min/cm，但不得少于 1h。在试验过程中应检查箱内或容器的内、外焊口，对有内衬（橡胶、PVC 塑料等）的箱、罐，至少要进行一天电火花试验以证实衬里完好。

箱罐若存在缺陷及出现泄漏时应进行修补并再次试验。业主应检查箱罐安装的全过程。

（八）管道系统

1. 钢管

（1）管道材料试验。所有材料和焊接须经试验以满足规范的技术要求。在碳钢、低合金钢和不锈钢铸件的修补表面要进行磁力探伤和液体渗漏试验。承包商还应提供使用开孔和堵头的数据，以进行所有管道现场焊接的射线检查。

（2）工厂水压试验。所有管子和接头应保证符合适用的规范和标准的水压试验的要求。水压试验用水应为清洁的以防管路及其附件受到腐蚀。对于不锈钢，应用氯化物含量小于 100ppm（$\times 10^{-6}$），最低温度为 15℃ 的饮用水即可。

2. 玻璃钢管（FRP）

应对原材料进行检查以确保符合相关的标准和要求。另外，对原材料每项至少进行一次以下试验，即使对现场制造的管道也应进行试验。

（1）原材料试验。制造商应根据约定的标准和规范，完成制造证明，包括试验：树脂·

环氧化物相当质量；黏性；氯化物；反应性；挥发物；热弯曲温度；聚酯；乙烯酯；苯乙烯含量；密度；硬化剂；胺数量；活性氧；玻璃厚度；加固用衬料；质量/面积；燃烧损失；黏合剂；硬化特性；剪切阻力。

（2）对层骨料的试验。玻璃成分；密度；张力强度；断裂延伸度；弯曲强度和变形；弹性模量；张力试验；弯曲试验；蠕变延伸。

如果运行温度高于50℃，针对这些较高的温度也应进行相关的试验。

（3）工厂试验。至少应进行以下试验，如果需要，承包商应执行增加的试验。

涉及制造试验证明的原材料检查，执行原材料试验的文件（黏性、玻璃试验等）；根据约定标准的表观控制；尺寸和数据的控制，比如直径、壁厚、长度、树脂厚度、加固层的厚度和长度，法兰的平整性；连接试验：大约2％进行破坏性连接节检查，根据运行温度破坏力至少50℃或更高。

对于压力管，根据表4-1用运行压力的1.3倍分两个阶段进行长期压力试验，允许压降小于0.2bar（20kPa）。

表4-1　　　　　　　　　不同公称直径（FRP）压力管的试验时间

预试验		主要试验	
公称尺寸 DN	试验时间（h）	公称尺寸 DN	试验时间（h）
200 以下	4	400 以下	12
250～400	8	500～700	18
大于 500	12	大于 800	24

对于小于0.1MPa低压流体管道，应采用单独的试验压力下的气密性试验。

3. 衬胶管

（1）衬胶材料检验。如果可能，组件的橡胶衬里应在一高压容器内进行。对于每一热压衬层，应收集一工作试样。表面应进行肉眼检查，不均匀表面、裂缝、气泡或外界物质的杂质将成为拒收的因素。应根据约定的或相当标准测试衬层的厚度，对于3mm厚度的橡胶衬层，允许10％的低限误差。硬度试验应证实符合橡胶制造商的标准。

采用感应火花试验方法证实缺少气泡。每毫米厚度采用的电势应为2000V或更高（应取得业主的同意），选取的电势应取得业主的同意。对于薄片衬里系统或相当部分，电势应为每毫米厚度500V（也应取得业主的同意）。

（2）工厂试验。发声试验：根据加衬的设备对空气堵塞会发声的原理，通过感觉音调上的差异，用适合的工具进行整个管道的发声试验。

根据约定的标准对软橡胶衬里的工作试样和组件进行剥落实验。对硬橡胶衬里实施控制黏附的敲打试验。

下水管道要求变形腐蚀试验。制造的每一级直径管道在管道的制造期间应根据约定标准中详细的制造的方法，至少在三个试样，每一试样两种变形条件下进行控制试验。这些变形水平应为从100h和1000h的变形腐蚀试验结果预测出故障的变形水平。小于10h的前期标本没有故障发生，且小于100h的后期标本没有故障发生。

4. 镀锌管

应进行表面外观检查，不允许存在裸斑点、块、气泡和其他杂质。应根据标准非破坏性地决定镀锌厚度。对于质量大于 $900g/m^2$ 的，应采用约定标准中规定的电量试验法。

（九）保温验收试验

校核传热系数，并试验确定氯离子含量，承包商应提出试验次数，试验结果的平均方法等。一般不需进行现场试验。

（十）其他

1. 钢板和钢材

钢板和钢材除了应符合相应的材料标准之外，还应考虑进行下述这些可能是对材料标准的补充条款的试验：

50mm 厚度以上钢板和钢材部分的冲击试验（应用时冲击要求是独立的）。

非金属存在可能干扰将来焊接部分超声试验的结果，所以要对未来焊缝处的钢板进行超声试验。

在材料高约束力区有层状撕裂危险处的超声试验和厚度延性测试。

检查结合性的超声试验。

2. 焊接

对于所有和压力/真空相关的和主要结构的焊接部分，在焊接开始之前，承包商应提交业主以下文件：焊接程序、规范、资格记录和有效的焊接工职业资格证书、采用的焊后热处理方法、破坏性试验方法、标准焊接修理方法。

（1）焊接程序规范。焊接程序规范应根据装置中项目的建设，规定/规范的要求，进行鉴定，由专家在场并确认。

（2）实施现场焊接的焊工技能。根据装置中项目的建设规定/规范的要求，对于焊接形式和焊接位置来说，焊工应是称职的。

在工作现场，应有每一焊接工资格试验结果和日期的记录（含焊工职业资格证书），以及焊接工识别编号，以备业主检查。

应保持一确定的每个焊接工工作位置的系统。任何焊接工的工作发生多次拒收后应重新经过资格考试。未通过重新考试合格的焊接工，业主判断为不合格，不能参与本合同下进一步的焊接工作。

（3）焊接热处理。在采用标准指定或为了尺寸稳定，焊接构件在组装之前应进行应力消除或预热处理，对于应力消除措施，不限制使用电加热方式。

（4）焊接的质量要求。所有焊接应进行外观检查，应具有平滑的外形，无裂缝、夹渣、气孔、下陷和其他明显的缺陷。如果需要，在任何可能的地方，如管道的内部等，应采用光学装置进行检查。

带状焊接应采用合适的仪表进行尺寸检查，在检查期间根据业主代表的要求应提供该仪表使用。

在可能条件下，所有焊接处应盖上焊工的识别章。

根据装置项目采用的建设标准，应进行非破坏性试验，对压力和真空相关的焊接进行非破坏性检查。在装置中某一项目的设计和建设标准未指定焊接的质量要求情况下，应采用约定导则的要求，承包商必须提供非破坏性试验的数量，型式和范围并取得业主认可。

（5）修补。外观检查观察到的或非破坏性试验指出的不可接受的缺陷应采用切削、热凿和打磨的方式完全清除，以便进行补焊。若发现主要结构或设备的重要部件必须补焊，应先提交补焊工艺以获得业主认可。未取得认可前，任何情况下都不得实施补焊。

补焊时要求对修复件全部或一部分进行应力消除，补焊后至少应进行与原焊接同样的检查，直至检查结果符合标准要求。

应详细记录原有缺陷和补焊的具体位置，试验记录也应指明此处为修补的焊接。

3. 压力试验

所有要承受内部压力或真空的部件，在内外部油漆之前，应根据相关规范进行压力试验，真空装置也应进行真空试验。试验方法及步骤应提交业主认可。

为确定部件能承受的最大试验压力值，承包商应考虑所有可能引起压力超过正常工作压力的有关因素（即安全阀、工作压力等）。承包商应在水压试验建议中带有设备部件能承受最大压力的详细计算结果。

业主认为水压试验时间应足够长，以能够发现泄漏处，并在相对稳定的压力作用下彻底检查设备部件。

在水压试验期间或在放水及洁净试验部件之前，试验用水应足够纯净，并且在不该进水处禁止进水，以免造成部件腐蚀或损坏。

承包商应为进行上述试验提供所有必需的试验设备。在水压试验完成后这些设备应留给业主。

为获得业主认可，应提交各个试验设备部件的详细试验步骤。

4. 避免材料误用

在制作过程中，承包商应采取积极有效的步骤，确保所用的是经认可的材料，包括电焊条等。

第三节 I&C设备的检查和试验

各个仪表都应进行试验。承包商应提交详细试验记录和报告。压力仪表、差压仪表、液位计和流量计都应进行水压试验。对电气—电子设备要进行制造厂惯例试验。这些试验包括高压持久试验及运行试验。承包商应提供设备、仪表、工具和人员，并承担试验所有费用，包括损坏件和材料的补充。

承包商应将试验记录和报告整理成文件并提交业主。承包商应在业主检查前，在制造厂校验所有供电设备的传感器、计数器、仪表和小型仪器装置等，承包商应给业主准备和提供在制造厂检验的经证明的装置校验数据，以证明各个装置在全量程范围内达到制造厂所提供的精度。

在发货之前，承包商应为所提供的控制设备，定好设定值数据并提交用户。

在现场安装结束和系统第一次投运以后，承包商应在现场重新标定所有仪器设备。

一、电气测试仪表

应根据约定的规定和规范，对所有电气测试仪表进行试验。另外，业主认可的相当标准也可采用。

以下仪表和设备在车间内应选择一定数量由承包商进行校正试验，并给出试验报告：

（1）超出指示器范围的就地指示器。

（2）超出变送器范围的变送器。

（3）超出范围的双信号变送器，包括最初设定。

（4）超出指示器范围的远方指示器。

（5）超出记录范围的记录仪。

（6）每一型式指示回路中的一个，回路电阻增加至最坏条件下预计的最高值。

（7）每一型式热电偶或电阻元件中的一个。

（8）超出测试范围所有种类相应的变送器。

（9）测试和控制的所有模块和组件。

（10）所有定量表计。

（11）所有测孔、喷嘴、文丘里喷嘴的实际尺寸必须由权威专家测试和认可。

二、闭环控制系统

应根据采用的标准试验所有主要闭环控制系统的极性和功能。

应根据控制阀的机械功能试验进行控制阀的试验，并由安装的执行器执行（开到关闭位置，反之亦然），执行器应进行机械和电动功能试验。

三、程序逻辑设备

应采用模拟输入试验所有程序逻辑设备。应采用模拟输入试验警报信号器和事故记载系统。具体实验项目见下表：

四、电源

送至设备的电源要经试验以表明设备能在规定的整个电源电压范围内工作，并在规范所指定的时间范围内工作。

五、冲击电压承受能力（SWC）

除非另有规定，设备的所有输入、输出应根据约定标准进行试验。设备应能通过频率为1.5MHz，峰值电压为2.5kV振荡波的电压波动承受能力试验，并且无设备损坏或无系统误动作。在设计验证试验及工厂试验阶段，承受电压波动的能力应经验证。

六、绝缘试验

所涉及的设备应能承受高电位试验，此项试验的目的是为了验证用于有可能遭受危险电压的设备部件的绝缘材料的绝缘强度。试验应在全部输入输出端与接地机架之间进行，与额定电压为60V或更小些的控制电源相连接的设备应能承受50Hz、500V有效值的高电位试验1min。与额定电压为50V以上（但不超过60V）的控制电源相接的设备应能承受频率为50Hz，电压为1000V加2倍额定电压1min，但至少是1500V有效值的高电位试验。

七、电磁干扰（EMI）和射频干扰（RFI）敏感度试验

本规范所包括的设备应在a、b、c三个波段和2级电磁场强度下能正常工作无误动及无数据错误。分类及验收试验的要求在约定标准中介绍。

八、通信

通信试验应表明设备各方面通信能力正常，包括调制解调器、安全校核，通信规约等。数据调制解调器或信号设备应进行操作以验证设备应在所设计的通道形式中工作正常并可靠。试验应在与通道规范尽可能相似的条件下进行。

通信试验应执行设备的设计要求响应的全部通信规约和格式。试验还应表明错误检测和纠错能力功能正确，设备对错误的指令无响应。总之，承包商应在制造厂对各种系统的完整计划和设备进行模拟试验。这些试验开关操作应尽可能按照过程响应进行。承包商应至少提前30d通知业主检查人员进行所有组装重要阶段和制造厂试验检查。承包商应提供业主检查人员所有试验文件的复印件，所有设备及材料应进行检查，没有得到业主同意前不得发运。承包商应在其生产工厂接受业主对该产品的检验，具体指标应满足标书中的有关要求。

第四节　现场检验和试验

承包商应承担其供货设备的所有现场试验和检查费用，如有效实施这些试验所要求的所有监督人员、材料、消耗品、化学药品和储存、仪表和设施的费用。承包商负责确保放射物的使用、处置和储存的安全措施，并应保留现场使用所有制品的清单。

承包商设计范围内的由业主采购的设备及材料的现场试验和检查，由设备及材料供货商和业主共同完成。安装完成后，承包商应进行规定规范要求的设备初步试验，即承包商应进行使业主满意的装置和附件的安全有效功能所需的所有调节、调整和初步试验。在每一设备开始运行时，应确认控制和安全仪表的良好功能以确保安全条件。在此期间，事先通知并取得业主同意后，承包商可以自由地在不同负荷下启动和操作设备。

承包商应提交试验计划和运行手册，对于主要设备的试验方法和试验计划要得到业主批准，该计划应确保对主体工程发电的影响最低。承包商应提供各个设备的部件检查清单。

若存有疑问，一些设备可能要通过业主要求的试验以证明与合同不矛盾。如果必要，一些未在制造厂进行的特殊压力试验及特殊温度试验应在现场进行。

在现场试验之前，可能对制造厂已进行试验过的测量、控制及指示设备进行现场抽样试验。承包商必须完成现场试验报告，试验结果的通过必须取得业主的同意。

一、现场焊接

现场焊接由承包商或业主的分包商承担。

根据相关建设标准要求要进行焊接处的应力消除时，采用电加热来实施。在开始现场焊接之前，分包商应以书面形式提交业主，包括其工作范围在内的焊接方法，主要应包括以下部分：

（1）热电偶位置。

（2）对应焊接中心线热元件覆盖的范围。

（3）加热量。

（4）持续温度和时间。

（5）冷却量。

对于焊接本体的温度曲线图应包括在对相关项目提供的试验证书中。

二、现场衬里试验

应遵守所有提到的约定标准。根据约定标准，采用渣粒作为喷砂介质表面要求的试样调查。

（1）衬里的随机检查。表面应进行外观检查，若有不均匀表面、裂缝、气泡或外界物质的杂质，将成为拒收的原因。

（2）根据约定标准或相当标准对衬里进行厚度测试。对3mm厚度橡胶层允许10％误差的较低极限。同时，硬度试验应符合橡胶制造商的标准，并对实施的试验进行验证。

在对衬里加温后（业主在场）对衬里实施表观试验，温度为运行温度、持续时间为48h。该试验在采用制造商的装置条件下进行（确保计划、由业主同意）。

衬里试验包括：

（1）准备表面的接受，由业主同意。

（2）已实施衬里的接受，由业主同意并检查。

（3）约定标准规定的层厚。

（4）符合橡胶制造商标准的硬化试验。

（5）火花试验。

（6）剥落试验。

工厂试验对衬胶和薄片衬里的试验要求同样适用。

现场检验期间所有测量值将记入检验备忘录，并由有关各方签字。检查期间见到的损伤和缺陷将根据由各方同意的维修步骤进行维修，并再一次检查。

三、功能试验

（一）烟气系统

至少应进行如下检查和试验：

（1）整个烟气系统的泄漏试验。

（2）膨胀节的泄漏试验。

（3）烟气挡扳的泄漏试验。

（4）烟气换热器的泄漏试验。

（5）烟道挡板操作试验。

（6）增压风机试运行及性能试验。

（二）SO_2吸收系统

至少应进行如下检查和试验：

（1）吸收塔T形接点处至少50％应进行X射线检查。

（2）吸收塔的水力试验。

（3）除雾器性能试验。

（4）泵运行及性能试验（包括吸收塔再循环泵、石膏浆液排出泵、其他泵）。

（5）搅拌器运行及性能试验。

（6）氧化风机运行及性能试验。

（三）石膏脱水系统

至少应进行如下试验：

（1）水力旋流器性能试验。

（2）真空泵及带式过滤机运行试验。

（3）泵运行及性能试验。

（四）吸收剂供应系统

至少应进行如下试验：

（1）搅拌器运行试验。

(2) 输送机运行试验。

(3) 计量给料机试验。

(4) 布袋过滤器和排风机运行试验。

(5) 泵运行及性能试验。

(6) 控制设备的检验和试验。

（五）管路及附件

在 1.5 倍设计压力下所有管道系统的水压试验。

对于普通钢管，管道焊口应进行焊接检查，具体参见"现场焊接"。若发现接头有缺陷应用原焊接工艺补焊并重新检查。

对于玻璃钢管，应进行表观和尺寸检查，接头制造的质量检查，防腐耐磨性能检查，承压管道还应进行压力试验。

对于衬胶管，应进行衬胶检查、表观和尺寸检查等。

总之，对于所有的管路系统，应按规范或相关标准的要求进行检验和试验。

（六）仪表控制设备

1. 工厂验收试验和要求

系统在设备制造、软件编程和反映目前系统真实状况的有关文件完成后，承包商应在发货前进行能使业主满意的工厂验收和演示。

除规定的工厂验收试验和演示外，业主有权在承包商的工厂进行各单独功能的试验，包括硬件试验以及逐个回路的组态和编程检查。在工厂验收和演示前，系统设计应体现出承包商在设备上所做的最新修改。

2: 试验步骤

试验应包括对所有可联网并已装载软件的设备进行适当地运行。

试验应包括所有对系统的硬件和软件可能预期执行的功能进行合理地演示，采用仿真机构成 FGD_DCS 所有输入信号、组态和控制输出的一个完整的功能闭环试验。在开始试验前，要求已组装完成的整个系统已在 40℃高温下，顺利地运行了 72h。承包商应说明这一温度试验步骤。

试验内容至少应包括下列项目：

(1) 每个模件的微程序工作情况；

(2) 每个模件的硬件工作情况；

(3) 模拟的报警和状态变化；

(4) 所有操作员接口功能；

(5) 模拟的故障和排除；

(6) FGD_DCS 全部失电和部分失电的工作情况；

(7) 模拟的 FGD_DCS 自诊断。

完成工厂试验后，业主应观察一个被试验系统所进行的完整演示过程。承包商应提供充足的时间、试验设备和专业人员，以便业主能检验和评估整个系统。在工厂试验中，至少应有 3d 时间来进行这一演示。如需延长试验时间，承包商应无偿满足要求。承包商应提供 6 套与目前系统功能和逻辑一致的图纸，供业主在试验期间使用。

演示至少应有如下项目：

（1）对键盘请求的响应；

（2）完整地显示一幅新画面的时间；

（3）失电和通电后的反应；

（4）控制装置的故障排除；

（5）通信高速公路故障排除；

（6）过程变量输入变送器故障后的反应；

（7）所有规定报表的打印；

（8）性能计算的试验结果。

以下列举一期 $2 \times 300MW$ 脱硫系统部分实验，见表 4-2～表 4-4，供读者参考。

表 4-2　　　　　　　　工艺水系统连锁、保护、顺控检查表及签证

序号	试　验　内　容	检查日期	结果	调试签字
1	工艺水箱连锁保护			
	（1）$HH=7.9m$，高高报警			
	（2）$H=7.5m$，高报警，关闭给水阀			
	（3）$L=3.5m$，低报警，打开给水阀			
	（4）$LL=1.0m$，低低报警			
	（5）工艺水箱入口水滤网差压大报警，人工就地检查消缺			
2	工艺水泵连锁保护			
	（1）工艺水泵 A/B 自动、手动模式切换正常			
	（2）投入自动时，当工艺水泵 A 运行中跳闸，连锁启动备用 B 工艺水泵			
	（3）投入自动时，当工艺水泵 B 运行中跳闸，连锁启动备用 A 工艺水泵			
	（4）工艺水泵 A/B 启动允许条件：工艺水箱液位大于等于 3.5m			
	（5）工艺水泵 A/B 跳闸条件：工艺水箱液位低于 1.0m			
3	除雾器冲洗水泵 A/B/C 连锁保护			
	（1）正常运行时，A 泵和 C 泵分别为 1、2 号除雾器供水，B 泵作为两台泵的备用泵，并设置两个联络电动门			
	（2）B 泵投入自动时，当除雾器冲洗水泵 A 或泵 C 故障跳闸，连锁启动 B 泵			
	（3）除雾器冲洗水泵 A/B/C 启动允许条件：工艺水箱液位大于等于 3.5m			
	（4）除雾器冲洗水泵 A/B/C 跳闸条件：工艺水箱液位低于 1.0m			
4	除雾器冲洗水泵 B 至 1 号联络电动门			
	当除雾器冲洗水泵 B 运行且泵 A 停止，且 2 号联络门关闭时，连锁打开 1 号联络门			
	除雾器冲洗水泵 B 至 2 号联络电动门			
	当除雾器冲洗水泵 B 运行且泵 C 停止，且 1 号联络门关闭时，连锁打开 1 号联络门			

序号	试 验 内 容	检查日期	结果	调试签字
5	工业水箱联锁保护			
	(1) $HH=3.5$m，高高报警			
	(2) $H=3.2$m，高报警，关给水阀			
	(3) $L=1.8$m，低报警，开给水阀			
	(4) $LL=0.7$m，低低报警，停止工业水泵			
	(5) 工业水箱入口水滤网差压大报警，人工就地检查消缺			
6	工业水泵联锁保护			
	(1) 工业水泵 A/B 自动、手动模式切换正常			
	(2) 投入自动时，工业水泵 A 运行，故障跳闸，连锁启动 备用 B 工业水泵			
	(3) 投入自动时，工业水泵 B 运行，故障跳闸，连锁启动备用 A 工业水泵			
	(4) 工业水泵 A/B 启动允许条件：工业水箱液位不小于 1.8m			
	(5) 工艺水泵 A/B 跳闸条件：工业水箱液位低于 0.7m			
7	GGH 在线冲洗水泵保护			
	(1) 冲洗水泵自动、手动模式切换正常			
	(2) 冲洗水泵启动允许条件：工业水箱液位大于等于 1.8m			
	(3) 冲洗水泵跳闸条件：工业水箱液位低于 0.7m			
8	压缩空气系统连锁保护			
	(1) 投入连锁时，任意空压机运行时，压缩空气罐压力低于 0.6MPa 时，延时 5min，联启另外一台空压机；A、B 空压机都运行时，压缩空气罐压力高于 O.7MPa，停止 B 空压机			
	(2) 投入连锁时，任意空压机跳闸，启动另外一台空压机			

表 4 - 3　　　　　　　　吸收塔系统连锁、保护、顺控检查表及签证

序号	试 验 内 容	检查日期	结果	调试签字
1	吸收塔液位连锁保护定值			
	吸收塔液位之间偏差 "DL"，秒 SP$=\pm0.27$m，液位测量偏差报警			
	吸收塔液位 "H"，秒 SP$=5.6$m，液位高报警			
	吸收塔液位 "CH2"，秒 SP$=5.3$m，循环泵启动条件			
	吸收塔液位 "CH1"，秒 SP$=5.1$m，投入自动时，至吸收塔工艺水补水门自动关			
	吸收塔液位 "SV"，秒 SP$=5.0$m，吸收塔设计液位			
	吸收塔液位 "CL1"，秒 SP$=4.9$m，投入自动时，至吸收塔工艺水补水门自动开			
	吸收塔液位 "L"，秒 SP$=4.1$m，液位低报警			
	吸收塔液位 "LL"，秒 SP$=3.1$m，低低报警，循环泵跳闸，搅拌器、吸收塔排出泵启动条件			

序号	试 验 内 容	检查日期	结果	调试签字
1	吸收塔液位"LLL"，秒SP＝2.9m，低低报警，搅拌器、排出泵跳闸			
2	吸收塔SPH值报警值			
	吸收塔SPH值偏差"DL"，秒SP＝±0.2，SPH值测量偏差报警，并自动选低			
3	吸收塔循环泵			
3.1	吸收塔循环泵启动条件			
	吸收塔液位高于5.3m			
	循环泵电动机轴承温度低于70℃			
	循环泵电动机定子绕组温度低于110℃			
	循环泵轴承温度低于70℃			
	循环泵入口门打开			
	循环泵冲洗水门关闭			
	循环泵入口排污门关闭			
3.2	吸收塔循环泵跳闸条件：跳闸后触发循环泵顺控停子组			
	吸收塔液位低于3.3m			
	电动机轴承温度高于85℃，延时5s			
	电动机定子绕组温度高于125℃，延时5s			
	泵轴承温度高于85℃，延时5s			
	吸收塔搅拌器低于3台运行			
	循环泵入口门关闭			
3.3	吸收塔循环泵顺控启动逻辑			
	关闭入口排污门、出口冲洗门			
	打开入口门			
	入口门打开后，延时15s，启动循环泵			
3.4	吸收塔循环泵顺控停止逻辑			
	停循环泵			
	泵停止后，延时30s关入口门			
	入口门关闭到位后，打开排污门			
	入口门关闭到位后，延时60s，打开冲洗水门			
	冲洗水门打开60s后，自动关闭			
	冲洗水门关闭后，延时60s，关闭排污门			
4	吸收塔石膏浆液排出泵，正常运行中，一用一备，运行泵停止后，手动启动备用泵			
4.1	吸收塔石膏浆液排出泵启动条件			
	吸收塔搅拌器至少3台运行			
	吸收塔液位高于3.1m			

序号	试 验 内 容	检查日期	结果	调试签字
4.1	入口门打开			
	出口门已关闭			
	另外一台泵停运且其出口门关闭			
4.2	吸收塔石膏浆液排出泵跳闸条件:(触发顺控停)			
	吸收塔液位低于 2.9m			
	泵启动后 60s 出口门未打开			
	泵运行,入口门未打开			
4.3	吸收塔石膏浆液排出泵顺控启动逻辑			
	关闭入口排污门、出口母管排污门,关母管空气门、出口门、出口冲洗水门、回流管上排浆门			
	打开泵入口门			
	入口门打开后,延时 15s,启动石膏浆液排出泵			
	泵启动后,延时 10s,打开泵出口门			
4.4	吸收塔石膏浆液排出泵顺控停止逻辑			
	关闭出口门			
	出口门关闭到位后,停止泵			
	泵停止后,延时 10s,关闭入口门			
	入口门关闭到位后,打开入口排污门			
	排污门打开后,延时 30s,打开出口冲洗水门			
	冲洗水门打开 120s 后,关闭冲洗水门			
	冲洗水门关闭后,延时 60s,关闭入口排污门			
4.5	吸收塔石膏浆液排出泵母管冲洗,采用手动进行冲洗: (1) 两台泵都停止后,手动打开母管空气门; (2) 空气门打开后,手动打开出口母管排污门; (3) 延时 30s,手动打开漩流站前手动冲洗水门; (4) 冲洗水门打开后,延时 120s,关闭冲洗水门; (5) 冲洗水门关闭后,延时 120s,关闭母管排污门			
4.6	排出泵 A、B 的连锁,采用手动启动,不连锁			
	若正在运行的泵出现事故跳闸: (1) 启动本侧停止顺控; (2) 在本侧泵的出口阀关闭后,可启动另一侧的启动顺控			
5	氧化风机连锁保护			
5.1	氧化风机启动条件			
	电动机、风机轴承温度不高于 70℃			
	定子绕组温度不高于 100℃			
5.2	氧化风机跳闸条件			

序号	试　验　内　容	检查日期	结果	调试签字
5.2	电动机、风机轴承温度高于 85℃，延时 5s			
	电动机绕组温度高于 110℃，延时 5s			
5.3	氧化风机备用连锁			
	正常运行中，当运行风机跳闸，在投入连锁情况下，启动备用风机			
5.4	氧化风加湿水阀门			
	当氧化风机运行时，自动打开加湿水阀门；当两台氧化风机均停运时，自动关闭加湿水阀门			
6	吸收塔入口烟道冲洗程序			
	投入自动情况下，当 FGD 启动，即 BUF 运行且 FGD 入口挡板打开的情况下，启动一次入口烟道冲洗，同时烟气量开始累积。当烟气量累积达到 2500kNm³ 时，进行一次冲洗，循环执行。当 FGD 停运时，进行一次冲洗			
6.1	打开吸收塔入口上壁面冲洗水阀，持续 120s； 关闭吸收塔入口上壁面冲洗水阀，等候 180s 后； 打开吸收塔入口下壁面冲洗水阀，持续 120s； 关闭吸收塔入口下壁面冲洗水阀，等候 180s 后； 打开吸收塔入口左壁面冲洗水阀，持续 120s； 关闭吸收塔入口左壁面冲洗水阀，等候 180s 后； 打开吸收塔入口右壁面冲洗水阀，持续 120s； 关闭吸收塔入口右壁面冲洗水阀，等候 180s 后			
7	吸收塔入口事故喷水门			
7.1	事故冷却水阀门在入口烟道温度过高 180℃（三取二）时紧急打开			
7.2	为防止喷头的堵塞，该阀门每天开一次。每次冲洗的时间为 3min			
7.3	三台循环泵全停且入口烟气温度高于 80℃，且入口烟气挡板打开时，紧急打开			
8	除雾器冲洗程序			
	吸收塔顺控子组启动时，触发一次除雾器冲洗，同时开始烟气量累积，当烟气量累积达到 2500Nm³/h，自动启动一次入口冲洗			
8.1	冲洗程控启动条件			
	除雾器冲洗水泵运行			
	程控自动投切： (1) 当增压风机启动后，且入口挡板打开，自动投入冲洗程控； (2) 当增压风机停止后，自动切除冲洗程控			
8.2	正常运行情况下，仅冲洗前三级，最后一级冲洗水阀一周开一次： 关闭 10/20HTQ50AA201～4（A～F）所有除雾器冲洗水阀； 打开第一级除雾器前部冲洗水阀 1，然后等候 60s； 关闭第一级除雾器前部冲洗水阀 1，然后等候 111s 后； 打开第一级除雾器前部冲洗水阀 1，然后等候 60s； 关闭第一级除雾器前部冲洗水阀 1，然后等候 111s 后；			

序号	试 验 内 容	检查日期	结果	调试签字
8.2	打开第一级除雾器后部冲洗水阀 1，然后等候 60s； 关闭第一级除雾器后部冲洗水阀 1，然后等候 111s 后； 打开第一级除雾器前部冲洗水阀 2，然后等候 60s； 关闭第一级除雾器前部冲洗水阀 2，然后等候 111s 后； 打开第一级除雾器前部冲洗水阀 2，然后等候 60s； 关闭第一级除雾器前部冲洗水阀 2，然后等候 111s 后； 打开第一级除雾器后部冲洗水阀 2，然后等候 60s； 关闭第一级除雾器后部冲洗水阀 2，然后等候 111s 后； 打开第二级除雾器前部冲洗水阀 1，然后等候 60s； 关闭第二级除雾器前部冲洗水阀 1，然后等候 111s 后； 打开第一级除雾器前部冲洗水阀 3，然后等候 60s； 关闭第一级除雾器前部冲洗水阀 3，然后等候 111s 后； 打开第一级除雾器前部冲洗水阀 3，然后等候 60s； 关闭第一级除雾器前部冲洗水阀 3，然后等候 111s 后； 打开第一级除雾器后部冲洗水阀 3，然后等候 60s； 关闭第一级除雾器后部冲洗水阀 3，然后等候 111s 后； 打开第一级除雾器前部冲洗水阀 4，然后等候 60s； 关闭第一级除雾器前部冲洗水阀 4，然后等候 111s 后； 打开第一级除雾器前部冲洗水阀 4，然后等候 60s； 关闭第一级除雾器前部冲洗水阀 4，然后等候 111s 后； 打开第一级除雾器后部冲洗水阀 4，然后等候 60s； 关闭第一级除雾器后部冲洗水阀 4，然后等候 111s 后； 打开第二级除雾器前部冲洗水阀 2，然后等候 60s； 关闭第二级除雾器前部冲洗水阀 2，然后等候 111s 后； 打开第一级除雾器前部冲洗水阀 5，然后等候 60s； 关闭第一级除雾器前部冲洗水阀 5，然后等候 111s 后； 打开第一级除雾器前部冲洗水阀 5，然后等候 60s； 关闭第一级除雾器前部冲洗水阀 5，然后等候 111s 后； 打开第一级除雾器后部冲洗水阀 5，然后等候 60s； 关闭第一级除雾器后部冲洗水阀 5，然后等候 111s 后； 打开第一级除雾器前部冲洗水阀 6，然后等候 60s； 关闭第一级除雾器前部冲洗水阀 6，然后等候 111s 后； 打开第一级除雾器前部冲洗水阀 6，然后等候 60s； 关闭第一级除雾器前部冲洗水阀 6，然后等候 111s 后； 打开第一级除雾器后部冲洗水阀 6，然后等候 60s； 关闭第一级除雾器后部冲洗水阀 6，然后等候 111s 后； 打开第二级除雾器前部冲洗水阀 3，然后等候 60s； 关闭第二级除雾器前部冲洗水阀 3，然后等候 111s 后； 打开第一级除雾器前部冲洗水阀 1，然后等候 60s； 关闭第一级除雾器前部冲洗水阀 1，然后等候 111s 后； 打开第一级除雾器前部冲洗水阀 1，然后等候 60s； 关闭第一级除雾器前部冲洗水阀 1，然后等候 111s 后； 打开第一级除雾器后部冲洗水阀 1，然后等候 60s； 关闭第一级除雾器后部冲洗水阀 1，然后等候 111s 后；			

序号	试 验 内 容	检查日期	结果	调试签字
8.2	打开第一级除雾器前部冲洗水阀2，然后等候60s； 关闭第一级除雾器前部冲洗水阀2，然后等候111s后； 打开第一级除雾器前部冲洗水阀2，然后等候60s； 关闭第一级除雾器前部冲洗水阀2，然后等候111s后； 打开第一级除雾器后部冲洗水阀2，然后等候60s； 关闭第一级除雾器后部冲洗水阀2，然后等候111s后； 打开第二级除雾器前部冲洗水阀4，然后等候60s； 关闭第二级除雾器前部冲洗水阀4，然后等候111s后； 打开第一级除雾器前部冲洗水阀3，然后等候60s； 关闭第一级除雾器前部冲洗水阀3，然后等候111s后； 打开第一级除雾器前部冲洗水阀3，然后等候60s； 关闭第一级除雾器前部冲洗水阀3，然后等候111s后； 打开第一级除雾器后部冲洗水阀3，然后等候60s； 关闭第一级除雾器后部冲洗水阀3，然后等候111s后； 打开第一级除雾器前部冲洗水阀4，然后等候60s； 关闭第一级除雾器前部冲洗水阀4，然后等候111s后； 打开第一级除雾器前部冲洗水阀4，然后等候60s； 关闭第一级除雾器前部冲洗水阀4，然后等候111s后； 打开第一级除雾器后部冲洗水阀4，然后等候60s； 关闭第一级除雾器后部冲洗水阀4，然后等候111s后； 打开第二级除雾器前部冲洗水阀5，然后等候60s； 关闭第二级除雾器前部冲洗水阀5，然后等候111s后； 打开第一级除雾器前部冲洗水阀5，然后等候60s； 关闭第一级除雾器前部冲洗水阀5，然后等候111s后； 打开第一级除雾器前部冲洗水阀5，然后等候60s； 关闭第一级除雾器前部冲洗水阀5，然后等候111s后； 打开第一级除雾器后部冲洗水阀5，然后等候60s； 关闭第一级除雾器后部冲洗水阀5，然后等候111s后； 打开第一级除雾器前部冲洗水阀6，然后等候60s； 关闭第一级除雾器前部冲洗水阀6，然后等候111s后； 打开第一级除雾器前部冲洗水阀6，然后等候60s； 关闭第一级除雾器前部冲洗水阀6，然后等候111s后； 打开第一级除雾器后部冲洗水阀6，然后等候60s； 关闭第一级除雾器后部冲洗水阀6，然后等候111s后； 打开第二级除雾器前部冲洗水阀6，然后等候60s； 关闭第二级除雾器前部冲洗水阀6，然后等候111s后； 进入下一次循环冲洗 二级后冲洗顺序为： 一周启动一次，循环进行。 打开第二级除雾器后部冲洗电动门1，然后等待60s； 关闭第二级除雾器后部冲洗电动门1，然后等待111s后； 打开第二级除雾器后部冲洗电动门2，然后等待60s； 关闭第二级除雾器后部冲洗电动门2，然后等待111s； 打开第二级除雾器后部冲洗电动门3，然后等待60s；			

续表

序号	试 验 内 容	检查日期	结果	调试签字
8.2	关闭第二级除雾器后部冲洗电动门3，然后等待111s； 打开第二级除雾器后部冲洗电动门4，然后等待60s； 关闭第二级除雾器后部冲洗电动门4，然后等待111s； 打开第二级除雾器后部冲洗电动门5，然后等待60s； 关闭第二级除雾器后部冲洗电动门5，然后等待111s； 打开第二级除雾器后部冲洗电动门6，然后等待60s； 关闭第二级除雾器后部冲洗电动门6，然后等待111s			
9	吸收塔pH计			
9.1	正常运行中，两个pH值采用手动选择，当偏差大于0.2时，自动切换选择较小值。另外，当被选pH计进行冲洗时，自动切换到另外一个pH值，同时应加上切换后的偏差，以保证自动控制的无扰			
9.2	pH计A、B冲洗顺控。任意一台吸收塔排出泵启动，允许投入冲洗顺控；两台排出泵均停止，自动停止冲洗顺控。停止时进行一次冲洗			
	启动pH计冲洗子组A启动步序；等候2h			
	启动pH计冲洗子组B启动步序			
	等候2h；循环启动第一步			
9.3	pH计冲洗子组			
	关闭pH计入口门			
	入口门关闭后，打开入口工艺水冲洗门，延时60s			
	打开冲洗电磁阀，延时60s后自动关闭			
	入口工艺水冲洗门打开180s后，自动关闭			
	工艺水冲洗水门关闭后，打开pH计入口门			
10	吸收塔顺控			
10.1	启动顺控			
	启动指令后，延时20s启动选定氧化风机			
	打开氧化风机加湿水阀门			
	依次启动循环泵B及循环泵C子组			
	循环泵启动后，打开吸收塔管线上阀门，包括吸收塔石灰石供浆门及吸收塔石膏排出浆液供给阀门			
	启动选定除雾器冲洗水泵（1号机组为A泵，2号机组为C泵）			
	启动除雾器冲洗子组及入口烟道冲洗子组			
10.2	停止顺控			
	停止指令后，延时20s，依次停止循环泵B及循环泵C子组			
	停止氧化风机			
	关闭氧化风机加湿水阀门			
	复位除雾器冲洗子组，除雾器冲洗子组再进行一次；复位入口烟道冲洗子组，入口烟道冲洗子组再进行一次			
	除雾器冲洗完毕后，停止除雾器冲洗水泵			

表 4 - 4   电气系统连锁、保护检查表及签证

序号	试 验 内 容	检查日期	结果	调试签字
1	3kV 1A 段进线断路器 合闸允许条件 (1) 无 1A 段进线断路器故障信号。 (2) 1A 段进线断路器处于远方位置。 (3) 1B 段进线断路器处于分闸位置且无合闸位置信号；或母联断路器处于分闸位置且无合闸位置信号			
2	3kV 1B 段进线断路器 合闸允许条件 (1) 无 1B 段进线断路器故障信号。 (2) 1B 段进线断路器处于远方位置。 (3) 1A 段进线断路器处于分闸位置且无合闸位置信号；或母联断路器处于分闸位置且无合闸位置信号			
3	3kV 1A/1B 母联断路器 合闸允许条件 (1) 无母联断路器故障信号。 (2) 母联断路器处于远方位置。 (3) 1A 段进线断路器处于分闸位置且无合闸位置信号；或 1B 段进线断路器处于分闸位置且无合闸位置信号			
4	3kV 2A 段进线断路器 合闸允许条件 (1) 无 2A 段进线断路器故障信号。 (2) 2A 段进线断路器处于远方位置。 (3) 2B 段进线断路器处于分闸位置且无合闸位置信号；或母联断路器处于分闸位置且无合闸位置信号			
5	3kV 2B 段进线断路器 合闸允许条件 (1) 无 2B 段进线断路器故障信号。 (2) 2B 段进线断路器处于远方位置。 (3) 2A 段进线断路器处于分闸位置且无合闸位置信号；或母联断路器处于分闸位置且无合闸位置信号			
6	3kV 2A/2B 母联断路器 合闸允许条件 (1) 无母联断路器故障信号。 (2) 母联断路器处于远方位置。 (3) 2A 段进线断路器处于分闸位置且无合闸位置信号；或 2B 段进线断路器处于分闸位置且无合闸位置信号			

序号	试 验 内 容	检查日期	结果	调试签字
7	3kV 1A 段至低压脱硫变 1A 断路器			
	合闸允许条件			
	(1) 断路器处于远方位置。			
	(2) 无故障报警信号。			
	(3) 脱硫 PC 1A 段进线断路器处于分闸位置			
8	3kV 1B 段至低压脱硫变压器 1B 断路器			
	合闸允许条件			
	(1) 断路器处于远方位置。			
	(2) 无故障报警信号。			
	(3) 脱硫 PC 1B 段进线断路器处于分闸位置			
9	3kV 2A 段至低压脱硫变压器 2A 断路器			
	合闸允许条件			
	(1) 断路器处于远方位置。			
	(2) 无故障报警信号。			
	(3) 脱硫 PC 2A 段进线断路器处于分闸位置			
10	3kV 2B 段至低压脱硫变压器 2B 断路器			
	合闸允许条件			
	(1) 断路器处于远方位置。			
	(2) 无故障报警信号。			
	(3) 脱硫 PC 2B 段进线断路器处于分闸位置			
11	脱硫 PC 1A 段进线断路器			
	合闸允许条件			
	(1) PC 1A 段进线断路器处于远方位置。			
	(2) 无 PC 1A 段进线断路器故障信号。			
	(3) PC 1B 段进线断路器处于分闸位置且无合闸位置信号；或 PC 母联断路器处于分闸位置且无合闸位置信号			
12	脱硫 PC 1B 段进线断路器			
	合闸允许条件			
	(1) PC 1B 段进线断路器处于远方位置。			
	(2) 无 PC 1B 段进线断路器故障信号。			
	(3) PC 1A 段进线断路器处于分闸位置且无合闸位置信号；或 PC 母联断路器处于分闸位置且无合闸位置信号			
13	脱硫 PC 1A/1B 母联断路器			
	合闸允许条件			
	(1) PC 母联断路器处于远方位置。			
	(2) 无母联断路器故障信号。			

序号	试 验 内 容	检查日期	结果	调试签字
13	(3) PC 1A 段进线断路器处于分闸位置且无合闸位置信号；或 PC 1B 段进行断路器处于分闸位置且无合闸位置信号			
14	脱硫 PC 2A 段进线断路器			
	合闸允许条件			
	(1) PC 2A 段进线断路器处于远方位置。			
	(2) 无 PC 2A 段进线断路器故障信号。			
	(3) PC 2B 段进线断路器处于分闸位置且无合闸位置信号；或 PC 母联断路器处于分闸位置且无合闸位置信号			
15	脱硫 PC 2B 段进线断路器			
	合闸允许条件			
	(1) PC 2B 段进线断路器处于远方位置。			
	(2) 无 PC 2B 段进线断路器故障信号。			
	(3) PC 2A 段进线断路器处于分闸位置且无合闸位置信号；或 PC 母联断路器处于分闸位置且无合闸位置信号			
16	脱硫 PC 2A/2B 母联断路器			
	合闸允许条件			
	(1) PC 母联断路器处于远方位置。			
	(2) 无母联断路器故障信号。			
	(3) PC 2A 段进线断路器处于分闸位置且无合闸位置信号；或 PC 2B 段进线断路器处于分闸位置且无合闸位置信号			

（七）其他设备

所有的阀门应符合相应的标准，在现场应进行操作试验和密封性检验；起重装置应和有关结构件一起进行功能试验，并清楚标出安全工作载荷。

第五节　烟气脱硫装置的性能试验

烟气脱硫装置性能试验的目的是在供货合同或设计文件规定的时间内，由有资质的第三方对烟气脱硫装置进行测试，以考核烟气脱硫装置的各项技术、经济、环保指标是否达到合同及设计的保证值，污染物的排放是否满足国家和地方环保法规的标准。性能试验一般在烟气脱硫装置完成 168h 满负荷试运行、移交试生产后 2~6 个月内完成，由建设单位（业主）或脱硫工程总承包公司组织，具体的试验工作由通过招标确定的试验单位负责。

烟气脱硫装置的性能验收指标根据合同的不同略有差别，主要包括以下项目：

(1) 脱硫效率（原/净烟气 SO_2 浓度）。

(2) 烟气脱硫装置出口净烟气烟尘浓度。

(3) 除雾器出口净烟气液滴含量。

(4) 烟气脱硫装置出口烟温。

（5）消耗量，包括电耗（整个烟气脱硫装置的电耗、烟气脱硫装置停运后电耗）、石灰石（粉）消耗量、工艺水平均消耗量、能耗（如蒸汽耗量、烟气脱硫装置内燃料耗量）。

（6）石膏品质，包括石膏表面含水率、石膏纯度（$CaSO_4 \cdot 2H_2O$）、$CaSO_3 \cdot 1/2H_2O$含量、$CaCO_3$的含量/Cl^-含量等。

（7）烟气脱硫装置各处粉尘浓度，主要设备的噪声。

（8）脱硫废水品质。

（9）烟气脱硫装置压力损失。

（10）合同规定的其他内容，如烟气脱硫装置的可用率、烟气脱硫装置的负荷适应性、热损失（保温设备的最大表面温度）、钢球磨石机出力、GGH泄漏率、增压风机效率、泵的效率损失等。

除此之外，压缩空气的消耗量、脱硫添加剂（如有）消f量等也得到测量；烟气脱硫装置烟气中的其他成分，如O_2含湿量等，烟气参数，如烟气量、烟气温度：压力，石灰石（粉）品质，工艺水成分吸收塔浆液成分、浓度、pH值等成分在实验中也同时得到测试和分析。需要指出的是，一些合同中规定的指标，如烟气脱硫装置出口净烟气HCl浓度、HF浓度、SO_3脱除率、脱硫装置材料的使用寿命、烟挡板的泄漏率等内容不宜也没必要作为脱硫性能试验的项目。

2006年5月6日，国家发展和改革委员会发布了《石灰石—石膏湿法烟气脱硫装置性能验收试验规范》（DL/T 988—2006），并于2006年10月1日该规范可作为烟气脱硫装置性能试验的指导性标准。但在实际工作中由不同的厂商或合同要求，只要相关各方认可，性能试验采用的技术标准、规程、规范等也可参考国内火力发电厂的部分标准及化学分析的一些标准方法，同时借鉴脱硫技术支持方，如美国、德国、日本等所采用的最新标准和方法，如美国的ASME PTC 40—1991 Flue GaS Desul furization Units Performance Test Codes（烟气脱硫装置性能试验规程）。由于烟气脱硫装置的现场测孔也需要防腐（洁净烟气部分），因此脱硫装置的测点必须在烟气脱硫装置设计、安装阶段就已确定，实施完成。由于受烟道结构和脱硫工艺自身特性的影响，流经烟道的烟气成分、流速和温度等的分布具有不均匀性。测点的位置、布置方式和数量应尽量考虑上述影响，总的要求是：

（1）测点应设置在直管段，尽量远离弯头等局部阻力件。一般要求取样位置应位于干扰点下游方向不小于6倍当量直径和距干扰点上游方向不小于3倍当量直径处。对矩形烟道，当量直径$D=2AB/(A+B)$，其中A、B为边长。

（2）测点位置应便于试验仪器的安放和测量操作，并有护栏等安全措施。

（3）测点的布置方式应便于测量。一般情况下，测点宜布置在烟道的顶部，但对于尺寸较深的烟道（如烟道深度大于5m），可考虑将测点布置在烟道两侧。

（4）测孔和测点的数量应满足测量要求。为保证测量的准确，必须保证足够的测点数量。对于烟气脱硫装置测量的测孔和测点数量，DL/T998中有一些规定，主要参考《固定污染源排气中颗粒物测定与气态污染物采样方法》（GB/T 16157—1996）和《电站锅炉性能试验规程》（GB 10184—1988）。两个标准对测点数量的要求也有所不同，GB/T16157中，对于面积大于$9m^2$的矩形烟道（烟气脱硫装置的烟道基本都属于这种情况），建议测点数不超过20个。而GB10184中，当矩形截面的边长大于1.5m，边长每增加0.5m，测点排数N增加1。对于较大的矩形截面，可适当减少N值，但每个测量小矩形的边长应不超过1m。

对于测点数量的要求，不同国家的标准也不相同，德国 DIN 标准中对于 SO_2 的测点要求，原烟气为 1.5 点/m^2，洁净烟气为 2 点/m^2。美国 ASME 脱硫性能试验规程（ASME PTC40—1991）则是根据测量位置距干扰源的距离确定测点数量，距干扰源的位置越近，所需的测点数就越多。

根据脱硫装置性能试验的实践，对于烟气温度、压力、流速、成分等的测量可以按照 GB 10184 的网格法要求。而对于烟气中各项污染物的测量，GB/T16157 的要求更加符合现场的实际。实际操作中，可根据测量项目、测量位置等的实际情况，同时参考预备性试验的结果，确定合适的测点数。如对于原烟气 SO_2、SO_3、O_2、HCl、HF 等的分布一般都很均匀，可适当采用较少的测点数。对于洁净烟气侧 GGH 进、出口的 SO_2 浓度则分布很不均匀，测量误差也加大，应尽可能增加测点数。总的来讲，当测量的参数在烟道中的分布明显不均时，应采用网格法测量。若测量参数较均匀且烟气速度分布较均匀时，可采用代表点法或多代表点法。由于代表点法在相同的时间内，可以测量的次数比网格法多，因此对于测量时间较长的某些参数（如 SO_2、SO_3、HCl、HF 等）和运行工况有一定波动的情况，代表点法具有优势。

1. 性能试验准备

性能试验方案的准备：

脱硫性能试验量体测试内容和要求体现在性能试验方案中，它是试验的指导性文件。试验方案由试验项目负责人组织编写，一般应包括以下内容：

（1）试验目的、依据。

（2）试验计划安排，如日程等。

（3）烟气脱硫装置的描述（包括设计数据、保证值、工艺流程等）。

（4）试验期间烟气脱硫装置、锅炉及其他附属设备应具备的条件。

（5）试验工况及要求（包括预定工况判断、工况数量、试验持续时间、间隔时间等）。

（6）主要测点布置、测量项目、测试方法。

（7）试验测试仪器（包括测量精度范围和校验情况）。

（8）采集样品（各种固态物、浆液、废水、燃料等）的要求、步骤、运输、保存方法等。

（9）采集样品的分析仪器、分析方法等。

（10）需要记录的参数、记录要求、记录表格等。

（11）相关单位试验人员的组织和分工。

（12）试验期间的质量保证措施和安全措施。

（13）试验数据处理原则。

（14）合同规定或双方达成的其他有关内容。

在方案中，应明确要求烟气脱硫装置性能试验主要的修正曲线。因为在实际试验期间锅炉负荷（烟气量）、烟气温度、SO_2 含量会与设计值有一定偏差，故而应将各项指标换算到设计参数下的值。脱硫厂家在性能试验前应提供其设计的烟气脱硫装置的修正曲线等资料，并得到有关各方事先的认可，在性能试验换算时就以此为依据。

主要的性能试验修正曲线包括脱硫率——烟气脱硫装置入口烟气量（负荷）、脱硫率—烟气脱硫装置入口 SO_2 浓度、烟气脱硫装置电耗—烟气脱硫装置入口烟气量、烟气脱硫装置电耗—烟气脱硫装置入口烟气温度、烟气脱硫装置电耗—烟气脱硫装置入口 SO_2 浓度、工艺水耗量—烟气脱硫装置入口烟气量、工艺水耗量—烟气脱硫装置入口烟气温度、石灰石粉耗—烟气脱硫装置入口烟气量、石灰石粉耗量—烟气脱硫装置入口 SO_2 浓度等。

脱硫装置性能试验的范围见图 4-2。

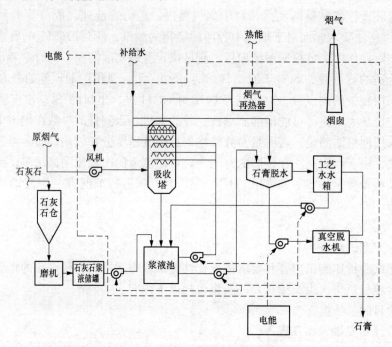

图 4-2 脱硫装置性能试验范围

2. 试验现场条件的准备

(1) 性能试验所需的现场测点（一般在脱硫装置安装期间就设计安装完成）、临时设施已装好并通过安全检查。

(2) 电厂准备好了充足的、符合试验规定的燃料，试验煤种（或油等）应尽可能接近烟气脱硫装置设计值，燃料波动应尽可能小，特别是燃料的含硫量、灰分及发热量。当燃料特性改变后，烟气脱硫装置的运行指标也会相应发生变化。尽管可以通过修正的方法得到燃用非设计煤种时系统的性能指标，但由于性能修正曲线是由脱硫承包商提供的，在以往的实践中出现过性能修正曲线有利于脱硫承包商的情况。因此应尽可能在试验期间燃用设计煤种。

(3) 电厂准备好了充足的、符合设计要求的吸收剂，试验要用到的水、气、汽、电源都已备好，化学分析实验室能正常使用。

(4) 所有参与试验的仪表（器）都已进行校验和标定，并在使用有效期内。

(5) 试验单位和电厂已准备好足够的数据记录专用表格。

(6) 试验所需机组负荷已向电力调度部门申请并批准。

(7) 试验负荷与工况的确定。

烟气脱硫装置性能试验的负荷根据合同，规定而确定。一般考核指标是在设计工况下，即机组 BMCR 的工况，燃用设计煤种。有的指标在不同的负荷下都要测试，如电耗、水耗等，或者在不同的煤种（主要指含硫量不同）下测试。在实际试验时，烟气警空装置的设计工况基本上是达不到的，因为机组不可能在 BMCR 的状态下连续长时间运行，而更多的是在 ECR 状态下运行，因此试验结果需进行修正。

在每个负荷下，至少要进行 2 次试验，如 2 次试验结果相差较大，则需要第三次实验。参照锅炉性能试验的要求 试验前烟气脱硫装置应连续稳定运行 72h 以上，正式试验前 12h 中，前 9h 系统负荷不低于试验负荷的 75%，后 3h 应维持预定的试验负荷，正式试验时维持预定的试验负荷至少 12h。

判定烟气脱硫装置的工况是否达到稳定状态可从以下参数确定：进入烟气脱硫装置的烟气量（或机组负荷）、烟气脱硫装置入口 SO$_2$ 浓度、烟气脱硫装入口粉尘浓度、烟气脱硫装置出口温度、粉尘浓度、吸收塔浆液 pH 值、浆液密度（含固率）、浆液的主要成分（如 CaCO$_3$、SO$_3^{2-}$）、脱硫率等，这些主要参数的波动应在正常范围内，当烟气脱硫装置运行稳定后方可进行试验。在试验过程中，如果运行参数超出了预先确定允许的变化范围时，则试验无效。

在试验期间运行参数的波动范围，我国还没有针对性的标准，参考《电站锅炉性能试验规程》（GB 10184—1988）和烟气脱硫装置运行、试验的实践，推荐如表 4-5 所示的运行参数要求。需要说明的是，烟气脱硫装置性能试验的很多测量项目是无需同时进行的，而且不同的测量项目对运行参数的要求也是不同的。如测量 GGH 换热能力时，只需烟气量和烟气温度保持稳定，而 SO$_2$ 浓度、pH 值等的变化不会影响测量结果。但在测量 GGH 漏风率时，就要求 SO$_2$ 浓度稳定。

表 4-5　　　　　　　　　　试验期间主要运行参数的波动范围

运行参数	观测值偏离规定值的允许偏差	针对的试验项目
烟气量（负荷）	±3%	脱硫率、水耗、电耗、脱硫剂消耗、烟气脱硫装置出口烟温、GGH 加热能力、系统阻力
烟气温度	±5℃	烟气脱硫装置出口烟温、GGH 加热能力、水耗
SO$_2$ 浓度	±3%	脱硫率、Ca/S、脱硫剂耗量、GGH 漏风率
pH 值	≤0.15　石灰石浆液供给采用 pH 控制方式	脱硫率、Ca/S、脱硫剂耗量、石膏品质
	≤0.10　石灰石浆液供给采用 Ca/S 控制方式	脱硫率、Ca/S、脱硫剂耗量、石膏品质

3. 试验人员和仪器的准备

烟气脱硫装置性能试验要有足够的试验人员和仪器测试，化学成分试验人员按要求装和佩戴个人劳动保护品，烟道测试人员应穿戴帆布手套等防护品，防止烫伤；化学分析人员严格遵守分析规定等。试验时，烟气脱硫装置供应商主要起督导作，均应有合格的计量检定证书，并应在有效期内。在试验条件具备即可进行试验。试验一般分两个阶段进行，一是预备性试验，二是正式试验。预备性试验的一个主要目的是标定烟气脱硫装置中的在线仪表数据，确定是否满足正式性能试验的条件，包括烟气脱硫装置入口原烟气流量，烟气硫装入口/出口 SO$_2$ 浓度、烟气脱硫装置入口/出口 O$_2$ 浓度、烟气脱硫装置入口/出口烟气温度、烟气脱硫装置入口/出口粉尘浓度、烟气脱硫装置入口/出口含水率、工艺水流量计、浆液密度计、流量计、液位计、石灰石（粉）称重计量装置等。在正式试验时就可定时采集 DCS 上的各个数据进行计算。对于重要参数可增加采集次数进行测量和校验。性能试验所需部分主要仪器见表 4-6。

表 4-6　　　　　　　　　　　　　　　　性能试验所需部分主要仪器

序号	型号名称	精度（%）	序号	型号名称	精度（%）
1	德国 N（JA2000/PMA10 型烟气分析车	1.0	16	3012 型烟尘采样仪	1.0
2	德国 N（iA2000 型二氧化硫分析仪、日本岛津 SOA－7000 二氧化硫分析仪	1.0	17	粉尘测试仪	1.0
3	PMA10 型氧量分析仪	1.0	18	4m 长等速采样管（K＝0.845）	1.0
4	日本岛 NOA-7000 氮氧化	1.0	19	AE-100 电子天平	0.1mg
5	碳氢氮分析仪	1.0	20	BL3100 电子天平	0.1g
6	TH-600B 型烟气分析仪	1.0	21	噪声计	±0.1dB（A）
7	6% O_2 及 14% CO_2 标准气体	1.0	22	EBV102-1 型恒温干燥箱	1℃
8	1000×10^{-6} NO 标准气体	1.0	23	自动电位滴定仪	0.5
9	1000×10^{-6} 和 100×10^{-6} 的 SO_2 标准气体	1.0	24	ICP 发射光谱仪	0.5
10	高纯氮（0% O_2）	1.0	25	DR20/10 分光光度计	0.5
11	FLUKE 测温仪（F-53II）	0.05	26	颗粒度分析仪	0.5
12	T 形热电偶	0.75	27	热重分析仪	1.0
13	5m 长毕托管	1.0	28	超声波流量计	1.0
14	3、1kPa 量程微压计	1.0	29	红外线测温仪	1.0
15	DYM3 大气压力表	1.0	30	电度表，各种规格的取样瓶、药品等	0.5

162

第五章

脱 硫 系 统 的 运 行

第一节　FGD运行前的试验

FGD系统的调试由分部试验和整套系统启动调试组成，FGD系统的分部试验是在系统设备核查结束后，确认试验对人身、设备都安全的条件下进行的。整个试验包括从FGD受电起，至整套启动试运开始为止的全部启动试运过程。

分部试验又分为单体调试和分系统调试两个部分，两者相互衔接、相互交叉。

整套系统启动调试阶段指个体设备和子系统调试合格后，从FGD系统综合水循环开始，到完成满负荷试运移交试生产为止的启动调试过程。该过程又分为：系统综合水循环；FGD启动试运；系统优化；168h满负荷试运四个阶段。燃煤机组烟气脱硫工程调试程序见图5-1。

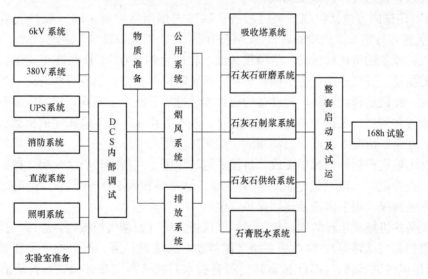

图5-1　燃煤机组烟气脱硫工程调试程序

为了保证FGD系统持续稳定的运行，保证脱硫系统能够长期使用，并保证在事故情况下脱硫设备的安全，运行人员必须对FGD系统正确操作，及时调整并正确维护，使系统始终保持在良好的工作状态。

注：以下文中提到的增压风机及GGH相关内容，只针对脱硫系统中设计和现场均具备增压风机及GGH相关设备的公司适用。若无增压风和GGH相关设备，则可以忽略所有与增压风机及GGH相关内容。如遇到电除尘器内容者，无电除尘者可忽略相关内容。

一、FGD 系统分部试验

1. FGD 系统单体试验

单体调试是对 FGD 系统内的单台辅机的试运，包括其中的电气设备和热控保护装置。例如各类泵（循环浆液泵、工艺水泵等）、增压风机、GGH、搅拌器、各个阀门等设备进行开、关试验。FGD 系统的单体试验，可以细分为电气系统受电调试、集散控制系统（DCS）调试和关键设备的调试，如增压风机、GGH 等（安装部门负责），与 FGD 系统分系统调试结合进行。

（1）电气系统受电调试。通过电气系统调试带电，使 FGD 厂用电源系统达到安全、可靠的状态。为 FGD 系统分部试验打下良好的基础。

1）厂用电带电的条件：6kV、380V 系统的设备、直流系统设备、接地系统、照明通信系统、电气系统附属的消防系统及设施单体试验完毕，验收合格具备投入条件；电气连锁保护系统静态调试完毕；电厂侧 6kV 系统已经做好对 FGD 供电的准备，随时可以投入。

2）6kV、380V 系统带电。

3）直流系统、UPS 系统投入运行。

4）DCS 系统供电。

（2）DCS 调试。调试内容包括：

1）DCS 内部调试应具备的条件如下：电控楼电子间及控制室空调运行；接线完毕，检查正确并投入；就地设备、系统调试。

2）DCS 调试内容包括：DCS 硬件检查；DCS 内部网络检查；DCS 软件安装并运行正常；FGD 装置运行组态逻辑检查；仪器、仪表校验；连锁保护设备、系统调试；系统优化。

（3）关键设备的机械试运转。机械设备试运转的目的是在 FGD 系统正式运行前，测量机械设备的振动、温度、声音等数据，确认试运转时没有异常，如有异常缺陷，在正式启动前予以消除。在试运转的同时，对设备的启停连锁过程、次序、时间，报警定值及连锁保护定值进行检查和测试。关键设备的机械试运转，基本上用水作为工质来完成机械试运转，但如不可能，在某些情况下也可在启动期间，用实际应用的液体来进行，皮带及给料机的机械试运转应在不输送原料的情况下完成。机械试运转原则上应持续进行 1～3h。在机械试运转期间，应检查并记录：电动机电流、轴承温度、轴承座振动、噪声水平、进出口压力、转动、设备连锁情况、报警定值及连锁保护定值等。

关键设备的机械试运转的项目包括：烟气挡板系统（原烟气挡板门、净烟气挡板门和增压风机旁路挡板门试转等）；吸收塔系统（搅拌器、浆液循环泵、石膏抽出泵和氧化风机试转等）；增压风机试运转；GGH 试运转；石膏脱水系统（真空皮带机、石膏旋流器和真空泵试转等）；石灰石制备系统（球磨机、给料机和石灰石浆液泵等试运转）；电动阀、调节阀的检查与远方操作试验；FGD 事故连锁跳闸。

现仅以增压风机试转为例来说明关键设备机械试转的一般步骤：

首先对风机进行全面检查；确认增压风机叶片角度为零且调节处于手动位置；若条件允许经锅炉班长同意可关闭 FGD 旁路烟道挡板；将风机电源开关送至试验位置，模拟增压风机启动进行以下试验；

1）远方操作增压风机，调节叶片开度与指示值是否相符，动作是否灵活；

2）电动机前端轴承温度报警 110℃；

3）风机推力轴承温度高报警 100℃；

4）电动机前端轴承温度高报警 120℃；

5）风机轴承振动报警 1.4mm/s；

6）电动机后端轴承温度报警 110℃；

7）风机轴承振动高报警 3.6mm/s；

8）电动机后端轴承温度高报警 120℃；

9）FGD 系统前压力最小值 0Pa；

10）电动机线圈温度高报警 145℃；

11）烟囱前压力大于最大值 600Pa；

12）增压风机推力轴承温度报警 85℃；

13）增压风机转速小于 50r/min，刹车装置动作。

上述试验合格后将风机电源开关打至运行位置并合上控制电源开关；联系值班长同意后启动"SGC（顺序组控制）增压风机"（检查风机转向正确；无异常、摩擦和撞击声；轴承温度和振动值符合规定；润滑油泵、控制油泵及各冷却风机运行良好；风机试转后，停止风机运行，关闭开启的各人孔门）。

2.FGD 系统分系统调试

分系统调试是指按工艺系统或功能系统等单个系统，包括动力、测量、控制等所有设备及其系统带烟气的调整试运，也就是对 FGD 系统的主要组成部分进行冷态模拟试运行。这些系统包括公用系统（压缩空气系统、闭式冷却水系统和工艺水系统等）、吸收塔系统、烟气系统（含增压风机、GGH 及其辅助系统等）、石灰石制备系统（包括石灰石接收和储存系统、石灰石研磨系统、石灰石供浆系统等）、石膏脱水系统（含真空皮带机系统）、排空系统（含事故浆液池和地坑系统）以及取样系统。烟气系统的冷态调试是分系统调试的核心，也是全面检查该系统的设备状态、并进行系统连锁和保护试验的重要环节。

现仅叙述烟气系统冷态调试的一般原则，其他分系统不予说明。

（1）烟气系统冷态启动调试前应具备的条件：安排机组停运，锅炉侧与 FGD 信号交换系统投入；烟气通道打通，沿程系统各设备的人孔门、检修孔等封闭，确认系统严密；烟气系统及相关的热工测点安装、校验完毕，具备投入条件；烟气系统各阀门、挡板安装调试完毕；烟气系统烟道、增压风机、GGH、吸收塔等设备和系统清理干净；挡板、密封风机分部调试合格，具备投入条件；增压风机、冷却风机分部试运合格，连锁保护正确，具备投入条件；增压风机润滑、控制油系统分部试运合格，具备投入条件；增压风机电动机试运合格，具备投入条件；GGH 及其附属系统单体试运结束，具备投入条件；烟气系统 DCS 控制、保护调试完毕；通道畅通，现场清洁；照明投入，符合试运要求。

（2）冷态启动前的试验检查：FGD 烟气系统挡板门（原烟气、净烟气、增压风机旁路挡板门）投入；增压风机与挡板门的连锁、保护静态试验合格；增压风机、GGH 及其附属设备连锁保护试验合格；FGD 与锅炉连锁、保护试验模拟合格；检查锅炉与 FGD 装置之间的交换信号；锅炉信号连锁保护试验；FGD 装置设备故障跳闸及 FGD 装置切除保护试验连锁试验；检查烟道已封闭；检查监测信号已投入；检查关闭原烟气挡板、增压风机挡板、净烟气挡板；检查开启旁路挡板；检查锅炉烟气系统投入运行；锅炉送、引风机运行；锅炉烟气系统参数接近正常运行工况。

（3）烟气系统冷态启动试运：按烟气系统启动程序启动后，手动开启风机导叶，调至所需工况、检查烟气系统运行的平稳性及各监视仪表的显示状态，确认运行参数正常，增压风机冷态 8h 试运、记录各参数。烟气系统冷态试验方法如下：

1）FGD 冷态变负荷运行跟踪特性试验。投入增压风机入口压力自动，改变锅炉风量，记录参数变化。

2）FGD 保护对锅炉扰动试验。

3）增压风机旁路挡板门连锁对锅炉扰动影响试验。投入旁路挡板门连锁保护，手动 FGD 装置跳闸，记录变化。

（4）对于不设置 GGH 和增压风机的脱硫系统可忽略 GGH 和增压风机及其旁路挡板的检查。

第二节　FGD 脱硫系统启、停操作

一、启动前准备

（1）确认检修工作全部结束，工作票已终结，安全设施已拆除，现场清理干净，设备保温完好；

（2）按机组启动检查卡完成各系统检查；

（3）热工控制电源及仪用气系统正常，气动调节装置已送上气源，所有仪表投用正常；

（4）CEMS 各仪表正常，参数显示正确；

（5）检查 CRT 上各参数指示正常、记录仪及报警显示正常；

（6）确认各辅机电动机绝缘良好，并联系送上各辅助设备的动力电源及控制电源；

（7）对各电动门、气动门校验已完毕，阀门动作正常，限位开关动作正确良好；

（8）检查所有转动设备润滑良好，盘动灵活无卡涩，各辅机冷却水正常投入；

（9）按规定完成所有辅机的连锁保护试验；

（10）确认各油箱油位正常，油质良好。

二、脱硫各系统的投用

1. 仪用气系统的投用

（1）微开主机仪用气至脱硫系统手动门，缓慢对脱硫仪用气储气罐、仪用气管道进行充气，待储气罐、仪用气管道压力上升至正常值且保持不变后，全开主机仪用气（厂用气）至脱硫手动门；

（2）检查各配气站仪用气压力正常。

2. 上料系统的投用

（1）检查石灰石品质情况，联系并安排好运输车辆，将石灰石斗提间加满，顺启石灰石上料系统；

（2）持续进行上料，直至将石灰石仓上满。若使用粉仓应将粉仓上满。

3. 工艺水系统的投用

（1）确认工艺水箱水位正常后，启动一台工艺水泵，就地检查管道无跑、冒、滴、漏现象；

（2）正常运行时将工艺水箱补水调门投自动。

4. 吸收塔注水

（1）用工艺水泵或启动除雾器冲洗水泵对吸收塔进行注水，若吸收塔第一次注水或大修后第一次注水应对吸收塔进行冲洗，待水质合格后再进行注水；

（2）注水至 4.5m 左右后停止注水，检查各搅拌器运行正常。

5. 制浆系统的投用（以湿磨制浆系统为例）

（1）对湿磨排浆罐进行注水，水位正常后启一台湿磨排浆泵，将石灰石旋流站底流及顶流分配阀全部切至湿磨排浆罐，检查石灰石旋流子无漏水现象。

（2）启湿式球磨机，确认启动正常，电流正常。

（3）启动皮带称重给料机，缓慢增加给料量，观察磨机进口工艺水量同步增加保持3：1 的配比，观察磨机出口滤液水同步增加。湿磨排浆泵出口密度控制在 1500kg/m³ 左右，不要超过 1600kg/m³，制浆系统启动后将石灰石旋流站底流切至磨机进口。

（4）加强检查制浆系统的检查，防止出现堵料、漏浆等现象。

（5）将石灰石浆液箱制满，且石灰石密度保持在 1200kg/m³ 左右。

6. 浆液循环泵的投用

对浆液循环泵的轴封进行 5min 的冲洗，脱硫系统投用时根据负荷、烟气中 SO_2 及脱硫效率情况启动相应的台数。

7. 氧化风机的投用

（1）确认氧化风机冷却水正常，顺控启动一台氧化风机；

（2）投入至吸收塔氧化空气的冷却水，控制进行吸收塔的氧化空气温度不超过 30℃。

8. 增压风机的投用

（1）启动增压风机 A、B 油站，确认油泵出口压力、供油压力正常，滤网差压正常，冷却水正常；

（2）启动增压风机 A、B 的冷却风机，确认冷却风机运行正常；

（3）关闭吸收塔排空门，增压风机启动条件满足后，顺控启动一台增压风机；

（4）根据值长通知启动另一台增压风机，两台风机流量和引风机烟气流量平衡后，投风机导叶自动，保持风机进口压力为微负压。

9. 除雾器冲洗系统的投用

（1）在锅炉点火即投入除雾器冲洗；

（2）正常冲洗时单次冲洗时间不低于 55s，间隔不小于 1min，冲洗采用自动连续循环冲洗模式，冲洗时压力不低于 150kPa；

（3）正常运行时必须保证单个喷嘴停运的时间不大于 2h；

（4）值班员应监视冲洗气动门及手动门无内漏现象，监视除雾器差压小于 250Pa 具体视烟气流量而确定符合各厂实际的定值。

10. 石灰石浆液供给泵的投用

（1）根据 FGD 启动操作卡要求启动石灰石浆液供给泵对吸收塔注浆；

（2）正常运行时通过 pH 值控制进入吸收塔内的石灰石浆液量，保持 pH 值在 5.0～5.7 之间，严禁小于 4.0 或大于 6.0 运行；

（3）当一台石灰石浆液供给泵不能满足运行需要时，可再启动另一台石灰石浆液供给泵，保持脱硫系统 pH 值及脱硫效率在正常范围。

11. 石膏排出泵的投用

（1）根据要求顺启一台石膏排出泵，启动后通过回流管打循环，插入 pH 计，确认 pH 计显示正常，确认密封计显示正常；

（2）每个白班巡检人员应对用手持式 pH 计、密度计对吸收塔 pH 值、密度进行校对。

12. 石膏脱水系统的投用：

（1）当吸收塔密度达到脱水密度后需进行脱水；

（2）启动石膏输送皮带、滤布冲洗水泵、真空泵，确认启动正常，调节真空盘润滑水在 2.4m³/h，托盘润滑水在 1.44m³/h，滤布冲洗水在 4.5m³/h，真空泵工作水在 10m³/h（各电厂可能有所不同，请根据实际情况进行调整）；

（3）启动石膏真空皮带脱水机，打开石膏排出泵至石膏旋流站的气动门、旋流站底流至脱水机的气动门，通过皮带机转速控制石膏厚度在 20～30mm，使石膏的含水率保持在 10％以下；

（4）打开滤饼冲洗水，对滤饼进行冲洗，降低石膏中的氯离子含量。

13. 石膏抛弃系统的投用

（1）石膏抛弃流程为由吸收塔石膏排出泵将吸收塔浆液打到事故浆液箱，由事故浆液泵打到灰场或渣场；

（2）当不需进行石膏抛弃时，停运石膏抛弃系统并将事故浆液泵泵体及管道冲洗干净。

14. 废水系统的投用

脱硫系统正常运行时应进行脱硫废水的处理，每个白班及中班运行脱硫废水系统。

三、脱硫系统启动（以某电厂脱硫旁路挡板拆除后且在并网前投用脱硫电厂为例）

1. 点火前需做的工作

（1）点火前一天白班确认：

1）一二级事故喷淋动作正常，疏水畅通；

2）事故浆液箱内新鲜浆液在 5.0m 左右。

（2）点火前一个班关闭吸收塔通风阀。

（3）确认进出口 CEMS 投用正常。

（4）吸收塔补水至 4.5m，确认四台吸收塔搅拌器运行正常。

（5）启动石膏排出泵 A，启动正常后插入 pH 计。

（6）听值长通知工频启动增压风机 A。

（7）听值长通知工频启动增压风机 B，调节两台增压风机出力与引风机出力平衡后，增压风机投自动，保持增压风机进口负压 −50Pa～−200Pa 之间（3、4 号炉）。

（8）启动 GGH 密封风机。

2. 点火后的工作

（1）机组点火后启动除雾器冲洗水泵 A3，投入除雾器冲洗自动；

（2）吸收塔液位达到 5.0m 时，启动一期底渣系统，手动方式运行；

（3）打开吸收塔排放门，降低吸收塔水位，排水到事故喷淋底坑，通过坑泵排水到一期渣浆池，直至吸收塔水位到 4.5m；

（4）当吸收塔出口温度到达 59℃时，启动一级事故喷淋；

（5）投运电除尘三、四电场，二次电流在 0.3A 左右，控制方式为自动控制，同时将三四电场的阴阳极振打改为自动方式；

（6）第二台磨煤机启动后，投运电除尘二电场，二次电流在 0.3A 左右，控制方式为自动控制，同时将二电场的阴阳极振打改为自动方式；

（7）关闭吸收塔底部排放门，启动事故浆液泵向吸收塔进浆，控制吸收塔液位不超过 7m；

（8）启动石灰石浆液供给泵 A；

（9）当吸收塔出口温度再次到达 59℃时，启动二级事故喷淋；

（10）开启浆液循环泵轴封冲洗手动阀冲洗 5min 后关闭；

（11）当吸收塔出口烟气温度再次到达 59℃或所有油枪撤除时，启动浆液循环泵 B、C；

（12）启动氧化风机 A；

（13）停用一二级事故喷淋，1min 后确认疏水门关闭；

（14）启动低压挡板密封风机 A，投入喷淋吹扫；

（15）事故喷淋底坑泵停运；

（16）油枪全部撤除后投入电除尘一电场高压柜，二次电压、二次电流在正常值，控制方式为脉冲控制，同时将一电场的阴阳极振打改为自动方式，将电除尘二三四电场高压柜控制方式切换为脉冲控制，二次电压、二次电流为正常值。

四、旁路挡板拆除后脱硫系统时收塔浆液中毒预案

机组启动过程中，在油枪未完全撤除及电除尘高压电场参数未完全正常前，脱硫吸收塔的浆液循环泵的投用可能会造成吸收塔浆液出现中毒现象，为有效处理该异常情况，本预案如下：

1. 现象判断

机组启动过程中，脱硫值班员要加强吸收塔 pH 值及脱硫效率的监视。如脱硫效率及吸收塔 pH 值持续下降，且通过增加浆液供给量、CEMS 表计标定等措施后无效，脱硫效率仍小于 90%、吸收塔浆液 pH 值小于 4.8 时，应判定为吸收塔浆液出现中毒现象。脱硫辅机长应汇报值长，经值长同意后及时对吸收塔内浆液进行置换。

2. 置换方法

将中毒浆液通过吸收塔石膏排出泵送至事故浆液箱，由事故浆液箱泵将中毒浆液打至 2 号机组飞灰浆前池，并通过柱塞泵系统将中毒浆液送至灰场。

3. 停止置换

当脱硫效率大于 93%、吸收塔浆液 pH 值大于 5.0，且效率和 pH 值均呈上升趋势，脱硫系统相关参数均正常后，脱硫辅机长在请示值长并经同意后可停止置换。

4. 注意事项

（1）吸收塔浆液发生中毒后，需对浆液进行取样。

（2）置换时脱硫值班员要控制吸收塔液位为 5.5～6m。

（3）置换结束后，需单独对置换后的吸收塔浆液进行脱水，如石膏正常，系统可正常投入运行。如石膏中杂质较多或吸收塔内 Cl^- 含量大于 $9000×10^{-6}$，需加大对该吸收塔浆液进行废水处理的力度，直至石膏及吸收塔内 Cl^- 正常。

五、脱硫系统的停运（以某电厂脱硫旁路挡板拆除后停运为例）

1. 正常停运

(1) 锅炉投油枪助燃前停运电除尘一电场高压柜，并将电除尘二三四高压电场控制方式改为自动控制，二次电压为 30kV、二次电流为 0.3～0.4A，一电场阴阳极振打改为手动方式（1、2 号炉）；

(2) 锅炉投油枪助燃前，启动飞灰输送系统。粗灰管线选择进 1 号炉细灰库、细灰管线选择进 2 号炉粗灰库，运行方式为连续运行；

(3) 锅炉投油枪助燃前停运石膏脱水系统；

(4) 锅炉投油枪助燃后启动一级事故喷淋；

(5) 当机组负荷到零后，停运氧化风机；

(6) 停运石灰石浆液供给泵、石膏排出泵；

(7) 当机组负荷到零后停运一台浆液循环泵，保留一台浆液循环泵运行，对停运的浆液循环泵进行放浆冲洗；

(8) 停运 GGH 密封风机；

(9) 锅炉通风结束后听值长通知停运两台增压风机，增压风机停运 2h 或风机轴承温度低 30℃后停运冷却风机；

(10) 停运最后一台浆液循环泵，对停运的浆液循环泵进行放浆冲洗；

(11) 停运电除尘所有高压电场；

(12) 启动四层除雾器冲洗，冲洗完成后停运雾器冲洗水泵；

(13) 吸收塔进口一级喷淋前烟气温度小于 60℃，停用一级事故喷淋；

(14) 停运吸收塔排出泵；

(15) 对喷淋管道进行 2h 吹干，2h 后停运低压挡板密封风机。

2. 锅炉 MFT

(1) 停运电除尘一、二高压电场，将一、二电场阴阳极振打改为手动方式；

(2) 将电除尘三、四高压电场控制方式改为自动控制，二次电流为 0.3A 左右；

(3) 停运浆液循环泵 A，对停运的浆液循环泵进行放浆冲洗；

(4) 停运氧化风机；

(5) 停运石灰石浆液供给泵；

(6) 停运吸收塔脱水系统；

(7) 锅炉通风结束听值长通知停运两台增压风机；

(8) 启动一级事故喷淋，停运最后一台浆液循环泵，对停运的浆液循环泵进行放浆冲洗；

(9) 停运电除尘三、四高压电场，三、四电场阴阳极振打改手动方式；

(10) 启动四级除雾器冲洗，冲洗结束后停运除雾器冲洗水泵；

(11) 吸收塔进口一级喷淋前烟气温度低于 60℃，停用一级事故喷淋；

(12) 停运 GGH 密封风机；

(13) 停运吸收塔排出泵；

(14) 事故喷淋喷嘴吹扫 2h 后停运低压挡板密封风机；

(15) 将吸收塔底坑管线切至其他吸收塔。

五、FGD 停运后的保养

1. pH 计的保养

停运 pH 计应进行注水保养。

2. FGD 长时间停运的保养

FGD 停运时间超过一个星期时应将吸收塔浆液打空，各箱、罐、池、坑若长时间停运，应将浆液排空。

3. FGD 短时间停运的保养

FGD 短时间停运时，吸收塔搅拌器保持运行，各箱、罐、池、坑搅拌器保持运行。

第三节　脱硫系统设备的启停条件、连锁及启停步序

一、烟气系统

（一）系统控制功能简介

1. 烟气系统顺控启动/停止步序

（1）启动允许：

1）无 FGD 保护信号。

2）无 FGD 故障信号。

3）2 台以上循泵运行。

4）2 台以上搅拌器运行，不相邻 2 台运行。

5）任一台工艺水泵运行。

（2）启动步序：

1）第一步：启动 GGH 系统。执行时间：1800s。

2）反馈：GGH 系统顺控启动完成且 GGH 主（辅）电动机运行。

3）第二步：开出口烟气挡板。执行时间：70s。

4）反馈：出口烟气挡板已开。

5）第三步：启动增压风机系统。执行时间：1800s。

6）反馈：增压风机系统顺控启动完成且增压风机运行。

7）第四步：开入口烟气挡板。执行时间：70s。

8）反馈：入口烟气挡板已开。

9）第五步：关闭增压旁路烟气挡板。执行时间：30s。

10）反馈：增压风机旁路烟气挡板已关。

（3）停止步序：

1）第一步：开增压风机旁路烟气挡板。执行时间：100s。

2）反馈：增压风机旁路烟气挡板已开。

3）第二步：关闭入口烟气挡板。执行时间：100s。

4）反馈：入口烟气挡板已关。

5）第三步：启动增压风机系统停止顺控。执行时间：1800s。

6）反馈：增压风机系统顺控停止完成且增压风机停止。

7) 第四步：关闭出口烟气挡板。执行时间：100s。

8) 反馈：入口烟气挡板已关。

9) 第五步：启动 GGH 系统停止顺控。执行时间：1800s。

10) 反馈：GGH 系统停止顺控完成且 GGH 主、辅电机都停止。

2. 入口烟气挡板

(1) 开允许：增压风机运行且出口烟气挡板已开。连锁开：增压风机运行，延时 5s。

(2) 关允许：增压风机旁路烟气挡板已开。

3. 出口烟气挡板控制

关允许：增压风机旁路烟气挡板已开且增压风机停止状态。

4. 增压风机旁路烟气挡板控制

关允许：

(1) 烟气换热器运行。

(2) 入口烟气挡板打开。

(3) 出口烟气挡板打开。

(4) 增压风机运行至少 60s。

(5) 吸收塔循环泵任意 2 台运行。

(6) 无 FGD 故障信号。

(7) 无 FGD 保护信号。

5. 挡板密封风机 A/B

(1) 停止允许：入口烟气挡板，出口烟气挡板，旁路烟气挡板都开。

(2) 连锁启：当连锁按钮投入后，运行风机事故跳闸，连锁启另一台风机。

6. 挡板密封风机加热器

(1) 启动允许：

1) 远控允许。

2) 无加热器超温报警。

(2) 连锁启：当连锁按钮投入后，任一密封风机已运行。

(3) 连锁停：当连锁按钮投入后，两台密封风机均停止。

(二) 增压风机系统

1. 顺控启动/停止步序

(1) 启动允许：入口挡板关闭，出口挡板开。

启动步序：

第一步：启动增压风机电机稀油站。执行时间：300s。

反馈：增压风机电机稀油站油系统正常。

第二步：启动增压风机油泵。执行时间：300s。

反馈：增压风机稀油站 1 号或 2 号泵运行状态。

第三步：启动选择的增压风机冷却风机。执行时间：300s。

反馈：所选择的增压风机 1 号或 2 号冷却风机已运行。

第四步：增压风机执行器开度信号置为 5%。执行时间：100s。

反馈：增压风机执行器开度置为 5%。

第五步：启动增压风机，延时 10s。执行时间：100s。

反馈：增压风机启动。

（2）停止步序：

第一步：增压风机执行器位置开度置为 5%。执行时间：100s。

反馈：增压风机执行器位置开度手动置为 5%。

第二步：停止增压风机，延时 60s。执行时间：100s。

反馈：增压风机停止。

第三步：关入口烟气挡板。执行时间：30s。

反馈：入口烟气挡板已关。

第四步：延时 7200s，停止选择的增压风机冷却风机。执行时间：7300s。

反馈：所选的增压风机冷却风机都已停止。

第五步：增压风机油站出口油温度正常后，停止增压风机油泵。执行时间：1800s。

反馈：增压风机稀油站 1 号、2 号泵都无运行状态。

2. 增压风机

（1）启动允许：

1）无增压风机事故跳闸信号。

2）无增压风机电动机装置电源消失。

3）无增压风机保护动作。

4）无增压风机弹簧未储能信号。

5）无增压风机预告报警信号。

6）无增压风机执行器力矩保护报警信号。

7）无增压风机执行器故障。

8）无增压风机轴承振动高报警。

9）增压风机电动机绕组温度小于 70℃，延时 2s。

10）增压风机电动机轴承温度小于 90℃，延时 2s。

11）增压风机滚子轴承温度小于 90℃，延时 2s。

12）增压风机推力轴承温度小于 90℃，延时 2s。

13）增压风机轴承水平振动小于 0.12mm/s。

14）增压风机轴承垂直振动小于 0.12mm/s。

15）增压风机稀油站油系统正常。

16）增压风机稀油站 1 号或 2 号泵运行状态。

17）增压风机稀油站出口油温不低。

18）增压风机稀油站出口流量不低。

19）增压风机稀油站出口压力不低。

20）增压风机执行器全关。

21）增压风机冷却风机 A 或 B 有一台运行。

22）GGH 已投运（主电动机或辅电动机运行）。

23）FGD 入口烟气挡板已关。

24）FGD 出口烟气挡板打开。

25）增压风机油箱油温大于 50℃。

（2）保护跳闸条件：

1）增压风机电动机轴承温度大于 100℃，延时 2s。

2）增压风机滚子轴承温度大于 100℃，延时 2s。

3）增压风机推力轴承温度大于 100℃，延时 2s。

4）增压风机轴承水平振动大于 0.16mm/s。

5）增压风机轴承垂直振动大于 0.16mm/s。

6）增压风机防失速差压高报警，延时 100s。

7）增压风机油箱温度大于 60℃，延时 2s。

8）所有吸收塔循环泵停。

9）FGD 入口烟温大于 160℃，延时 3600s。

10）风机启动 60s 后入口烟气挡板未全开，延时 2s。

3. 增压风机稀油站

（1）启动允许条件：

1）无增压风机稀油站油系统预报故障。

2）增压风机稀油站远程启动备妥。

3）油箱油温大于 15℃。

（2）保护跳闸条件：

1）增压风机稀油站油系统重故障，延时 2s。

2）润滑油箱油温小于 10℃，延时 300s。

4. 增压风机冷却风机 A/B

（1）启动允许条件：无事故跳闸。

（2）连锁启动：

1）当连锁按钮投入后，运行中的风机事故跳闸，则连锁启动另一备用泵。

2）当连锁按钮投入后，增压风机轴承温度高，则未运行的风机连锁启动。

5. 增压风机油泵

（1）启动允许：润滑油箱油温大于 15℃。

（2）连锁停：润滑油箱油温小于 10℃，延时 600s。

可手动启动停止本油泵。

（三）GGH 系统

1. 系统启动/停止步序

（1）启动允许：FGD 入口温度（三取二）不超过 160℃。

（2）启动步序：

第一步：启动 GGH 密封风机。执行时间：100s。

反馈：GGH 密封风机运行。

第二步：启动 GGH 除灰器密封风机。执行时间：100s。

反馈：GGH 除灰器密封风机运行。

第三步：启动 GGH 主电动机，延时 60s。执行时间：500s。

反馈：GGH 主电动机运行且无 GGH 主电动机低速。

第四步：关低泄漏风机入口门，执行时间：100s。

反馈：低泄漏风机入口门已关。

第五步：启动低泄漏风机。执行时间：100s。

反馈：低泄漏风机运行。

第六步：置GGH低泄漏风机入口风门开度80％。执行时间：100s。

反馈：GGH低泄漏风机入口风门已开80％。

第七步：启动蒸汽吹灰。执行时间：300s。

反馈：启动命令发出100s后。

（3）停止允许：增压风机停止。

（4）停止步序：

第一步：关低泄漏风机入口门。执行时间：100s。

反馈：低泄漏风机入口门已关。

第二步：停止低泄漏风机。执行时间：100s。

反馈：低泄漏风机停止。

第三步：启动空气吹灰。执行时间：300s。

反馈：启动命令发出100s后。

第四步：延时3600s，取消主备电动机连锁，停止GGH主（辅）电动机。执行时间：500s。

反馈：GGH主电动机、辅电动机都停止。

第五步：停止GGH密封风机。执行时间：100s。

反馈：GGH密封风机停止。

第六步：停止GGH除灰器密封风机。执行时间：100s。

反馈：GGH除灰器密封风机停止。

2.GGH主电动机

（1）启动允许条件：

1）GGH电机定子绕组温度小于70℃。

2）GGH顶、低部轴承油温小于70℃。

3）无GGH传感器故障。

4）无GGH主电动机变频器故障。

5）无GGH主变频器控制回路失电。

6）无GGH转速检测箱电源失电信号。

7）密封风机运行，且出口压力不低。

8）备用电动机未运行。

9）FGD入口温度（三取二）不超过160℃。

（2）跳闸条件：GGH顶、低部轴承油温大于85℃。

3.GGH辅电动机

（1）启动允许条件：

1）GGH辅电机定子绕组温度小于70℃。

2）GGH顶、低部轴承油温小于70℃。

3）无 GGH 传感器故障。

4）无 GGH 辅电动机变频器故障。

5）无 GGH 辅变频控制回路失电。

6）无 GGH 转速检测箱电源失电信号。

7）密封风机运行，且出口压力不低

8）FGD 入口温度（三取二）不超过 180℃。

（2）跳闸条件：GGH 顶、低部轴承油温大于 85℃。

（3）连锁启动：

1）投入连锁后，GGH 主电机停转时，延时 5s 启动 GGH 辅电动机。

2）顺控启动时，启动命令发出 60s 后，主电动机未启动，连锁启动辅电动机。

4. 低泄漏风机

（1）启动允许条件：

1）无 GGH 低泄漏风机控制回路断线。

2）无 GGH 低泄漏风机事故跳闸。

3）低泄漏风机入口风门全关。

4）低泄漏风机电动机驱动端轴温小于 70℃。

5）低泄漏风机电动机非驱动端轴温高小于 70℃。

6）GGH 低泄漏风机驱动端轴温小于 70℃。

7）GGH 低泄漏风机非驱动端轴温小于 70℃。

（2）跳闸条件：

1）低泄漏风机电动机驱动端轴温大于 90℃。

2）低泄漏风机电动机非驱动端轴温高大于 90℃。

3）GGH 低泄漏风机驱动端轴温大于 90℃。

4）GGH 低泄漏风机非驱动端轴温大于 90℃。

5. 高压水气动旁路阀

连锁关：GGH 高压水泵运行 50s。

6. GGH 高压水泵

（1）启动允许：

1）GGH 高压水泵进口水压不低。

2）无事故跳闸。

（2）连锁启动：有 GGH 启动高压水泵请求或高压水气动旁路阀开，延时 2s。

（3）连锁停止：GGH 高压水泵出口水压低或有 GGH 停止高压水泵请求，延时 2s。

7. GGH 密封风机

启动允许：无事故跳闸。

8. GGH 吹灰器密封风机

启动允许：无事故跳闸。

9. 吹灰枪控制

可手动选择底部或顶部吹扫。

二、吸收塔系统

（一）系统控制功能简介

1. 吸收塔系统启动/停止步序

（1）启动允许条件：工艺水泵 A（B）已运行。

（2）启动步序：

第一步：启动氧化风机顺控。执行时间：300s。

反馈：氧化风机顺控启动完成且氧化风机 A/B 已启动。

第二步：吸收塔循环泵子组启动（先启 C 泵）。

反馈：吸收塔循环泵顺控启动完成且所选泵已启动。

（3）停止步序：

第一步：停止 3 台吸收塔循环泵系统（先停止 A 泵）。

反馈：吸收塔循环泵顺控停止完成且所选泵已停止。

第二步：启动氧化风机停止顺控。执行时间：300s。

反馈：氧化风机顺控停止完成且氧化风机已停止。

2. 氧化风机

（1）顺控启动步序：

1）打开氧化风机增湿水阀。

2）启动氧化风机 A 或者 B（手动选择 A 或 B）。

（2）顺控停止步序：

1）取消氧化风机主备连锁，停止氧化风机 A、B。

2）关闭氧化风机增湿水阀。

（3）氧化风机启动允许条件：

1）无事故跳闸信号。

2）电动机绕组温度小于 70℃。

3）氧化风机轴承温度小于 70℃。

4）氧化风机电动机轴承温度小于 70℃。

（4）氧化风机保护跳闸：

1）氧化风机轴承温度大于 90℃。

2）氧化风机电动机轴承温度大于 90℃。

3）FGD 入口烟气挡板已关，FGD 出口烟气挡板已关，且增压风机出口导叶已关，延时 60s。

（5）连锁启动：当连锁按钮投入后，运行中的氧化风机跳闸，连锁启动备用泵。

3. 增湿水阀控制

可手动开关本阀。

4. 吸收塔搅拌器 A/B/C/D

（1）启动允许条件：无事故跳闸。

（2）连锁启：吸收塔液位大于 LLL。

（3）连锁停：吸收塔液位小于 LLL。

（二）除雾器冲洗系统

1. 除雾器冲洗系统顺控启动/停止步序

（1）压差大可调节冲洗时间。吸收塔液位高连锁冲。

（2）整体除雾器启动步序：

第一步：关闭所有除雾器冲洗阀门。

反馈：所有除雾器冲洗阀门已关闭。

第二步：启动除雾器前段前冲洗阀顺控。执行时间：600s。

反馈：除雾器前段前冲洗阀顺控完成。

第三步：延时60s，启动除雾器前段后冲洗阀顺控。执行时间：600s。

反馈：除雾器前段后冲洗阀顺控完成。

第四步：延时60s，启动除雾器后段前冲洗阀顺控。执行时间：600s。

反馈：除雾器后段前冲洗阀顺控完成。

循环执行中，第四步的结束会触发第一步的启动（3个以上门坏停止顺控）。

（3）单段冲洗阀启动步序：整段冲洗启动指令到来时触发。

第一步：除雾器前段前冲洗A阀开50s。执行时间：100s。

反馈：顺控开指令发出后，延时60s。

第二步：关闭除雾器前段前冲洗A阀，执行时间：100s。

反馈：顺控关指令发出后，延时10s。

第三步：延时60s，除雾器前段前冲洗B阀开50s。执行时间：100s。

反馈：顺控开指令发出后，延时60s。

第四步：关闭除雾器前段前冲洗B阀，执行时间：100s。

反馈：顺控关指令发出后，延时10s。

第五步：延时60s，除雾器前段前冲洗C阀开50s。执行时间：100s。

反馈：顺控开指令发出后，延时60s。

第六步：关闭除雾器前段前冲洗C阀，执行时间：100s。

反馈：顺控关指令发出后，延时10s。

第七步：延时60s，除雾器前段前冲洗D阀开50s。执行时间：100s。

反馈：顺控开指令发出后，延时60s。

第八步：关闭除雾器前段前冲洗D阀，执行时间：100s。

反馈：顺控关指令发出后，延时10s。

差压大于280PA报警，运行人员手动切除顺控冲洗参数随负荷变化而调整。

2. 除雾器冲洗阀

除雾器各冲洗阀均可手动开、关。

（三）吸收塔进口冲洗阀系统

1. 系统顺控启动/停止步序

第一步：开吸收塔进口冲洗阀A，持续50s。执行时间：100s。

反馈：吸收塔进口冲洗阀A已开，延时50s。

第二步：关吸收塔进口冲洗阀A。执行时间：100s。

反馈：吸收塔进口冲洗阀A已关。

第三步：开吸收塔进口冲洗阀 B，持续 50s。执行时间：100s。

反馈：吸收塔进口冲洗阀 B 已开，延时 50s。

第四步：关吸收塔进口冲洗阀 B。执行时间：100s。

反馈：吸收塔进口冲洗阀 B 已关。

第五步：开吸收塔进口冲洗阀 C，持续 50s。执行时间：100s。

反馈：吸收塔进口冲洗阀 C 已开，延时 50s。

第六步：关吸收塔进口冲洗阀 C。执行时间：100s。

反馈：吸收塔进口冲洗阀 C 已关。

第七步：开吸收塔进口冲洗阀 D，持续 50s。执行时间：100s。

反馈：吸收塔进口冲洗阀 D 已开，延时 50s。

第八步：关吸收塔进口冲洗阀 D。执行时间：100s。

反馈：吸收塔进口冲洗阀 D 已关。

2. 吸收塔事故喷淋阀

(1) 连锁开：至多一台循泵运行，延时 3s。

(2) 关允许：大于一台循泵运行，延时 3s。

3. 吸收塔回流管冲洗水阀

可手动开关本阀。

4. 滤液至吸收塔管阀

连锁开：循环箱液位 HH 且石灰石浆液箱液位 HH。可手动开关本阀。

5. 吸收塔石膏排出浆液回流排污阀

可手动开关本阀。

6. 浆液排出泵总管排污阀

可手动开关本阀。

(四) 浆液循环泵系统

1. 浆液循环泵系统启动/停止步序

(1) 启动允许条件：吸收塔液位大于 HH。

启动步序：

第一步：关吸收塔循环泵出口冲洗水阀；关入口排污阀。执行时间：100s。

反馈：浆液循环泵出口冲洗水阀、入口排污阀已关。

第二步：开浆液循环泵入口阀，延时 5s。执行时间：100s。

反馈：浆液循环泵入口阀开状态。

第三步：启动浆液循环泵。执行时间：100s。

反馈：浆液循环泵已启动。

(2) 停止允许：入口烟气挡板关闭且出口烟气挡板关闭且增压风机停止。

停止步序：

第一步：停止浆液循环泵。执行时间：100s。

反馈：浆液循环泵已停止。

第二步：延时 10s，关循环泵入口阀。执行时间：100s。

反馈：循环泵入口阀已关

第三步：开入口排污阀，延时180s。执行时间：100s。

反馈：入口排污阀已开。

第四步：开出口冲洗阀。执行时间：100s。

反馈：出口冲洗阀已关

第五步：关出口冲洗阀，延时300s。执行时间：350s。

反馈：出口冲洗阀已开

第六步：关入口排污阀。执行时间：100s。

反馈：入口排污阀已关。

各泵对应一个顺控。

2. 浆液循环泵A/B/C

（1）启动允许：

1）无循环泵熔断器熔断。

2）无循环泵控制装置电源消失。

3）无循环泵保护动作。

4）无循环泵预告告警。

5）循环泵绕组温度小于70℃。

6）循环泵驱动端轴承温度小于70℃。

7）循环泵非驱动端轴承温度小于70℃。

8）循环泵入口阀已开。

9）循环泵入口排污阀已关。

10）循环泵出口冲洗水阀已关。

11）吸收塔液位大于HH（二取中，可手动选择）。

（2）保护跳闸：

1）循环泵驱动端轴承温度大于90℃。

2）循环泵非驱动端轴承温度大于90℃。

3）循环泵绕组温度大于85℃（任一相2个都高）。

4）循环泵运行中，入口门关状态，延时2s。

5）吸收塔液位小于低低。

6）循环泵运行中，出口冲洗阀未关（报警）。

7）循环泵运行中，入口排污阀未关（报警）。

3. 浆液循环泵A/B/C入口阀

（1）开允许：循环浆泵入口排污阀关且出口冲洗阀关。

（2）关允许：循环浆泵已停。

4. 浆液循环泵A/B/C入口排污阀

开允许：

（1）本循环浆泵已停止。

（2）入口阀已关。

5. 浆液循环泵A/B/C出口冲洗阀

开允许：

（1）循环泵停止。

（2）入口阀关。

（五）浆液排出系统

1. 浆液排出系统顺控启动/停止步序

（1）启动允许：吸收塔液位大于 1.5m（数值待定）。

启动步序：

第一步：关浆液排出泵入口电动门。执行时间：100s。

反馈：浆液排出泵入口阀已关。

第二步：关浆液排出泵入口排污阀。执行时间：100s。

反馈：浆液排出泵入口排污阀已关。

第三步：关石膏浆液排出泵出口电动门。执行时间：100s。

反馈：浆液排出泵出口电动门已关。

第四步：关浆液排出泵出口冲洗阀。执行时间：100s。

反馈：浆液排出泵出口冲洗阀已关。

第五步：开浆液排出泵入口阀。执行时间：100s。

反馈：浆液排出泵入口阀已开。

第六步：延时 30s，启动浆液排出泵。执行时间：100s。

反馈：浆液排出泵已启动。

第七步：延时 10s，开浆液排出泵出口阀。执行时间：100s。

反馈：浆液排出泵出口阀已开。

（浆液排出系统按 A、B 泵分二个顺控分别操作）

（2）停止步序：

第一步：关浆液排出泵出口阀。执行时间：100s。

反馈：浆液排出泵出口阀已关。

第二步：停止浆液排出泵。执行时间：100s。

反馈：浆液排出泵已停止。

第三步：延时 30s，关浆液排出泵入口阀。执行时间：100s。

反馈：浆液排出泵入口阀已关。

第四步：开浆液排出泵入口排污阀。执行时间：100s。

反馈：浆液排出泵入口排污阀已开。

第五步：延时 30s，开出口冲洗阀，执行时间：100s。

反馈：出口冲洗阀已开。

第六步：延时 30s，关出口冲洗阀。执行时间：100s。

反馈：出口冲洗阀已关。

第七步：延时 30s，关入口排污阀。执行时间：100s。

反馈：入口排污阀已关。

2. 浆液排出泵 A/B

（1）启动允许：

1）同侧的泵出口阀关。

2）同侧的泵入口阀开。

3）出口冲洗阀已关。

4）入口排污阀已关。

5）吸收塔液位大于1.5m。

6）浆液排出泵B已启动或石膏浆液排出泵B停止，且石膏浆液排出泵B出口门已关。

7）无事故跳闸。

（2）保护跳闸：

1）石膏浆液排出泵已启动30s且对应出口电动阀未开。

2）浆液排出泵运行中，入口阀未开。

3）浆液排出泵运行中，对应的出口冲洗阀未关（报警）。

4）浆液排出泵运行中，对应的入口排污阀未关（报警）。

5）吸收塔液位小于1.5m。

3. 浆液排出泵A/B入口阀

（1）开允许：同侧浆液排出泵入口排污阀、出口冲洗阀已关。

（2）关允许：同侧浆液排出泵停。

4. 浆液排出泵A/B入口排污阀

开允许：同侧浆液排出泵入口阀关。

5. 浆液排出泵A/B出口阀

开允许：同侧浆液排出泵运行或另一侧浆液排出泵出口阀关。

6. 浆液排出泵A/B出口冲洗阀

开允许：同侧浆液排出泵停止。

7. 吸收塔区排水坑泵

（1）启动允许条件：

1）无事故跳闸。

2）吸收塔排水坑液位大于LL。

3）自吸箱液位大于0.6m。

（2）连锁停：吸收塔排水坑液位小于LL。

8. 吸收塔区排水坑搅拌器

（1）启动允许条件：

1）无事故跳闸。

2）吸收塔排水坑液位大于LL。

（2）连锁启：排水坑液位大于3.2m。

（3）连锁停：吸收塔排水坑液位小于LL，延时2s。

（六）pH计冲洗系统

1. 顺控启动/停止步序

启动步序：

第一步：关pH计A（B）入口电动门。执行时间：100s。

反馈：pH计A（B）入口电动门已关。

第二步：开 pH 计 A（B）入口冲洗电动门，延时 60s。执行时间：100s。

反馈：pH 计 A（B）入口冲洗电动门已开。

第三步：关 pH 计 A（B）入口冲洗电动门。执行时间：100s。

反馈：pH 计 A（B）入口冲洗电动门已关。

第四步：开 pH 计 A（B）入口电动门。执行时间：100s。

反馈：pH 计 A（B）入口电动门已开。

第五步：延时 50s，关开 pH 计 A（B）入口电动门。执行时间：100s。

循环执行，2h 一次（人工设定冲洗时间，A 冲洗完成后延时 5min 再冲洗 B）；A 在冲洗时，切除 A 系统 pH 计测量数据（B 相同）。

2. pH 计 A、B 入口电动门

开允许：入口冲洗门已关，可手动开关该门。

3. pH 计 A、B 入口冲洗电动门

开允许：入口门已关，可手动开关该门。

三、浆液制备系统

（一）系统控制功能简介

1. 浆液制备系统顺控启动/停止步序

（1）启动允许条件：石灰石仓物位不低且石灰石浆液箱液位不高。

（2）启动步序：

第一步：启动磨机浆液循环箱搅拌器。执行时间：100s。

反馈：磨机浆液循环箱搅拌器已启动。

第二步：启动选择的磨机浆液循环系统。执行时间：1800s。

反馈：所选择的磨机浆液循环系统顺控启动完成，且选择的磨机浆液循环泵运行状态。

第三步：启动磨机 A/B。执行时间：100s。

反馈：磨机 A 运行状态。

第四步：延时 10s，启动石灰石皮带称重机。执行时间：100s。

反馈：石灰石皮带称重机已启动。

第五步：开石灰石皮带称重机闸门。执行时间：100s。

反馈：石灰石皮带称重机闸门已开。

（3）连锁停止：石灰石浆液箱液位大于 HH。

（4）停止步序：

第一步：关石灰石皮带称重机闸门。执行时间：100s。

第二步：停石灰石皮带称重机。执行时间：100s。

第三步：延时 20s，停磨机 A/B。执行时间：100s。

第四步：停磨机循环系统。执行时间：100s。

第五步：停磨机循环箱搅拌器。执行时间：100s。

2. 石灰石粉仓顶除尘器

启动允许：远程备妥且无故障报警。可手动启动停止该设备。

3. 石灰石卸料袋式除尘器

启动允许：远程备妥且无故障报警。可手动启动停止该设备。

（二）石灰石料输送系统

1. 石灰石皮带称重机 A/B 闸门

可手动开关本闸门。

2. 石灰石皮带称重机 A/B

（1）启动允许：

1）无变频器故障。

2）远方控制。

（2）跳闸保护：断料，堵料，跑偏，断链信号出现，延时 2s。石灰石浆液循环箱液位＞HH，连锁转速置为 0。

3. 磨机 A/B

（1）启动允许：

1）无保护动作。

2）无预告告警。

3）无断路器熔断。

4）电动机绕组小于 70℃。

5）电动机驱动端轴承温度小于 70℃。

6）电动机非驱动端轴承温度小于 70℃。

7）磨机循环箱液位小于 HH。

8）石灰石皮带称重机运行。

（2）保护跳闸：

1）电动机驱动端轴承温度大于 90℃，延时 5s。

2）电动机非驱动端轴承温度大于 90℃，延时 5s。

3）磨机浆液搅拌器停止，延时 10s。

4. 磨机 A/B 补给水阀

可手动开关该阀。

5. 磨机旋流器 A/B 返回湿磨阀

可手动开关该阀。

6. 磨机旋流器 A/B 返回磨机浆液循环箱阀

可手动开关该阀。

（三）磨机浆液循环系统

1. 系统顺控启动/停止步序

（1）启动允许：磨机浆液循环箱不低且浆液循环箱搅拌机已运行。

（2）启动步序：

第一步：关磨机浆液循环泵入口排污阀，出口冲洗阀。执行时间：300s。

反馈：入口排污阀，出口冲洗阀已关。

第二步：开磨机浆液循环泵入口阀。执行时间：100s。

反馈：入口阀已开。

第三步：启动磨机浆液循环泵。执行时间：100s。

反馈：磨机浆液循环泵已启动。

第四步：开磨机浆液循环泵出口阀。执行时间：100s。

反馈：出口阀已开（每个泵对应一个顺控，无备用）。

（3）停止步序：

第一步：停止磨机浆液循环泵。执行时间：100s。

反馈：磨机浆液循环泵已停止。

第二步：关磨机浆液循环泵出口阀。执行时间：100s。

反馈：出口阀已关。

第三步：关磨机浆液循环泵入口阀。执行时间：100s。

反馈：入口阀已关。

第四步：开磨机浆液循环泵入口排污阀。执行时间：300s。

反馈：入口排污阀已开。

第五步：开磨机浆液循环泵出口冲洗阀。执行时间：300s。

反馈：出口冲洗阀已开。

第六步：延时 60s，关磨机浆液循环泵出口冲洗阀。执行时间：300s。

反馈：出口冲洗阀已关。

第七步：延时 5s，关磨机浆液循环泵入口排污阀。执行时间：300s。

反馈：入口排污阀已关。

2. 磨机浆液循环泵 A/B

（1）启动允许：

1）另一泵出口门已关或泵已运行。

2）入口排污阀已关。

3）出口冲洗阀已关。

4）出口阀关。

5）入口阀开。

6）无事故跳闸信号。

7）磨机浆液循环箱液位不低。

8）浆液循环箱搅拌电机已运行。

（2）保护跳闸：

1）球磨机跳闸，延时 2s。

2）浆液循环箱搅拌电机已停，延时 30s。

3）泵运行 30s 后，出口门未开。

4）磨机浆液循环箱液位低低，延时 2s。

3. 磨机浆液循环泵入口阀 A/B

可手动开关本阀。

4. 磨机浆液循环泵入口排污阀 A/B

开允许：磨机循环泵已停。

5. 磨机浆液循环泵出口阀 A/B

1) 关允许：磨机循环泵已停。

2) 联锁开：磨机循环泵运行，延时 5s。

6. 磨机浆液循环泵出口冲洗阀 A/B

开允许：磨机再循环泵已停。

7. 磨机旋流器 A/B 至石灰石浆液箱阀

(1) 开允许：任一磨机浆液循环泵运行。

(2) 关允许：磨机浆液循环泵停止。

(3) 连锁开：石灰石浆液箱液位低。

(4) 连锁关：石灰石浆液箱液位高。

8. 磨机浆液循环箱搅拌器

(1) 启动允许：

1) 无事故跳闸。

2) 磨机浆液循环箱液位不低。

(2) 连锁停：磨机浆液循环箱液低低（磨机浆液搅拌器停止报警）。

9. 磨机浆液循环箱补给水阀

(1) 连锁开：磨机浆液循环箱液位低。

(2) 连锁关：磨机浆液循环箱液位高。

10. 滤液至磨制系统补给水总阀

可手动开关本阀门。

11. 工艺水至磨制系统补给水总阀

可手动开关本阀门。

(四) 石灰石浆液系统

1. 系统顺控启动/停止步序

(1) 启动允许：石灰石浆液箱液位不低低。

(2) 启动步序：

第一步：关石灰石浆液泵入口排污阀，出口冲洗阀。执行时间：300s。

反馈：石灰石浆液泵入口排污阀，出口冲洗阀已关。

第二步：开石灰石浆液泵入口阀，延时 2s。执行时间：100s。

反馈：石灰石浆液泵入口阀已开。

第三步：启动石灰石浆液泵，延时 2s。执行时间：100s。

反馈：石灰石浆液泵已启动。

第四步：开石灰石浆液泵出口阀。执行时间：100s。

反馈：石灰石浆液泵出口阀已开。

(3) 停止步序：

第一步：关石灰石浆液泵出口阀。执行时间：100s。

反馈：石灰石浆液泵出口阀已关。

第二步：停止石灰石浆液泵。执行时间：100s。

反馈：石灰石浆液泵已停止。

第三步：延时 10s，关石灰石浆液泵入口阀。执行时间：100s。

反馈：石灰石浆液泵入口阀已关。

第四步：开石灰石浆液泵入口排污阀。执行时间：300s。

反馈：石灰石浆液泵入口排污阀已开。

第五步：延时 30s，开出口冲洗阀。执行时间：300s。

反馈：出口冲洗阀已开。

第六步：延时 30s，关出口冲洗阀。执行时间：300s。

反馈：出口冲洗阀已关。

第七步：关入口排污阀。执行时间：300s。

反馈：入口排污阀已关。

2. 石灰石浆液泵 A/B

（1）启动允许：

1）另一泵停，或另一泵出口门已关。

2）出口冲洗阀已关。

3）入口排污阀已关。

4）出口阀关。

5）入口阀开。

6）石灰石浆液箱液位不低低。

7）无事故跳闸。

（2）保护跳闸：

1）石灰石浆液泵已启动与出口门未开，延时 30s。

2）石灰石浆液箱液位低低，延时 2s。

3. 石灰石浆液泵 A/B 入口阀

可手动开关本阀。

4. 石灰石浆液泵 A/B 入口排污阀

开允许：石灰石浆液泵已停。

5. 石灰石浆液泵 A/B 出口阀

可手动开关本阀。

6. 石灰石浆液泵 A/B 出口冲洗阀

开允许：本侧泵已停止。

7. 石灰石浆液箱搅拌器

（1）启动条件：

1）无事故跳闸。

2）石灰石浆液箱液位不低。

（2）连锁停：石灰石浆液箱液位低低，延时 2s。

四、石膏脱水

（一）系统控制功能简介

1. 启动/停止步序

（1）启动允许：

1）冲洗水箱液位不低。

2）滤液箱液位不高。

启动步序：

第一步：启动选择的滤布冲洗水泵。执行时间：100s。

反馈：所选择的冲洗水泵已启动（三选二）。

第二步：延时5s，以常速启动真空皮带脱水机。执行时间：100s。

第三步：延时60s，开真空泵密封水阀。执行时间：100s。

反馈：真空泵密封水阀已开。

第四步：延时5s，启动真空泵。执行时间：100s。

反馈：真空泵已启动。

第五步：延时60s，打开石膏浆液至旋流站进口电动门。执行时间：100s。

反馈：石膏浆液至旋流站进口电动门已开。

第六步：延时60s真空皮带脱水机速度控制投入自动。执行时间：100s。

反馈：真空皮带脱水机速度控制已投入自动。

（2）停止步序：

第一步：关石膏浆液至旋流站进口电动门。执行时间：100s。

反馈：石膏浆液至旋流站进口电动门已关。

第二步：延时60s，设定真空皮带脱水机速度为10Hz。执行时间：300s。

反馈：石膏脱水皮带机速度为10Hz。

第三步：停止真空泵。执行时间：100s。

反馈：真空泵已停止。

第四步：关密封水阀，延时5s。执行时间：100s。

反馈：密封水阀已关。

第五步：停真空皮带脱水机。执行时间：100s。

反馈：真空皮带脱水变频器已停止。

第六步：停止选择的滤冲洗水泵。执行时间：100s。

反馈：所选择的冲洗泵已停。

2. 真空皮带脱水机

（1）启动允许：

1）无滤布冲洗水箱液位低报警。

2）无真空泵工作水流量报警。

3）无真空盒密封水流量报警。

4）无滑台润滑水流量报警。

5）无滤布冲洗水流量报警。

6）无滤饼淋洗水流量报警。

7）无变频器故障。

8）操作信号切换到远程。

9）真空泵密封水流量正常。

10）无滤布跑偏及皮带跑偏信号。

11）无滤布张紧（拉断）。

12）真空泵未运行。

（2）跳闸条件：

1）真空箱密封水流量低低，延时 2s。

2）滤布跑偏，延时 5s。

3）滤布张紧（拉断），延时 5s。

3.真空泵 A/B

（1）启动允许条件：

1）无事故跳闸。

2）真空泵密封水流量正常。

3）真空泵密封水阀已开。

4）滤液水箱液位不高。

5）无排液罐 A 液位高报警。

（2）跳闸条件：

1）滤液水箱液位高。

2）真空泵密封水流量低。

3）真空泵密封水门未开。

4.真空泵密封水阀 A/B

可手动开关本阀。

5.排出石膏浆液至石膏旋流器排空阀

可手动开关本阀门。

6.排出石膏浆液至石膏旋流器管道阀

可手动开关本阀。

7.排出石膏浆液至石膏旋流器 A/B 阀

可手动开关本阀。

五、废水系统

（一）旋流站给料系统

1.系统顺控启动/停止步序

（1）启动允许：废水给料箱液位不低。

（2）启动步序：

第一步：关废水旋流站给料泵出口冲洗阀，入口排污阀。执行时间：300s。

反馈：出口冲洗阀，入口排污阀已关。

第二步：开废水旋流站给料泵入口阀。执行时间：100s。

反馈：入口阀已开。

第三步：启动废水旋流站给料泵。执行时间：100s。

反馈：废水旋流站给料泵已启动。

第四步：开废水旋流站给料泵出口阀。执行时间：100s。

反馈：出口阀已开。

（3）停止顺控：

第一步：停止废水旋流站给料泵。执行时间：100s。

反馈：废水旋流站给料泵已停止。

第二步：关废水旋流站给料泵入口阀。执行时间：100s。

反馈：入口阀已关。

第三步：关废水旋流站给料泵出口阀。执行时间：100s。

反馈：出口阀已关。

第四步：开废水旋流站给料泵入口排污阀，执行时间：100s。

反馈：入口排污阀已开。

第五步：延时20s，开废水旋流站给料泵出口冲洗阀。执行时间：100s。

反馈：出口冲洗阀已开。

第六步：关废水旋流站给料泵出口冲洗阀，执行时间：100s。

反馈：出口冲洗阀已关。

第七步：延时20s，关废水旋流站给料泵入口排污阀，执行时间：100s。

反馈：入口排污阀已关。

2. 废水旋流站给料泵

（1）启动允许：

1）入口排污阀已关。

2）出口冲洗阀已关。

3）出口阀关。

4）入口阀开。

5）废水给料箱液位不低。

6）无事故跳闸。

（2）停止允许：出口阀关。

（3）保护跳闸：

1）石灰石浆液泵已启动与出口门未开，延时30s。

2）废水给料箱液位低低，延时2s。

3. 废水旋流站给料泵入口阀

可手动开关本阀。

4. 废水旋流站给料泵入口排污阀

开允许：废水旋流站给料泵已停。

5. 废水旋流站给料泵出口阀

可手动开关本阀。

6. 废水旋流站给料泵出口冲洗阀

开允许：废水旋流站给料泵已停。

7. 废水旋流站给料箱搅拌器

（1）启动条件：

1）无事故跳闸。

2）废水给料箱液位不低。

（2）连锁停：废水给料箱液位低低。

（二）废水泵系统

废水泵 A/B：

（1）启动允许：

1）废水箱液位不低。

2）无事故跳闸。

（2）保护跳闸：废水箱液位低低，延时 2s。

（3）连锁启动：投入连锁后，可手动启动任意一泵，则另一泵为备用，运行中的泵跳闸后，联另一泵自动启动。

六、滤液系统

（一）滤液系统

1. 滤液泵 A/B

（1）启动允许：

1）滤液箱液位不低。

2）无事故跳闸。

（2）保护跳闸：滤液箱液位低低，延时 2s。

（3）连锁启动：投入连锁后，可手动启动任意一泵，则另一泵为备用，运行中的泵跳闸后，连锁另一泵自动启动。

2. 滤液箱搅拌器

（1）启动条件：

1）无事故跳闸。

2）滤液箱液位不低。

（2）连锁停：滤液箱液位低低。

（二）滤液冲洗系统

1. 滤布冲洗水泵 A/B/C

（1）启动允许条件：

1）无事故跳闸。

2）无滤布冲洗水箱液位低报警。

（2）跳闸条件：冲洗水箱液位低低。

（3）连锁启动：连锁投入，运行中的 2 台泵，任一台跳闸，连锁启动未运行的备用泵。

2. 冲洗水箱补给水阀

（1）连锁开：冲洗水箱液位低。

（2）连锁关：冲洗水箱液位高。

七、工艺水及事故浆液系统

（一）工艺水系统

1. 工艺水泵 A/B

（1）启动允许：

1）工艺水箱液位不低。

2）无事故跳闸。

（2）保护跳闸：工艺水箱液位低低。

（3）连锁启动：投入连锁后，可手动启动任意一泵，则另一泵为备用，运行中的泵跳闸后，连锁另一泵自动启动。

2. 工艺水箱进水阀

（1）连锁开：工艺水箱液位低。

（2）连锁关：工艺水箱液位高。

3. 除雾器冲洗水泵 A/B/C

（1）启动允许：

1）工艺水箱液位不低。

2）无事故跳闸。

（2）保护跳闸：工艺水箱液位低低（注：除雾器冲洗水泵保护跳闸液位较工艺水泵跳闸液位略高出 20%，目的是避免因除雾器冲洗水泵出水量大，造成工艺水箱液位低而跳停工艺水泵，继而导致 FGD 系统误跳闸）。

（3）连锁启动：投入连锁后，可手动启动任意两台泵，则另一泵为备用，运行中的泵跳闸后，连锁另一泵自动启动（有烟气通过和工艺水泵同时启动）。

（二）事故浆液系统

1. 事故浆液箱排出泵

（1）启动允许：

1）事故浆液箱液位不低。

2）无事故跳闸。

（2）保护跳闸：事故浆液箱液位低低。

（3）连锁启动：投入连锁后，可手动启动任意一台泵，则另一泵为备用，运行中的泵跳闸后，连锁另一泵自动启动。

2. 事故浆液箱搅拌器

（1）启动条件：无事故跳闸及控制回路断线。

（2）连锁启：事故浆液箱液位不低。

（3）连锁停：事故浆液箱液位低低。

（三）GGH 冲洗水坑系统

1. GGH 冲洗水坑泵 A/B

（1）启动允许：

1）GGH 冲洗水坑液位不低。

2）无事故跳闸。

（2）保护跳闸：GGH 冲洗水坑液位低低。

（3）连锁启动：投入连锁后，可手动启动任意一台泵，则另一泵为备用，运行中的泵跳闸后，连锁另一泵自动启动。

3. GGH 冲洗水坑搅拌器

（1）启动条件：无事故跳闸。

（2）连锁启：投入连锁后，GGH 冲洗水坑液位不低。

（3）连锁停：投入连锁后，GGH 冲洗水坑液位低低。

（四）石膏脱水区排水坑泵系统

1. 石膏脱水区排水坑泵

（1）启动允许：

1）石膏脱水区排水坑液位不低。

2）无事故跳闸。

（2）保护跳闸：石膏脱水区排水坑液位低低。

2. 石膏脱水区排水坑搅拌器

（1）启动允许：无事故跳闸。

（2）联锁启：石膏脱水区排水坑液位不低。

（3）联锁停：石膏脱水区排水坑液位低低。

八、脱硫废水系统

1. 系统的启动

（1）启动脱硫废水提升泵，向三联箱输送脱硫废水。

（2）当中和箱、沉降箱、絮凝箱的水位至搅拌器叶片以上时，依次启动中和箱搅拌器、沉降箱搅拌器、絮凝箱搅拌器。

（3）投运石灰乳加药装置，向中和箱中加石灰乳溶液。

（4）投运混凝剂加药装置，向沉降箱内加混凝剂。

（5）投运有机硫加药装置，向沉降箱内加有机硫。

（6）当絮凝箱出水后，启动助凝剂加药装置。

（7）启动澄清池刮泥机，启动刮泥机时要严格监视电动机和减速机的转动情况，发现异常振动或杂音，应该立即停车并查明原因。

（8）清水池进水后，启动清水池搅拌器，投运盐酸加药装置，使 pH 值维持在 6.0～9.0。

（9）投运次氯酸钠加药装置，向清水池加次氯酸钠。

（10）当清水池液位高液位时，启动清水泵。

2. 系统运行中监视及维护

（1）脱硫废水系统出水水质：pH 值 6.0～9.0，悬浮物≤70mg/L，CODcr≤150mg/L，总汞≤0.05mg/L。

（2）注意监视各加药计量箱和各箱体液位正常。

（3）定期检测脱硫废水来水含固量≤1.5%，发现超标及时调整废水旋流系统。

（4）澄清池应定期进行排泥操作。

（5）严格监视废水收集池、中和箱、清水池的 pH 控制，及时调整加药量，防止超标。

（6）控制脱水后污泥含水量≤60%。

（7）检查加药泵、废水提升泵、澄清池刮泥机、污泥输送泵、污泥循环泵、清水泵、脱水机工作正常。

3. 系统的停运

（1）停运废水旋流器，停运废水提升泵、清水泵。

（2）停运脱水机、污泥循环泵、污泥输送泵，开启工业水冲洗门对泵及管道冲洗排放后。

（3）停运石灰乳加药装置、凝聚剂加药装置、有机硫加药装置、助凝剂加药装置、盐酸加药装置、次氯酸钠加药装置。

（4）废水系统短期停运时，石灰乳制备箱搅拌器、石灰乳计量箱搅拌器、中和箱搅拌器、沉降箱搅拌器、絮凝箱搅拌器、澄清池刮泥机、废水收集池搅拌器、清水箱搅拌器继续维持运行，其他设备可以停运。

（5）长期停运时，排空石灰系统的所有石灰乳溶液，冲洗管路和石灰乳循环泵、石灰乳计量泵，以防止结垢。往废水收集池内注工艺水并启动废水提升泵，置换系统内所有废水。此时中和箱、沉降箱、絮凝箱和澄清池刮泥机不停，如此反复几次，直至废水收集池内的废水和三联箱的废水较清澈为止。放空澄清池内的泥水至第一个视镜处。停运废水系统所有搅拌器和澄清池刮泥机。pH计用盐酸清洗后卸下电极进行保护，热工设备断电停用。

第四节 脱硫装置的运行特性及注意事项

一、影响脱硫率的因素分析

湿法烟气脱硫效率与原烟气参数和设备运行方式等有直接关系，而且许多因素是协同作用的。

石灰石湿法烟气脱硫工艺涉及一系列的物理和化学过程，脱硫效率取决于多种因素。主要的影响因素包括：

（1）吸收塔入口烟气参数，如烟气温度、SO_2浓度、氧量；

（2）石灰石粉的品质、消融特性、纯度和粒度分布等；

（3）运行因素，如浆液浓度、浆液的pH值、吸收液的过饱和度、液气比L/G等。另外，脱硫系统的压力损失、石灰石消耗量、电耗、水耗等也与运行工况有关系。

（一）吸收塔入口烟气参数对脱硫效率的影响

1. 烟气温度的影响

脱硫效率随吸收塔进口烟气温度的降低而增加，这是因为脱硫反应是放热反应，温度升高不利于脱除SO_2化学反应的进行。实际的石灰石湿法烟气脱硫系统中，通常采用GGH装置，或者在吸收塔前布置喷水装置，降低吸收塔进口的烟气温度，以提高脱硫效率。

2. 烟气中SO_2浓度的影响

按照某一入口SO_2浓度设计的FGD装置，当烟气中SO_2浓度升高时，脱硫效率会有所下降。图5-2为本工程FGD装置去除率与原烟气SO_2浓度的关系曲线。图中的基准工况条件为：FGD入口烟气流量：1 210 800m^3/h（湿基、实际O_2<BMCR>）；入口SO_2浓度：1041.5mg/m^3（标态、干基、实际O_2）。石灰石的耗量也会随着原烟气SO_2浓度的增加而增加，其关系曲线如图5-3所示，其中，石灰石纯度为90wt%（按$CaCO_3$，按2台300MW机组考虑）。

3. FGD入口烟气流量的影响

FGD入口烟气流量增加，烟气在吸收塔内的停留时间缩短，所以导致脱硫效率会降低，如图5-4所示。

4. 烟气中O_2浓度的影响

在吸收剂与SO_2反应过程中，O_2参与其中化学过程，使HSO_3^-氧化成SO_4^{2-}。在烟气

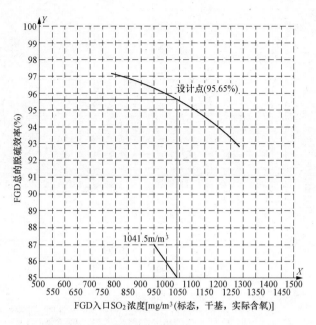

图 5-2　SO₂ 去除率与原烟气 SO₂ 浓度的关系

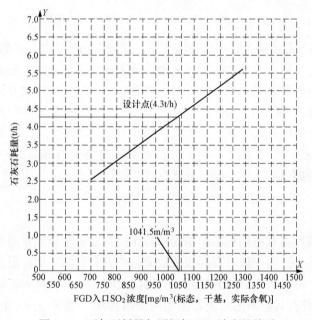

图 5-3　石灰石耗量与原烟气 SO₂ 浓度的关系

量、SO_2 浓度、烟气温度等参数一定的情况下，烟气中 O_2 浓度对脱硫效率有影响。随着烟气中 O_2 含量的增加，脱硫效率有增大趋势；当烟气中 O_2 含量增加到一定程度后，脱硫效率的增加逐渐减缓。随着烟气中 O_2 含量的增加，吸收浆液滴中 O_2 含量增加，加快了脱硫的正向化学反应过程，有利于 SO_2 的吸收，脱硫效率呈现上升趋势。但是，并非烟气中 O_2 浓度越高越好。因为烟气中 O_2 浓度很高则意味着系统漏风严重，进入吸收塔的烟气量大幅度增加，烟气在吸收塔内的停留时间减少，导致脱硫效率下降。

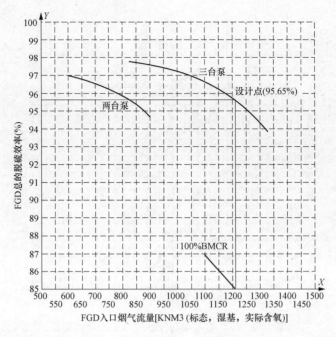

图 5-4 SO_2 去除率与 FGD 入口烟气流量的关系

5. 烟气含尘浓度的影响

锅炉烟气经过高效静电除尘器之后,烟气中飞回浓度仍然较高,一般在 $100\sim300mg/m^3$（标准状态下）。经过吸收塔洗涤之后,烟气中的绝大部分飞灰留在了浆液中。浆液中的飞灰在一定程度上阻碍石灰石的消融,降低了石灰石的消融速率,导致浆液 pH 值降低,脱硫效率下降。同时飞灰中溶出的一些重金属,如 Hg、Mg、Cd、Zn 等离子会抑制 Ca^{2+} 与 HSO_3^- 的反应,进而影响脱硫效果。某燃煤电站由于电除尘器故障,导致含尘浓度很高的烟气进入 FGD,脱硫效率由 95% 降低至 73%。此外,飞灰还会降低副产品石膏的白度和纯度,增加脱水系统管路堵塞、结垢的可能性。

（二）石灰石的品质、纯度和粒度对脱硫效率的影响

1. 石灰石品质和纯度的影响

石灰石中的杂质对石灰石颗粒的消融起阻碍作用,并且杂质含量越高,这种阻碍作用越强。石灰石粉中 Mg、Al 等杂质对提高脱硫效率虽然有有利的一面,但是更不利的是,当吸收塔 pH 降低至 5.1 时,烟气中的 F^- 与 Al^{3+} 化合成 F—Al 复合体,形成包膜覆盖在石灰石颗粒表面。Mg^{2+} 的存在对包膜的形成有很强的促进作用。这种包膜的包裹引起石灰石的活性降低,也就降低了石灰石的利用率。另一方面,杂质 $MgCO_3$、Fe_2O_3、Al_2O_3 均为酸易溶物,它们进入吸收塔浆液体系后均能生成易溶的镁、铁和铝盐类。由于浆液的循环,这些眼泪会逐渐富集起来,浆液中大量增加非 Ca^{2+} 离子,将弱化 $CaCO_3$ 在溶液体系中的溶解和电离。所以,石灰石中这些杂质含量较高,会影响脱硫效果。此外,石灰石中的杂质 SiO_2 难以研磨,若含量高会导致研磨设备功率消耗大、系统磨损严重。石灰石中的杂质含量高,必定导致脱硫副产品石膏品质的下降。

因此,石灰石品质高,其消融特性好,浆液吸收 SO_2 等相关反应速度快,这对提高脱硫效率和石灰石的利用率是有利的。

由于石灰石纯度越高价格也越高，因此，采用高纯度的石灰石做脱硫剂将使系统运行成本增加，但这可以通过出售高品位石膏加以弥补。

2. 石灰石粉粒度的影响

石灰石粉颗粒的粒度越小，质量比表面积就越大。由于石灰石的消融反应是固—液两相反应，其反应速率与石灰石粉颗粒比表面积成正相关。因此，较细的石灰石颗粒的消融性能好，各种相关反应速率较高，脱硫效率及石灰石的利用率较高，同时由于副产品脱硫石膏中石灰石含量低，有利于提高石膏的品质。但石灰石的粒度越小，破碎的能耗越高。通常要求石灰石粉通过 325 目（44μm）的过筛率达到 90%。

石灰石粉的粒度与石灰石的品质有关。为保证脱硫效率和石灰石利用率达到一定水平，当石灰石中杂质含量较高时，石灰石粉要磨制得更细一些。

（三）运行因素对脱硫效率的影响

1. 浆液 pH 值的影响

浆液 pH 值是石灰石湿法烟气脱硫系统的重要运行参数。浆液 pH 值升高，一方面由于液相传质系数增大，SO_2 的吸收速率增大；另一方面，由于 pH 值较高（大于 6.（2）的情况下脱硫产物主要是 $CaSO_3 \cdot 1/2H_2O$，其溶解度很低，极易达到过饱和而结晶在塔壁和部件表面上，形成很厚的结垢，造成系统严重结垢。浆液 pH 值低，则 SO_2 的吸收速率减小，但结垢倾向减弱。当 pH 值降低到 4.0 以下时，浆液几乎不再吸收 SO_2。

由此可见，低 pH 值有利于石灰石的溶解和 $CaSO_3 \cdot 1/2H_2O$ 的氧化；而高 pH 值有利于 SO_2 的吸收，两者相互对立。因此，选择一合适的 pH 值对烟气脱硫反应至关重要。本工程浆液 pH 值为 5.4～5.6。

2. 液气比（L/G）的影响

液气比（L/G）是指脱硫塔内提供的脱硫剂浆液循环量与烟气体积流量的比例，是湿法烟气脱硫中的另一个重要的操作参数，常用来反映吸收剂量与吸收气体量之间的关系。提高液气比加强了气液两相的扰动，增加了接触反应时间或改变了相对速度，消除了气膜与液膜的阻力，加大了 $CaCO_3$ 与 SO_2 的反应机会和吸收的推动力，从而提高了 SO_2 的去除率。烟气中的 SO_2 被吸收剂完全吸收需要不断进行循环反应，增加浆液循环量有利于促进混合浆液中 HSO_3^- 氧化成 SO_4^{2-} 形成石膏，提高脱硫效率。运行经验表明脱硫率随 L/G 的增加而增加，特别是在 L/G 较低的时候，其影响更显著。增大 L/G，气相和液相的传质系数提高从而有利于 SO_2 的吸收，但停留时间随 L/G 比的增大而减小，削减了传质速率提高对 SO_2 吸收的有利强度。增大 L/G，吸收塔浆液循环泵的动力消耗大，对节能不利。而且气—液比过大时，会加重烟气带水现象，使排烟温度降得过低，加重 GGH 的工作负担，不利于烟气的抬升扩散。在实际运行中，对反应活性较弱的石灰石，可适当提高 L/G 比来克服其不利的影响。

图 5 - 5 所示为 SO_2 去除率与液气比 L/G 的关系，其条件为：FGD 入口烟气流量：1 210 800m³/h（湿基、实际 O_2＜BMCR＞）；入口 SO_2 浓度 1041.5mg/m³（标态、干基、实际 O_2）。

如果当原烟气中 SO_2 浓度或者 FGD 入口烟气流量偏离设计值，而又要求保证脱硫效率不低于设计值，可以通过调整液气比 L/G 的方法实现。图 5 - 5 和图 5 - 6 分别为液气比与

FGD 入口烟气流量的关系和液气比与原烟气 SO_2 浓度的关系。

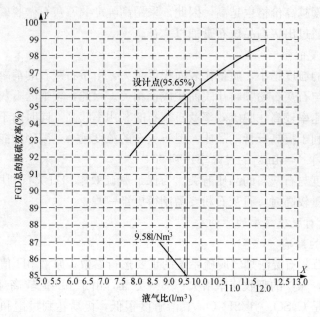

图 5-5　SO_2 去除率与液气比 L/G 的关系

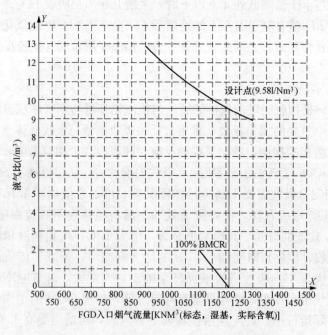

图 5-6　液气比与 FGD 入口烟气流量的关系

3. 钙硫比（Ca/S）的影响

钙硫比是指脱硫塔内烟气提供的脱硫剂所含钙的摩尔数与烟气中所含 SO_2 摩尔数的比例。钙硫比相当于洗涤每摩尔 SO_2 所用的石灰石的摩尔数。钙硫比高将有利于石灰石与 SO_2 的反应，提高烟气脱硫效率。但钙硫比大，则钙的利用率下降，浪费了吸收剂。一般石灰石湿法脱硫工艺的 Ca/S 为 1.01～1.50。

（四）负荷变化对压力损失及其他消耗的影响

负荷变化也会引起 FGD 系统压力损失、电耗和水耗的变化，其结果如图 5 - 7、图 5 - 8 所示。压力损失值是假定 FGD 运行在清洁的工况下。

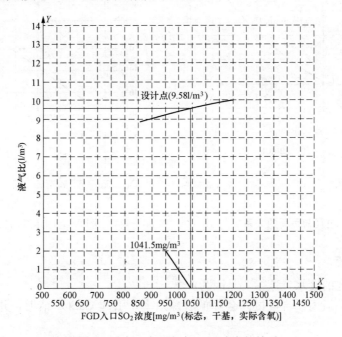

图 5 - 7　液气比与原烟气 SO₂ 浓度的关系

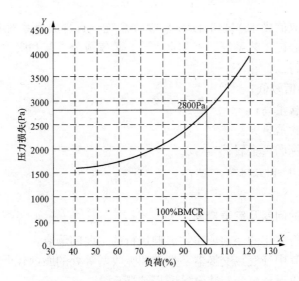

图 5 - 8　FGD 系统压力损失与负荷的关系

电耗为 2 台 300MW 机组 FGD 耗电量以及 2 台 300MW 机组 FGD 石灰石浆液制备系统、石膏脱水系统。水耗对应的 FGD 入口烟气湿度为 6.98vol％（湿基），适用于 2 台 300MW 机组 FGD 及对应的石膏脱水、石灰石制浆系统等，其结果如图 5 - 9～图 5 - 10

所示。

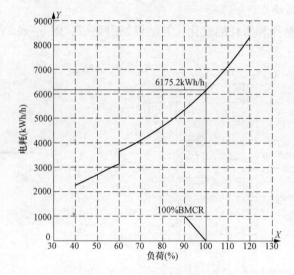

图 5-9 电耗与负荷的关系

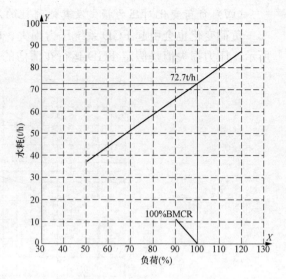

图 5-10 水耗与负荷的关系

二、脱硫系统

必须排放一定的废水，这主要是因为：

（1）吸收液中氯离子含量过高会降低脱硫效率，引起 $CaSO_4$ 结垢，并对设备材料产生不良影响。

（2）生成的副产物为石膏浆液，生产商对石膏的杂质含量有一定的要求，石膏需进行清洗和脱水处理。

烟气脱硫系统排放的废水一般来自 SO_2 吸收系统、石膏脱水系统和石膏清洗系统。废水的水量和水质，与脱硫工艺系统、工艺水水质、烟气成分、灰和吸收剂等多种因素有关。

脱硫废水的水质特征：

排水呈酸性，ph 值较低；

悬浮物和氟离子含量高；

氯离子浓度高，含盐量大；

含有多种浓度超标的重金属；

含有难处理的 COD 和氮化物；

废水排放量不大。

三、运行中存在的问题及完善措施

湿法脱硫装置运行多年的经验证实，影响运行的主要问题有：

（1）设备腐蚀。其中气气热交换器、烟道和吸收塔等处的腐蚀较严重。

（2）设备磨损。再循环泵和灰浆泵等磨损较严重。

（3）系统结垢。灰垢，软垢 Ca（SO_3）0.8（SO_4）0.2 带半个水分子，硬垢。

四、烟气脱硫系统运行注意事项

1. 吸收塔反应浆液的 pH 值

吸收塔浆液 pH 值影响烟气的脱硫效率，高 pH 值浆液有利于 SO_2 的吸收，而低 pH 则

有助于 Ca^{2+} 的溶出，选择合适的 pH 值对脱硫至关重要。

研究表明，当吸收液浓度较低时，化学传质的速度较低；当提高吸收液浓度时，传质速度也随之增大；当吸收液浓度提高到某一值时，传质速度达到最大值，此时吸收液的浓度称为临界浓度。

烟气脱硫的化学吸收过程中，适当提高吸收液的浓度，可以提高对 SO_2 的吸收效率，吸收液达到临界浓度时，脱硫效率最高。

当吸收液的浓度超过临界浓度之后，进一步提高吸收液的浓度，并不能提高脱硫效率。

为此应控制合适的 pH 值，此时脱硫效率最高，Ca/S 摩尔比最合理，吸收剂利用最佳。

根据工艺设计和调试结果，一般控制吸收塔浆液 pH 值在 5.0～5.4 之间，反应浆液密度在 $1080kg/m^3$ 左右，这样能使脱硫反应的 Ca/S 摩尔比保持在设计值 1.03 左右，获得较为理想的脱硫效率。

2. 吸收塔浆液循环泵

"液/气"比反映吸收剂量与吸收气体量之间的关系。

实践证明，增加浆液循环泵的投用数量或使用高扬程浆液循环泵，可使脱硫效率明显提高。这是因为加强了气液两相的扰动，增加了接触反应时间或改变了相对速度，消除气膜与液膜的阻力，加大了 $CaCO_3$ 与 SO_2 的接触反应机会，提高吸收的推动力，从而提高了 SO_2 的去除率。研究表明烟气中的 SO_2 被吸收剂完全吸收需要不断进行循环反应，增加浆液的循环量，有利于促进混合浆液中的 HSO_3—氧化成 SO_4^{2-} 形成石膏，提高脱硫效率。

但当液气比过大时，会加重烟气带水现象，使排烟温度降得过低，加重 GGH 的工作负担，不利于烟气的抬升扩散。一般在脱硫效率已达到环保要求的情况下，以选择较小的液/气比为宜。

在吸收塔内每层喷淋层均对应一台循环泵，最上一层喷淋层位置最高，与烟气接触洗涤的时间最长，有利于烟气和脱硫剂充分反应，相应的脱硫率也高。但最上一层比最下一层泵的扬程要高，正常运行电耗较高，不利于经济运行。

3. 烟气系统

原烟气中的飞灰在一定程度上阻碍了 SO_2 与脱硫剂的接触，降低了石灰石中 Ca^{2+} 的溶解速率，同时飞灰中不断溶出的一些重金属，如 Hg、Mg、Zn 等离子会抑制 Ca^{2+} 与 HSO_3^- 的反应。

过高的飞灰还会影响副产品石膏的品质，也是导致 FGD 各组成部分结垢的原因之一。

运行时应加强电除尘的管理工作，减少进入 FGD 系统的粉尘。

烟气温度低于设计值时将会影响脱硫后的烟气再热效应，对烟囱的防腐、散尘和 GGH 的膨胀间隙均不利。

GGH 长期运行后会引起积灰，导致通流面积减小、进出口压差增加，换热效率差，诱发增压风机喘振。

每班应定时吹扫，必要时停机处理，及时清除积灰。

4. 控制废水排放量

烟气中的 HCl 和飞灰被带入吸收塔浆液中，长期运行后浆液的 Cl^- 和飞灰中溶出的重金属离子浓度逐渐升高，重金属及浆液中过量的沉淀物都会对烟气 SO_2 的脱除有负面效应。

5. 脱硫增压风机

风机运行中检查除按通则进行外，还应注意：

（1）经常检查轴承油质正常。润滑管路必须充满油脂，油脂能自由流动。

（2）风机电动机油站工作正常，油箱油位正常，油压、油温正常，油质合格。油泵电动机工作稳定。

（3）经常检查进口导叶（入口静叶）连杆接头的磨损情况。确保入口静叶调整动作应灵活正确。

（4）调整风机负荷时，两台风机的负荷偏差不能过大，以防风机进入不稳定工况运行。

（5）启动第二台风机时，应将第一台风机的工作点下调至风机失速线最低点以下。

（6）启动第二台风机后应将两风机负荷调平衡。

（7）风机停止运行 2h 后，方可停运其轴承冷却风机。

五、FGD 装置的运行特性

（一）吸收塔反应浆液的 pH 值

随着烟气中 SO_2 含量的变化，吸收剂（石灰石浆液）的加入量以 SO_2 脱除率为函数。SO_2 负荷决定于干烟气体积流量和原烟气的 SO_2 含量。加入的 $CaCO_3$ 流量取决于 SO_2 负荷与 $CaCO_3$ 和 SO_2 摩尔比。随着吸收剂 $CaCO_3$ 的加入，吸收塔浆液将达到某一 pH 值。高 pH 的浆液环境有利于 SO_2 的吸收，而低 pH 则有助于 Ca^{2+} 的析出，因此选择合适的 pH 值对烟气脱硫反应至关重要。有关研究资料表明，应用碱液吸收酸性气体时，碱液浓度的高低对化学吸收的传质速度有很大的影响。当碱液的浓度较低时，化学传质的速度较低；当提高碱液浓度时，传质速度也随之增大；当碱液浓度提高到某一值时，传质速度达到最大值，此时碱液的浓度称为临界浓度。烟气脱硫的化学吸收过程中，以碱液为吸收剂吸收烟气中的 SO_2 时，适当提高碱液（吸收剂）的浓度，可以提高对 SO_2 的吸收效率，吸收剂达临界浓度时脱硫效率最高。

但是，当碱液的浓度超过临界浓度后，进一步提高碱液的浓度并不能提高脱硫效率。为此应控制合适的 pH 值，此时脱硫效率最高，Ca/S 摩尔比最合理，吸收剂利用率显示最佳的效果。

在调试时，做了这样一个试验：在连续一段时间（10h）内，人为调整石灰石浆液进吸收塔的流量，使浆液的 pH 值先从小到大，然后又逐渐减小，发现在一定范围内随着吸收塔浆液 pH 的升高，脱硫率一般也呈上升趋势，但当 pH＞5.8 后脱硫率不会继续升高，反而降低。pH＝5.9 时，石膏浆液中 $CaCO_3$ 的含量达到 2.98%，而 $CaSO_4 \cdot 2H_2O$ 含量也低于90%，显然此时 SO_2 与脱硫剂的反应不彻底，既浪费了石灰石，又降低了石膏的品质。pH 再下降时，石膏浆液中 $CaSO_4 \cdot 2H_2O$ 含量又回升了，$CaCO_3$ 百分含量则下降了，因此实际情况与理论推断相符。根据工艺设计和调试结果，一般控制吸收塔浆液 pH 值在 5.0～5.4 之间，反应浆液密度在 $1080kg/m^3$ 左右，这样能使脱硫反应的 Ca/S 摩尔比保持在设计值 1.028 左右，获得较为理想的脱硫效率。正常运行时比较设定的 pH 值和实际的 pH 值来控制石灰石的加入量，当出现不断补充 $CaCO_3$ 无法维持 pH 值，不能满足烟气脱硫的需要时，运行人员应从下列各方面加以控制：

（1）pH 仪是否需要校正；

（2）原烟气、净烟气的 SO_2 浓度含量是否出现测量偏差；

（3）石灰石（粉）仓料位是否低于最低限定料位，石灰石浆液罐的液位、制浆水源是否正常，石灰石（粉）的品质是否合格，密度是否控制在规定范围，一般石灰石浆液密度在 $1250kg/m^3$ 左右；

（4）石灰石浆液补充到吸收塔管线上的调节阀是否正常工作，给料管线是否堵管等，从而排除故障点以维持正常运行的 pH 值。

（二）吸收塔浆液循环泵

在湿法烟气脱硫技术中常用"液/气"比来反映吸收剂量与吸收气体量之间的关系。实践证明，增加浆液循环泵的投用数量或使用高扬程浆液循环泵可使脱硫效率明显提高。这是因为加强了气液两相的扰动，增加了接触反应时间或改变了相对速度，消除气膜与液膜的阻力，加大了 $CaCO_3$ 与 SO_2 的接触反应机会，提高吸收的推动力，从而提高了 SO_2 的去除率。

研究表明烟气中的 SO_2 被吸收剂完全吸收需要不断进行循环反应，增加浆液的循环量，有利于促进混合浆液中的 HSO_3^- 氧化成 SO_4^{2-} 形成石膏，提高脱硫效率。但当液气比过大时，会增加烟气带水现象．使排烟温度降得过低，加重 GGH 的工作负担，不利于烟气的抬升扩散。一般在脱硫效率已达到环保要求的情况下，以选择较小的液/气比为宜。在吸收塔内每层喷淋盘均对应一台循环泵，排列顺序为 1、2、3、4 号自下而上，4 号循环泵对应的喷淋盘位置最高，与烟气接触、洗涤的时间最长，因此投运 4 号循环泵有利于烟气和脱硫剂充分反应，相应的脱硫率也高。但 4 号循环泵的扬程要比 1 号循环泵的扬程高 5.1m，正常运行电耗高出 35kW/h 左右，故不利于经济运行。为此在运行实践中对浆液循环泵运行方式进行了优化试验见表 5-1。

表 5-1　　　　　　　　　　某电厂经过试验浆液循环泵优化投入运行表

处理烟气量	投用泵序号	脱硫率（％）	处理烟气量	投用泵序号	脱硫率（％）
处理 1 台炉的烟气量 130～140m³（标准状态）	1+2	92～93	处理 2 台炉的烟气量 270～280m³（标准状态）	1+2+3	93～94
	1+3	93～94		1+2+4	95～96
	2+3	94～95		1+2+3+4	98～99
	1+4	95～96		1+3+4	95～97
	2+4	96～97		2+3+4	96～98
	3+4	97～98			
	1+2+3	98～99			
	2+3+4	＞99			

注　运行工况为氧化风机投 2 台；烟气进口 SO_2 浓度 1600～2500mg/m³（标准状态下）；氧量为 5.8％～7.2％；粉尘浓度小于 350mg/m³（标准状态下）；吸收塔浆液密度在 1085kg/m³ 左右；吸收剂石灰石浆液密度在 1120kg/m³ 左右；吸收塔浆液 pH 为 5.0～5.4。

实际是当烟气量和烟气中 SO_2 的含量发生较大变化时，pH 值的改变对脱硫效率的影响力度不够，可通过调整循环浆液泵的数量和组合控制液/气比来实现对脱硫效率的有效控制。

另外循环浆液泵使用中还应注意以下几点：

（1）切换操作时要特别注意石灰石浆液补充管线的切换，以确保新鲜吸收剂的补充。

（2）停用循环泵后要做好冲洗和注水工作（注水时母管压力应达到 0.05MPa），以防下次启动时气蚀给循环泵带来危害。

（3）长期运行后，随着吸收塔浆液中 $CaSO_3$ 垢增加，可能会引起浆液循环泵进口粗滤网局部堵塞，增加对循环泵叶轮与泵壳磨损和气蚀，引起出力下降等情况。运行人员应根据泵运行的出口压力、电流参数的变化，加以分析及早发现由于浆液的循环量的下降对液/气比产生的影响，并做好防范工作。

（三）氧化风机

烟气中的 SO_2 与石灰石反应生成的亚硫酸盐，必须经氧化后才能形成石膏。维持浆液中足够的氧量，有利于亚硫酸盐的转换，提高脱硫效率。但是，烟气中的氧量不能完全满足这一要求时，需要由氧化风机通过吸收塔的壁式搅拌器压力侧的喷嘴喷入塔内反应浆液中，浆液吸收 O_2 的能力随着压力的升高而增大，在搅拌器强涡流高剪切力的作用下，液体被强制地在空气泡周围流动而产生强烈的搅拌，使得 HSO_3^- 在液相中完全氧化成硫酸盐，推动化学吸收的进程。实践中发现在烟气量、SO_2 浓度、Ca/S 摩尔比、烟温等参数基本恒定的情况下随着 O_2 含量的增加，石膏的形成加快，其品质提高，脱硫率也呈上升趋势。并且采用 2 台氧化风机石膏中亚硫酸钙含量明显小于 1 台氧化风机运行时石膏中亚硫酸钙的含量。表 5-2 为 1 台与 2 台氧化风机运行的氧化效果的比较。

表 5-2　　　　　1 台与 2 台氧化风机运行的氧化效果比较（某电厂试验）

运行工况	石膏纯度（%）	亚硫酸钙含量（%）
1 台氧化风机运行	96.9	0.44
	94.3	0.50
	96.2	0.45
2 台氧化风机运行	97.2	0.10
	97.9	0.16
	98.6	0.12

运行人员可根据原烟气中 SO_2 的含量高低投停氧化风机。当烟气中氧量较高（＞7.5%）、原烟气中 SO_2 的含量低于 1600mg/m³（干状态）时，可考虑用 1 台氧化风机，以减少电耗；但当烟气中氧量小于 6.5%，处理的原烟气中 SO_2 的含量大于 2350mg/m³（干状态）时，应考虑开 3 台氧化风机；一般情况下投用 2 台。为提高氧化风机效率，设备维护人员应注意观察氧化风机滤网进口压差变化情况，压差过大时应立即清扫进口滤网，除去灰尘。保持吸收塔浆液内充足的反应氧量，不但是提高脱硫效率的需要，也是有效防止吸收塔和石膏浆液管路 $CaCO_3$ 垢物形成的关键所在。

（四）吸收塔的浆液密度

随着烟气与脱硫剂反应的进行，吸收塔的浆液密度不断升高。当密度大于一定值时混合浆液中 $CaSO_4 \cdot 2H_2O$ 的浓度已趋于饱和，对 $CaSO_4 \cdot 2H_2O$ 对 SO_2 的吸收有抑制作用，脱硫效率会有所下降。为了维持脱硫效率往往会补充过量的 $CaCO_3$，但这样不利于经济运行。当石膏浆液密度低于一定值时，其中部分 $CaCO_3$ 还没有完全反应。此时如果排出吸收塔，将导致石膏中 $CaCO_3$ 含量增高，影响石膏品质，且浪费了石灰石。运行中控制反应浆液密度为 1080mg/m³ 左右，将有利于 FGD 的高效经济运行。而控制吸收塔浆液密度的有效方法是使其能正常外排。正常运行时不管负荷如何，石膏浆液都会经外排泵从吸收塔中排入石膏旋流站，达到预先设定的最大值时，石膏旋流器的悬浮液将被送往石膏浆液罐，泵入脱水皮带上脱水后外运。直至达到预先设定的最小的固体浓度，然后浆液流再切换回吸收塔，此过程是根据浆液浓度变化不断循环往复的。

每次外排时要注意：

（1）石膏旋流站两路分配器的运行控制方式应为自动模式，且经常注视其状态，以确保石膏浆液箱液位稳定，浆液箱液位低于设定值将会造成真空皮带机的保护停运。

（2）重视石膏浆液外排泵和石膏浆液泵出口母管的压力监视工作，当压力偏离正常工作值时，应及时对管路的堵塞或缩孔的磨损情况及压力表本身进行检查判断，必要时可对泵的叶轮和泵壳磨损情况进行检查检修。

（3）对石膏浆液泵和管线应加强停运后的冲洗。

（4）真空泵密封水流量不够及真空皮带机滤布上的石膏厚度不均匀，都将会使设备保护停运。

（5）每班定期对石膏样品进行取样分析，以便根据化验结果对运行工况做必要的调整。

（五）吸收剂（石灰石）品质

石灰石粉的品质（纯度和细度）是影响脱硫效率的另一个重要因素。根据计算，为保证脱硫效率大于 95%，工程所需的石灰石粉中 $CaCO_3$ 的含量应大于 90%，细度大于 $32\mu m$，湿筛的剩余物应小于 10%，而小于 $20\mu m$ 时，湿筛的剩余物应为 70% 左右。石灰石粉细度受控于立式研磨机的通风量和分离器的转速。在磨机出力一定的情况下，磨机的通风量也基本上保持不变，因此磨机分离器的转速是调节石灰石粉细度的主要手段。随着分离器转速的提高，石灰石粉细度也越细，两者基本上呈线性变化关系。一般分离器转速大于 $250r/min$ 时，才能达到规定细度要求。

石灰石的消融特性如下：

（1）石灰石的活性及其影响因素：

1）石灰石的活性可用消融速率来表示。

2）石灰石的消融是制约脱硫反应速率的一个重要控制步骤之一。

3）石灰石的消融速率定义为单位时间内被消融石灰石的量。

4）石灰石的消融率定义为被消融石灰石的量占石灰石总量的百分比。

5）在相同的消融时间内，石灰石消融率大，则其消溶速率高。

（2）石灰石消融特性的影响因素：

1）石灰石品种的影响。石灰石的消融特性是反映石灰石活性的重要指标，石灰石的消融特性越好，则其活性也越高。因此，选择消溶特性好的石灰石做脱硫剂对提高脱硫反应速率是有利的。

2）消融时间的影响。对于实际运行的脱硫系统，消融时间可以用石灰石在消溶设备中的平均停留时间来表示。在反应初期，石灰石的消融率随消融时间的延长增加很快，随着反应进行，石灰石的消融率增加的幅度减小。在实际的石灰石浆液制备系统中，过长的消融时间并非有利。

3）温度的影响。

4）pH 值的影响。在 $CaCO_3$ 的消融过程中消融过程中要消耗 H^+，使浆液呈碱性。因此，降低浆液的 pH 值将使反应向有利于石灰石溶解的方向进行。

从图 5-11 中可以看到，随着 pH 值的减小，石灰石的消融率将增大。

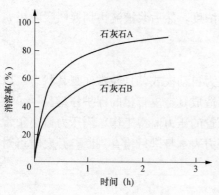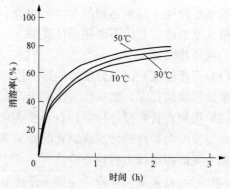

图 5-11　消融率与 pH 值的关系

5）SO_2 浓度的影响。含有 SO_2 的烟气经石灰石浆液洗涤，对石灰石的消融有正面影响。一方面，SO_2 溶于水可为浆液提供 H^+，浆液 pH 值降低，有利于石灰石的消融。另一方面，SO_2 溶于水后生成的 HSO_3^-，可进一步氧化为 SO_4^{2-}，SO_3^- 和 SO_4^{2-} 与 Ca^{2+} 反应生成的 $CaSO_3$ 和 $CaSO_4$ 沉淀物从溶液中析出，消耗 Ca^{2+}，使反应向有利于石灰石消融的方向进行，促进石灰石的消融。

从图 5-12 中可以看到，当烟气中 SO_2 浓度升高时，石灰石的消融率大幅度增加。

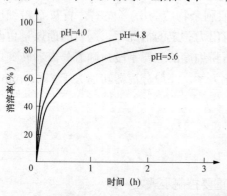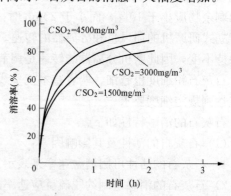

图 5-12　消融率与 SO_2 浓度的关系

6）氧浓度的影响。烟气中氧浓度对石灰石的消融特性有正面影响。当氧浓度较高时，随着氧浓度的增大，石灰石消融率明显增加。

7）CO_2 浓度的影响。烟气中 CO_2 浓度对石灰石的消融特性有正面影响，但影响很小。图 2-12 是烟气中 CO_2 浓度对石灰石消融率的影响。随着 CO_2 浓度的增大，石灰石消融率稍有增加。

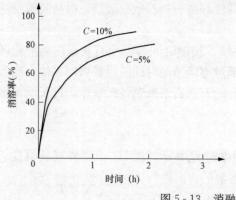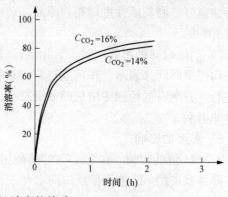

图 5-13　消融率与 CO_2 浓度的关系

8）Cl⁻浓度的影响。浆液中 Cl⁻浓度对石灰石的消融特性有明显的抑制作用。浆液中微量的 Cl⁻不利于石灰石的消融。浆液中含有微量的 Cl⁻，即可导致石灰石消融率的明显下降，见图 5-14。

（六）烟气系统

原烟气中的飞灰在一定程度上阻碍了 SO_2 与脱硫剂的接触，降低了石灰石中 Ca^{2+} 的溶解速率，同时飞灰中不断溶出的一些重金属，如 Hg、Mg、Zn 等离子会抑制 Ca^{2+} 与 HSO_3^- 的反应。过高的飞灰还会影响副产品石膏的品质，也是 FGD 各组成部分结垢的诱因之一。因此运行时还应加强电除尘的管理工作，减少进入 FGD 系统的粉尘。烟气温度低于设计值时将会影响脱硫后的烟气再热效应，对烟囱的防腐、散尘和 GGH 的膨胀间隙均不

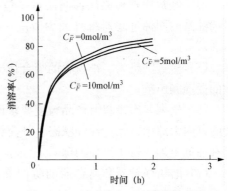

图 5-14 消融率与 Cl⁻浓度的关系

利。烟气的温度低于设计值或烟气粉尘浓度大于 $400mg/m^3 dr$ 时，保护会开启旁路烟气挡板，引起烟道压力波动，因此，合理调节增压风机动叶，维持烟道压力在 $+0.2 \sim -0.6kPa$ 的范围．以确保锅炉安全运行，运行中曾经出现过烟道负压过大，导致温度较低的净烟气通过旁路烟道重新引入 FGD 系统，引起 FGD 系统保护停运。GGH 长期运行后会引起积灰，导致通流面积减小、进出口压差增加，不但换热效率差．还会诱发增压风机喘振。除每班必须进行高压空气吹扫外，必要时还应进行高压水清洗，以便及时清除积灰。

虽然系统是按照安全管理的需求进行设计和提供的，但是在日常运行中也必须遵守下列注意事项。

（1）在运行中，身体和衣服的任何部分都不得靠近泵和风机的联轴器或任何其他转动部件；

（2）检查或修理设备之前，即使设备不在运行中，也必须关断电源，而且还要关闭并锁住运行开关，并注意与烟气脱硫控制室保持密切的联系；

（3）在对气体/液体取样时，按要求穿戴好防护用具，了解气体/液体的各种属性；

（4）注意避免物体从上面落下；

（5）侧沟盖和人孔门打开时，要采取绳索捆绑等适当的措施，对已经打开的盖子，应设置醒目标志。

在例行检查中进入吸收塔和箱罐/坑时，必须遵守下面的要求：

1）进入吸收塔、风道或箱体/坑内部检查时，外部必须有人负责监护和联系，还要确保通风充分，并检查氧气表上的 O_2 浓度值是否符合要求。

2）系统内部的湿度较高，注意防止短路、电击，并确保有足够的通风。

3）进入的系统风道壁上，如果积有灰尘或粘有低 pH 值液体时，必须穿戴防护服，携带防护用具。

4）特别注意要与锅炉运行人员和现场检查人员保持密切联系，制定明确的命令制度，避免意外启动设备。在每次例行检查之前，建议配合锅炉侧，预先吹扫烟气脱硫系统。

（七）磨机正常运行调整

（1）不给料时，磨机不能长时间运转，以免损伤衬板消耗介质；

（2）均匀给料；

（3）定期检查磨机筒体内部的衬板和介质的磨损情况，对磨穿和破裂的衬板及时更换，对松动或折断的螺栓及时拧紧或更换，以免磨穿筒体；

（4）经常检查和保证各润滑点（包括主轴承密封环处）有足够和清洁的润滑油（脂），对稀油站的回油过滤器每月最少清洗一次，每半年要检查一次润滑油的质量，必要时更换新油；

（5）检查磨机大、小齿轮的啮合情况和对口螺栓是否松动，减速器在运转中不允许有异常的振动和声响；

（6）根据入磨物料及产品粒度要求调节钢球加入量及配比，并及时向磨机内补充钢球，使磨机内钢球始终保持最佳状态，补充钢球为首次加球中的最大直径规格（但如果较长时间没有加球也加入较小直径的球）；

（7）磨机联轴器和离合器的防护罩及其他安全防护装置完好可靠，并在危险区域挂警示牌；

（8）磨机在运转过程中，不得从事任何机体拆卸检修工作，当需要进入筒体内工作时，必须事先与有关人员取得联系，做好监控措施，如果在磨机运行时，观察主轴承内部情况，特别注意防止被端盖上的螺栓擦伤；

（9）对磨机辅机进行检查和维护修理时，只准使用低压照明设备，对磨机上零部件实施焊接时，注意接地保护，防止电流灼伤齿面和轴瓦面；

（10）主轴承及各油站冷却水温度和用量以轴承温度不超过允许的温度为准，可以适当调整；

（11）使用过程中制定定期检查制度，对机器进行维修；

（12）必须精心保养设备，经常打扫环境卫生，并做到不漏水、不漏粉、无油污、螺栓无松动、设备周围无杂物。

（13）避免系统外的杂物进入磨机系统，是磨机浆液出料口至石灰石浆液箱中间增加的浆液过滤槽，可以看到过滤掉的石灰石浆液中的大部分植物杂质，从而减轻整个脱硫系统设备的堵塞压力，正常运行中，应及时清除过滤槽内的杂物。

（八）石膏脱水系统

（1）严格控制石膏脱水系统的工作水量。石膏脱水系统工作水，包括真空皮带冲洗水、滤饼冲洗水、真空皮带冲洗水箱补充水、真空泵轴封水、真空泵工作水、冲洗水泵的轴封水等，工作水量过大将增加整个脱硫系统的水量，进而导致吸收塔液位升高，系统设备将因吸收塔液位高而受到不同程度的不良影响；工作水量过小将影响系统脱水能力；故在实际运行中运行人员要时刻注意检查脱水系统的工作水量，加以调整。在满足脱水效果的前提下将石膏脱水系统的工作水量减小至最小量运行，减轻脱硫系统液位压力。

（2）严格控制石膏旋流器入口石膏浆液的压力和流量的配比。在设计值范围内石膏旋流器入口石膏浆液的压力越高，固体液体分离效果越好。但当浆液压力超过设定值后，旋流器溢流量将增加，溢流量增加将直接导致废水量增加，最终将增加废水处理系统的工作压力。所以，在运行中应经常检查旋流站的工作状态，及时调整，保证旋流器在最佳工作状态下运行，减轻废水系统的处理压力。

（3）严格控制真空皮带机上的滤饼厚度。保持石膏脱水系统最佳工作状态，无论从安全性方面和经济性方面都将受益。滤饼过薄，一方面将减小脱水系统出力；另一方面将减小滤布的使用寿命，缩短检修周期最终降低石膏脱水系统设备的投运率。滤饼过厚，一方面将增加滤布磨损程度；另一方面滤布过负荷将有滤布断裂的危险。

第五节　FGD 装置的运行调整

一、FGD 装置运行调整的主要任务

（1）在主机正常运行的情况下，满足机组脱硫的需要；

（2）保证脱硫装置安全运行；

（3）精心调整，保持各参数在最佳工况下运行，降低各种消耗；

（4）保证石膏品质符合要求；

（5）保证机组脱硫率在规定范围。

二、FGD 装置运行调整的方法

1. 吸收塔液位调整

（1）吸收塔液位对于脱硫效果及系统安全影响极大，如吸收塔液位高，会缩短吸收剂与烟气的反应空间，降低脱硫效果，严重时甚至造成脱硫原烟气烟道和氧化空气管道进浆，以及石膏一级旋流站回浆不畅；如吸收塔液位低，会降低氧化反应空间，影响石膏品质，造成扰动泵停机。

（2）如果液位高，确认排浆管路阀门开关正确，控制系统无误，同时手动关闭除雾器冲洗水门及吸收塔补充水门，并关小滤液水至吸收塔的入口门（根据吸收塔浓度配合使用）；必要时可开启底部排浆门排浆至正常液位。如果液位低，确认吸收塔补充水管路无泄漏或堵塞，除雾器冲洗水喷雾正常，同时开大除雾器冲洗水门及吸收塔补充水门，并开大滤液水至吸收塔的入口门（根据吸收塔浓度配合使用）。

2. 吸收塔浓度调整

（1）吸收塔浓度调整对于整个脱硫装置的运行十分重要，如果调整不当，就可能造成管道及泵的磨损、腐蚀、结垢及堵塞，从而影响脱硫装置的正常运行。

（2）如果吸收塔浓度低，加大石膏旋流器底部回流，减小溢流回流；开大石灰石浆液给浆门，增大石灰石浆液给浆量；减小进入吸收塔的工艺水量，反之相反。

3. 脱硫率，pH 值及石灰石浆液给浆量调整

（1）给浆量的大小对脱硫装置的影响很大，如果给浆太少，就不能满足烟气负荷的脱硫要求，出口烟气含硫量增加，从而降低脱硫率。如果给浆太多，就可能使石膏中石灰石含量增加，从而降低石膏纯度。

（2）正常运行时，给浆量可根据 pH 值（正常值为 5.2～5.6）、出口 SO_2 浓度及石灰石浆液浓度综合进行调节，pH 值及石灰石浆液浓度降低时，可加大给浆量；当出口 SO_2 浓度增加时，可适当增加石灰石给浆量。

（3）若脱硫率太低，就地检查喷嘴喷雾情况，同时加大给浆量；必要时可增加再循环泵投运数量。

4. 石膏品质调整

（1）若石膏水分含量大于 10%，及时调整脱水机给浆量或转速，保证脱水机真空度正

常，石膏厚度在 $25\sim30mm$ 的合格范围。

(2) 若石膏中含粉尘过大，汇报值长，通知锅炉班长和除尘值班员，提高除尘效率，降低原烟气中粉尘含量。

(3) 若石膏中 $CaCO_3$ 余量过多，及时调整给浆量，并及时联系化学化验石灰石浆液品质及石灰石原料品质；如果石灰石浆液粒径过粗，调整该细度在合格范围；如果石灰石原料中杂质过多，则通知石灰石供料单位，保证石灰石原料品质在合格范围。

(4) 如石膏中 $CaSO_3$ 余量过多，及时调整氧化空气量，以保证吸收塔氧化池中 $CaSO_3$ 充分氧化。

5. 制浆系统的调整

制浆系统调整的主要任务是：保证制出的石灰石浆液浓度为 $1.4\sim1.5t/m^3$，石灰石浆液品质合格，并使制浆系统经常在最佳出力下运行，以满足脱硫装置安全、经济运行的需要。

6. 制浆系统出力的影响因素

(1) 给料量；

(2) 球磨机给料粒径；

(3) 球磨机入口进水量；

(4) 钢球装载量及钢球大小配比；

(5) 旋流子投运个数；

(6) 物料可磨性系数；

(7) 球磨机出口水力旋流器分离效果及系统是否有杂物堵塞。

7. 制浆系统的调整手段

(1) 运行中严格控制石灰石给料和进入球磨机滤液量的配比；

(2) 运行中若发现球磨机电流小于正常值，及时补充合格的钢球；

(3) 及时调整称重皮带机转速，以保证球磨机内给料量合适；

(4) 及时调整磨机浆液循环箱位在 $1.00m$ 之内，严禁磨机浆液循环箱溢流；

(5) 进入球磨机的石灰石粒径应小于 $20mm$，若运行中发现球磨机给料粒径过大，及时汇报专业，联系原料供给部门；

(6) 运行中若石灰石浆液品质不符合要求，且通过调整仍不合格时，及时通知化学化验石灰石给料品质。

第六节 FGD 系 统 事 故 处 理

一、事故处理的一般原则

(1) 发生事故时，当班主值在值长的直接领导下，领导全班人员迅速果断地按照现行规程或原则处理事故。

(2) 发生事故时，运行人员应综合参数的变化及设备异常现象，正确判断和处理事故。防止事故扩大，限制事故范围或消除事故的根本原因；在保证设备安全的前提下迅速恢复脱硫系统正常运行，满足机组脱硫的需要。在机组确已不具备运行条件或继续运行对人身、设备有直接危害时，应停运脱硫装置。

（3）运行人员应视恢复所需时间的长短使 FGD 进入短时停机、中期停机，或长期停机状态；在处理过程中应首先考虑出现浆液在管道内堵塞，在吸收塔、箱、罐、池及泵体内沉积的可能性，尽快排放这些管道和容器中的浆液，并用工艺水冲洗干净。

（4）在电源故障情况下，应尽快恢复电源，启动各搅拌机和冲洗水泵、工艺水泵、BUF 电动机润滑油泵、BUF 密封风机运行。如果 8h 内不能恢复供电，泵、管道、容器内的浆液必须排出，并用工艺水冲洗干净。

（5）当发生运行规程没有列举的事故时，运行人员应根据经验和判断，主动采取对策，迅速处理。

（6）事故处理结束后，运行人员应实事求是地把事故发生的时间、现象及所采取的措施等记录在工作记录本上，并汇报有关领导。

（7）值班中发生的事故，下班后应由值长、主值召集有关人员，对事故现象的特征、经过及采取的措施认真分析，总结经验教训。

二、常见故障、原因及处理措施

（一）连锁保护紧急停机

1. 连锁保护紧急停机动作条件

（1）3 台浆液循环泵同时出现故障；

（2）正常运行时原烟气挡板未开；

（3）净烟气挡板未打开；

（4）FGD 系统失电；

（5）烟气换热器故障停运（主辅电动机同时故障超过规定时间）；

（6）增压风机故障停运；

（7）锅炉 MFT 动作；

（8）6kV 电源中断。

2. 紧急停机后的联动操作

（1）增压风机旁路挡板紧急开；

（2）增压风机旁路挡板开到位，停增压风机；

（3）若吸收塔入口烟温高时，打开吸收塔入口事故冷却水门以保护吸收塔内衬，若吸收塔入口烟温超过 160℃延时 30s，锅炉 MFT。

（二）非连锁保护停机

（1）烟道压力超出允许范围；

（2）FGD 入口烟气灰尘浓度超标，除尘器全部故障停运。

（3）仪用空气短缺，长时间不能恢复正常；

（4）工艺水失去不能满足需求；

（5）GGH 运行异常，烟气差压和烟温超标；

（6）石灰石制备系统故障不能供给石灰石浆液时；

（7）生产现场和控制室发生如火灾等以外情况危及设备和人身安全时；

（8）石膏脱水系统故障长时间不能恢复时。

三、FGD 系统保护

当 FGD 系统产生保护信号时，如 2/3 以上循环泵都停运、FGD 入口温度超过允许的最大值 160℃等，FGD 系统保护程序启动，以安全方式关闭 FGD 系统，并按以下步骤进行。

（一）紧急停运关闭 FGD 系统的步骤

（1）打开增压风机旁路烟气挡板；

（2）紧急停运锅炉；

（3）停运增压风机，关闭 FGD 入口烟气挡板。

（二）运行人员必须就地检查并确认（可手动执行）

（1）增压风机旁路烟气挡板打开；

（2）FGD 入口烟气挡板关闭的；

（3）最后可根据短时间停 FGD 或长时间 FGD 的停机要求进行正常操作。

四、FGD 要求锅炉切断主燃料

下列 2 种 FGD 系统的故障情况将申请锅炉主燃料跳闸（MFT）：

（1）循环泵全部停运。

（2）FGD 入口烟温过高（大于 160℃）并且 FGD 入口烟气挡板和出口烟气挡板都未关闭，延时 60s。

（3）工艺水泵停止，且备用泵未能启动，FGD 保护动作。

申请锅炉 MFT 的信号将延时 120s 发出，上述连锁由 FGD 系统的 DCS 执行。锅炉 MFT 后，FGD 运行人员立即检查烟气挡板故障原因并处理好。

五、烟气系统的故障

（一）FGD 烟气系统故障

1. 现象

（1）相关声光报警信号发出；

（2）增压风机跳闸；

（3）增压风机旁路烟道挡板开启，原烟气挡板关闭。

2. 原因

（1）增压风机故障跳闸；

（2）吸收塔浆液循环泵全部停止；

（3）净烟气挡板关闭；

（4）脱硫系统电源故障。

3. 处理

（1）FGD 跳闸后，注意监视和调整各浆池和吸收塔浆液的浓度和液位；

（2）若属脱硫系统电源故障则按相应章节进行处理；

（3）若属其他原因，待故障消除后，随时准备恢复 FGD 系统正常运行。

（二）增压风机故障

1. 现象

（1）跳闸增压风机电流回零，图标变黄闪烁并发出声光报警；

（2）增压风机旁路烟气挡板自动开启，进口烟气挡板自动关闭。

2. 原因

（1）事故按钮按下；

(2) 增压风机失电；

(3) 脱硫装置压损过大或进出口烟气挡板开启不到位；

(4) 增压风机轴承温度过高；

(5) 电动机轴承温度过高；

(6) 电动机线圈温度过高；

(7) 风机轴承振动过大；

(8) 电气故障（过负荷、过流保护、差动保护动作）；

(9) 增压风机发生失速；

(10) 锅炉负荷过低或故障。

3. 处理

(1) 确认增压风机旁路挡板自动开启，进口烟气挡板自动关闭，若挡板连锁动作不正常手动处理；

(2) 汇报值长，立即降负荷，检查增压风机跳闸原因，若属连锁动作造成，待系统恢复正常后，方可重新启动；

(3) 若属风机设备故障造成，及时汇报值长及集控专业，联系检修人员处理后方可重新启动；

(4) 若短时间内不能恢复运行，申请低负荷运行。

（三）挡板密封风机跳闸

1. 现象

挡板密封风机电流回零，图标变黄闪烁并发出声光报警；

2. 原因

(1) 事故按钮按下；

(2) 挡板密封风机失电；

(3) 挡板密封风机轴承温度过高；

(4) 电动机轴承温度过高；

(5) 挡板密封风机轴承振动过大；

(6) 电气故障（过负荷、过流保护、差动保护动作）；

(7) 挡板密封风机入口杂物堵塞。

3. 处理

(1) 启动备用挡板密封风机；

(2) 清理挡板密封风机入口杂物堵塞；

(3) 若备用挡板密封风机不能启动，汇报值长，联系物资部进货。

（四）烟道结灰

1. 现象

各个烟气挡板开关不到位。

2. 原因

上游除尘设备异常，除尘效果差。

3. 处理

FGD 系统和锅炉停运时，检查这些挡板，并清理积灰。

（五）除雾器故障

1. 现象

CRT 上报警，除雾器压差大于 200Pa。

2. 原因

除雾器清洗不充分引起结垢。

3. 处理

运行人员确认后手动对其进行清洗。

六、吸收塔系统故障

（一）吸收塔浆液循环泵全停

1. 现象

（1）跳闸浆液循环泵电流回零，图标变黄闪烁，电机停转，并发出声光报警；

（2）连锁开启旁路挡板，停运增压风机，关闭脱硫装置进出口烟气挡板。

2. 原因

（1）6kV 电源中断；

（2）吸收塔液位过低；

（3）吸收塔液位控制回路故障。

3. 处理

（1）确认连锁动作正常，进入 FGD 保护程序，脱硫烟气旁路挡板自动开启，增压风机跳闸；进、出口烟气挡板自动关闭，若增压风机未跳闸、挡板动作不正常，切换至手动处理；

（2）查明浆液循环泵跳闸原因，并按相关规定处理；

（3）及时汇报值长，必要时通知检修人员处理；

（4）若短时间内不能恢复运行，按短时停机的有关规定处理；

（5）视吸收塔内烟温情况，开启除雾器冲洗水，以防止吸收塔衬胶及除雾器损坏。

（二）吸收塔浆液循环泵流量下降

1. 原因

（1）管线堵塞；

（2）喷嘴堵；

（3）相关阀门开、关不到位；

（4）泵的出力下降。

2. 处理

（1）清理管线；

（2）清理喷嘴；

（3）检查并校正阀门；

（4）联系检修，对泵进行处理。

（三）吸收塔液位异常

1. 原因

（1）液位计及控制回路工作不正常；

（2）浆液循环管泄漏；

（3）各冲洗阀内漏；

（4）吸收塔泄漏。

2. 处理

（1）检查并调整液位计及控制回路；

（2）检查并修补循环管线；

（3）检查管线和阀门；

（4）检查吸收塔及底部排污阀。

（四）pH 计指示不准

1. 原因

（1）pH 计电极污染，损坏，老化；

（2）pH 计供浆量不足；

（3）pH 计供浆中混入工艺水；

（4）pH 变送器零点偏移。

2. 处理

（1）清洗检查 pH 计电极并调校表计；

（2）检查是否连接管线堵塞；

（3）检查并校正阀门状态；

（4）检查扰动泵运转情况；

（5）检查 pH 计冲洗阀是否泄漏。

（五）石膏排出泵故障

1. 现象

CRT 上报警，水力旋流器进口压力指示为 0。

2. 原因

泵保护停，事故按钮动作。吸收塔液位小于 1.0m，保护停。

3. 处理

运行人员应立即去查明原因并做相应处理。

正常运行时，1 台运行，1 台备用；泵故障后应确认备用泵启动。如 2 台泵都故障而吸收塔浆液浓度超过 1150kg/m³，增加临时泵进行排浆。

（六）氧化空压机系统故障

1. 现象

CRT 上报警，电流指示为 0。

2. 原因

风机保护停，事故按钮动作。主要有：

（1）风机出口风温大于 115℃，保护停。

（2）电动机三相绕组温度大于 1400℃，保护停。

（3）任一电动机轴承温度大于 850℃，保护停。

3. 处理

运行人员如发现氧化空压机运行不正常，应立即就地查明原因并作相应处理。若在氧化空气喷嘴中长时间没有氧化空气，则管道必须清洗。

（七）搅拌器故障

吸收塔底有四台搅拌器（视机组大小，有的机组设六台搅拌器），同时停运的情况一般不会发生，如只有一个搅拌器运行 FGD 系统仍能运行。运行人员如发现搅拌器不正常，应立即就地查明原因，并做相应处理。

1. 现象

CRT 上报警，搅拌器停运。

2. 原因

保护停，事故按钮动作。吸收塔液位小于 1.5m，保护停。

3. 处理

查明原因并作相应处理后，再次启动前（超过 10min 后）应先用工艺水冲动搅拌器，再试着启动，直至搅拌器运行正常。

（八）风机的故障处理

风机运行掉闸的现象与原因。

（1）现象

1）故障风机的电流指示回零，DCS 画面上该风机颜色变绿。

2）报警信号出现，该风机入口静叶及进口挡板自动关闭。

（2）原因

1）风机保护动作。

2）电动机保护动作。

3）风机油站保护动作。

4）6kV 失电。

（九）轴流式风机常见故障原因及处理

1. 润滑油箱内油温异常

原因：电加热器工作不正常或冷油器没有投运，闭冷水供应不正常。

处理：检查、处理并投运。

2. 润滑油箱油位低

原因：检查油管道、阀门等部位是否有泄漏。

处理：补油至正常油位，联系检修处理。

3. 运行时声音过大

原因：轴承间隙过大。

处理：加强监视，并通知维护人员处理。

4. 运行时声音大、不平稳，引起异常振动

原因：转子上的沉积物引起的不平衡；叶片一侧磨损引起不平衡；基础变形或打正不正确。

处理：加强监视，通知维护人员处理。

5. 轴承温度高

原因：冷却系统工作不正常；浸没式加热器工作不正常；轴承油系统不正常；油质恶化；轴承磨损等。轴承冷却风机故障（此条仅适用于配有轴承冷却风机的轴流式风机）。

处理：检查冷却水系统，油质恶化应换油、冷油器脏污应切换冷油器运行。其他方面的

原因应联系检修人员处理。

6. 动（静）叶调节失灵

原因：有调节传动部分的连杆、滑轮、销子等脱落、卡住；动叶积灰执行机构故障，自动调节失灵等。

处理：自动调节失灵时改手动调节，如手动调节也失灵时，应就地调节，尽量带固定负荷，并联系检修处理。

7. 风机喘振

原因：风、烟道不畅，系统阻力增加（风压高流量低）；并列运行的风机动（静）叶开度不一致，或调整不当使两台风机出力偏差过大，导致出力低的风机喘振。

现象：风机振动增大；运转噪声变大；出、入口风道、机壳温度升高；轴承振动加剧；风机电流减小且摆动，其出口风压下降。

喘振处理：

（1）立即将风机可调动（静）叶控制置于手动方式，关小另一台未喘振风机的可调动（静）叶，适当关小喘振风机的动（静）叶。

（2）若风机并列操作中发生喘振，应停止并列，尽快关小喘振风机可调动（静）叶，查明原因消除后，再进行并列操作。

（3）若烟气系统的风门、挡板有被误关的引起风机喘振，应立即打开，同时调整可调动（静）叶开度。

（4）若系风门、挡板故障引起，立即降低负荷，联系检修人员处理。

（5）经上述处理喘振消失，则稳定运行工况，进一步查找原因并采取相应的措施后，方可逐步增加风机的负荷。

（6）经上述处理后无效或已严重威胁设备的安全时，应立即停止该风机运行。

预防：避免风机长期在低负荷下运行。合理制定吹灰周期，保持烟道畅通。保持并列运行风机负荷均衡。

七、脱硫率低

脱硫主要发生在吸收塔内，表 5-3 列出了一些导致脱硫率低的原因及解决方法。

表 5-3　　　　　　　　　　　导致脱硫率低的原因及解决方法

序号	影响因素	具体原因	解决方法
1	SO_2 测量	测量不准	校准 SO_2 的测量
2	pH 测量	测量不准	校准 pH 的测量
3	烟气	烟气流量增大	若可能，增加一层喷淋层
		烟气中 SO_2 浓度增大	若可能，增加一层喷淋层
4	吸收塔浆液的 pH 值	pH 值太低（小于5.5）	检查石灰石的投配；增加石灰石的投配；检查石灰石的反应性能
5	液气比	减少了循环浆液的流量	检查泵的运行数量；检查泵的出力

八、石膏脱水系统故障

若脱水系统故障，意味着石膏固体留在吸收塔中了。塔内浆液浓度不可超过 $1150kg/m^3$，若达到此浓度，则必须用石膏浆液泵将其打到石膏浆罐中，吸收塔中的液位和浓度应经常检查。石膏浆液脱水功能不足的原因和解决方法见表 5 - 4。

表 5 - 4 石膏浆液脱水功能不足的原因和解决方法

序号	影响因素	具体原因	解决方法
1	测量不准	石膏浆液浓度太低	检查浓度测量仪表
		烟气流量太高	降低锅炉负荷
		SO_2进口浓度太高	降低锅炉负荷
2	吸收塔浆液排出泵	出力不足	检查出口压力和流量
3	石膏水力旋流器	运行的数目太少	增多旋流器运行
		进口压力太低	检查泵的压力并提高压力
		旋流器积垢	清洗
4	石膏浆液品质	浓度太低	检查测量仪表；检查旋流器后的浆液
		输送能力太低	检查泵的出口压力和流量
		亚硫酸钙等其他有害物质过多	加强石膏浆液氧化、及时进行石膏浆液置换、提高上游烟气除尘效率、提高废水出力

（一）滤饼排放不良

1. 原因

（1）石膏品质不合格；

（2）真空密封水流量不足；

（3）真空泵故障；

（4）真空管线系统泄漏；

（5）粉尘浓度过高；

（6）皮带有破损；

（7）皮带机带速异常。

2. 处理

（1）检查真空泵运行及管线情况；

（2）检查石膏厚度控制有否异常；

（3）检查皮带机运行速度及滤布的张紧情况；

（4）检查真空盒密封水及滤饼冲洗水泵。

（二）滤布堵塞

1. 现象

（1）长期脱水效率低；

（2）真空表显示真空度高；

（3）滤布上的吸力很强。

2. 原因

（1）滤布冲洗不够或冲洗不均匀；

（2）滤布老化导致滤布的自然堵塞。

3. 处理

（1）检查滤布冲洗喷嘴是否畅通，必要时进行疏通；

（2）调整滤布冲洗水压力正常；

（3）检查滤布冲洗水管道无泄漏；

（4）检查滤布是否老化，必要时更换新滤布。

（三）真空槽密封条及摩擦带磨损

1. 现象

（1）失去真空；

（2）真空槽抽吸发出噪声；

（3）密封水严重泄漏；

（4）磨损严重时密封条甚至融化。

2. 原因

（1）密封条长时间运行后的正常磨损；

（2）运行时密封水不足。

3. 处理

（1）联系检修更换已磨损的密封条或摩擦带；

（2）检查密封水压力和流量，必要时增大密封水来水量。

（四）抽真空系统故障

1. 现象

（1）真空不能够建立；

（2）真空度比正常值偏低。

2. 原因

（1）密封水量不足；

（2）密封水温度过高；

（3）真空泵损坏；

（4）真空泵已停止运行。

3. 处理

（1）检查真空泵是否在运行，如非人为误停，查明停止原因，确认正常后方可重新启动；

（2）检查密封水是否充足，必要时调整密封水压力和流量至正常；

（3）检查密封水温度是否正常，温度过高则及时向泵内补充温度低的密封水；

（4）如不能尽快处理好则立即将石膏脱水站底流送至另一条真空皮带脱水机，长时间处理不好且另一条皮带满足不了脱水需要时，联系值长，按短时停机情况处理。

（五）传送皮带跑偏

1. 现象

（1）皮带跑偏发出报警信号；

（2）真空表显示的真空度异常高；

（3）滤布无吸力。

2. 原因

（1）传送皮带跑偏；

（2）排水孔被摩擦带遮盖住。

3. 处理

（1）立即将石膏脱水站底流送至另一条真空皮带脱水机运行；

（2）停止故障皮带脱水机运行，就地检查皮带跑偏情况，启动皮带纠偏装置纠偏至正常；

（3）皮带跑偏严重时汇报班长，联系检修处理。

九、石灰石制浆系统的故障

（一）在未设计湿式球磨机的制浆系统中主要故障

1. 石灰石浆液浓度异常

（1）原因：

1）石灰石给料堵塞；

2）石灰石仓内石料搭桥；

3）石灰石密度控制不良；

4）石灰石浆液池进水失控；

5）测量仪器故障。

（2）处理：

1）启动空气泡对石灰石仓喷吹；

2）检查下料插板开度是否正常或堵塞；

3）检查给料机，必要时清理给料机；

4）增加进料量或校验皮带称重是否准确；

5）对 DCS 控制块进行必要的检查；

6）检查相应的管线及阀门；

7）检查测量仪器。

2. 石灰石浆罐搅拌器故障

现象：CRT 上报警，搅拌器停。

原因：保护停，事故按钮动作。

处理：运行人员应立即去查明具体原因并做相应处理，尽早投入运行。

如石灰石浆罐搅拌器长时间故障，则系统无法制浆，吸收塔内 pH 不断降低，则 FGD 系统应停止运行。

3. 给粉机故障

现象：CRT 上报警，相应给粉机停运。

原因：保护停，电动机故障，链条故障，给粉机卡死，事故按钮动作。

处理：运行人员应立即去查明具体原因并做相应处理。

正常运行时，1 台运行，1 台备用：1 台给粉机故障后应确认备用给粉机启动。如 2 台给粉机长时间故障，则系统无法制浆，吸收塔内 pH 不断降低，则 FGD 系统应停止运行。

4. 流化风机故障（吸收剂为石灰石粉的系统适用）

现象：CRT 上报警，相应风机停运。

原因：保护停，电动机故障，事故按钮动作等。

处理：运行人员应立即去查明具体原因并做相应处理。

正常工作时，1 台运行，1 台备用；1 台流化风机故障后应确认备用风机启动。如 2 台风机长时间故障，则系统无法制浆，吸收塔内 pH 不断降低，则 FGD 系统应停止运行。

5. 流化风机干燥器故障（吸收剂为石灰石粉的系统适用）

现象：CRT 上报警，相应空压机停运；

原因：电动机故障，事故按钮动作等。

处理：运行人员应立即去查明具体原因并做相应处理，尽快重新投入。

（二）在设计有石灰石湿式球磨机的系统中主要故障

1. 磨机堵塞

（1）现象：

1）磨机出力下降，浆液密度异常；

2）磨机滚筒内声音异常；

3）磨机电流不正常摆动；

4）滚动筛上有大量的石灰石流出。

（2）原因：

1）磨机补充水供应太少；

2）称重皮带机称重不准确，给料太多；

3）钢球量太少，钢球配比不合理；

4）石灰石品质不好，可磨性系数太低。

（3）处理：

1）检查石灰石送料与滤液水比率，如果需要可增大补水量；

2）先停止送料，待磨机内的石灰石磨至正常后再启动称重皮带机给料；

3）检查钢球量及钢球配比情况，必要时及时添加适量的钢球；

4）将滚动筛上的石块及杂物及时清理干净，并将杂物箱清理干净。

2. 旋流子故障

（1）旋流子不能进料。

1）原因：

a. 泵没有插电源；

b. 旋流子脱离了进料槽；

c. 浆料槽堵塞；

d. 泵的抽气管堵塞；

e. 泵的浆料运输管道堵塞；

f. 泵不能正常工作。

2）处理：

a. 检查泵的供电情况；

b. 检查阀门是否打开；

　　c. 人工清洗浆料槽；

　　d. 冲洗；

　　e. 检查并维修浆料泵。

　　3. 浆料槽溢出

　　(1) 原因：

　　1) 进料的体积流量过大；

　　2) 泵的转速太低；

　　3) 皮带被损坏；

　　4) 浆料运输管部分堵塞；

　　5) 浆料泵的内衬损坏；

　　6) 浆料泵的叶片损坏。

　　(2) 处理：

　　1) 如果浆料的增加是短期的，可以忽略；如果长期存在这个问题，要鉴别原因，如果有必要，可提高泵的转数。

　　2) 提高泵的速度。

　　3) 重新定位或者更换。

　　4) 冲洗如果依然堵塞持续，检查管道的内衬是否松弛。

　　5) 更换。

　　4. 浆料槽抽空

　　(1) 原因：

　　1) 浆料泵的转速太高；

　　2) 旋流器的溢流嘴太大；

　　3) 旋流器的溢流咀太大；

　　4) 压力表的错误。

　　(2) 处理：

　　1) 减少浆料泵的转数，直到符合设计的压力标准；

　　2) 更换一个尺寸稍小的溢流嘴；

　　3) 更换。

　　5. 沉砂嘴呈喷雾式状放射

　　(1) 原因：

　　1) 沉砂嘴尺寸太大；

　　2) 沉砂嘴磨坏。

　　(2) 处理：

　　1) 更换一个尺寸稍小的沉砂嘴；

　　2) 更换。

　　6. 沉砂嘴呈绳状放射

　　(1) 原因：

　　1) 沉砂嘴尺寸太小；

　　2) 沉砂嘴部分堵塞。

（2）处理：

1）更换一个尺寸稍大的沉砂嘴；

2）中止旋流子，清理堵塞现象。

十、公用系统故障

（一）仪用空压机

1. 现象

CRT 上报警，相应水泵停运。

2. 原因

保护停，电动机故障，事故按钮动作等。

3. 处理

运行人员应立即去查明具体原因并作相应处理。

正常运行时，1 台运行，1 台备用；运行时应经常检查所有的油分离器及其压差；1 台压机故障后应确认备用空压机启动。应立即查明故障原因，及时排除故障投入备用。如 2 台空压机都故障，则 FGD 系统无法运行。

（二）工艺水中断故障

1. 现象

（1）工业水箱水位低信号报警；

（2）生产现场各处工业用水中断；

（3）相关浆液箱液位下降；

（4）脱水机不脱水及真空泵跳闸。

2. 原因

（1）运行工业水泵故障，备用水泵联动不成功；

（2）工业水泵入口门关闭；

（3）工业水箱液位太低，工业水泵跳闸；

（4）工业水管破裂；

（5）工业水来水总门关闭。

3. 处理

（1）确认脱水机及真空泵联动正常；

（2）开启石膏排出泵出口至吸收塔回流电动门，关石膏排出泵至旋流站来浆电动门；

（3）查明工业水中断原因，及时汇报值长，恢复供水；

（4）根据滤布冲洗水箱、滤液水箱液位情况，停止相应泵运行；

（5）在处理过程中，密切监视吸收塔温度、液位及石灰石浆液箱液位变化情况，必要时按短时停机规定处理。

正常运行时，1 台运行，1 台备用；1 台水泵故障后应确认备用泵启动。应立即查明故障原因，及时排除故障投入备用。如 2 台水泵都故障，则 FGD 系统无法运行。

（三）石膏排出泵故障

1. 现象

灰渣泵房泵操作盘上报警，相应泵停运。

2. 原因

保护停,电动机故障,事故按钮动作等。

3. 处理

运行人员应立即去查明具体原因并做相应处理。

正常运行时,1台运行,1台备用;1台泵故障后确认备用泵启动。应立即查明故障原因,及时排除故障投入备用。如2台泵都故障,考虑将库存备用泵启用,或适用临时泵进行排浆,并立即汇报上级。

（四）转机轴承温度高

1. 原因

（1）转机轴承损坏。

（2）转机轴承各瓦间隙调整不一致,造成部分轴瓦受力过大。

（3）轴承箱润滑油环损坏。

（4）轴承的绝缘被击穿,漏磁电流通过轴承造成油膜破坏。

（5）转机振动大。

（6）润滑油乳化变质或油内有杂质。

（7）润滑油供油温度高。

（8）润滑油流量低、轴承箱油位过高或过低,使用油脂润滑的轴承油脂耗尽。

（9）环境温度高或冷却水温度高。

（10）转机负荷大。

2. 处理

（1）由于转机本身存在缺陷造成设备轴承温度高,经过设备运行中处理未能将故障处理好的,要及早停止设备进行处理。

（2）润滑油变质或有杂质,进行换油处理。

（3）润滑油供油温度高,检查油站的电加热器是否退出、润滑油冷油器冷却水流量是否充足、润滑油冷油器是否结垢严重、冷却水温度是否温度高,查出原因后进行处理。

（4）环境温度高,在轴承处加风机进行冷却。

（5）冷却水温度高,应对冷却水系统进行检查、处理。

（6）转机过载时,降低转机的负荷或根据情况启动备用转机。

（五）水泵不打水

1. 原因

（1）泵叶轮损坏或动静间隙过大。

（2）泵和电动机的对轮螺栓断裂。

（3）泵电动机反转。

（4）泵的入口或出口门在关闭状态。

（5）泵启动前未充分注水。

（6）入口水箱水位低。

（7）并列运行时母管压力高于启动泵的出口压力。

（8）浆液泵入口管道有沉淀物堵塞未冲洗。

2. 处理

(1) 泵存在机械缺陷要对泵进行检修处理。

(2) 电动机反转立即停止泵运行，电动机隔绝后对电动机接线进行调相。

(3) 泵启动前要充分进行注水，当泵体放气门有水连续流出后再关闭放气门。

(4) 入口水箱水位低，将水箱水位补至正常水位。

(5) 冲洗入口管道。

十一、电气故障

(一) 6kV 电源中断

1. 现象

(1) 6kV 母线电压消失，声光报警信号发出；

(2) 运行中的脱硫系统跳闸，对应母线所带 6kV 电动机停转；

(3) 对应 380V 母线自动投入备用电源，否则 380V 负荷也会失电跳闸。

2. 原因

(1) 6kV 母线故障；

(2) 脱硫变压器故障，备用电源未能自动投入。

3. 处理

(1) 立即确认脱硫连锁跳闸动作是否完成，若各烟道挡板动作不正常立即将自动切为手动操作；

(2) 确认仪控电源正常；

(3) 尽快联系值长及电气人员，查明故障原因，争取尽快恢复供电；

(4) 若给料系统连锁未动作时，切为手动操作；

(5) 注意监视烟气系统内各点温度的变化，必要时手动开启除雾器冲洗水门；

(6) 将氧化风机、增压风机调节挡板关至最小位置，做好重新启动脱硫装置的准备；

(7) 若 6kV 电源短时间不能恢复，按停机相关规定处理，并尽快将管道和泵体内的浆液排出，以免沉积；

(8) 若造成 380V 电源中断，按相应规定处理。

(二) 380V 电源中断

1. 现象

(1) 380V 电源中断声光报警信号发出。

(2) 380V 电压指示到零；低压电动机跳闸。

(3) 工作照明跳闸，事故照明投入。

2. 原因

(1) 脱硫主电源故障；

(2) 脱硫低压变压器跳闸；

(3) 380V 母线故障。

3. 处理

(1) 若属 6kV 电源故障引起，按对应侧 FGD 保护程序启动，如保护不动作，立即手动停止；

(2) 若 380V 单段故障，检查设备动作情况，汇报值长，联系电气人员查明原因；

（3）当380V电源全部中断，且电源在8h内不能恢复，将所有泵、管道的浆液排尽并及时冲洗。

运行人员必须就地检查并确认（可手动执行）：

（1）增压风机旁路，FGD进、出口烟气挡板是打开的。

（2）FGD入口烟气挡板、FGD出口烟气挡板是关闭的。

（3）吸收塔通气挡板打开。

（4）所有冲洗水阀门和氧化空压机减温水阀门是关闭的。

确认后执行以下程序：

（1）启动仪用空压机、工艺水泵。

（2）将石膏浆罐液位满足时的搅拌器启动。

（3）石灰石浆罐液位满足时启动其搅拌器。

（4）排污池液位满足时启动搅拌器。

紧接着一步步地执行下述程序：

（1）灰石浆液泵停运并冲洗。

（2）石膏浆液泵停运并冲洗。

（3）吸收塔浆液循环泵冲洗。

（4）其他正常停运FGD系统时需冲洗的管道实施冲洗。

（5）启动排放池停机程序。

最后可根据短时间停FGD系统或长时间停FGD系统的要求进行正常操作。全部失电。按照紧急停止锅炉程序操作。

十二、测量仪表故障

（1）pH计故障。若两个pH计都故障，则必须人工每小时化验一次，然后根据实际的pH<5.8，则必须将石灰石浆液量增加约15%；若pH>6.2，则必须将石灰石浆液量减少约10%。pH计须立即修复，校准后尽快投入使用。

（2）密度测量故障。需人工在实验室测量各浆液密度；密度计须尽快修复，校准后尽快投入使用。

（3）液体流量测量故障。用工艺水清洗或重新校验。

（4）SO_2仪故障。关闭仪表后用压缩空气吹扫，运行人员应立即查明原因并做好参数控制。

（5）烟道压力测量故障。用压缩空气吹扫或进行机械清理。

（6）液位测量故障。用工艺水清洗或人工清洗测量管子或重新校验液位计。

第七节　典型FGD系统的运行检查

一、检查通则

（1）热工、电气、测量及保护装置、工业电视监控装置齐全并正确投入；

（2）设备外观完整，系统连接完好，保温齐全，设备及周围应清洁，无积油、积水、积浆及其他杂物，照明充足，栏杆平台完整；

（3）各箱、罐、池及吸收塔的人孔、检查孔和排浆阀应严密关闭，溢流管畅通；

（4）所有阀门、挡板开关灵活，无卡涩现象，位置指示正确；

（5）所有联轴器、三角皮带防护罩完好，安装牢固；

（6）转机各部地角螺栓、联轴器螺栓、保护罩等应连接牢固；

（7）转机各部油质正常、油位指示清晰，并在正常油位，检查孔、盖完好，油杯内润滑油脂充足；

（8）转机各部应定期补充合适的润滑油，加油时防止润滑油中混入颗粒性机械杂质；

（9）转机运行时，无撞击，摩擦等异音，电流表指示不超过额定值，电动机旋转方向正确；

（10）转机轴承温度，振动不超过允许范围，油温不超过规定值；

（11）油箱油位正常，油质合格；

（12）电动机冷却风进出口畅通，入口温度不高于 40℃，进出口风温差不超过 25℃，外壳温度不超过 70℃，冷却风干燥；

（13）电动机电缆头及接线、接地线完好，连接牢固，轴承及电动机测温装置完好并正确投入，一般情况下，电动机在热态下不准连续启动两次（电动机线圈温度超过 50℃ 为热态）；

（14）检查设备冷却水管，冷却风道畅通，冷却水来、回水投入正常，水量适当；

（15）运行中皮带设备皮带不打滑、不跑偏且无破损现象，皮带轮位置对中；

（16）所有皮带机都不允许超出力运行，第一次启动不成功则减轻负荷再启动，仍不成功则不允许连续启动，必须卸去皮带上的全部负荷后方可启动，并及时汇报值长、专业人员；

（17）所有传动机构完好、灵活，销子连接牢固；

（18）电动执行器完好，连接牢固，并指向自动位置；

（19）各箱、罐外观完整，液位正常；

（20）事故按钮完好并加盖。

二、烟气系统的检查

（1）检查密封系统正确投入，且密封气压力应高于热烟气压力 5mbar（0.5kPa）以上；

（2）密封气管道和烟道应无漏风、漏烟现象；

（3）烟道膨胀自由，膨胀节无拉裂现象；

（4）脱硫装置停运检修时须关闭原烟气及净烟气挡板，此时启动挡板密封风机，且密封气压力应高于烟气压力，防止烟气进入工作区；

（5）烟道出、入口烟气凝结水收集管道及排出管道无堵塞。

三、增压风机的检查

（1）增压风机本体完整，人孔门严密关闭，无漏风或漏烟现象；

（2）静叶调节灵活；

（3）增压风机进出口法兰软连接完好无漏风、漏烟现象；

（4）油过滤器前后差压正常应≤0.03MPa，当油过滤器前后压差超过规定值时，则切换为备用油过滤器运行；

（5）如果油箱油温低于 30℃，手动投入油箱电加热器运行；

（6）如果油箱油位过低，检查系统严密性并及时加油至正常油位；

（7）如果油箱油温高于 50℃，油温高报警发出，立即查明原因．若油的流量低，必须对油路及轴承进行检查，若冷却水流量低，立即开大冷却水来、回水门至流量正常。

四、烟气换热器（GGH）的检查

（1）处理后的烟气温度必须保持或高于 80℃；

（2）顶部导向轴承箱和底部支持轴承箱的油质良好，油位、油温正常；

（3）烟气再热器处理烟气和未处理烟气侧的差压不超过设定值，否则必须立即对烟气换热器换热元件进行吹灰或高压水冲洗；

（4）未处理烟气入口温度≥127℃；未处理烟气出口温度≤85℃；

（5）处理烟气入口温度≤43℃；处理烟气出口温度≥80℃；

（6）袋式除尘器后的灰分不超过 200mg/m^3；

（7）吸收塔出口雾气浓度不超过 100mg/m^3；

（8）当原烟气入口温度超过 180℃或达 160℃后持续 20min 时，必须停车并隔离脱硫设备直到温度降到正常为止。

五、吸收塔的检查

（1）吸收塔本体无漏浆及漏烟、漏风现象，其液位、浓度和 pH 值在规定范围内；

（2）除雾器进出口差压适当，除雾器冲洗水畅通，压力在合格范围内，除雾器自动冲洗时，冲洗程序正确；

（3）吸收塔喷淋层喷雾良好；

（4）吸收塔扰动泵系统工作正常；

（5）控制吸收塔出口烟温低于 60℃运行，以免损坏除雾器；

（6）运行中视情况投入除雾器冲洗水自动控制系统。

六、泵的检查

（1）泵的轴封应严密，无漏浆及漏水现象；泵的出口压力正常，出口压力无剧烈波动现象，否则为进口堵塞或汽化。

（2）泵电流在额定工况下运行；轴承及电机线圈温度正常。

（3）电动机及机械部分振动和窜轴在规定范围。

七、氧化风机的检查

（1）氧化风机进口滤网应清洁，无杂物。

（2）氧化空气管道连接牢固，无漏气现象。

（3）氧化风机出口启动门严密关闭。

（4）氧化空气出口压力，流量正常；若出口压力太低，及时查找原因，必要时切换至另一台氧化风机运行。

（5）检查轴承冷却水、风机冷却水以及喷水减温冷却水的流量、压力正常。

（6）润滑油的油质必须符合规定，每运行 6000h，进行油质分析。

八、石灰石卸料系统检查

（1）卸料斗篦子安装牢固、完好；

（2）除尘器正确投入，反吹系统启停动作正常；

（3）振动给料机下料均匀，给料无堆积、飞溅现象；

（4）检查并防止吸铁件刺伤皮带；

（5）人员靠近金属分离器时，身上不要带铁制尖锐物件，如刀子等，同时防止自动卸下的铁件击伤人体；

（6）运行中及时清除原料中的杂物，如果原料中的石块、铁件、木头等杂物过多，及时汇报值长及专业人员，通知有关部门处理；

（7）运行中及时清除弃铁箱中的杂物；

（8）石灰石仓顶埋刮板输送机转动方向正确，输送机各部无积料现象；

（9）斗式提升机底部无积料，各料斗安装牢固并完好；

（10）所有进料、下料管道无磨损、堵塞及泄漏现象。

九、制浆系统的检查

（1）称重皮带机给料均匀，无积料、漏料现象，称重装置测量准确；

（2）制浆系统管道及旋流器应连接牢固，无磨损和漏浆现象；

（3）保持球磨机最佳钢球装载量，若磨机电流比正常值低，及时补加钢球；

（4）球磨机进、出料管及滤液水管应畅通，运行中应密切监视球磨机进口料位，严防球磨机堵塞；

（5）齿圈润滑装置和轴承润滑装置喷油正常，空气及油管道连接牢固，不漏油、不漏气；

（6）减速箱油位不正常升高时，及时通知检修检查冷却水管是否破裂；

（7）检查慢速驱动离合器操作是否灵活可靠，不用时位于脱开位置，并可靠固定；

（8）若筒体附近有漏浆，通知检修人员检查橡胶瓦螺丝是否松脱，是否严密或存在其他不严密处；

（9）若球磨机进、出口密封处泄漏，检查球磨机内料位及密封磨损情况；

（10）经常检查球磨机出口滚动筛网的清洁情况，及时清除分离出来的杂物；

（11）禁止球磨机长时间空负荷运行。

十、脱水系统的检查

（1）检查浆液分配管（盒）进料均匀，无偏斜，石膏滤饼厚度适当，出料含水量正常且无堵塞现象。

（2）脱水机走带速度适当，滤布张紧度适当、清洁、无划痕。

（3）脱水机所有托辊应能自由转动，及时清除托辊及周围固体沉积物。

（4）脱水机运转时声音正常，气水分离器真空度正常。

（5）检查胶带的使用情况，校对从动辊的张紧度，以得到适当的张紧力。

（6）皮带调偏装置正确投入，出口压力适当。

（7）检查滤饼冲洗水箱、滤布冲洗水箱补给水管路畅通，自动投入良好。

（8）脱水机不宜频繁启停，尽量减少启停次数；短时不脱水时，可维持脱水机空负荷低速运行。

（9）检查所有润滑情况，包括驱动装置，胶带润滑密封水，轴承座等。

(10) 在做润滑及调好胶带张紧度之前，不要启动过滤机。

(11) 真空泵运行时，不要启动过滤机驱动装置。

(12) 检查驱动装置的传动是否对正，传动方向是否对正，定期检验电动机电流。

(13) 检查真空管路接头是否泄漏，可采用听声音等办法。

(14) 管路清洗：定期检查清洗管路的冲水方向及清洗状况，如果喷嘴被阻塞，则需将喷嘴拆卸下来进行清洗。

十一、pH 计的检查

1. 冲洗

(1) pH 计每隔 2h 自动冲洗一次，当发现 pH 计直指示不准确时，及时手动冲洗 pH 计；

(2) 首先存储 pH 值；

(3) 开启冲洗水阀，冲洗 pH 计 1min；

(4) 冲洗完毕，关闭冲洗水阀；

(5) 冲洗完毕，显示应准确，否则重新冲洗。

2. 投入

(1) 投运前，检查 pH 计门严密关闭，外形及连接正常，关闭冲洗水门；

(2) 缓慢开启进浆阀及回浆门，pH 计充浆；

(3) 投入后，通知化学化验石膏浆液 pH 值，若 pH 计指示不准确，立即对 pH 计进行冲洗，若反复冲洗后 pH 计指示仍不准确，立即通知热工进行处理。

3. pH 计的保养

(1) 如果脱硫装置停机时间较长，石膏排出泵需要停止运行时，则 pH 计必须进行注水保养；

(2) 扰动泵已停运，开启 pH 计冲洗水门，打开 pH 计冲洗泄放阀，对 pH 计及其出入口管路进行冲洗；

(3) 冲洗完毕后，关闭 pH 计冲洗泄放阀，pH 计开始注水；注水完毕关闭冲洗水门，此时，pH 值为 7.0 左右；

(4) pH 计注水后定期检查，及时向 pH 计注水保养，一般每 24h 即注水一次，否则 pH 计电极结垢，会影响 pH 计的测量精度，甚至损坏 pH 计。

为了校对有关测量装置的准确性及分析 FGD 的运行状况，保证 FGD 的正常运行，严格按要求进行化学监测。

4. 化学分析指标

(1) 石灰石粉：$CaCO_3$、$MgCO_3$、惰性物质、颗粒度；

(2) 石灰石浆液：pH 值、密度；

(3) 吸收塔浆液：pH 值、密度、$CaSO_4 \cdot 2H_2O$、Cl 离子浓度、含固量、$CaSO_3 \cdot 1/2H_2O$、$CaCO_3$；

(4) 石膏浆液：pH 值、密度、$CaSO_4 \cdot 2H_2O$、Cl 离子浓度、含固量、$CaSO_3 \cdot 1/2H_2O$；

(5) 工艺水：Ca^{2+}、Mg^{2+}、Fe^{3+}、Cu^{2+}、Al^{3+}、Na^+、K^+、Cl^-、SO_4^{2-}、NO_3^-、HCO_3^-、CO_3^{2-}、OH^-、PO_4^{3-}；

(6) 脱硫废水：pH、SS（悬浮物）、Ca^{2+}、Mg^{2+}、Na^+、K^+、Cl^-、F^-、SO_4^{2-}、

SO_3^{2-}、NO_2^-、NO_3^-、PO_4^{3+}；

（7）排放废水：沉淀物（5min）、悬浮物、pH 值、COD、BOD、磷酸盐、总砷、总锌、六价铬、总铬、总镉、总汞、总铜。

5. 参数控制要求

（1）石灰石粉的品质直接影响脱硫效率，石灰石粉品质的设计值见表 5 - 5。

表 5 - 5

项目	CaCO₃	MgCO₃	惰性物质	颗粒度
数值	≥93%	<2%	<5%	90%≤44μm

（2）浆液成分的分析是检验吸收塔内化学反应的程度和石灰石粉的利用率，主要化验吸收塔内浆液和旋流器底部浆液。浆液成分的设计值见表 5 - 6。

表 5 - 6　　　　　　　　　　　　浆 液 成 分 设 计 值

项目	单位	吸收塔浆液	石膏浆液
$CaSO_4 \cdot 2H_2O$（石膏）	%	66.08~78.84	89.79~93.45
硫酸钙	%	0.15~0.18	0.20~0.21
$CaCO_3$（石灰石）	%	3.01~3.49	1.92~2.24
Cl（氯气）	mg/L	1922~6856	1922~6856
含固量	g/L	80~170	400~550

（3）pH 值和密度是监测 FGD 运行的主要指标，分析 4 个取样口的浆液，包括石膏排出泵出口、石膏旋流器底、石灰石浆液罐和浆液回收箱。pH 值和密度的设定值见表 5 - 7。

表 5 - 7　　　　　　　　　　　　pH 值和密度的设定值

项目	pH 值	密度（kg/m³）	
名称	吸收塔	石膏旋流器	石灰石浆液箱
设计值	5.0~5.8	1085	1250

化学监测项目一览表见表 5 - 8。

表 5 - 8　　　　　　　　　　　　化学监测项目一览表

测试项目	分析值	率	测试位置	目　的	备注
循环浆液	pH	每班	吸收塔反应池	校准 pH 计	
循环浆液	密度	每天	吸收塔反应池	校准密度计	前夜班执行
循环浆液	析	每周	循环浆液	监测各化各值	
石灰石粉	析	每批	运料（粉）卡车	量	
吸收塔浆液	密度	每天	出口	校准密度计	前夜班执行
工艺水	析	每周	工艺水箱	质量检查	
脱硫废水	析	每周	废水箱	检查废水成分	
排放废水	析	每周	废水排放口	检查废水成分	
烟气	SO₂	每周	入口取样点	校准仪表	
石膏	石膏	每班	石膏库口	石膏品质	前夜班执行

第八节 防止结垢、腐蚀、磨损和冰冻的对策

锅炉排放的烟气温度最高可达 180℃，相对湿度 3%，含有灰分及各种腐蚀性有害成分，如 SO_2、SO_3、NO_x、HCl 及盐酸雾等。这些腐蚀有害成分在水露点附近与 pH 为 5~6 的吸收剂浆液发生一系列化学反应，特别容易导致露点腐蚀。而且在脱硫过程中，有具有酸碱介质交替的特性，因此设备腐蚀严重，防腐条件要求十分苛刻，直接影响到 FGD 的运行可靠性、运行成本和使用寿命等重要经济技术指标。FGD 系统很自然要受到腐蚀性环境的影响而导致腐蚀和磨损。由于烟气的绝热冷却和饱和，从吸收塔入口到烟囱出口必须进行保护，以防止酸的腐蚀。特别是入口管道、吸收塔出口管道、再热系统和烟囱内衬。所有的浆液处理部件都会受到腐蚀和磨损。

在 FGD 装置中，防腐设备主要有衬胶管道（所有的浆液管道）、净烟气烟道、烟气再热器、吸收塔、各类浆液泵、浆液箱、搅拌装置等。这些设备均采取了一定的防腐措施，但在运行中仍然存在不同程度的腐蚀现象，同时在一些浆液容器、管道和管件中以及烟气再热器、烟气挡板等存在结垢和沉积现象。设备腐蚀与积垢直接影响 FGD 装置的安全运行，合理的运行技术措施可以减轻或避免设备的严重腐蚀与积垢。此外，在北方，冬季还要防止 FGD 装置冰冻。

一、防止结垢阻塞的对策

（一）结垢机理

FGD 装置中产生结垢大致有三种形式。一种是灰垢，高温烟气中的灰分在遇到喷淋液的阻力后，与喷淋的石膏浆液一起堆积在入口，越积越多，其主要成分是灰分和 $CaSO_4$，在吸收塔入口干湿交界面处十分明显。另一种是石膏垢，当吸收塔的石膏浆液中的石膏过饱和度大于或等于 140% 时，溶液中的 $CaSO_4$ 就会在吸收塔内各组件表面析出结晶形成石膏垢，吸收塔壁面及循环泵入口、石膏泵入口滤网的两侧就是此类垢。还有一种是软垢，当浆液中亚硫酸钙浓度偏高时就会与硫酸钙同时结晶析出，形成 $Ca(SO_3)_{0.8}(SO_4)_{0.2} \cdot 1/2H_2O$ 结晶产物，称为软垢。软垢在吸收塔内各组件表面逐渐长大形成片状的垢层，其生长速度低于石膏垢，当充分氧化时这种垢较少发生。

在吸收塔底，尽管有搅拌器搅拌，但仍存在"死区"，造成石膏沉积。除雾器、再热器管子因冲洗不充分，烟气携带的石膏浆液便粘接住形成积垢。接触石膏液的各种管道和管件也有结垢发生。

（二）防止 FGD 结垢堵塞的对策

防止 FCD 装置中发生结垢堵塞现象的对策主要有以下几点：

（1）控制氧化技术是防止系统结垢的有效措施。浆液中亚硫酸钙的氧化率为 15%~95%，在钙的利用率低于 80% 的情况下，硫酸钙容易发生结垢。采用抑制或强制氧化技术将亚硫酸钙的氧化率控制在小于 15% 或大于 95%，以减少或消除结垢。抑制氧化技术是通过在浆液中添加 EDTA、对苯二酚、乙醇和苯酚等抑制氧化的物质，控制氧化率低于 15%，使浆液中的 SO_4^{2-} 离子浓度远低于饱和浓度，生成的硫酸钙和亚硫酸钙一起沉淀。研究表明，只要浆液中存在微量的抑制剂，氧化反应速率将降低数十倍。强制氧化技术则是通过向浆液

中鼓入足够的空气，使氧化反应趋于完全，氧化率高于 95%，保证浆液中有足够的石膏晶体，以利于晶体在溶液中成长，这样既防止了结垢，又有利于石膏的生产和品质。本工程采用强制氧化技术防止结垢。

（2）增大液气比也是防止系统结垢的重要技术措施，可以稀释固体沉积物，但这会造成过高的动力消耗。因此，在设计上要选用适当的液气比。

（3）采用工业水冲洗容易结垢的部件，如除雾器、GGH 等，是常用的防止结垢的措施。

（4）选择内部结构简单的吸收塔，采用结构简洁的喷嘴和除雾器以及适宜的浆液和烟气流速，也是防止结垢的重要方法。

（5）采用适宜的管道倾斜度，选择适宜的管内浆液流速，避免过度弯曲及积留浆液，在有积液停留的部位设置排放口，可以有效地防止管道结垢。

（三）运行中设备的防垢措施

在 FGD 装置运行过程中，浆液容器、管道和管件中存在不同程度的结垢和沉积现象，引起管道的堵塞、磨损、腐蚀，增大运行阻力。烟气含尘浓度较高时，在吸收塔内干湿交界面区域也会积结较大的灰垢，坠落的大块灰垢对 FGD 的安全运行构成威胁。烟气再热器的积垢导致热阻增大，换热效果恶化，运行阻力增大。烟气挡板积垢可导致执行机构动作失灵。因此，必须高度重视设备运行中结垢和沉积现象，确保 FGD 装置安全运行。除了在设计时选择合理的工艺（如选择合适材料，冲洗工艺，冲洗周期等）以外，在运行中还应采取以下措施来防止或减少积垢的发生：

（1）提高除尘器的除尘效率和可靠性，使 FGD 装置入口烟尘浓度在设计值范围内。

（2）运行控制吸收塔浆液中石膏的过饱和度，最大不得超过 140%。

（3）选择合理的 pH 值运行，避免 pH 值急剧变化。浆液 pH 值急剧而频繁地变化会导致腐蚀加速。

（4）向吸收塔内浆液鼓入足够的氧化空气，保证亚硫酸钙的氧化率大于 95%。

（5）向石灰石浆液中添加乙二酸、Mg^{2+} 等阻垢剂，可以防止结垢。

（6）对接触浆液的管道在停运时及时冲洗干净。

（7）保证除雾器、烟气再热器等的冲洗和吹扫系统运行可靠。

（8）烟气挡板系统定期清灰。

（9）定期检查，发现问题及时处理。

二、防止腐蚀和磨损的对策

（一）腐蚀机理

由于 FGD 装置内流动的主要是石灰石、石膏浆液以及其他一些杂质，当流体以一定速度运动时，其中所含固体物质会对设备、管道和管件造成磨损。当有些部位存在腐蚀现象时，这种磨损不断使材料暴露出新的表面，为腐蚀提供了良好的条件。在这种磨损与腐蚀的协同作用下，材料损坏会加速进行，危害十分严重。为了防止材料磨损，在实际工程中，除了使用耐磨材料以外，为了避免流体流速过高而导致局部湍流或撞击，必须选定合适的流速，排除极端的节流构件。

FGD 装置内部工作环境十分复杂，固体、液体、气体相互混合，酸碱交融，冷热交替，烟气中固态和气态成分、烟气流速、温度以及浆液 pH 值、F^-、Cl^-，颗粒物的冲刷和沉积腐蚀等影响因素众多，会导致 FGD 装置各部件不同程度的腐蚀。

实际运行中发现，在燃烧煤质不变时，随锅炉排烟温度升高，烟气中 SO_3 浓度增大，会加剧 FGD 的酸性腐蚀，这与锅炉烟气侧发生的化学与物理过程有关。温度对 SO_2 转化成 SO_3 的化学过程影响很大，成指数关系，温度高，转化率就高，如果排烟温度高是由于炉内温度升高，则 SO_3 浓度将增大。同时还存在烟气中飞灰与未燃炭吸附 SO_3 的物理过程，温度高，吸附率降低，因此，排烟温度升高，烟气中 SO_3 浓度也会增大。

造成腐蚀的主要因素有 SO_2 和 SO_3、SO_4^{2+} 和 SO_3^{2+}、Cl^- 和 F^-、磨损与腐蚀的协同作用等。经测定，在正常运行工况下，系统钢制设备的腐蚀率达 1.25mm/a，个别部位达到 5mm/a。从金属腐蚀机理来讲，FGD 腐蚀压可分为四类：化学腐蚀、电化学腐蚀、结晶腐蚀和磨损腐蚀。

（1）化学腐蚀。化学腐蚀是烟气中的腐蚀性介质在一定温度下与钢铁发生化学反应，生成可溶性铁盐，使金属设备逐渐破坏。SO_2 和 HCl 参与的部分化学反应式如下

$$Fe+SO_2+H_2O \longrightarrow FeSO_3+H_2$$
$$Fe+SO_2+O_2 \longrightarrow FeSO_4$$
$$2HCl+Fe \longrightarrow Cl_2+H_2$$

（2）电化学腐蚀。湿法烟气脱硫金属表面有水及电解质，其表面形成原电池而产生电流，使金属逐渐锈蚀，即电化学腐蚀。电化学腐蚀方程式如下

$$Fe \longrightarrow Fe^{2+}+2e$$
$$Fe^{2+}+8FeO \cdot OH+2e \longrightarrow 3Fe_3O_4+4H_2O$$

（3）结晶腐蚀。石灰石湿法脱硫反应生成亚硫酸钙或硫酸钙可以渗入到材料的毛细孔内。当脱硫系统停运后，在自然干燥状态下生成的结晶型盐类体积膨胀，产生应力腐蚀，致使表皮脱落、粉化、疏松或产生裂缝造成金属腐蚀。特别是在干湿交替作用下，带结晶水盐类的体积可增长数倍乃至数十倍，腐蚀更加严重。这就是闲置的脱硫设备比经常运行时更容易发生腐蚀损坏的主要原因。

（4）磨损与腐蚀的协同作用。这种腐蚀是一种包括机械、化学和电化学联合作用的复杂过程。在快速流动的流体及其携带的固体颗粒的作用下，金属以水化离子的形式进入溶液。尤其当湍流较强烈时，腐蚀表现得更加明显。一方面在湍流作用下加快了金属表面腐蚀剂的补充以及腐蚀产物的输运，从而增加了金属腐蚀相关的反应速率；另一方面，湍流对金属表面产生一个切应力，它可以将已经形成的腐蚀产物从金属表面剥离。如果流体中含有固体颗粒，则这种切应力的力矩显著增大，造成金属磨损，磨损后的金属暴露出新的表面，腐蚀进一步深入。因此，这种磨损与腐蚀的协同致使材料损坏加速进行，危害更加严重。FGD 装置中有机非金属材料一般是耐腐蚀的，其化学腐蚀是一个较缓慢的过程，相对而言，物理腐蚀则是一个较快的过程，主要表现为溶胀、鼓泡、分层、剥离、开裂等。造成非金属材料腐蚀主要有三个方面的原因，即腐蚀介质的渗透作用、应力腐蚀和施工质量。在腐蚀过程中三者互相促进。应力腐蚀和施工质量导致衬里缺陷增加，缺陷为介质渗透提供条件，渗入的介质又加剧应力腐蚀，使缺陷进一步扩大，周而复始，形成衬里物理腐蚀的恶性循环。

（二）防止 FGD 腐蚀的对策

1. 静态设备防腐

吸收塔、除雾器、再热器的壳体及内支撑，是静态防腐的主体部分。对该部分的防腐主

要从两方面考虑：一是碳钢本体内衬有机材料防腐，二是利用耐腐蚀的金属材料制造。目前，玻璃鳞片和橡胶衬里是普遍采用的内衬防腐技术，其中玻璃鳞片是首选技术。

脱硫过程中形成的 SO_3^{2-}、SO_4^{2-} 有很强的化学活性和渗透能力。因此防腐层必须具备优良的耐化学腐蚀和高抗渗性。玻璃鳞片因其多层平行排列，使介质无法垂直渗透而呈迷宫形结构，故具有优异的抗渗性能。脱硫装置中的冷衬橡胶层非常致密，介质很难渗入，但胶板接缝为薄弱环节，失效往往由此开始。衬层成型残余应力和工况环境形成的热应力是导致衬层物理失效的主要原因。鳞片衬里由于玻璃鳞片在树脂中的非连续分布，相邻鳞片间衬层应力相互抵消，所以具有理想的抗应力腐蚀失效能力。橡胶衬里具有良好的弹性和应变性能，松弛应力的能力很强，但橡胶对热老化敏感，在热环境中易因热老化而使抗应力腐蚀性能下降。此外，橡胶和鳞片衬里的耐磨性均强，前者受到温度的限制。在实践中，橡胶和鳞片衬里往往相互配套使用。

一般典型的树脂衬里叫 FRP 衬里（玻璃钢），它是由树脂和玻璃纤维组成。鳞片树脂是由树脂和代替玻璃纤维的玻璃鳞片组成的耐腐蚀衬里。鳞片衬里材料广泛地应用于 FGD 装置、水处理设备、油槽和一些化工装置。经过长期的研究开发，现已形成了完整的鳞片衬里体系。鳞片树脂衬里最突出的性能是具有很低的水蒸气渗透性。它只有同样厚度的 FRP 衬里的 1/10。这指的是玻璃鳞片的迷宫效果，如图 5-15 所示。这种迷宫效果在苛刻的使用条件下降低了气泡的生成。其次，鳞片衬里对各种酸、碱、溶剂和气体有极好的耐化学腐蚀性。树脂可针对各种化学品进行选择，且施工期短。

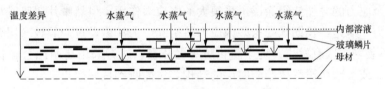

图 5-15 玻璃鳞片防腐结构图

2. 动态设备防腐

动态设备主要是指泵、搅拌器、风机。考虑到介质的腐蚀和固体物料的磨损，吸收塔再循环泵、石膏浆液泵等泵壳采用铸铁＋橡胶衬里结构，叶轮采用合金；而石灰石浆液泵、水系统泵壳体及叶轮采用铸钢衬胶/合金。搅拌器一般采用碳钢＋橡胶衬里结构。氧化风机只鼓入空气，无腐蚀介质，用碳钢制造即可。石灰石石膏法的腐蚀与磨损因素分析见表 5-9。鳞片衬里和橡胶衬里综合比较见表 5-10。

表 5-9   石灰石石膏法的腐蚀与磨损因素分析

项目	造成腐蚀的物质					造成磨损的物质	
	SO_2	SO_3	Hcl, HF	酸性溶液（包括 Cl^-）	酸性雾滴	烟尘	浆液
吸收系统	O	O	O	O	—	O	O
烟气系统	O	O	O	O	O	O	—
石灰石系统	—	—	—	—	—	—	O
石膏处理系统	—	—	—	—	—	—	O

注 O 表示使用耐腐蚀材料的地方。

表 5 - 10 鳞片衬里和橡胶衬里综合比较

对比指标	鳞片衬里	橡胶衬里	对比指标	鳞片衬里	橡胶衬里
抗介质渗透性	很好	好	施工性	好	较差
界面黏结强度	好	一般	施工成本	较高	高
抗应力腐蚀	好	好	质检性	难	较难
抗热老化	好	差	对环境要求	较高	高
耐温性	好	低温好高温	施工周期	短	长
抗扩散底蚀	好	差	对基体要求	高	高
本体强度	差	差	质量控制要点	针孔、厚度	胶缝界面
衬层修补性	好	好	耐磨性	好	好

（三）运行中脱硫设备的防腐措施

FGD 装置运行中的防腐重点是吸收塔入口干湿交界面处、吸收塔内部及吸收塔出口后的烟道、烟气再热器（尤其是冷端）等设备。

在吸收塔入口的区域极易出现涂层开裂等失效现象。这是因为一方面，碳钢基体与鳞片树脂防腐层的膨胀系数不同，且在涂层及基体钢板的厚度方向上温度梯度较大，受热时在两者界面处会产生热应力；另一方面，由于烟气经喷淋冷却，干湿界面涂层的受热温度从高温状态急剧下降到低温状态，剧烈的温度变化使涂层沿烟气流动方向产生相当大的热应力。热应力与其他残余应力的叠加使得涂层承受很大的内应力作用。虽然鳞片树脂或衬胶具有一定的松弛应力能力，但是，长期承受这些内应力将引起应力疲劳，进而导致涂层开裂，这种情况在一些 FGD 装置中屡有发生。为了防止防腐层开裂，或者采用高耐蚀合金材料制作该区域，但造价高；或者改变鳞片树脂防腐层的结构，也能收到良好效果。

吸收塔内部一般采用鳞片树脂或橡胶衬 T 防腐，运行中容易发生开裂和脱落现象，一方面造成开裂和脱落部位的金属腐蚀；另一方面，脱落的防腐材料影响浆液循环泵和喷淋系统的安全运行。

吸收塔内部搅拌器在酸性浆液环境下工作，加之运行时颗粒物的摩擦、冲刷，如果设计时选择叶片材料不当，将造成叶片严重损坏。这种损坏主要是腐蚀所致，同时还有机械碰撞、磨损。所以，搅拌器要选择高耐蚀合金材料制作。

FGD 装置运行时，吸收塔出口后的烟道以及烟气再热器（尤其是再热器的冷端）是 FGD 装置中最容易发生腐蚀的部位之一。由于烟气温度低于酸露点，烟气会在内壁结露。再热器的冷端结露的化验结果表明，其 pH 值有时低至 1.8，为严重酸性。即使有玻璃鳞片涂层，也会遭到严重腐蚀。因此，必须对出口烟道及烟气再热器进行定期腐蚀情况检查。

FGD 装置的防腐，除了在设计时针对不同的腐蚀环境选用适宜的防腐材料和施工工艺以外，在运行中还应采取以下措施来防止或减少腐蚀的发生。

（1）监测浆液 Cl^- 浓度，及时排放浆液，防止 Cl^- 浓缩导致其浓度过高。

（2）监测浆液 pH 值。控制 pH 值范围以防止 pH 值过低而加速腐蚀。

（3）保持表面无沉积物或氧化皮，沉积物或氧化皮的聚积会增大点蚀和缝隙腐蚀的危险，因此，在有条件时应及时冲洗。

（4）定期检查，发现问题及时处理。

三、防止冰冻的对策

在我国北方，由于冬季气温低，如果不采取保温措施，FGD 装置容易出现结冰和冻结现象。尤其是各类浆液管道和水管道，里面流动的液体温度较低，严寒季节，特别是在气温很低的夜间极易发生冻结，阻塞管路，严重威胁 FGD 装置的安全运行。管道越细，流体流动速度越低，越容易发生冻结。由于相同质量的冰的体积比水大，体积膨胀可造成管道开裂，管件损坏。当温度低于－15℃时，浆液池和吸收塔以及净烟气烟道也会发生结冰现象。在北方的冬季，由于冰冻造成 FGD 被迫停机的现象并不少见。

为了防止 FGD 装置结冰和冻结，设计时应采取必要的保温措施，如沿管道敷设保温层、伴热带等。间歇运行的泵及管路、管件更要注意保温。事故浆液池和排放坑中，由于液位较低，搅拌器自动停止运行，要防止搅拌器被冻结，以避免必须启动时而不能正常运转，或者因阻力太大导致搅拌器电机启动电流过大，烧毁电机。石膏仓应采取防冻措施，以保证石膏正常排出。此外，浆液池和吸收塔以及净烟气烟道要根据当地冬季气温情况，必要时也需采取相应的保温措施。

第九节　运　行　管　理

一、脱硫装置运行的检查维护

（一）概述

1. 总的注意事项

（1）运行人员必须巡视运行中的设备以预防设备故障，注意各运行参数并与设计值比较，发现偏差及时查明原因。要做好数据的记录以积累经验。

（2）FGD 系统内的备用设备必须保证其处于备用状态，运行设备故障后能正常启动。

（3）浆液传输设备停用后必须进行清洗。

（4）试运期间的各项记录需完备。

2. 主要调节参数定值及调整

（1）pH 值应保持在 5.4～5.6。

（2）自吸收塔排往石膏旋流器的石膏浆液浓度应控制在 10%～20%，平常保持一台皮带机运行。

（3）在 pH 计不定时手动测量 pH 值（4h 一间隔）。

（二）系统运行中的检查和维护

1. 基本检修要求

（1）FGD 系统的清洁。运行中应保持系统的清洁性，对管道的泄漏、固体的沉积、管道结垢及管道污染等现象及时检查，发现后应进行清洁。

（2）转动设备的润滑。绝不允许没有必需的润滑剂而启动转动设备，运行后应常检查润滑油位，注意设备的压力、振动、噪声、温度及严密性。

（3）转动设备的冷却。

1）对电动马达、风机、空压机等设备的空冷状况经常检查以防过热。

2）所有泵和风机的马达、轴承温度的检查。

3）应经常检查以防超温。

（4）泵的机械密封。注意应定期检查的机械密封。

（5）罐体、管道。应经常检查法兰、人孔等处的泄漏情况，及时处理。

（6）搅拌器。启动前必须使浆液浸过搅拌器叶片，叶片在液面上转动易受大的机械力而遭损坏，或造成轴承的过大磨损。

（7）离心泵。启动前必须有足够的液位，其入口阀应全开。若滤网被石膏浆液或其他杂物堵塞，则滤网压降增大并有报警，此时应停止该泵运行并清洗滤网。另外泵出口阀未开而长时间运行是不允许的。

（8）泵的循环回路。大多数输送浆液的泵在连续运行时形成一个回路，浆液流动速度应按下列两个条件选择：

1）流动速度应足够高以防止固体沉积于管底；

2）流动速度应足够小以防止橡胶衬里或管道壁的过度磨损。

根据经验，最主要的是要防止固体沉积于管底，发生沉积时可从下列两个现象得到反映：

1）在相同泵的出口压力下，浆液流量随时间而减小。

2）在相同的浆液流量下，泵的出口压力随时间而增加。若不能维持正常运行的压力或流量时，必须对管道进行冲洗；冲洗无效时只能拆管进行机械除去沉积物了。

2．烟气系统

（1）FGD 的入口烟道和旁路烟道可能严重结灰，这取决于电除尘器的运行情况。一般的结灰不影响 FGD 的正常运行，当在挡板的运动部件上发生严重结灰时对挡板的正常开关有影响，因此应定期，如 2～3 个星期开关这些挡板应除灰，当 FGD 和锅炉停运时，要检查这些挡板并清理积灰。

（2）GGH 的原烟气侧可能结灰而洁净烟气侧可能发生液滴和酸的凝结。如发生，就应加大 GGH 的冲洗频度。

3．吸收塔系统

（1）除雾器的冲洗：除雾器可能被石膏浆粒堵塞，这可从压降增大反映出来，此时须加大冲洗力度。

（2）氧化风机：运行时注意检查油压、油位及滤网清洁。

4．石膏脱水系统

如水力旋流器积垢影响运行，则需停运石膏浆泵来清洗旋流器及管道；清洗无效时则需就地清理，干净后方可启动石膏浆泵。

5．石灰石浆液制备系统

（1）电动机无异常响声、振动不超限，温度正常；

（2）液力偶合器无漏油、喷油现象，转动正常；

（3）减速器运行中无漏油、无异常响声、振动不超过规定值、温度正常；

（4）联轴器运行中应无异声、无径向跳动和轴向窜动；

（5）主动滚筒运转正常，无异常响声，无黏料，滚筒包胶无开裂、脱落；

（6）改向滚筒运转正常，无异常响声，滚筒包胶无开裂、脱落；

（7）皮带无跑偏，打滑、撕裂或断裂现象；

（8）托辊应转动灵活，无异声，自动调心托辊无卡涩现象；

（9）皮带支架无变形、松动；

（10）皮带机运转有 30min 后，检查电动机、减速器、轴承座温度是否正常，电动机电流显示是否正常。

6. 化学测量及分析

（1）吸收塔中的 pH 值、吸收塔和水力旋流器底流的浆液密度、吸收塔浆液和石膏浆液中的 $CaCO_3$ 含量、吸收塔浆液中的 $CaSO_3 \cdot 1/2H_2O$ 含量每天至少测量一次。

（2）SO_2 测量装置每 12h 自动校验一次。

（3）在线 pH 计每月至少校验一次。

（4）烟道压力测量装置每月要检查和清洁。

（5）密度测量装置每星期检查一次。

（6）pH 值和密度是监测吸收塔内浆液的主要指标，每班应分析一次 pH 值和密度。

（三）主要定期工作（见表 5-11）

表 5-11　　　　　　　　　　主 要 定 期 工 作

项目	班次	执行日期
1 号旁路挡板快开试验	白班	每月 5、20 日
2 号旁路挡板快开试验	白班	每月 10、25 日
切换石膏排出泵	前夜	星期一
切换石膏滤液泵	前夜	星期二
切换石灰石浆液泵	白班	星期三
真空泵底部排污	白班	星期五
GGH 压缩空气吹灰	每班	每班两次
切换循环浆泵	白班	每月 1 日
切换氧化风机	白班	每月 2、16 日
切换增压风机冷却风机	前夜	每月 5、20 日
切换工艺水泵	前夜	每月 10、25 日
湿磨小牙轮轴承加油	前夜	每月 3、18 日
低压泄漏风机底部放水	白班	单日

（四）紧急停机情况

（1）系统设备上发生人员事故或工具，物件被轧入转动部位时；

（2）电动机缺相运行，有焦臭味，冒烟情况或电流超限；

（3）电动机、减速器、各轴承剧烈振动或电流正超限；

（4）皮带严重跑偏，造成大量撒物料；

（5）皮带严重打滑或磨损，发热冒烟，有焦臭味；

（6）皮带撕裂，严重脱胶或就要断裂时；

（7）皮带与固定部分严重摩擦无法调整时；

（8）落料管发生堵料时；

（9）皮带机头尾滚筒及各处改向滚筒不转，槽形托辊大量脱落变形时；

（10）发现皮带上有大块杂物、工具等物品来不及取出时；

（11）设备上遇有火警时。

二、FGD 系统日常管理

（一）概述

为了在任何时候都能成功并安全地运行"FGD 装置"，必须具备如下先决条件：

（1）确认设备的状态。每日的监视做到这一点。

（2）了解工艺液体的组成。它可能对装置的性能产生相当大的影响。

（3）了解 FGD 的组成状态。为了保持稳定状态，在正常运行过程中应尽可能根据 DCS 上的通告报警维护装置。

（二）日常监视

实行日常监视及巡查对于 FGD 持续正常运行是十分重要的。因此，必须检查操作阀及每一台设备。在正常运行过程中，每一个操作员需要巡查的设备监视项目，如表 5 - 12 所示。

表 5 - 12   设 备 日 常 监 视 项 目

设备	类型	检查部件	检查内容
风机	轴向	电动机； 轴承； 润滑油泵单元； 液压油泵单元； 冷却水流量计； 电流表； 密封空气部件	每个部件的振动、异常噪声、异常气味和异常温度； 润滑油的出口流速值和泄漏； 液压油的出口压力值和泄漏； 润滑油泵和液压油泵的冷却水流速； 电流值； 密封空气的出口压力值、泄漏
风机	离心式	电动机； 轴承； 挡板； 压力表； 入口过滤器； 阀门	每个部件的振动、异常噪声、异常气味和异常温度； 挡板打开的状态； 出口压力值； 每个部件中没有发生泄漏； 电流值
鼓风机	罗茨	旋转部件； 驱动部件； 相关的仪器； 入口过滤器； 管道； 电流表	每个部件的振动、异常噪声、异常气味和异常温度； 润滑油的体积/液位； 润滑油的泄漏； 出口压力； 入口压力； 逆止阀的颤动； 轴承和转子冷却水通路； 电流值； 出口液体温度； 传动皮带的松弛和磨损情况

设备	类型	检查部件	检查内容
泵	离心式	轴承部件； 泵壳； 电动机； 压力表； 管道； 阀门； 电流表	每个部件的振动，异常噪声，异常气味和异常温度； 每个部件中无泄漏发生； 出口压力值； 润滑油的体积/液位； 电流值； 阀门的打开和关闭状态； 传动皮带的松弛和磨损情况
真空泵	水封	轴封部件； 轴承部件； 泵壳； 电动机； 压力表； 流量表； 管道； 阀门； 电流表	每个部件的振动，异常噪声，异常气味和异常温度； 每个部件中无泄漏发生； 出口压力值； 密封水的流速和压力； 阀门的打开和关闭状态； 电流值； 皮带和滑轮的振动和磨损
搅拌器	浆状	轴封部件； 轴； 齿轮部件； 电动机	每个部件的振动，异常噪声，异常气味和异常温度； 润滑油的体积/液位； 每个部件中无泄漏发生； 电流值
给料机； 输送机	振动给料机； 称重给料皮带； 皮带输送机； 斗式提升机	给料机本身； 传动部件； 皮带，料斗； 入口滑动闸门； 出口斜槽； 密封空气管路和空气流速； 扩展部分； 电流表（二次电流和频率）	每个部件的振动，异常噪声，异常气味和异常温度； 润滑油的体积/液位； 无油泄漏发生； 皮带的滑轮的振动和磨损； 在出口处无堵塞和无沉积物； 给料机本身无堵塞和无渗开； 密封空气阀全部打开； 入口滑动闸门全部打开； 扩展部分的断裂； 粉末排放的状况； 电流值
旋流器	多旋流器	旋流器本身； 阀门； 相关仪器； 管道； 总管和底部流面板	每一个部件无泄漏； 每一个部件无堵塞； 阀门打开或关闭的状态； 入口流速

设备	类型	检查部件	检查内容
石膏分离器	水平皮带；真空过滤器	滤布；滚筒；传动部件；进料箱；刮板；管道；卸料斜槽；相关仪器；清洗水供给喷嘴；阀门；电磁阀；操作盘	每个部件的振动和异常噪声；每个部件无泄漏；在斜槽处排放石膏；滤布的曲折/对准；滤布的堵塞和堵住；滤布和皮带的损坏，孔和撕扯情况；用水清洗的滤布的清洁度；石膏的飞溅；过滤器滤饼的黏附状态；阀门打开或关闭的状态；在进给箱处液体进给和堵塞；真空状态；可用的滚筒旋转状态和衬里磨损；公用水的压力；控制面板的指示
湿式球磨机	湿式球磨机	磨机本身；驱动部件；齿轮传动装置润滑；轴承（磨机和小齿轮）；冷却水；润滑单元和管道	每个部件的振动，异常噪声，异常气味和异常温度；润滑油的体积/液位；润滑油的排放流速值和泄漏；无油泄漏发生；润滑油泵单元的冷却水流速；电流值；阀门打开和关闭的状态
挡板	双百叶窗板；百叶窗板	电动机；轴承；密封部件	每个部件的振动、异常噪声、异常气味和异常温度；挡板打开的状态；每个部件中无泄漏发生
GGH	旋转式	换热器本身；传动部件；吹灰部件；污水部件；电流表	每个部件的振动，异常噪声，异常气味和异常温度；管道和换热器无泄漏发生；吹灰器的压力；润滑油的体积/液位；密封空气和清扫空气的压力；电流值
吸收塔	圆柱形的	吸收塔本身；相关仪器；管道；喷嘴集管；pH计	吸收塔的液位；每个部件中无泄漏发生；阀门打开/关闭的状态；pH计的堵塞管；振动和异常噪声

续表

设备	类型	检查部件	检查内容
储罐	圆柱形的	储罐本身； 相关仪器； 管道	储罐的液位； 每个部件中无泄漏发生； 阀门打开/关闭的状态； 振动和异常噪声
储仓	圆柱形的	储仓本身； 相关仪器； 管道	粉末液位计的运行； 每个仪器的指示值； 堵塞情况； 气动滑板的供气压力
坑	地下	坑本身； 相关仪器； 管道	坑的液位； 每个部件中无泄漏发生； 浆液沉积物的情况； 振动，异常噪声和异常气味

（三）工艺流体的例行分析

为了了解 FGD 性能，并获得脱硫反应、氧化反应和另一种基本工艺的状态，必须定期从液体管线及气体管线中采样，以便分析其化学项目，然后参考分析结果处理液体的成分。根据这些项目进行妥善处理。

（四）值班记录内容

FGD 装置所有操作均做记录，包括异常情况及设备缺陷、备品备件消耗、工作票、操作票、公共仪表和器具交接班等。

第六章

FGD 系统对发电机组运行的影响

第一节　FGD 系统对发电机组运行的影响及原则性调节方法

一、FGD 装置运行对锅炉运行的影响及原则性调节方法

（一）FGD 装置运行对锅炉机组运行的影响

FGD 装置运行对锅炉机组运行的影响如图 6-1 所示。FGD 装置的阻力由脱硫风机克服，与锅炉的联系通过 FGD 进、出口烟气挡板及旁路烟气挡板进行烟气切换。当 FGD 装置启、停时，烟气旁路与 FGD 装置烟道切换，由于两路烟道的阻力不同，会对锅炉的炉膛负压产生明显的影响。在 FGD 装置启动时锅炉炉膛负压变小，停运时负压变大，其变化范围可达数百帕，而锅炉正常运行时负压仅为数十帕。

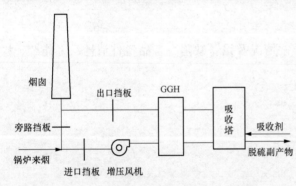

图 6-1　典型 FGD 烟气系统示意图

如果 FGD 装置设计或操作不合理将对锅炉安全运行产生重要影响。假如在运行中脱硫风机故障停运或 FGD 进、出口烟气挡板误关时，烟道阻力就会迅速增加，必将导致锅炉炉膛压力升高，引起锅炉主燃料跳闸。特别是当 FGD 装置保护动作时（循环泵全部停运、FGD 装置失电等），旁路烟气挡板在数秒钟之内打开，造成炉膛负压产生很大的波动。在这样短的时间内运行人员根本无法立即将负压调整过来，如果燃煤着火性能较差，极有可能造成锅炉灭火。

（二）FGD 装置启动、停运及运行对锅炉运行的调整

在 FGD 装置启动、停运过程中，将导致炉膛负压产生较大的波动，严重时会引起锅炉主燃料跳闸。因此，在 FGD 装置启动、停运过程中，锅炉运行要进行相应的调整。

1. FGD 装置启动、停运时锅炉的运行调节

（1）按要求调整好锅炉负荷，稳定运行。

（2）FGD 装置启、停前锅炉调整好燃烧，必要时投油枪稳燃。

（3）FGD 装置启动前必须投入电除尘器。

（4）锅炉送、引风机由自动控制改为手动操作，炉膛负压在烟气进入 FGD 装置前 5min 左右调整到比正常运行时大一些，在停运前 5min 左右则调整到比正常运行时小一些。

（5）在 FGD 装置启、停过程中，要密切监视炉膛负压的变化，随时做好调整炉膛负压

的准备，使之尽量维持在正常的压力范围内。

2．FGD 装置运行时锅炉的运行调节

一般情况下，FGD 装置对负荷有很好的适应能力，其正常运行时锅炉的调整操作可以根据本身的需要进行操作。但是当锅炉投油运行或电除尘故障停运时，FGD 装置应停止运行。

二、FGD 装置运行对汽轮机运行的影响

FGD 装置运行通过对锅炉运行的影响，间接影响汽轮机的运行。例如 FGD 装置故障或误操作造成锅炉主燃料跳闸、锅炉灭火等，可导致汽轮机停运；FGD 装置进、出口烟气挡板及旁路烟气挡板进行烟气切换造成炉膛负压波动，影响炉内燃烧情况，进而影响蒸汽温度和压力，对汽轮机运行构成影响。

如果 FGD 净烟气采用蒸汽再热方式，加热用蒸汽来自汽轮机的某段抽汽。在短时间内，汽轮机本体的各段抽汽压力会有所降低，温度基本不变。由于这些变化均在正常波动范围内，所以对汽轮机的安全运行影响不大。但是这种再热方式对机组的经济性有较大的影响。由于抽汽口抽汽量增加，工质携带热量离开系统，造成汽轮机做功减少，效率降低。根据某燃煤电站 125MW 机组配套的 FGD 装置试验结果，加热用蒸汽抽汽量为 20t/h，相当于机组减少发电功率 4000kW，这比 GGH 的运行费用要高出许多。并且供汽参数越高，带出系统的热量也就越多，机组经济性下降也就越严重。

第二节　FGD 系统运行对锅炉机组运行的影响

一、FGD 系统与锅炉的联系

FGD 系统是通过 FGD 进、出口 2 个挡板及旁路（即锅炉原有引风机出口至烟囱烟道）的 2 个挡板进行烟气切换的。FGD 系统的主烟道烟气挡板安装在 FGD 进、出口，它是由双层烟气挡板组成的，并有弹簧快开机构，旁路烟气挡板安装在旁路烟道的进、出口，是单层的，由密封空气连接，没有弹簧快开机构，当主烟道运行时，旁路烟道关闭。正常情况下烟气系统的启停由程控操作，当满足 FGD 启停条件时，运行人员在控制屏上设定"功能组烟去气系统自动"，点按键盘后系统便按表 6-1 的程序一步一步地执行下去。

表 6-1　　　　　　　　　　烟气系统程控操作步骤

序号	启动程序	执行情况	序号	停止程序	执行情况
1	FGD 进口烟气挡板	自动开约 48s	1	FGD 旁路进口挡板	自动开约 47s
2	FGD 出口烟气挡板	自动开约 48s	2	FGD 旁路出口挡板	自动开约 47s
3	吸收塔顶通风口	自动关闭	3	吸收塔顶通风口	自动开
4	FGD 旁路进口挡板	自动关 40%	4	FGD 进口烟气挡板	自动关
5	FGD 旁路出口挡板	自动关 40%	5	FGD 出口烟气挡板	自动关
6	FGD 旁路进口挡板	自动关 40%	6	停止程序结束	约 150s
7	FGD 旁路出口挡板	自动关 40%			
8	FGD 旁路进口挡板	自动关 20%			
9	FGD 旁路出口挡板	自动关 20%			
10	启动程序结束	共约 5min5s			

二、烟气挡板的特性

烟气挡板的特性见表6-2。

表 6-2　　　　　　　　　　烟 气 挡 板 的 特 性

挡板名称 参　　数	FGD 入口	FGD 出口	旁路入口	旁路出口
形式	双层	双层	单层	单层
设计压力（kPa）	+5.0/−5.0 （顺序−5.0~5.0）	+5.0/−5.0	+5.0/−5.0	+5.0/−5.0
工作压力（kPa）	+1.0/−0.5	+0.7/−0.5	+1.7/+0.5	+0.7/+0.5
设计温度（℃）	250	250	250	250
实际工作温度（℃）	135	82	135	82
烟道尺寸（mm）	5000×6000	5000×3800	4800×5500	5500×4800
挡板材料	Inconel 625	Inconel 625	Inconel 625	Inconel 625
密封介质	100%空气	100%空气	100%空气	100%空气
叶片数量	5	5	5	5
轴直径（mm）	70	65	70	70
操作机构	电动	电动	电动	电动
操作指示	限位开关	限位开关	限位开关	限位开关
密封空气耗量 （m³/min）	281	281	281	281
密封空气压力（Pa）	3.0	3.0	3.0	3.0
打开时间（s）	48	47	45	45
关闭时间（s）	45	47	46，快开<2s，正常 关闭分3次完成158	47，快开<2s，正常 关闭分3次完成162
安全操作机构	无	无	弹簧	弹簧

三、影响锅炉主燃料跳闸的情况

在下列两种情况下，FGD 系统将向锅炉控制发出主燃料跳闸（MFT）的申请。2 台循环泵停运，并且 FGD 入、出口烟气挡板都未关闭。FGD 入口烟气温度高过 190℃，并且 FGD 入口烟气挡板和出口烟气挡板都未关闭。

重庆电厂 FGD 系统调试过程中，就发生过因 FGD 系统投运造成锅炉跳闸的事件。后来连州电厂特别关心 FGD 系统对锅炉的影响，并进行了单、双炉，冷、热态 FGD 主旁路切换试验。

四、冷态烟气旁路和主路的切换

由于两路的烟道的阻力不一样，此时会对锅炉的炉膛负压产生明显的影响，若设计不合理，将使锅炉 MFT，甚至危及锅炉炉膛的安全。

FGD 旁路挡板没有快开装置，FGD 阻力由增压风机来克服。假定在运行中增压风机出现了故障而停运，或 FGD 进出、口挡板误关时，会发生什么样的情况呢？旁路不能快速打开，烟气无路可走，烟道阻力快速增加，必然导致锅炉炉膛压力升高，引起 MFT。这种情况在深圳妈湾电厂海水 FGD 系统的运行中就发生过。

冷态单炉运行 FGD 启停时对炉膛负压影响不大，但当烟气从 FGD 主路迅速切换至 FGD 旁路时，负压的变化明显高于 FGD 正常启停。

从冷态试验可以得出以下几点结论：

（1）FGD 系统启动时，锅炉炉膛负压将变小（数值变大），FGD 系统停运时负压变化正好相反。

（2）双炉运行时，FGD 系统的启停对锅炉炉膛负压的影响要比单炉运行时的影响大。

（3）当烟气从 FGD 主路快速切换至 FGD 旁路（通过预拉弹簧在 2s 内打开旁路）时，炉膛负压的变化明显变大，而且变化的时间很短。可以预见在热态时，FGD 系统的启、停将对锅炉产生更大的影响。

五、FGD 系统启停对炉膛负压的影响

总的来说，FGD 系统的启停对炉膛负压变化的影响是很大的。FGD 系统出现异常主要有两种情况：

（1）FGD 系统失电，所有设备停运。

（2）FGD 进、出口挡板误关。

当 FGD 出现异常时要"停"，故障排除后要"启"。对前一种，若旁路挡板不能快开，高温烟气直接进入 FGD 系统，会破坏系统中的防腐材料，为了减小这些不良影响，客观上需要注意以下几点：

（1）FGD 系统停时，旁路挡板需要快开或半快开，可以设定 50％ 的快开而不是全部。

（2）FGD 系统停时，需要引风机负荷增大。

（3）FGD 系统停时，需要事先调大炉膛负压（在允许范围内）。

（4）为了避免当 FGD 系统失电时（旁路不能快速打开）高温烟气进入 FGD 系统，破坏系统防腐材料，系统进口挡板前需要有烟气冷却装置。旁路挡板需要与厂用电连接，当 FGD 系统失电时仍然可以操作，可在 1min 之内打开。

（5）FGD 系统启动前需要事先调大炉膛负压（在允许范围内）。

六、FGD 系统对灰渣排放系统的影响

（1）珞璜电厂石灰石/石膏湿法脱硫排水（排浆）呈弱酸性，其溶解盐类以硫酸镁为主，硫酸镁是由脱硫剂—石灰石中的酸溶性镁，通过吸收 SO_2 转化而来的。

（2）将脱硫排水（排浆）引入煤灰浆系统，可以达到处理脱硫废水的目的，有节能、节水、提高经济效益的效果。

（3）脱硫排水（排浆）与煤灰浆混合输送后管道结垢率仅为原来的 1/3。

（4）含硫酸镁的脱硫排水（排浆）被引入灰浆系统后，灰渣管结垢的类型将发生改变，由原来的碳酸钙型变为镁化合物型。碳酸钙型垢为方解石结晶，夹杂粉煤灰玻璃体微珠，结构密实不易清理。镁化合物型垢的微晶为针状体，垢粒呈绒球状，结构疏松，易于清理。

（5）脱硫排水（排浆）被引入灰浆系统后具有溶解碳酸钙的能力（废弃石膏浆原液比澄清后的浆液水效果更好）。

火电厂烟气脱硫设备及运行维护

（6）无发现管道金属腐蚀现象。

七、混排对灰场及灰渣利用的影响

（1）混排对灰场容量的影响：混排产生的固体物质 20 年约占灰场的 10%，影响不大。

（2）混排对灰渣利用的影响：脱硫石膏、灰渣单独的用场已经很多，如建筑材料、铺路筑坝、填埋矿井、改良土壤、生产化肥等。脱硫废水主要呈现酸性，pH=4~6，和大量的碱性冲灰水混合，起到了中和作用。当混合液 pH=9 左右时（脱硫废水处理最佳 pH 值）对废水中超标的重金属就有吸附共沉的作用。

在水泥生产过程中要用石膏（$CaSO_4 \cdot 2H_2O$）来调节水泥的凝固时间，脱硫石膏可以替代，关键是控制水泥中 SO_3 的含量不要超过 3.0% 的国家标准。

石膏是灰渣良好的活性激发剂，$CaCO_3$、$MgCO_3$ 本身就是生产水泥的材料。

FGD 石膏对灰渣的主要影响是其中的 $CaSO_3$ 和 Cl，在 650℃ 下 $CaSO_3$ 会发生分解反应。

$CaSO_3 \xrightarrow{650℃} CaO + SO_2 \uparrow$ 过多的 $CaSO_3$ 会限制脱硫石膏的应用。石膏浆液中的 $CaSO_3$ 很少，平均不到 0.2%，$CaSO_3$ 超过 0.5% 时不被利用。

Cl 以 $CaCl_2$ 的形式存在，它对灰渣也是一种活性激发剂，它和灰渣发生水化反应，使灰渣颗粒表面被水化蚀刻，生成部分水化产物如 C—S—H 凝胶，这将降低原状灰渣的火山灰活性。

八、FGD 对尾部烟道及烟囱的影响

1. 烟囱内烟气温度及烟囱内壁温度分布的计算

根据能量守恒原理和传热学原理，可计算出烟气温度沿烟囱高度的一维分布和烟囱内壁温度分布，这里将烟囱分为 12 段，每段 13m，传热系数按平壁传热计算。在计算段内有

$$qc(t_1 - t_2) = \pi d_m \Delta h K \left(\frac{t_1 + t_2}{2} - t_0 \right) + qg\Delta h$$

烟囱内壁温度

$$t_b = \frac{t_1 + t_2}{2} - K \left(\frac{t_1 + t_2}{2} - t_0 \right) / \alpha$$

式中 q——烟囱内烟气流量，kg/s；

c——烟气的质量定压比热容，J/(kg·℃)；

t_1——计算段进口烟温，℃；

t_2——计算段出口烟温，℃；

d_m——计算段烟囱平均内径，m；

Δh——计算段高度，m；

K——烟气与大气的传热系数，W/(m²·℃)；

t_0——环境温度，℃；

g——重力加速度，9.8m/s²；

t_b——烟囱内壁温度，℃；

α——烟气对烟囱内壁的放热系数，W/(m²·℃)。

FGD 装置安装前后满负荷下的工况计算结果见图 6-2。由图 6-2 可以看出，脱硫前后沿烟囱高度方向上烟气温度变化都不大，但脱硫后的烟温比脱硫前要低 55℃，且内壁温度

248

低至70℃，对尾部烟道及烟囱将产生一些影响，这些影响主要有：

（1）由于烟温的降低出现酸结露现象，造成腐蚀；

（2）烟囱正压区范围扩大；

（3）影响烟气的抬升高度，从而影响烟气的排放；

（4）使烟囱的热应力发生变化。

其他负荷下的结果基本相同。

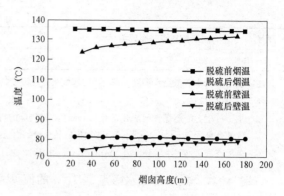

图6-2 脱硫前、后烟气温度和烟囱内壁温度变化

2. 烟气温度变化对腐蚀的影响

为分析脱硫后对烟囱的腐蚀程度，这里采用了烟气腐蚀性指数的概念。在现行的《火力发电厂土建结构设计技术规定》DL 5022—1993中规定了腐蚀性指数 K_c 的计算公式，即

$$K_c = \frac{100 S_{ar}}{A_{ar} \sum [R_x O]}$$

式中　S_{ar}——燃煤中收到基含硫量，%；

　　　A_{ar}——燃煤中收到基含灰量，%；

$\sum [R_x O]$——燃煤灰分中4种碱性氧化物（CaO、MgO、K_2O、Na_2O）的总含量，%。

腐蚀性指数越大，表明对物体的腐蚀性越强，表6-3列出了烟气对烟囱腐蚀性强弱的分类。

表6-3　　　　　　　　　　　　　烟气对烟囱腐蚀性强弱的分类

烟气腐蚀性	除尘方式	$K_c > 2.0$	$1.5 < K_c \leqslant 2.0$	$1.0 < K_c \leqslant 1.5$	$0.5 < K_c \leqslant 1.0$
强	湿式	√	√	—	—
	干式	√	—	—	—
中等	湿式	—	—	√	—
	干式	—	√	—	—
弱	湿式	—	—	—	—
	干式	—	—	√	无侵蚀

（1）烟气的腐蚀作用与酸露点有直接关系。酸露点的计算公式见表6-4。

表6-4　　　　　　　　　　　　　酸露点的计算公式

序号	酸露点（脱硫前/后）	计算公式
1	108.5/91.0	$t_{ld} = t_{ld0} + \left[\dfrac{\beta \cdot \sqrt[3]{S_{ZB}}}{1.05(\alpha_{fh} \cdot A_{ZB})} \right]$
2	120.4/123.0	$t_{ld} = 186 + 20\lg[H_2O] + 26\lg[SO_3]$
3	110.1/144.9	$t_{ld} = t_{ld0} + B(p_k)^n$

序号	酸露点（脱硫前/后）	计算公式
4	124.6/—	$t_{ld} = 120 + 17(S_{ZB} - 0.25)$

注 表中 t_{ld} 为烟气酸露点温度，℃；t_{ldo} 为烟气水露点温度，℃；β 为锅炉炉膛出口过量烟气系数 α 有关的系数，当 $\alpha = 1.2 \sim 1.25$ 时，$\beta = 121$，当 $\alpha = 1.4 \sim 1.5$ 时，$\beta = 129$；S_{ZB} 为燃煤收到基对应于 4200kJ/kg 发热量的折算含硫量，%；A_{ZB} 为燃煤收到基对应于 4200kJ/kg 发热量的折算含灰量，%；α_{fh} 为飞灰份额，%；[H_2O] 为烟气中水蒸气的含量，%；[SO_3] 为烟气中三氧化硫的含量，%；B、n 为烟气中水分、H_2SO_4 分压力有关的试验常数；p_k 为硫酸蒸汽在烟气中的分压力，atm（1atm＝101.33kPa）。

（2）计算公式中涉及水露点、B、n 的值见表 6 - 5、表 6 - 6。

表 6 - 5 烟气中水露点与水蒸气含量的关系

烟气水蒸气含量（%）	1	5	10	15	20	30	50
烟气水露点温度（℃）	6.7	32.3	45.6	53.7	59.7	68.7	80.9

表 6 - 6 B、n 的试验值

（$H_2O + H_2SO_4$）分压力（大气压）	0.02	0.04	0.06	0.08	0.12	0.16	0.20	0.28	0.36
纯水蒸气露点（℃）	1.77	28.6	35.6	41.1	49.0	55.0	59.7	67.1	73.0
B	200.4	202.4	204.2	206.3	210.2	214.2	218.3	226.4	234.0
n	0.1224	0.0907	0.0732	0.0659	0.0622	0.0636	0.0661	0.072	0.078

从表中数据可以看出，不同的计算公式得出的酸露点温度有较大的差别，特别是对脱硫后的计算。其主要原因在于各公式考虑的酸露点温度的影响因素有很大区别。表 6 - 4 中序号 1 公式未考虑脱硫后烟气水分的增加和实际 SO_3 浓度的变化情况，因而结果偏小，该式不适用于湿法脱硫后烟气酸露点温度的计算。事实上，脱硫后 SO_3 浓度的减少率并不等同于脱硫率，而是小得多，即 SO_3 浓度减少较小。AE 公司设计的 SO_3 脱去率只有 30%，而烟气水分增加 6% 以上，使得酸露点温度很高。表 6 - 4 中序号 2 公式同时考虑脱硫后烟气水分的增加和实际 SO_3 浓度的变化情况，可用于计算脱硫后的酸露点温度。表 6 - 4 中序号 3 公式假定了烟气中 SO_3 全部转化为 H_2SO_4，其值略偏大。表 6 - 4 中序号 4 公式适用于折算含硫量已 $S_{ZS} > 0.25\%$ 的情况。

日本电力工业中心研究所提供的烟气酸露点温度计算式为

$$t_{ld} = a + 20\lg[SO_3]$$

式中，a 为水分常数，当烟气中水分为 5% 时，$a = 184$；当烟气中水分为 10% 时，$a = 194$；上式的计算结果与表 6 - 4 中序号 2、3 公式的结果较接近。这 3 个公式的计算结果都表明，湿法脱硫后烟气酸露点温度并不比脱硫前低。比较图 6 - 2 可看到，脱硫前烟气温度和烟囱内壁温度基本上大于酸露点温度，故烟气不会在尾部烟道和烟囱内壁结露，且在负压区不会出现酸腐蚀问题。而脱硫后烟气温度尽管升高，但仍远低于酸露点温度，SO_2 将溶于水中，烟气会在尾部烟道和烟囱内壁结露，尽管烟气中 SO_2 等酸性气体减少了，但烟气的腐蚀性并不比未脱硫前减小，加上脱硫后烟囱正压区的增大，会使烟囱的腐蚀加大，因此须定期对烟囱进行检查，发现问题及时处理。对尾部烟道应立即进行防腐保护，如加铺玻璃钢防腐材

料等。

（3）FGD 腐蚀性指数为

$$K_s = K_c \left(\frac{T_{1ds}}{T_s} \right)^n$$

式中　　K_s——脱硫后烟气的腐蚀性指数；

　　　　K_c——原烟气的腐蚀性指数；

　　　　T_{1ds}——脱硫后烟气酸露点温度，K；

　　　　T_s——脱硫后的烟气温度，K；

　　　　n——与脱硫方法有关的系数，这里取 n 为 $n \begin{cases} = 2, \text{湿法 FGD 技术} \\ = 1.5, \text{半干法 FGD 技术} \\ = 1, \text{干法 FGD 技术} \end{cases}$。

腐蚀性指数 K_s 越大，表明脱硫后烟气对物体的腐蚀性越强，在表中将 K_c 替换为 K_s，同样适用于烟气对烟囱腐蚀性强弱的分类。

对连州电厂，计算得 $K_{s1} = 1.66$（加热至 80℃），$K_{s2} = 2.02$（吸收塔出口，未加热），对比表可知，脱硫加热后烟气为强腐蚀性，而吸收塔出口的腐蚀性更强，这与现场实际相符合。

烟气腐蚀性指数 K_s 可以用来判断脱硫后烟气的腐蚀性强弱，指导 FGD 系统烟气再热温度的选定以及防腐材料的铺设，具有重要的实际意义。

可见，脱硫后烟气温度尽管升高，但仍远低于酸露点温度，SO_2 将溶于水中，烟气会在尾部烟道和烟囱内壁结露，尽管烟气中 SO_2 等酸性气体减少了，但烟气的腐蚀性并不比未脱硫前减小，加上脱硫后烟囱正压区的增大，会使烟囱的腐蚀加大。

3. FGD 对烟囱内压力分布的影响

烟囱内是否出现正压是决定烟囱内是否会受到腐蚀的另一重要因素。

如果烟囱在负压区运行，则基本上不存在烟气向烟囱外壁渗透问题；如烟囱内出现正压，则烟气会通过内壁裂缝渗透到钢筋混凝土筒体表面，将导致腐蚀的增强，对烟囱的安全运行不利。

脱硫后烟囱进口烟气温度从 135℃ 降到 80℃，导致烟气密度增大，烟囱的自抽吸能力降低，这样会使烟囱内压力分布改变，正压区扩大。烟囱内静压分布可由下式计算

$$\Delta p_s = \left(\frac{\lambda}{8i} + 1 \right) \times \left(1 - \frac{1}{D_r^4} - 4 \frac{D_r - 1}{R} \right) p_{ve}$$

其中：$D_r = D/D_0$

$$R = \frac{(\lambda + 8i) p_{ve}}{g(\rho_a - \rho_y) D_0}$$

式中　　Δp_s——烟囱内静压，Pa；

　　　　λ——烟囱内衬摩擦系数，取 0.05；

　　　　i——烟囱内衬坡度；

　　　　D_r——相对直径；

　　　　D——计算高度处烟囱内径；

　　　　D_0——烟囱出口直径；

　　　　p_{ve}——烟囱出口处动压，Pa；

R——里赫捷尔数，即烟囱静压准则数；

ρ_a——全年气温最高月份平均温度的大气密度，kg/m³；

ρ_y——烟气密度，kg/m³。

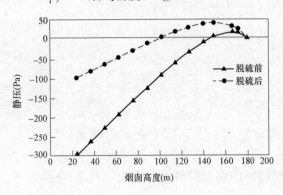

图6-3 满负荷时脱硫前、后烟囱内静压分布情况

当 $R\leqslant1.0$，表明烟囱内为全负压；$R>1.0$ 时，在烟囱内将出现正压。计算脱硫前，满负荷时 $R=1.955$，最大静压为 16.3Pa，出现在标高 164.6m 处；50% 负荷时 $R=0.49<1.0$，烟囱内不会出现正压；脱硫后满负荷时 $R=3.576$，最大静压为 40.5Pa，出现在标高 148.9m 处；50% 负荷时 $R=0.89<1.0$，烟囱内不会出现正压；图6-3 给出了满负荷时脱硫前、后烟囱内静压分布情况。

从图6-3可知，FGD装置运行前只在146m以上出现正压区，而脱硫后正压区扩大到99~180m的区间。虽然脱硫后 SO_2 和其他酸性气体浓度有很大减少，但由于烟气温度已在酸露点之下，烟囱内壁必然有酸结露情况发生，日积月累，其腐蚀不容忽视。

4. FGD对脱硫后烟气抬升高度的影响

脱硫后烟气抬升高度计算如：

$$\Delta H = 1.303Q_H^{1/3}H_S^{2/3}/v_S$$

式中 ΔH——烟气抬升高度，m；

Q_H——烟气热释放率，kJ/s；

H_S——烟囱高度，m；

v_S——烟气抬升计算风速，m/s。

5. 对烟囱热应力的影响

烟囱热应力与烟囱内外温度差成正比，脱硫后温差由脱硫前的约114℃降低到约59℃，使得热应力减小，对烟囱的安全运行有利。

脱硫前、后烟气抬升高度的计算结果见图6-4。由图6-4可知，脱硫后烟气抬升高度降低约80m。地面最大浓度与污染物排放量成正比，与有效源高（烟囱几何高度加烟气抬升高度）的平方成反比，虽然脱硫后烟气抬升高度降低，但由于脱硫后烟气中的污染物已大为减少，因而不会造成更大的环境污染。

小结：

（1）脱硫前烟气温度烟囱内壁温度基本上大于酸露点温度，故烟气不会在尾部烟道和烟囱内壁结露，且在负压区不会出现酸腐蚀问题；而脱硫后烟气温度已低于酸露点温度，烟气会在尾部烟道和烟囱内壁结露，加上脱硫后烟囱正压区的增大，会使烟囱的腐蚀加大，因此在尾部烟道和烟囱的设计时就应考虑防腐问题。对尾部

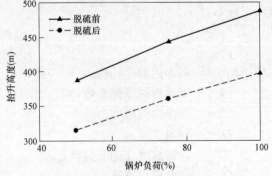

图6-4 脱硫前、后烟气抬升高度

烟道、烟囱应定期进行检查，发现问题及时处理。另外由于 FGD 入口挡板密封不严，FGD 停运时也有烟气漏入系统，会引起烟道的腐蚀，因此对吸收塔入口挡板后的烟道也应防腐。

（2）脱硫后烟气抬升高度的降低可通过脱硫后烟气中的污染物的减少来补偿，因而不会造成更大的环境污染。

（3）脱硫后温差降低使得热应力减小，对烟囱的安全运行有利。

（4）现行的 DL5022—1993《火力发电厂土建结构设计技术规定》中规定的腐蚀性指数 K_c 已不能用来说明脱硫后烟气的腐蚀性强弱，在此提出了烟气腐蚀性指数 K_S 的定义，它可以用来判断脱硫后烟气的腐蚀性强弱，指导 FGD 系统烟气再热温度的选定以及防腐材料的铺设，具有重要的实际意义。

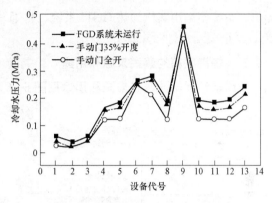

图 6-5　机组各设备冷却水压力

九、FGD 对工业水系统的影响

若（老机组改造建 FGD 系统）使用工业水作 FGD 工艺水将影响各个部位冷却水的水压，见图 6-5 和表 6-7。

表 6-7　　　　FGD 工艺水对工业水系统运行的影响（负荷 110～120MW）

序号	设备名称	试验前冷却水压（MPa）	手动门开35%后压力（MPa）	手动门关后压力（MPa）	试验前冷却水压力（MPa）	手动门开100%后压力（MPa）	手动门关后压力（MPa）
1	送风机 A	0.06	0.045	0.06	0.06	0.025	0.06
	送风机 B	表坏	—	—	—	—	—
2	引风机 A	0.038	0.02	0.035	0.038	0.02	0.038
3	引风机 B	0.058	0.042	0.053	0.058	0.040	0.058
4	排粉风机 A	0.16	0.15	0.16	0.16	0.12	0.16
5	排粉风机 B	0.18	0.16	0.18	0.18	0.12	0.18
6	磨煤机 A 减速箱	0.26	0.25	0.26	0.025	0.024	0.025
7	磨煤机 A 前轴承	0.28	0.26	0.29	0.28	0.21	0.28
8	磨煤机 A 后轴承	0.18	0.17	0.19	0.18	0.12	0.18
	磨煤机 B 减速箱	表坏	—	—	—	—	—
9	磨煤机 B 前轴承	0.46	0.45	0.47	0.45	0.41	0.45
10	磨煤机 B 后轴承	0.19	0.16	0.19	0.19	0.12	0.19
11	1 号低加疏水泵	0.18	0.16	0.18	0.18	0.12	0.18
12	2 号低加疏水泵	0.19	0.16	0.19	0.19	0.12	0.19
13	交流调速油泵	0.24	0.21	0.25	0.24	0.16	0.24

第三节　FGD系统对汽轮机系统的影响

一、相关系统介绍

经 FGD 系统脱硫后的烟气从吸收塔出来只有 50℃ 左右，不能直接排入烟囱，必须经过加热。系统多采用蒸汽加热 GGH 系统，将烟气加热至 80℃ 以上，汽源来自机组辅汽联箱，FGD 系统凝结水打回除氧头。

二、辅汽联箱的蒸汽来源和用途

机组辅汽联箱的蒸汽来源和用途见图 6-6。

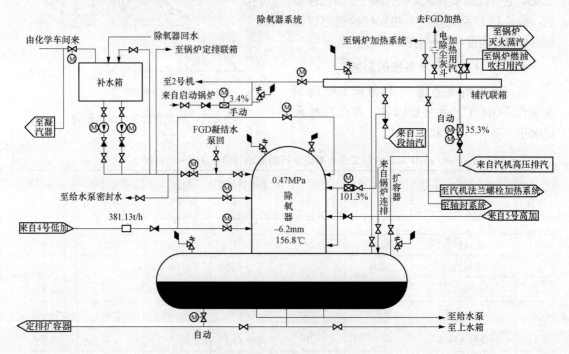

图 6-6　机组辅汽联箱的蒸汽来源和用途

由图 6-6 可知辅汽联箱的蒸汽来源有：

(1) 汽轮机三段抽汽；三段抽汽参数为 0.75MPa/386℃，6.33t/h（用于除氧器加热）。

(2) 汽轮机高压缸排汽；高压缸排汽参数同 2 段抽汽，2.55MPa/318℃。

(3) 锅炉。

(4) 其他。如高中压汽门阀杆汽封。

辅汽主要用于机组启动时锅炉底部加热轴封、法兰螺栓加热、除氧器加热、燃油系统吹扫、电除尘灰斗加热、蒸汽灭火等。

FGD 系统使用的蒸汽与电除尘灰斗加热蒸汽同一路，蒸汽从汽轮机辅汽联箱出来经过锅炉平台一个手动阀门。在除尘器下有电动阀门将蒸汽隔为 2 路，FGD 系统未启动时电动门关闭，蒸汽去电除尘灰斗加热，FGD 系统启动时电动门打开蒸汽去 FGD 系统再热器。

FGD 系统加热蒸汽经调节阀后，在再热器底部分成 2 路进入加热器，2 台机组共有 4

路,加热后蒸汽凝结成水,汇集在两个凝结水罐中,凝结水经2组4台凝结水泵,打至除氧器回收。由于FGD系统启动初期凝结水不合格,在锅炉定排处的回水管路上设有100%的排地沟旁路。这时补给水需增加2%。凝结水进入除氧头通过化学补给水泵来的补水管进入。

FGD系统蒸汽电动门有如下保护:蒸汽 $p \geqslant 0.9\text{MPa}$,$t \geqslant 400℃$,保护关闭。

FGD系统再热器调节阀设计保护条件:蒸汽 $p \leqslant 0.3\text{MPa}$,$t \leqslant 270℃$,保护关闭,当烟气出口温度 $t \leqslant 80℃$,1h后FGD自动关闭。

三、FGD系统用三段抽汽对汽轮机的影响

FGD系统满负荷运行时,至FGD再热器的蒸汽参数为 $0.53\text{MPa}/350℃$,用汽量约为 $16 \sim 18\text{t/h}$。汽轮机本体抽汽系统见图6-7。

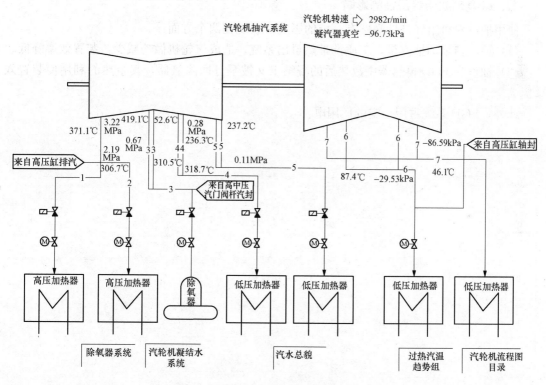

图6-7 CRT上汽轮机本体抽汽系统图

结论:当三段抽汽被用于加热时,在短时间内,汽轮机本体的二抽、三抽、四抽、五抽、六抽、七抽等各段压力略有降低,但温度基本不变,而在停用时各抽汽压力有所上升,但全在正常范围内。三抽的一部分是用于除氧器给水加热的,当FGD停用三抽后,除氧器内的压力、水位及温度变化不大,抽汽对于除氧器的正常运行影响不大。

四、高压缸排气加热烟气

在FGD满负荷运行时,由于高压缸排汽有足够的汽量,因此只用了1号炉的汽。当时高排参数为:$2.18\text{MPa}/307℃$左右,至辅汽联箱的压力设定为 0.57MPa,此时调节门的开度约 $32\% \sim 39\%$,辅汽联箱的压力、温度十分稳定,蒸汽至FGD再热器处的参数为 $0.54\text{MPa}/264 \sim 375℃$左右,蒸汽流量大致在 $18 \sim 20\text{t/h}$。

五、用二段抽汽加热

前后各段的压力、温度变化来看，二段抽汽后各段抽汽的压力有所下降，而温度基本无变化。用二段抽汽加热对汽轮机的运行影响不大。

六、凝结水回收对除氧器运行的影响

经 FGD 再热器后的凝结水由凝结水泵打至除氧头，它对除氧器的正常运行影响不大，压力略有下降水位略有上升，但在正常波动范围内，水温基本不变。FGD 运行初期，凝结水质不合格不能回收，便使得机组得补水率增加了约 2%。在 FGD 投运后，运行人员应经常化验水质，合格后及时回收凝结水。

当停用回收后，除氧器内压力略有上升，水位略有下降，而水温无波动。

七、FGD 对机组经济性的影响

使用抽汽对机组经济性必然有一定的影响，表现在两个方面：

（1）抽汽口增加抽汽量，工质携带热量出系统，造成汽轮机做功减少，装置效率降低。

（2）抽汽在 FGD 再热器中放热后的凝结水又被泵打回除氧器，其余热的利用使装置效率提高。

此外，FGD 系统占用一定的厂用电。

第七章

典型 FGD 系统维护

第一节　典型 FGD 烟气系统维护管理

一、烟气系统的检查

（1）检查密封系统正确投入，且密封气压力应高于热烟气压力 5mbar（0.5kPa）以上；

（2）密封气管道和烟道应无漏风、漏烟现象；

（3）烟道膨胀自由，膨胀节无拉裂现象；

（4）脱硫装置停运检修时须关闭原烟气及净烟气挡板，此时启动挡板密封风机，且密封气压力应高于烟气压力，防止烟气进入工作区；

（5）烟道出、入口烟气凝结水收集管道及排出管道无堵塞。

二、增压风机的检查

（1）增压风机本体完整，人孔门严密关闭，无漏风或漏烟现象；

（2）静叶调节灵活；

（3）增压风机进出口法兰软连接完好无漏风、漏烟现象；

（4）油过滤器前后差压正常应≤0.03MPa，当油过滤器前后压差超过规定值时，则切换为备用油过滤器运行；

（5）如果油箱油温低于 30℃，手动投入油箱电加热器运行；

（6）如果油箱油位过低，检查系统严密性并及时加油至正常油位；

（7）如果油箱油温高于 50℃，油温高报警发出，立即查明原因，若油的流量低，必须对油路及轴承进行检查，若冷却水流量低，立即开大冷却水来、回水门至流量正常。

三、烟气换热器（GGH）的检查

（1）处理后的烟气温度必须保持或高于 80℃。

（2）顶部导向轴承箱和底部支持轴承箱的油质良好，油位、油温正常。

（3）烟气再热器处理烟气和未处理烟气侧的差压不超过设定值，否则必须立即对烟气换热器换热元件进行吹灰或高压水冲洗。

（4）未处理烟气入口温度不小于 127℃；未处理烟气出口温度不大于 85℃。

（5）处理烟气入口温度不大于 43℃；处理烟气出口温度不小于 80℃。

（6）袋式除尘器后的灰分不超过 200mg/m³。

（7）吸收塔出口雾气浓度不超过 100mg/m³。

（8）当原烟气入口温度超过 180℃或达 160℃后持续 20min 时，必须停车并隔离脱硫设备直到温度降到正常为止。

四、吸收塔的检查

（1）吸收塔本体无漏浆及漏烟、漏风现象，其液位、浓度和 pH 值在规定范围内；

（2）除雾器进出口差压适当，除雾器冲洗水畅通，压力在合格范围内，除雾器自动冲洗时，冲洗程序正确；

（3）吸收塔喷淋层喷雾良好；

（4）吸收塔扰动泵系统工作正常；

（5）控制吸收塔出口烟温低于 60℃运行，以免损坏除雾器；

（6）运行中视情况投入除雾器冲洗水自动控制系统。

五、泵的检查

（1）泵的轴封应严密，无漏浆及漏水现象；泵的出口压力正常，出口压力无剧烈波动现象，否则为进口堵塞或汽化。

（2）泵电流在额定工况下运行；轴承及电动机线圈温度正常。

（3）电动机及机械部分振动和窜轴在规定范围。

六、氧化风机的检查

（1）氧化风机进口滤网应清洁，无杂物。

（2）氧化空气管道连接牢固，无漏气现象。

（3）氧化风机出口启动门严密关闭。

（4）氧化空气出口压力，流量正常；若出口压力太低，及时查找原因，必要时切换至另一台氧化风机运行。

（5）检查轴承冷却水、风机冷却水以及喷水减温冷却水的流量、压力正常。

（6）润滑油的油质必须符合规定，每运行 6000h，进行油质分析。

七、主要设备运行维护主要内容

主要设备运行维护主要内容如表 7-1 所示。

表 7-1　　　　　　　　　主要设备运行维护主要内容

序号	设备名称	维护要点
1	增压风机	检查部件的振动、噪声、气味和温度；检查润滑油的出口压力值和泄漏；检查液压油的出口压力值和泄漏；检查润滑油泵和液压油泵的冷却水流量；检查密封空气的出口压力值
2	GGH	检查部件的振动、噪声、气味和温度；检查润滑油的体积/液位和泄漏；检查吹扫介质的压力；原烟气侧、净烟气侧压差是否正常，如变大应增大吹灰器吹扫频率；视情况决定是否采用高压水冲洗
3	浆液循环泵	检查部件的振动、噪声和温度；检查机封、减速器、机封水、润滑油脂；检查润滑油的体积/液位和泄漏；检查出口压力；检查传动皮带的松弛和磨损情况（若有）
4	吸收塔搅拌器	检查搅拌器振动、噪声；检查润滑油的体积/液位和泄漏；检查搅拌器机械密封；在系统运行工况下，停一台搅拌器处理

序号	设备名称	维护要点
5	氧化风机（罗茨式）	检查部件的振动、噪声和温度；检查润滑油的体积/液位和泄漏，检查出口空气压力；检查止回阀的颤动；检查轴承和转子冷却水通路；检查出口空气温度；检查传动皮带的松弛和磨损情况；可启动备用风机，处理风机缺陷
6	石膏排出泵	检查机封、润滑油脂等，可启动备用泵，处理泵缺陷
7	除雾器	检查压差是否在设计范围内，在正常冲洗情况下，如冲洗效果不理想，检查冲洗流量、冲洗阀门是否堵塞或泄漏，并处理
8	地坑箱罐搅拌器	检查振动、减速器温度，减速器油泵运行状况，如需要停运检修，应维持地坑、箱罐在较低液位，确认沉淀物不会危及搅拌器重新启动时，停搅拌器处理。否则清空箱罐处理
9	箱罐、塔体	检查外部有无腐蚀泄漏；人孔是否漏浆
10	管道	有无漏浆现象，视情况决定是否停相关系统，处理
11	pH 计	检查冲洗程序投入情况；检查 pH 计二次表显示的介质温度是否正常，以判别取样管路是否堵塞；检查 pH 计二次表显示的 pH 值和介质温度是否在合理范围，以判别 pH 电极是否损坏；定期使用标准溶液校准仪器
12	密度计	（1）科氏力原理密度计：检查冲洗投入情况；检查日常运行中取样管路流量适中；定期对密度计进行校准。 （2）周期取样差压测量法密度计：使用检验按钮定期对密度计进行准确性测试，仪表超差调整压力变送器至密度计精度合格
13	液位计	检查液位计安装、接线、电缆无异常，显示正常；压力测量液位计取样阀门开启

检修周期及项目：

（1）检修周期。检修周期视脱硫装置健康状况而定，检修工期与主机检修工期统筹考虑。

（2）检修参考项目如表 7 - 2 所示。

表 7 - 2　　　　　　　　　　　检 修 参 考 项 目

系统分类	设备名称	大修级检修项目	C 级检修项目	D 级检修项目
烟气系统	增压风机	（1）检查外壳、衬板、叶片、出口导叶的磨损情况，并做好记录，必要时进行更换叶片。 （2）检查调整液压驱动装置，校对动叶开度。 （3）检查传动装置，对挡板轴与传动装置的减速箱中填加润滑油脂。 （4）测量叶片顶部与机壳间隙。	（1）消除设备运行中的缺陷，检查运行中出现异常的零部件，必要时进行更换；消除各密封点的渗漏。 （2）清扫检查风机的液压调节装置、轮毂、叶片和烟风道及其挡板。并对叶片、导叶、支撑、风道等部件的磨损程度进行测量、检查，必要时进行防磨处理或更换。	（1）检查主轴承箱油位，必要时予以补充。 （2）检查油位指示器的通气管上的观察窗，如窗内有油，应立即放掉。 （3）检查供油装置的油位，必要时加油。 （4）检查泵和供油系统的压力及液压调节装置。 （5）检查运行中温度出现异常的轴承

系统分类	设备名称	大修级检修项目	C级检修项目	D级检修项目
	增压风机	(5) 检查、清理喘振探头。 (6) 检查旋转油封、液压缸、轴承箱、轮毂。 (7) 膨胀节、围带漏风检修。 (8) 解体检查油泵，更换轴封，磨损严重时更换油泵。 (9) 检查油系统中各类阀门，并消除渗漏点。 (10) 清理油箱，视情况对润滑油进行更换。 (11) 油站冷油器的解体清理、检查，并进行打压试验。 (12) 叶片根部及轮毂探伤检查。 (13) 检查、修理主轴承箱轴承，必要时更换。 (14) 电动机轴瓦检查。 (15) 密封风机的检查	(3) 对设备的油系统进行检查、清理，检查油泵弹性体及轴封，清洗冷油器。 (4) 对油站的油质进行化验，必要时进行更换。 (5) 做好设备的各项标志、标记、设备油漆完整无掉漆脱落现象。 (6) 检查冷却水系统是否畅通。 (7) 校对叶片实际角度与刻度盘角度相符	
烟气系统	GGH	(1) 冲洗转子、蓄热板及罩壳内各部位积灰。 (2) 各密封间隙测量、调整，必要时进行更换。 (3) 中心筒密封检查。 (4) 检查换热元件，必要时更换。 (5) 解体清洗检查轴承箱。 (6) 检查导向、支撑轴承。 (7) 扇形板检查及间隙调整。 (8) 检查、清理驱动装置及传动装置，必要时更换。 (9) 减速箱各齿轮传动齿面磨损检查及间隙的调整。 (10) 人孔门清理，密封填料更新。 (11) 测量转子晃度。 (12) 吹灰器大修，包括喷嘴堵塞检修、更换。 (13) 检查、检修高压水泵及高压冲洗水系统。 (14) 检查密封系统及风机	(1) 内部水冲洗，波形板清灰。 (2) 各向密封间隙测量、调整。 (3) 上下轴承换油。 (4) 上下轴承油系统消除缺陷。 (5) 减速箱换油，油面镜清理。 (6) 减速箱齿轮检查。 (7) 空气马达进气管道过滤器、油雾器清理检修。 (8) 上下轴承密封盘根检查。 (9) 吹灰器喷嘴堵塞检查、清理	(1) 检查GGH摩擦有无异常。 (2) 检查轴承有无异声。 (3) 检查油位，观察油的品质。 (4) 检查吹灰器链条是否卡塞，烟气是否泄漏

续表

系统分类	设备名称	大修级检修项目	C 级检修项目	D 级检修项目
烟气系统	低泄漏风机	（1）解体风机，对叶轮磨损和腐蚀部位检查，进行全面彻底处理，如有必要，更换轴承等零部件。 （2）如有必要对风机外壳或其他附属部件进行更换	（1）检查叶轮、叶片的腐蚀和裂纹，检查平衡。 （2）检查清理叶轮表面的结垢物。 （3）检修、紧固基础和支撑结构。 （4）检查、调整叶轮在机壳中的位置及轴的水平。 （5）检查、更换风机轴承。 （6）检查进口导叶全程的自由度，检查导叶、导叶轴承及连接点的磨损，必要时修理或更换	（1）检查轴承油位，如油位过低补充新油。 （2）检查紧固轴护罩。 （3）从轴承座中提取油样检查，如果必要进行化验、更换。 （4）检查风体机壳所有外部连接点是否紧固，并紧固所有地脚螺栓。 （5）检查排水管道是否畅通。 （6）人孔门和检查门检修
	空气压缩机	（1）解体检查清理空气过滤器滤芯。 （2）检查储气罐、清理油气分离器内部杂质。 （3）清理检查空气冷却器、油冷却器管束。 （4）解体检查空气压缩机主机，齿轮、螺杆、轴承等零部件检查及更换。 （5）油系统检修、更换油过滤器及油位计清洗。 （6）检查所有软管是否老化及密封性。 （7）检查化验润滑油，不合格更换。 （8）检查修理安全阀、压力阀、吸气调节器、卸载电磁阀、通气阀、快速放气阀、排污阀，并做严密性试验。 （9）吹扫油冷却器、空气冷却器。 （10）对管路中阀门解体检查、重新密封。 （11）更换油分离器芯、油滤芯、空气滤芯。 （12）储气罐内部清理检查	（1）化验润滑油、不合格更换。检查所有软管密封性。 （2）更换油过滤器、空气过滤器。 （3）检查安全阀是否起作用，检查并清洗各冷却器。 （4）对压缩空气管路进行排污。 （5）对泄漏的密封点重新进行密封。 （6）对压缩空气管路进行清扫、排污。 （7）安全阀检验，压力表热工标定。 （8）疏水阀检修、疏水管疏通。 （9）储气罐安全阀检修校验	（1）压力表标定储气罐疏水阀检查，疏水管道疏通。 （2）压缩空气管道检查补漏
	高压水泵	（1）解体泵本体，如有必要，更换活塞等主要部件。 （2）松开固定销检查各部件。	（1）松开固定销检查各部件。 （2）曲柄轴解体，检查处理磨损部位。	（1）检查进出口阀门弹簧、管道情况。 （2）检查和调整 V 形传动皮带的张紧度等情况。

系统分类	设备名称	大修级检修项目	C级检修项目	D级检修项目
烟气系统	高压水泵	（3）曲柄轴解体，检查处理磨损部位。 （4）活塞头的磨损和有效性检查及处理。 （5）活塞导管的磨损情况检查及处理	（3）活塞头的磨损和有效性检查及处理。 （4）活塞导管的磨损情况检查及处理。 （5）检查更换润滑油	（3）润滑油封和油泄漏情况检查和处理。 （4）检查及处理紧固螺栓
	防腐	（1）目视检查。 （2）对磨损等局部进行厚度检测并重新施工。 （3）对磨损、有裂纹处进行电火花检测并重新施工。 （4）局部进行硬度测试。 （5）局部进行粘结力测试	（1）目视检查。 （2）对磨损等局部进行厚度检测并重新施工。 （3）对磨损、有裂纹处进行电火花检测并重新施工	（1）目视检查。 （2）对磨损等局部进行厚度检测。 （3）对磨损、有裂纹处进行电火花检测
	挡板门	（1）检查、调整挡板调节装置。 （2）检查、修理密封风机及加热装置。 （3）检查调整挡板密封性，密封片是否变形，必要时更换。 （4）轴承磨损性检查、更换	（1）检查调整挡板密封性，密封片是否变形，必要时更换。 （2）检查密封风机是否漏油。 （3）挡板开关时间检查。 （4）轴承磨损性检查、更换	检查电动执行机构就地指示位置是否有偏移
SO₂吸收系统	吸收塔搅拌器	（1）齿轮检查。 （2）油封检查。 （3）衬胶密封罩更换。 （4）内部清理。 （5）轴承检查、更换。 （6）叶轮检查。 （7）搅拌轴检查。 （8）换油。 （9）更换皮带（如果是皮带传动）。 （10）机械密封检修，必要时更换	（1）传动端轴承加油。 （2）齿轮检查。 （3）油封检查。 （4）更换皮带（如果是皮带传动）。 （5）叶轮检查。 （6）机械密封检修，必要时更换	（1）检查搅拌器轴承磨损情况。 （2）检查油脂是否充足。 （3）检查搅拌器的振动情况，机封是否泄漏，皮带是否松动。 （4）检查减速机是否有异声
	氧化风机	（1）联轴器检查、找正。 （2）轴承箱换油。 （3）轴承检查。 （4）油封检查。 （5）入口滤网更换。 （6）出口消声器检查。 （7）叶轮间隙测量及检查。 （8）联轴器橡胶套检查。 （9）出口阀、安全阀检查	（1）联轴器检查、找正。 （2）轴承箱换油。 （3）入口滤网更换。 （4）出口消声器检查。 （5）联轴器橡胶套检查。 （6）卸荷阀检查定位	（1）检查油量是否正常，有无漏油现象。 （2）检查运转过程中声音异常的部件。 （3）检查入口消音器滤网是否堵塞。 （4）检查冷却水系统是否正常

系统分类	设备名称	大修级检修项目	C 级检修项目	D 级检修项目
SO₂吸收系统	浆液循环泵	(1) 检查、紧固地脚螺栓。 (2) 分解联轴器及泵附件，检查联轴器螺栓。 (3) 复测中心及测轴承间隙。 (4) 检查轴套、机封、衬胶泵壳、口环、叶轮，必要时更换。 (5) 检查修理吸入端泵盖、磨耗增强板。 (6) 出入口管道膨胀节清扫检查。 (7) 检查机封、轴承等零部件，必要时更换。 (8) 各部间隙测量、调整（包括轴弯曲、晃度测量）。 (9) 检查、修理叶轮，必要时更换	(1) 复测中心。 (2) 清理轴承室、更换润滑油。 (3) 检查轴套、机封、衬胶泵壳、口环、叶轮，必要时更换。 (4) 进出口管道膨胀节清扫检查	(1) 检查油位。 (2) 检查泵的振动情况，必要时紧固地脚螺栓。 (3) 检查机封冷却水是否正常投运
	吸收塔	(1) 吸收塔及塔内部件失效部分进行全面处理，如有必要进行更换。 (2) 如有必要，重新进行局部防腐。 (3) 检查、清理、修理喷嘴，喷嘴进行雾化试验。 (4) 检查、清理塔内部件的结垢物	(1) 检查、修理内壁、钢梁、支撑件和喷淋层的防腐。 (2) 对塔内损坏的部件或者对功能失效的部件进行更换。 (3) 检查、清理、修理喷嘴。 (4) 检查、清理塔内部件的结垢物	连接吸收塔的内壁和各管道泄漏检查，必要时进行更换
	除雾器	(1) 检查除雾器是否脱落、变形。 (2) 检查除雾器是否堵塞，表面是否清洁。 (3) 检查除雾器喷嘴是否脱落。 (4) 检查除雾器喷嘴角度是否正确。 (5) 检查除雾器排水管道是否堵塞。 (6) 检查冲洗管道是否泄漏。 (7) 检查冲洗管道喷嘴是否堵塞。 (8) 内部支撑件失效部分全面处理，如有必要进行更换	(1) 检查除雾器是否脱落、变形。 (2) 检查除雾器是否堵塞，表面是否清洁。 (3) 检查除雾器喷嘴是否脱落。 (4) 检查除雾器喷嘴角度是否正确。 (5) 检查除雾器排水管道是否堵塞。 (6) 检查冲洗管道是否泄漏。 (7) 检查冲洗管道喷嘴是否堵塞。 (8) 内部支撑件失效部分全面处理，如有必要进行局部更换	(1) 检查除雾器冲洗水泵出口压力是否正常。 (2) 检查除雾器冲洗水阀门是否泄漏。 (3) 检查除雾器冲洗水泵轴承温度、振动等。 (4) 检查除雾器差压，判断除雾器工作状况

系统分类	设备名称	大修级检修项目	C级检修项目	D级检修项目
SO₂吸收系统	循环泵进口滤网	（1）全面检查滤网堵塞、破坏情况，如有必要进行更换。 （2）检查滤网紧固件连接部位的腐蚀情况，如有必要进行更换	（1）检查、记录、处理滤网本体及附件腐蚀、裂纹情况。 （2）如有必要，更换滤网或紧固件	根据循环泵的运行状况，判断入口滤网是否堵塞，进行冲洗
	石膏浆液排出泵	（1）检查、紧固地脚螺栓。 （2）分解对轮及泵的附件。 （3）复测中心及测轴承间隙。泵解体及测密封环间隙。 （4）各部件清扫检查。 （5）对腐蚀磨损严重的机封、叶轮等部件进行更换。 （6）各部间隙测量、调整（包括轴弯曲、晃度测量）等。 （7）转子找中心	（1）复测中心。 （2）更换润滑油、轴承、轴承室清扫。 （3）测量轴承间隙。 （4）轴承检查	（1）检查油位。 （2）检查泵的震动情况，必要时紧固地脚螺栓。 （3）检查机封冷却水是否正常投运
电气系统	电力电缆	（1）测量绝缘电阻。 （2）耐压及泄漏电流试验。 （3）电缆头部清扫。 （4）检查电缆端子压接及与设备连接情况。 （5）检查地线是否断股、电缆铅皮及与钢带的焊接是否良好、对地连接是紧固良好。 （6）电缆本体及中间接头检查，修补密封不良的电缆护层，整理电缆上架。 （7）电缆头漏油处理，充油终端头油位检查并补油	（1）测量绝缘电阻。 （2）电缆头部清扫及各部检查。 （3）补齐电缆头部的标志牌。 （4）清除电缆管内积灰或杂物并用阻燃堵料封堵。 （5）电缆沟防火设施检查并修复。 （6）处理缺陷	（1）核对并补齐标志。 （2）电缆沟道及桥架清扫。 （3）电缆沟排水设施检查并修复
仪表及控制系统	CEMS	（1）清理CEMS房间，保持清洁。 （2）清洁面板流量仪及旋钮。 （3）检查采样泵并清理。 （4）检查采样管路严密性及内部腐蚀、堵塞情况。 （5）检查采样管路伴热绝缘有无损坏。	（1）清理CEMS房间，保持清洁。 （2）清洁面板流量仪及旋钮。 （3）检查PLC上位机工作状态。 （4）检查采样管路严密性及内部腐蚀、堵塞情况。 （5）更换过滤器滤芯。 （6）打开冷凝器，清洁内部管路。	（1）清理CEMS房间，保持清洁。 （2）清洁面板流量仪及流量调节旋钮。 （3）检查PLC上位机工作状态。 （4）检查系统密封性

续表

系统分类	设备名称	大修级检修项目	C 级检修项目	D 级检修项目
仪表及控制系统	CEMS	(6) 检查更换烟气取样探头、温度测量元件和套管、流量测量元件。 (7) 更换过滤器滤芯。 (8) 打开冷凝器,清洁内部管路。 (9) 检查系统密封性,有无漏气处。 (10) 检查氧化锆管,并进行清洗、擦拭。 (11) 按说明书清洗二氧化硫分析室。 (12) 检查 PLC 接线及上位机工作状态。 (13) 送标准计量室标定各项测量参数的零点及量程。 (14) 打开报表系统计算机机箱,清洁内部灰尘	(7) 检查系统密封性,有无漏气处。 (8) 标定各项测量参数的零点及量程。 (9) 打开报表系统计算机机箱,清洁内部灰尘	
	电动执行机构	(1) 机械传动部分解体检修。 (2) 电子线路板检查。 (3) 限位开关调整。 (4) 力矩开关调整。 (5) 手动操作试验。 (6) 就地电动操作试验。 (7) 远方电动操作试验	(1) 执行器外观及电路板检查。 (2) 限位开关动作值检查。 (3) 力矩开关动作情况检查。 (4) 远方电动操作(软操)及行程和反馈信号检查	(1) 手动操作及电动操作检查。 (2) 检查开关是否到位。 (3) 电动行程、反馈信号检查及调整
	pH 计	(1) 检查显示屏清晰度及排线插接松紧度。 (2) 检查变送器接线并校验变送器。 (3) 检查、清理配电箱。 (4) 清洁电极支架,校验支架上测温元件。 (5) 检查电极内电解质使用情况并重新校验	(1) 检查显示屏清晰度。 (2) 检查、清理配电箱。 (3) 清洁电极支架。 (4) 检查电极内电解质使用情况并重新标定	(1) 检查屏幕显示的参数与实际是否相符。 (2) 定期清洗、校验。 (3) 定期清理支架及配电箱
	浊度计	(1) 清洗浊度计主体、感光器窗口及除泡器,并检查腐蚀情况。 (2) 检查变送器密封、接线松紧及零部件插接情况。 (3) 显示屏清晰度检查。 (4) 重新进行标定	(1) 清洁浊度计主体、感光器窗口及除泡器,并检查腐蚀情况。 (2) 检查变送器密封、接线松紧及零部件插接情况	(1) 清洁传感器。 (2) 检查变送器密封

系统分类	设备名称	大修级检修项目	C级检修项目	D级检修项目
仪表及控制系统	泥位计	(1) 清洗检测传感器并检查腐蚀情况。 (2) 检查变送器密封、接线松紧及零部件插接情况。 (3) 显示屏清晰度及排线检查。 (4) 重新进行标定	(1) 清洁检测传感器内部并检查腐蚀情况。 (2) 检查变送器密封、接线松紧及零部件插接情况	(1) 清洁传感器。 (2) 检查变送器密封
	温度测量	(1) 检查温度测量套管腐蚀情况，确定是否更换。 (2) 温度元件校验	检查温度测量套管腐蚀情况，确定是否更换	无
	压力测量	(1) 检查清理压力取样管路，特别关注 GGH 差压、除雾器差压取样管路，取样管与 GGH、除雾器连接部分；特别关注增压风机入口压力测量取样管。 (2) 压力变送器校验。 (3) 就地压力表校验	检查清理压力取样管路，特别关注 GGH 差压、除雾器差压取样管路，取样管与 GGH、除雾器连接部分；特别关注增压风机入口压力测量取样管	无
	温度测量	(1) 检查温度测量套管腐蚀情况，确定是否更换。 (2) 温度元件校验	检查温度测量套管腐蚀情况，确定是否更换	无
	压力测量	(1) 检查清理压力取样管路，特别关注 GGH 差压、除雾器差压取样管路，取样管与 GGH、除雾器连接部分；特别关注增压风机入口压力测量取样管。 (2) 压力变送器校验。 (3) 就地压力表校验	检查清理压力取样管路，特别关注 GGH 差压、除雾器差压取样管路，取样管与 GGH、除雾器连接部分；特别关注增压风机入口压力测量取样管	无
	密度计（科氏力密度计和周期测量差压式密度计）	(1) 清洗检测传感器内部并检查磨损情况。 (2) 检查变送器密封、接线松紧及零部件插接情况。 (3) 显示屏清晰度及排线检查。 (4) 校验变送器并标定	(1) 清洁检测传感器内部并检查磨损情况。 (2) 检查变送器密封、接线松紧及零部件插接情况	(1) 清洁传感器。 (2) 检查变送器密封情况。 (3) 检查流体流速

第二节　典型 FGD 制浆系统维护重点

一、制浆系统

（1）称重皮带机给料均匀，无积料、漏料现象，称重装置测量准确；

（2）制浆系统管道及旋流器应连接牢固，无磨损和漏浆现象；

（3）保持球磨机最佳钢球装载量，若磨煤机电流比正常值低，及时补加钢球；

（4）球磨机进、出料管及滤液水管应畅通，运行中应密切监视球磨机进口料位，严防球磨机堵塞；

（5）齿圈润滑装置和轴承润滑装置喷油正常，空气及油管道连接牢固，不漏油、不漏气；

（6）减速箱油位不正常升高时，及时通知检修检查冷却水管是否破裂；

（7）检查慢速驱动离合器操作是否灵活可靠，不用时位于脱开位置，人员并可靠固定；

（8）若筒体附近有漏浆，通知检修人员检查橡胶瓦螺丝是否松脱，是否严密或存在其他不严密处；

（9）若球磨机进、出口密封处泄漏，检查球磨机内料位及密封磨损情况；

（10）经常检查球磨机出口滚动筛网的清洁情况，及时清除分离出来的杂物；

（11）禁止球磨机长时间空负荷运行。

二、石灰石卸料系统

（1）卸料斗篦子安装牢固、完好；

（2）除尘器正确投入，反吹系统启停动作正常；

（3）振动给料机下料均匀，给料无堆积、飞溅现象；

（4）检查并防止吸铁件刺伤皮带；

（5）人员靠近金属分离器时，身上不要带铁制尖锐物件，如刀子等，同时防止自动卸下的铁件击伤人体；

（6）运行中及时清除原料中的杂物，如果原料中的石块、铁件、木头等杂物过多，及时汇报值长及专业人员，通知有关部门处理；

（7）运行中及时清除弃铁箱中的杂物；

（8）石灰石仓顶埋刮板输送机转动方向正确，输送机各部无积料现象；

（9）斗式提升机底部无积料，各料斗安装牢固并完好；

（10）所有进料、下料管道无磨损、堵塞及泄漏现象。

第三节　典型 FGD 工艺水系统维护难点

一、脱硫系统的用水情况

脱硫系统的主要用水一般分为两路，即为工艺水及冷却水。工艺水主要用于吸收塔补水、除雾器冲洗、石灰石制浆、转动机械的冷却及密封冲洗、浆液输送设备及管道的冲洗等。冷却水主要用于增压风机油站、氧化风机及磨机油站等设备的冷却，由于用水点相对较少，因而冷却水的耗水量并不大。

脱硫系统的工艺水一般来自于电厂循环水（或循环水补充水）、中水或其他工业水系统；冷却水则来自于电厂闭式循环水或其他除盐水系统。冷却水使用后一般要求回收，有的回收至电厂的闭式循环水系统中，有的则回收到脱硫工艺水箱中作脱硫系统的工艺水用。

二、工艺水及冷却水的水质要求

电厂闭式循环水一般采用除盐水或凝结水作补充水源，其水质较好，可以满足氧化风机、增压风机油站及磨机油站等设备的冷却要求。由于脱硫系统的工艺水对水质的要求不高，因而工业废水或其他排水的回用主要集中在工艺系统上。以下根据工艺水各用水点对水质的要求分别进行讨论。

1. 除雾器冲洗水的水质要求

在湿法脱硫系统中对于除雾器冲洗水的水质要求，一方面既要防止除雾器冲洗水喷嘴因工艺水中的悬浮物杂质含量过高而引起堵塞，一方面也要防止因硬度离子含量过高而引起喷嘴结垢现象。表 7 - 3 分别是国外两家除雾器生产商及《湿法烟气脱硫装置专用设备除雾器》（JB/T 10989—2010）中建议的冲洗水水质要求。

表 7 - 3 除雾器冲洗水的水质要求

项目	RPT 推荐值	MTS 要求值	JB/T 10989—2010
Ca(L)	<200	<200	<200
SO_4(L)	<400	<400	<400
SO_3(L)	<10	<13	<10
pH 值	<7	<7	7~8
悬浮物（L）	<900	<1000	<1000

综合来说，除雾器对冲洗水水质的要求不高，一般的工业水水质均能满足其要求。

2. 转动机械轴承冷却水及冲洗水的水质要求

由于转动机械的冷却及密封冲洗水对水质的要求稍高，应该采用较为洁净的工业用水。根据《火力发电厂设计技术规程》（DL 5000—2000）规定，转动机械轴承冷却水的控制标准见表 7 - 4。

表 7 - 4 转动机械轴承冷却水的水质要求

项目	控制标准	项目	控制标准
总硬度（以 $CaCO_3$ 计，L）	<250	pH 值	6.5~9.5
悬浮物（L）	<50（300MW 及以上机组）	悬浮物 L	<100（其他机组）

3. 吸收塔补水的水质要求

对于石灰石制浆、浆液输送设备及管道的冲洗，以及除雾器的冲洗等用水，由于最后均进入到脱硫系统的吸收塔内，因而均可算作是吸收塔的补水。对于吸收塔的补水水质，应同时考虑到工艺水中含有的不同成分对吸收塔内烟气的吸收、石膏的氧化等化学反应的影响及设备 的防腐等级要求。为了保证吸收塔内化学反应的顺利进行，需要控制悬浮物、氯离子、有机物（COD）及油类物质等成分的含量。

（1）悬浮物。如果吸收塔浆液中含有过多的惰性物质，这些物质就会覆盖在石灰石颗粒的表面，妨碍石灰石浆液对烟气的吸收，使吸收剂的利用率降低，并影响系统的脱硫效率。例如当 FGD 系统入口烟气的含尘量较大时，由于烟尘颗粒的粒径较小，在运行过程中这些细小的颗粒往往聚集于吸收塔上部的浆液中，难以通过废水排放的方式迅速排出，故一般情况下 FGD 系统入口烟气的含尘量要求控制在 200mg/m³ 以下。从这方面来说，工艺水中悬浮物的含量也应控制在一定的范围内。

（2）氯离子。吸收塔浆液中的氯离子含量一般均要求控制在 20 000mg/L 以下，通常认为这主要是出于吸收塔内结构材料防腐的需要，因而有人认为如果提高吸收塔内件的防腐等级应可以引入海水作工艺水。但如果综合考虑到氯离子对脱硫系统的影响，如果需要引用海水作工艺水的话，应经充分论证后再做选择。例如印度尼西亚 Tanjung jati A 电厂 2×660MW 脱硫系统采用海水作工艺水，工艺水的氯离子含量为 19 130mg/L，在维持废水排放量为 48m³/h 的情况下，吸收塔浆液中的氯离子含量仍高达 100 090mg/L，脱硫效率仅 58.5%。

通过加大脱硫废水的排放量可以控制吸收塔浆液中氯离子含量，但由于脱硫废水处理系统设计定型的关系，即使加强排放其处理的容量也有限。例如国内某电厂 2×300MW 的 FGD 系统，当工艺水中氯离子的含量为 1000mg/L 时，要维持吸收塔浆液中的氯离子小于 20 000mg/L，通过物 料平衡可以计算出 2 套 FGD 废水的连续排放量为 14m³/h；当工艺水中氯离子的含量为 5000mg/L 时，2 套 FGD 废水的连续排放量应 37.2m³/h，这意 味着常规的设计已无法适应这种变化了。

（3）有机物（COD）。工艺水中的 COD 含量一般在 2～10mg/L 的范围内，如果工艺水中的 COD 含量较高，在运行过程中即容易聚集在吸收塔的上部并引起起泡现象。例如天津某热电厂工艺水中的 COD 达到了 40mg/L 以上，不得不经常向吸收塔内加消泡剂以消除吸收塔内的泡沫。此外经试验证实，大多数有机物对亚硫酸钙的氧化反应有抑制作用，为保证吸收塔浆液中的亚硫酸钙顺利向硫酸钙转变，将石膏中亚硫酸钙的含量控制在 0.5% 以下，控制有机物的含量是必须的。综上所述，工艺水中的 COD 应控制在 30mg/L 以下。

（4）油类。相比普通有机物对亚硫酸钙氧化反应的抑制作用而言，油类物质对抑制亚硫酸钙的氧化反应则更是快速有效的。例如湖北某电厂 2×300MW 机组 FGD 系统，在调试过程中因浆液循环泵轴承箱漏油，部分油污通过吸收塔排水坑泵打入到吸收塔内，导致吸收塔浆液迅速变坏，使得石膏中亚硫酸钙的含量过高，而且已无法通过加大废水排放和加速补浆等措施恢复正常，最后只有选择彻底更换吸收塔浆液的办法处理。工业用油类物质中通常包含有烷烃、芳烃等有机物成分，其添加剂的成分则更为复杂，这些有机成分相对于亚硫酸钙的氧化反应来说，一般起的是负催化作用，因而在实际应用中应尽量控制工艺水中油类物质的含量。

另外还需注意的一点是，许多电厂脱硫系统工艺水的水源为电厂开式循环水的排水，而循环水中一般投加有一定量的水质稳定剂，这些有机磷水处理剂对亚硫酸钙的氧化反应均有一定程度的抑制作用。根据对湖南、天津、湖北等地电厂的调研证实，当循环水总磷含量控制在 5mg/L 以下时，看不出这些水质稳定剂对亚硫酸钙的氧化反应有明显影响，而在通常情况下一般电厂均能达到这一要求。

4. 其他用水点的水质要求

按照《化学石膏制品》（HJ/T 211—2005）规定，石膏产品浸出液中氯含量浓度应小于 100mg/kg，因而石膏滤饼和真空皮带脱水机滤布的冲洗水均应采用水质较好的工业用水。

综上所述，参照《城市污水再生利用工业用水水质标准》（GB/T 19923—2005）FGD 系统工艺水中主要的水质指标应达到表 7-5 的要求。

表 7-5　　　　　　　　　　FGD 系统工艺水水质要求

项目	控制要求	项目	控制要求
总硬度（以 $CaCO_3$ 计，L）	250	pH（25℃）	6.5～9.0
悬浮物（mg/L）	50	CL（L）	1000
SO_4（L）	400	COD（L）	30
总磷（以 P 计，L）	5	油类（L）	—0

5. FGD 工艺水系统设计优化

整个电厂工业废水的来源主要包括化学再生废水、煤场废水、机组排水槽废水及其他杂用水等，这些废水经处理后，除个别指标外一般能达到脱硫系统工艺用水的水质要求。从实际应用的角度出发将处理合格后的工业废水与工艺水进行混兑使用是比较稳妥可靠的做法。在脱硫的工艺水系统中，除雾器冲洗用水的需求量较大，是吸收塔补水的主要途径，因此可利用回用水作除雾器的冲洗水；滤液水也是吸收塔补水的一条途径，可以将回用水打入到滤液水箱内，然后再补入到脱硫系统中，但通过滤液水箱向吸收塔补水的水量有限。

目前大部分电厂的脱硫系统中除雾器冲洗水，真空皮带脱水机滤布冲洗水等一般与其他工艺水共用一个水箱，因而如果试图采用混兑的方法利用回用水，将对水质要求相对较高的用水点带来潜在的风险。从根本上来说，如果工业废水有回用的需要，最好在脱硫系统的设计阶段明确地提出要求，这样就可以将用水量较大而用水水质要求相对较低的除雾器冲洗水系统设置单独的水箱、水泵和管道等，同时还应考虑将脱硫废水处理系统的容量适当加大，以适应吸收塔浆液品质出现突然变化等异常情况。此外，FGD 工艺水系统的水泵及管道等过流部件的材质一般均按清水水质设计，因而在有海水混兑等场合，还应同时考虑工艺水系统过流部件的材质对水质的适应性问题。

6. FGD 工艺水系统设计优化特点

电厂工业废水回收用于 FGD 的工艺水从技术上来说，只要水质达到要求应该是可行的，即使个别指标达不到要求，也可以采取部分工业废水回用的方案。由于有机物及油类物质对 FGD 的副作用较明显，对处理合格后的生活污水及含油废水不建议回收用于脱硫系统，同样由于海水的含盐量较高，除少量混兑外，一般也不宜大量应用。从经济效益最大化的要求出发，如果在 FGD 系统的设计阶段就明确地提出回用要求，则工业废水的回用方式和回用率可以得到充分有效的保证。

7. 腐蚀和磨损对 FGD 装置的影响

（1）腐蚀和磨损产生的部位。

1）容易发生腐蚀的部位：吸收塔、净烟道和吸收塔入口烟道。

2）容易发生磨损的部位：吸收塔、浆液管道、泵壳和叶轮。

（2）腐蚀和磨损产生的原因。

1）腐蚀原因：氯离子、硫酸根（亚）离子的存在，从防腐层薄弱点开始，慢慢腐蚀；低温腐蚀和电化学腐蚀。

2）磨损原因：粉尘和 SiO_2 含量超标。当然，腐蚀和磨损是相互的，腐蚀之后有磨损；磨损之后有腐蚀。

3）防腐蚀采取的措施：

a. 玻璃树脂鳞片进行防腐；

b. 橡胶内衬进行防腐；

c. 耐腐蚀的合金材料（C276 或 1.4529）；

d. 非金属 FRP 材料进行防腐。

吸收塔壁被腐蚀穿见图 7-1。

（3）各种防腐材料的优缺点。大多数吸收塔采用玻璃树脂鳞片进行防腐，也有采用橡胶材料进行防腐。

1）玻璃树脂鳞片：抗渗透能力强，易修复，附着力强，机械强度大，表面硬度高，施工速度快，但耐磨性稍差。

2）橡胶内衬：耐磨性好，有良好的弹性和松弛应力，但易老化、施工速度慢、黏接强度大。

3）合金材料（C276 和 1.4529）：抗腐蚀性超强，但价格昂贵，一般在吸收塔入口干湿界面贴衬使用比较多。

4）FRP 材料：耐腐蚀，但不抗高温。

（4）鳞片防腐施工质量控制要点：

1）材料选择；

2）喷砂除锈极为重要；

3）材料比例严格控制；

4）喷涂的全面性和厚薄均匀性；

5）喷涂过程中的温度和湿度控制。

烟道防腐层脱落见图 7-2。

图 7-1　吸收塔壁被腐蚀穿　　　　　图 7-2　烟道防腐层脱落

8. 粉尘和 SiO_2 含量超标的磨损和堵塞影响

（1）粉尘和 SiO_2 含量超标是造成磨损的主要原因。

（2）粉尘主要来自烟气。

（3）SiO_2 主要来自烟气、石灰石。

（4）粉尘造成设备故障如图 7-3～图 7-6 所示。

图 7-3　管道被磨穿

图 7-4　GGH 积灰照片

图 7-5　循环泵入口滤网堵塞

图 7-6　循环泵叶轮磨损严重

9. 其他设备的故障

（1）氧化风机（见图 7-7）。主要是设备本体故障居多：温度、轴承、润滑油、冷却水和电气故障。氧化风机噪声是脱硫装置中最大的噪声污染源：转速过高等造成。

（2）搅拌器。最多的故障是叶片在设计制造过程中没有很好消除应力，对叶片工作环境的低频处理，如图 7-8 所示。

图 7-7　氧化风机叶轮轴损坏

图 7-8　搅拌器断裂

（3）吸收塔内部件故障及原因分析。喷淋层、喷嘴故障及判断方法

1）故障现象：

a. 喷淋层喷嘴堵塞，如图 7-9 和 7-10 所示；

b. 喷淋层喷嘴脱落或损坏；

c. 喷淋层冲刷，如图 7-11 和图 7-12 所示。

图 7-9　喷嘴堵塞照片（一）

图 7-10　喷嘴堵塞照片（二）

2）被动处理措施：对梁进行包裹。

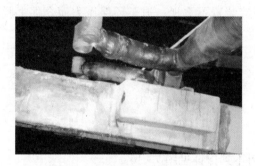

图 7-11　喷淋层大梁被冲刷

图 7-12　喷淋层增设 PP 板

3）主动处理措施：

优化设计，提高喷淋管自身的强度以减少支撑梁的截面甚至取消支撑梁。

（4）除雾器堵塞故障。

1）除雾器堵塞原因。

a. 除雾器冲洗时间间隔太长；

b. 除雾器冲洗水量不够；

c. 除雾器冲洗水压低，造成冲洗效果差；

d. 除雾器冲洗喷嘴堵塞或脱落，造成冲洗效果差；

e. 除雾器冲洗系统设计不合理，造成冲洗效果差。

图 7-13 和图 7-14 所示某厂除雾器堵塞严重。

2）处理对策。

a. 在现有设备基础上，反复试验，找出合理安排除雾器冲洗时间间隔、冲洗水量、冲洗水压，冲洗时间的搭配，严格运行纪律，将实验成果落实到位。详细记录运行情况，总结经验，逐渐优化运行方式，最终实现除雾器叶片清洁的生产目的。

图 7-13　除雾器堵塞

图 7-14　除雾器坍塌

b. 如果可能，进行除雾器冲洗系统改造，达到除雾器叶片清洁的生产目的。

（5）主机对 FGD 的影响。脱硫系统作为火电厂重要的组成部分，无论在哪种情况下，脱硫装置的运行都不能对主机运行产生任何影响，烟道压力、挡板状态是主机和脱硫运行监控的重点，当主机与脱硫发生冲突后，脱硫装置服从主机需要。

（6）建设工期对 FGD 质量的影响。脱硫 EPC 工程的建设，工期从过去 22～24 个月被压缩到 12～16 个月。

1）原因：由于各种因素，以往电厂对配套脱硫装置不重视；迫于环保压力而仓促上脱硫装置，合理工期得不到保证，进度严重压缩。

2）影响：

a. 设计质量得不到保证；

b. 设备质量得不到保证；

c. 施工质量得不到保证；

d. 最后运行得不到保证。

某电厂烟道严重腐蚀，工期过短，防腐质量得不到保证见图 7-15。

图 7-15　某电厂烟道严重腐蚀，工期过短，防腐质量得不到保证

（7）煤质变化的影响。煤质变化（热值、灰分和硫分）所引起 SO_2 和粉尘浓度对 FGD 运行有着重大影响。

SO_2 浓度超过设计极限值后，脱硫装置无法全烟气脱硫；一般通过 SO_2 设计排放总量反算需要脱出的烟气量来考核装置是否达到设计要求。粉尘超标后，加剧对系统的磨损；对吸收的化学反应造成影响，造成石膏品质下降。

某电厂 2002 年第一次招标时燃煤参数；2005 年第二次招标时燃煤参数见表 7-6。

表 7-6　某电厂 2002 年第一次招标时燃煤参数；2005 年第二次招标时燃煤参数

煤质分析	设计煤种	校核煤种	设计及校核煤种
Car 成分（%）	59.95	65.71	50.72
Aar（%）	27.0±3	20.0	32.85

续表

煤质分析	设计煤种	校核煤种	设计及校核煤种
Qnet（kJ/kg）	21465±1256	24668	20940/16748
Sar（%）	2.29	2.29	4.5

表 7-6 数据对比可知：硫分差别巨大：第一次含硫量为 2.29%；第二次含硫量为 4.5%。

煤质的热值差别大：第一次 24 668kJ/kg；第二次最高 20 940kJ/kg；最低只有16 748kJ/kg。

灰分差别大：第一次 20%；第二次 32.85%。

含硫量发生巨大变化后，原有的脱硫装置无法正常运行，只能进行改造，推倒重建。

第四节　石膏系统常见故障及处理

在石灰石/石膏湿法脱硫中，用真空皮带脱水机对石膏浆液进行脱水，这样不仅减少了脱硫后的二次污染，脱水后的石膏也可以用作建材原材料。从吸收塔排放出来的 10%～15% 的石膏浆液经过一级脱水和二级脱水后，其含水率达到 10% 以下。一级脱水系统主要是旋流器，经过旋流器后的石膏浆液一般含水量在 50% 左右，不能够直接排放，必须经过二级脱水系统，将含水量降至 10% 以下后，可以作为建筑材料原材料出售。

常见的二级脱水系统的流程图如图 7-16 所示。

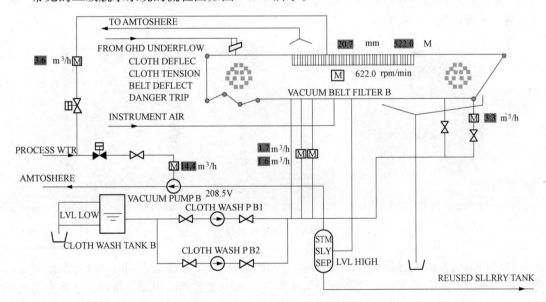

图 7-16　二级脱水系统的流程图

如图 7-16 所示，在整个二级脱水系统中，真空皮带脱水机是整个二级脱水系统的核心。其作用原理为：通过真空泵抽真空的作用，在滤饼上下表面形成压力差，并以此来挤出水分，达到脱水的目的。在通常情况下，对石膏滤饼的 Cl^- 含量有一定的要求，所以在脱水的同时使用滤饼冲洗水对滤饼进行冲洗，以达到冲洗 Cl⁻ 的效果。在二级脱水运行过程中，会遇到以下一些问题。

一、皮带跑偏

皮带跑偏是真空皮带机常见的问题，也是最难解决的问题。国内某电厂曾进口过两台真空皮带脱水机，由于其中一台皮带跑偏，基本处于停运状态。

为了保护系统，一般都会在皮带两边设置皮带跑偏的传感器。当皮带跑偏后，传感器就会发送信号到 DCS，发出皮带跑偏报警信号，皮带逐渐偏离中心，真空度明显上升且滤饼含水量增大。当皮带跑偏达到一定程度后，出于保护系统的目的，系统会自动紧急停车。

皮带跑偏一般是由于以下几种原因造成：皮带驱动辊和皮带张紧辊的问题。这可能有两个原因，一是皮带驱动辊和皮带张紧辊不平行；二是皮带张紧辊和皮带驱动辊虽然平行，但是却没有对中，也即辊的轴线和真空室不垂直。这个问题在工厂组装的时候就应该注意。如果是正在运行中，对于第一种原因，则可以在停车后通过拉对角线和水平管或是水平仪来测定后调整，但要保证驱动辊的位置正确；对于第二种原因则需要重新测量中心点，根据中心点调整辊筒直至合格。

还有一种原因是皮带对接有问题。这是皮带跑偏中最严重的问题，主要有斜接和喇叭口两个问题。出现这种问题，除了更换新的皮带，无法采取其他的方法消除这个误差。一般在皮带对接时，应该多选择几个点进行测量，以保证皮带对接正确。

二、滤布跑偏

滤布跑偏也是真空皮带机常见问题。一般的皮带机都会有滤布跑偏报警装置，并有自动纠偏装置。自动纠偏装置一般由电动或是气动两种方式，这里我们介绍气动自动纠偏装置。气动纠偏装置如图 7-17 所示。

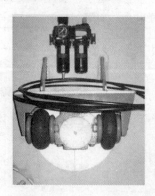

图 7-17　气动纠偏装置

启动纠偏装置由传感器、气源分配器、调节气囊组成。当滤布走偏时，气源分配器会根据滤布走偏的方向向两个调节气囊分配压缩空气，进而调节辊筒角度，达到纠正滤布走向的作用。一般情况下，调整好的纠偏装置能够保证滤布自动纠偏。这里要注意的是，滤布在空转、加水空负荷运转转和负荷运转时均需调整传感器的位置和角度。如果只是在空转或是加水空负荷运转时调整纠偏装置，就会发生滤布跑偏现象，此时不需停车，只需再对纠偏装置进行调整即可。

值得注意的是，在上滤布之前，要将所有的滤布托辊复查一遍，防止因运输或是其他原

276

因造成的滤布托辊位移。保证滤布托辊的平行是很重要的。

三、真空度偏低

出现这个问题时，在中央控制室上可以看到，整个系统真空度低，脱水后的石膏滤饼含水量明显偏高。出现这种问题的主要原因有：一是真空室对接处脱胶。真空室一般由高分子聚合物制造，这种材料伸缩变形很厉害，如果没有及时固定或是没有固定好，那么就有可能造成脱胶。此种情况下，只有等停车后，放下真空室重新补胶并固定每段真空室。二是真空室下方法兰连接处泄漏，这通常会有吹哨声。解决这种问题时，需要停车后放下真空室，检查垫片情况。如果垫片有问题则更换垫片，如果不是垫片问题，那么只需将泄漏处的法兰螺栓拧紧即可。三是滤液总管泄漏，只需拧紧泄漏处的螺栓，如果是垫片有问题则需要停车后更换垫片。

预防真空泄漏，需要在系统安装好后、滤布安装前进行真空度测试。这样可以把问题控制在开车之前，避免开车后的麻烦。

四、真空度高

真空度超出正常范围，在没有加装除雾器冲洗装置的系统，是很有可能出现的。出现这种问题时，在中控室会看到真空度超出正常操作范围，并且有逐渐上升趋势。如果没有及时解决这个问题，超过一定的真空度后，为了保护整个系统，系统会自动停车。出现这种问题的主要原因是气液分离器上的除雾器被石膏堵塞。此时需立即停机，打开气液分离器顶盖，清洗除雾器。

生产车间顶部的电动葫芦在拆卸气液分离器时用不上，所以气液分离器顶盖打开比较麻烦。所以建议采取加装冲洗管道来解决这个问题。当真空度超出正常工况时，直接打开冲洗水阀门，即时清洗；或者采用远程控制，在程序上设定当真空度到达一定高位时进行冲洗。但是加装冲洗管道从理论上来讲增加了泄漏点，对真空度会有一定影响，所以这点也必须考虑。

五、真空度成周期性变化

出现这种问题时，在中控室会看到真空度基本呈周期性变化，脱水效率随着真空度的变化也成周期性的变化，真空度高时脱水率上升，真空度低时脱水率下降。

出现这种问题时，首先检查滤布对接处为密封所涂的硅胶。一般情况下，这主要是由于滤布对接处脱胶所造成的，此时只需停车重新上胶即可。

六、脱水效率不够

脱水效率不能达标，应从以下几个方面来分析：

（1）真空度没有问题，所给的料能够完全覆盖皮带开槽区间时，脱水效率仍然达不到要求，此时就要检查旋流器出口浆液的质量了。根据经验，造成这种问题的原因一般是旋流器出口浆液达不到皮带脱水机所要求的 50％左右的浓度。

（2）真空度稍微偏高，未达到需要停车的地步，但是脱水效率仍然不能达标。这时要分析浆液里面的污泥问题。污泥覆在滤饼上面，形成致密的一层污泥，隔绝了石膏滤饼和空气，滤饼中的水分无法排挤出来。对于这种情况，可以通过加装滤饼疏松器对滤饼进行适当的疏松，翻动表面的污泥，就可以解决问题了。

七、滤饼中 Cl⁻ 超标

图 7-18　滤饼冲洗装置

滤饼中的 Cl⁻ 含量是检测脱硫系统的一个重要指标。一般比较关注的是脱水率，所以对 Cl⁻ 含量没有给予应有的重视。供货商为了达到脱水率，也会有意减少滤饼冲洗水的用量，这样会造成滤饼中 Cl⁻ 含量超标。要使滤饼中 Cl⁻ 含量达标，可以采用的办法是使用正常的滤饼冲洗水量冲洗滤饼，在 Cl⁻ 含量比较高的工况下可以考虑两级冲洗，以充分脱离 Cl⁻。滤饼冲洗装置见图 7-18。

八、滤饼冲洗水管道和喷嘴堵塞

一般来讲，因为滤布冲洗水使用的是工艺水，一般不会堵塞。而滤饼冲洗水一般使用的是工艺水＋滤布冲洗水回水＋真空泵循环水回水（采用水环式真空泵），主要是真空泵循环水＋滤布冲洗水回水，工艺水只是偶尔进行补充。滤布冲洗水回水中石膏含量比较高，所以容易造成滤饼冲洗水喷嘴堵塞。

解决这个问题，可以从以下几个方面来考虑：①选择好的喷嘴或是更换好的喷嘴；②停车后要将滤饼冲洗水箱冲洗干净，一般在系统设计时就要考虑一个冲洗方案；③如果有可能的话，在滤布选择上尽量不要选择结构稀疏的滤布；④在调节滤饼刮刀，尽可能将滤布上的石膏滤饼刮干净，减少排放到滤饼冲洗水箱中的石膏；五是在滤饼冲洗水泵上选择，应选用砂浆泵，而不能选用清水泵；六是增加循环管道，使浆液产生扰动并在泵之间形成循环，以减少石膏的沉淀。

九、滤饼厚度偏厚或偏薄

在一般的系统设计中，都加装了一个滤饼测厚仪（图 7-19），用来测量滤饼厚度并反馈给中央控制室。但是根据实际经验，测厚仪受到诸多因素的影响，测出来的厚度和实际厚度相比是有一定误差的，并且测量值波动很大。如果仅仅依靠滤饼测厚仪反馈信息进行控制，实际效果不会很好。

滤饼太厚，会造成脱水效率不够；滤饼太薄，会造成局部的泄漏，脱水效率也有可能不能达标。根据经验，理想的滤饼厚度为 25～30mm。滤饼太厚了，需要通过变频器调节驱动电动机，加快皮带运动线速度，摊薄滤饼；滤饼太薄了，同样通过变频器调节驱动电动机，减慢皮带运动线速度。

这里还有一点要注意，在皮带机超负荷运行时，要注意减少进料量，即吸收塔泵出的石膏浆液不应过多。因为皮带运转速度是有一定限制的。

十、落料不均匀

落料不均匀的现象表现为：整个滤饼纵向

图 7-19　滤饼测厚仪

看呈凹凸不平形状，有明显凸起的长条滤饼。造成这种情况主要是因为进料装置的折流效果不够好。

虽然这对于系统整体的脱水效率影响不大，但是根据现场情况来看，有的部分滤饼厚度超过 100mm，太厚的滤饼部分脱水效率存在隐患。要解决这个隐患，必须在喂料器的设计上下功夫。建议采用鱼尾折流的方式进行，即一根进料管变两根进料管、两根进料管变四根进料管，两次分流后再经过折流板和分布器，一般能够达到很好的落料效果。

第五节 脱硫废水处理系统常见故障及处理

一、工程概况

目前，燃煤电厂主要的脱硫废水处理工艺为脱硫后废水经中和、反应、好絮凝及沉淀处理，除去废水中含有有重金属及其他悬浮杂质。涉及的主要常规设备有各废水箱（如中和箱、反应箱、絮凝箱、澄清浓缩池、出水箱）、各废水泵及污泥泵、加药泵、搅拌器、污泥压滤机等。通过火电厂环境保护评价过程发现，多数电厂脱硫废水处理系统存在设计、设备故障和运行管理等问题。本文通过对脱硫废水处理系统主要常规设备存在问题进行了分析，提出了相应的应对措施，确保脱硫废水设施的稳定运行。

脱硫废水采用中和、沉降、絮凝处理。脱硫废水处理系统包括废水处理、加药、污泥处理三个分系统，主要系统流程如下：

```
        氢氧化钙   TMT15  PAC、助凝剂
          ↓        ↓       ↓   ↓
脱硫收集 → 中和箱 → 沉降箱 → 絮凝箱 →   澄清池  →清水池排出
                                      ↓
                                  剩余污泥外运
```

二、设备故障检修工艺

（一）地坑液下泵故障检修工艺

（1）将电动机与泵分离，拆掉泵出口短管及泵基础固定螺栓，将泵吊出放至指定地点进行解体。

（2）拆下入口滤网及泵壳连接螺栓，依次拆下下泵壳、叶轮、后护板、柱体。

（3）清洗干净后护板、叶轮、泵壳、柱体等。检查有无裂纹、磨损、穿孔等缺陷，无法修复的更换。检查护板密封垫是否完好，老化破损的应更换。

（4）叶轮冲蚀严重或局部损坏时应更换新叶轮。

（5）轴承组件解体检查。

（6）用煤油将轴、轴承、筒体、轴承压盖、迷宫套清洗干净。

（7）检查轴径无损伤，测量轴的弯曲值，一般应小于 0.03mm，超标的应进行直轴或更换。键与键槽的配合两侧不得有间隙，顶部（径向）一般应有 0.10~0.40mm 的间隙。

（8）检查轴承滚柱应光滑、无锈蚀、脱皮、支架断裂等缺陷，保护架完好，手转轴承外圈应无噪声，否则更换新轴承。轴承装配时需预热，加热温度不允许超过 120℃。液下泵的轴承组件在组装中，不需调整轴承间隙（轴承本身已保证了轴向间隙，但组装好后应检查安装的端面间隙在 0.074~0.160mm 范围内）。

（9）轴承内圈、外圈、定位套是成套组件，不允许与同类轴承的相应零件互换。

（10）检查上、下轴承端盖的凸肩应无磨损，若有磨损应进行修复，修复时可用轴承外圈压铅丝法，求得凸肩的高度。检查轴承下端盖上处的防水环、"骨架油封"和O形圈是否良好，老化、破损的应更换。安装迷宫环时须注意迷宫环的开口，在直径方向上应互相错开位置。检查轴承筒体内圈是否磨损，磨损量＞0.05mm时应更换新筒体。

（11）组装顺序与拆卸顺序相反，装配有以下要求：

1）轴承在组装时，应加入适量润滑脂，泵端30g，驱动端15g，润滑脂必须保持清洁，不允许进入脏物（在运转中，可定期通过轴承体上的两个油嘴加入适量润滑脂）。

2）叶轮与后护板的轴向间隙可通过轴承座下部垫片的厚薄来调整。不要过大或过小，一般在0.5～1mm之间。

3）泵壳上的密封垫要放平，紧固泵壳螺栓时应均匀施力，泵壳与柱体之间的间隙要一致。

4）泵组装后手动盘车灵活、无摩擦声，否则应调叶轮间隙。叶轮径向跳动值小于0.06mm，端面跳动值小于0.03mm。

5）把组装后的泵体就位，紧固好泵的地脚螺栓，连接好泵出口短管。

6）电动机就位后对轮找中心，两对轮面距为2～8mm，面距和圆距偏差值小于0.08mm，穿好靠背轮连接螺栓，固定好防护网。

（二）地坑搅拌器硬齿面圆柱齿轮减速机常见故障及处理措施

1. 运转时有异常噪声

（1）滚动轴承损坏，更换滚动轴承；

（2）圆锥滚子轴承间隙过大或损坏，调整圆锥滚子轴承间隙或更新；

（3）齿轮磨损严重，更换齿轮；

（4）外部连接螺栓松动，检查并紧固螺栓；

（5）润滑油黏度牌号过小，选用适当的润滑油。

2. 齿轮箱或轴承温度剧烈上升

（1）轴承损坏，更换新轴承。

（2）圆锥滚子轴承间隙过小，重新调整间隙。

（3）两轴连接处不同心，造成运行负荷过大，检查并调整两轴的同心度。

（4）润滑油过多或过少，放油，降低油位或补充润滑油至规定油位。

（5）不来油或油量不够，油泵旋转方向不对，吸入空气或滤油器太脏（油泵润滑），检查油泵是否运行，不运行检查电源接线，运行没有油则电源接线接反更换接线。油量小则应清洗滤油器。否则应加润滑油。

（6）长期停用或使用周期太长引起润滑油变质，更换润滑油并清洗齿轮箱后再加新油。

（7）超负荷运转，降低负荷。

（8）润滑油黏度牌号过大，选用适当的润滑油。

3. 轴端漏油或结合面漏油

（1）油位过高，放油降低油位至规定位置。

（2）结合面密封失效，清理结合面，重新密封。

（3）结合面螺栓松动，拧紧松动的螺栓，或拆开清理结合面后重新密封，并应均匀拧紧螺栓。

（4）油封损坏或老化，更换新油封。

（5）安装油封部位的轴磨损严重，更换磨损轴。

4．机械运转时振动非常大

（1）两轴联接处不同心，检查并按规定要求调整好两轴的同心度。

（2）零部件连接处松动，检查电动机、箱体、机架、联轴器等零部件的螺栓松动情况，并紧固好。

（3）轴承或其他零件损坏，更换轴承或其他损坏件。

（4）超载使用，降低负荷。

（5）被驱动机械本身振动，单独运转减速机，查明振源。

（三）液下泵检修工艺

1．泵的拆卸

（1）将电动机与泵分离，拆掉泵出口短管及泵基础固定螺栓，将泵吊出放至指定地点进行解体。

（2）拆下入口滤网及泵壳连接螺栓，依次拆下下泵壳、叶轮、后护板、柱体。

（3）清洗干净后护板、叶轮、泵壳、柱体等。检查有无裂纹、磨损、穿孔等缺陷，无法修复的更换。检查护板密封垫是否完好，老化破损的应更换。

（4）叶轮冲蚀严重或局部损坏时应更换新叶轮。

（5）轴承组件解体检查。

（6）用煤油将轴、轴承、筒体、轴承压盖、迷宫套清洗干净。

（7）检查轴径无损伤，测量轴的弯曲值，一般应小于 0.03mm，超标的应进行直轴或更换。键与键槽的配合两侧不得有间隙，顶部（径向）一般应有 0.10～0.40mm 的间隙。

（8）检查轴承滚柱应光滑、无锈蚀、脱皮、支架断裂等缺陷，保护架完好，手转轴承外圈应无噪声，否则更换新轴承。轴承装配时须预热，加热温度不允许超过 120℃。液下泵的轴承组件在组装中，不需调整轴承间隙（轴承本身已保证了轴向间隙，但组装好后应检查安装的端面间隙在 0.074～0.160mm 范围内）。

（9）轴承内圈、外圈、定位套是成套组件，不允许与同类轴承的相应零件互换。

（10）检查上、下轴承端盖的凸肩应无磨损，若有磨损应进行修复，修复时可用轴承外圈压铅丝法，求得凸肩的高度。检查轴承下端盖上处的防水环、"骨架油封"和 O 形圈是否良好，老化、破损的应更换。安装迷宫环时须注意迷宫环的开口，在直径方向上应互相错开位置。检查轴承筒体内圈是否磨损，磨损量大于 0.05mm 时应更换新筒体。

2．组装顺序与拆卸顺序相反，装配的要求

（1）轴承在组装时，应加入适量润滑脂，泵端 30g，驱动端 15g，润滑脂必须保持清洁，不允许进入脏物（在运转中，可定期通过轴承体上的两个油嘴加入适量润滑脂）。

（2）叶轮与后护板的轴向间隙可通过轴承座下部垫片的厚薄来调整。不要过大或过小，一般在 0.5～1mm 之间。

（3）泵壳上的密封垫要放平，紧固泵壳螺栓时应均匀施力，泵壳与柱体之间的间隙要一致。

(4) 泵组装后手动盘车灵活、无摩擦声，否则应调叶轮间隙。叶轮径向跳动值小于 0.06mm，端面跳动值小于 0.03mm。

(5) 把组装后的泵体就位，紧固好泵的地脚螺栓，连接好泵出口短管。

(6) 电机就位后对轮找中心，两对轮面距为（2～8）mm，面距和圆距偏差值小于 0.08mm，穿好靠背轮连接螺栓，固定好防护网。

（四）隔膜计量泵易损件故障排除

1. 泵不上量

(1) 储液池中药液过低，向池中加入药液。

(2) 单向阀损坏或污染，清洗或更换。

(3) 出液管堵塞，清通管路。

(4) 药液冻结，溶化整个加药系统的药液。

(5) 电路熔断器熔断，更换熔断器。

(6) 电动机起动器中热继电器过载装置跳开，复位热过载装置。

(7) 电缆断开，查处位置并修复。

(8) 电压过低，测试并调整。

(9) 泵未充注液体，打开出液阀向泵内加入药液进行排空。

(10) 冲程设置为零位置，重新调整冲程设定。

2. 泵出液量不足

(1) 冲程设定不正确，重新调节冲程设定。

(2) 泵运行速度不对，检查电源电压与频率是否与电动机名牌一致。

(3) 吸液量不足，增加吸液管口径或增加吸液水头。

(4) 吸液管泄漏，修复吸液管路。

(5) 吸程过高，重新布置设备使吸程减小。

(6) 液体接近沸点，冷却液体或增加吸液水头。

(7) 出液管线或安全阀泄漏，维修或更换安全阀。

(8) 液体黏度过高，降低黏度。

(9) 单向阀阀座磨损或污染，清洗或更换。

3. 输液量不稳定

(1) 吸液管漏失，维修吸液管。

(2) 安全阀泄漏，维修或更换安全阀。

(3) 液体接近沸点，冷却液体或增加吸液水头。

(4) 单向阀阀座磨损或污染，清洗或更换。

(5) 管路过滤器堵塞或污染，清洗过滤器。

4. 电动机和泵体过热

(1) 电动机和泵体的运行温度触摸起来经常是偏热的，但不应超过 93℃。

(2) 电源不符合电动机的电器规格，确信电源与电动机匹配正确。

(3) 泵在超过额定性能下运行，减小压力或冲程速度。

(4) 泵的润滑油加注不对，排放机油，并重新加注适量的建议使用的润滑油。

（五）离心泵的故障及排除及检修工艺

1. 故障原因及排除方法

（1）泵不出液体。叶轮流道、吸入管、排出管堵塞，工位装置扬程大于泵的实际扬程转向反，消除杂物，使之畅通改换泵型或增大转速正确转向。

（2）流量不足。叶轮严重磨蚀或腐蚀，工位需流量大于泵流量。更换叶轮，改换泵型或增加转速。

（3）流量过大。工位需扬程小于泵扬程，出口阀门关小、更换泵型、降低转速、切割叶轮减小直径。

（4）电流超载。流量超过使用范围输送液体比重过大，校验泵的选型、调小流量范围更换较大功率电动机。

（5）轴承箱温度过高。泵轴与电动机轴不同心，轴承润滑脂变质，轴承损坏．调整同心度，更换润滑脂，更换轴承。

（6）泵有振动和噪声。泵轴与电机轴不同心叶轮严重腐蚀磨蚀不平衡泵轴弯曲，调整同心度，更换叶轮，更换轴或校直轴。

2. 离心泵的检修工艺

（1）松开地脚螺栓，将联轴器螺栓（或传动皮带）取下，泵体与电动机分离，并做好原始记录。

（2）拆下泵的出入口短节，拆时避免强拉硬砸，以免损伤出入口专用密封垫。

（3）用塞尺测量叶轮与护板的间隙，做好记录，与安装时的数值比较。

（4）拆下泵盖的螺栓，用行车将前泵盖吊出，然后用专用钩吊出护套。

（5）用管钳将轴固定，用撬棍把叶轮旋下并吊出。在起吊过程中，防止叶轮与泵体碰撞。

（6）拆下机械密封，拆下轴承组件上的紧固螺栓，将轴承组件吊出，放至指定位置。

（7）将泵壳、叶轮、护套、机械密封清理干净，检查是否有裂纹、砂眼、严重磨损等缺陷，无法修复的进行更换。

（8）轴承组件的检查与装配。

（9）扒下靠背轮，检查销孔无磨损，注销无损坏，弹性圈无老化、破损。键槽及键无赶边现象，键与键槽两侧配合无缝隙，键顶部有 0.1～0.4mm 的间隙，否则应更换新键或修复键槽。

（10）拆下轴承两端的轴承压盖、迷宫套，退出轴承体，用煤油清理干净各部件，检查筒体内圈无明显磨损，当内圈磨损量超过 0.1mm 时应进行修复或更换筒体。

（11）检查轴承滚柱无破损、无沟痕，支架完好，内外圈无脱皮、锈蚀现象，手转轴承外圈应灵活、无杂音，否则更换新轴承。安装轴承时应先加热，加热温度不超过 120℃，轴承要靠紧轴肩。轴承内圈与轴的配合紧力为 0.01～0.03mm。

（12）检查轴径处表面光滑、无磨损，轴弯曲值小于 0.03mm。给轴承加适量润滑脂。

（13）检查迷宫环、迷宫套是否完整，有无磨损，不完整，有磨损应更换。安装迷宫环时注意豁口在直径方向上相互错开。

（14）紧固两端的轴承压盖，由于轴承本身已保证了轴向间隙，故不需要调整轴向间隙。

（15）检查机械密封动静环配合良好，表面光洁无划痕。

（16）安装靠背轮，键与键槽配合良好。

3. 离心泵组装

（1）把轴承组件吊入泵座就位，就位过程中要做好防碰撞措施。装上轴套、定位套及各O形圈。

（2）将机械密封安装到轴上。

（3）将叶轮吊入泵内放正，并用撬棍固定住叶轮，然后用链钳旋转对轮，使叶轮与轴紧密配合在一起。调整组件移动螺母，使叶轮尽量靠近后护板，一般留有 0.5～1.0mm 的间隙。

（4）装上护套并固定好，再装上前泵壳。

（5）紧固泵壳螺栓，对称均匀施力。用手盘动靠背轮按泵转动方向旋转，叶轮转动灵活无摩擦声、否则重新调整，直到叶轮转动灵活为止。

（6）装好出入口短节，调整好机械密封。

（7）在电动机就位后应进行对轮找中心，两对轮面距为 2～8mm，面距和圆距偏差值小于 0.08mm，穿好靠背轮连接螺栓（或传动皮带），固定好防护网。

（8）各项工作完毕后，对泵再进行一次盘车，确定无摩擦且转动灵活时，方可结束工作。

（六）机械加速澄清池的故障及排除

机械加速澄清是利用机械搅拌叶轮的提升作用来完成泥渣的回流与药品的充分搅拌，使其接触反应迅速，然后经叶轮提升至第一反应室继续反应，凝聚成较大的絮粒，再经过导流室进入分离区以完成沉淀和分离任务，清水经集水槽输送至下道工艺。泥渣除定期从底部排出外，大部分仍参与回流。

机械加速澄清主要由池体、第一反应室、第二反应室、分离室、搅拌器、刮泥机、支撑机械装置的桥式桁架、集水槽、排泥装置、加药系统、采样系统及自动控制系统等。

机械加速澄清池检修的注意事项及技术要求。

对环形集水槽的检修要求：水槽边缘应平整，并保持水平，槽壁和地板上不得有空洞或腐蚀，不得超过原厚度 1/2，否则需更换。水孔应光滑无杂物或结垢，水孔中心线应在同一中心线，其误差不应超过 2mm，水平孔板应平整，孔板的腐蚀程度不得超过原厚度的 1/2，并且无腐蚀孔洞，否则需进行更换。孔板水平误差不超过 5mm。

对搅拌器叶轮检修要求：检修应注意叶轮不得有偏磨、裂缝、变形、腐蚀，叶轮应与搅拌轴保持同心并相互垂直，连接牢固。

对搅拌器轴与刮泥机轴的检修要求：因刮泥机轴与搅拌器轴为同心轴套，要求实心轴与空心轴有良好的同心度和垂直度，联轴器、底部轴瓦支撑钢架应牢固并与轴同心，所有连接件与稳固件不得有松动或腐蚀、裂缝与变形。

对刮泥机检修的技术要求：再检修过程中，应注意刮泥臂是否有变形、裂缝、臂高不同等现象，一旦发现，应立即修复。刮泥刀与池底间隙不应超过 15mm。所有部件不应有腐蚀及裂缝、变形现象，一旦发现，应根据检修情况进行修复或更换。

常见故障及处理措施：

1. 机械加速澄清池发生振动或发出噪声

（1）搅拌减速机发生故障，检查搅拌器减速机，查看是否有零部件损坏，并检修。

（2）搅拌传动轴承坏损或传动齿轮啮合不正常，检查轴承是否损坏，齿轮是否破损，如缺齿、变形，应及时更换。

（3）刮泥减速机发生故障，查看是否有零部件损坏，并检修。

（4）刮泥传动链与齿轮啮合不良，检查链条是否损坏脱落，齿轮是否破损，如缺齿、变形，应及时更换。

（5）联轴器找正不良，检查联轴器同心度是否合格，如不合格，应重新调整。

（6）轴的垂直度未达到要求，造成齿轮啮合不良，应更换或重新校正。

（7）检查搅拌叶轮与底板是否发生摩擦，如有接触摩擦部位，应重新调整。

（8）查看支承架是否发生变形，如发生变形，应重新校正支撑架。

2．机械加速澄清池安全销断

（1）刮泥刀与地面摩擦或刮泥刀被物件卡住，查明原因，如是因部分轴承损坏，造成轴下降，应更换原型号轴承；如因调整夹松动造成，应根据实际情况重新调整。刮泥刀被物件卡住时应及时清除。

（2）如刮泥轴轴承被卡死，应对轴承进行检查并消除故障，并根据实际检修情况决定是否有必要更换轴承。

3．澄清池出来不足或发生溢流

（1）查看机械加速澄清来水流量是否过小，或是因流量计不准而产生虚假流量。

（2）查看集水槽水孔是否干净无杂物，有无结垢，如有堵塞现象，应及时清理。

（3）检查集水槽出水连通管，查看是否有结垢或堵塞。

（4）出水明沟结垢严重而造成堵塞等原因。

4．澄清池排泥系统不畅

（1）检查排泥出口门，确认出口门是否能全部开启，检查出口门是否损坏，根据实际检修情况进行检修或更换。

（2）检查排泥管是否堵塞或结垢严重，如发生堵塞现象，应用高压清洗车清理，或根据堵塞情况，结合现场实际情况。

（3）检查排泥管入口是否堵塞，关闭排泥二次门，打开排泥一次门、冲洗水门，提高冲洗水压力，对管道进行反冲；如无法疏通，应排空池内存水，清理排泥口堵塞物。

（七）离心机的维护及检修

（1）经常检查皮带，适当调整其松紧度，选用皮带必须长短一致，新旧皮带不得混合使用。

（2）对机器表面做好防锈处理，保证其清洁。

（3）定期定量给两主轴承及螺旋轴承添加润滑油脂，定期给差速器更换润滑油。

主轴承和螺旋轴承的润滑：主轴承和螺旋轴承采用油脂润滑，用户必须根据实际情况制定相应的润滑周期和注油量，特别是螺旋两端轴承，在机器内部，难以测量温度及观察润滑效果，故更应定期定量加注润滑脂。主轴承和螺旋轴承油嘴位置处用我们提供的油枪注入润滑油脂。

（八）压滤机

框架滤板式压滤机是典型的间歇操作的加压过滤设备，适用于各种悬浮的固液分离，它由滤板和滤框组成或由滤板排列组成滤室，在输料泵的作用下，把悬浮液压入各个滤室，再利用过滤介质把固体和液体分开过滤设备。

1. 常见故障及处理措施

(1) 压滤机在运行过程中，液压系统出现压力严重不稳定，并发出非正常运行产生的噪声。

(2) 对压滤机油泵进行检查，查看油泵是否吸空，如油位过低，应添加同型号的液压油。

(3) 检查油泵进油油路是否进气或漏油，如油泵管路进气，将管路丝扣卸松，将管路中的空气排出，或者将漏油吸油管路更换。

(4) 查看吸油管路有无堵塞，如出现该情况，应清理吸油管路堵塞油泥及杂物。

(5) 检查液压油的黏度是否偏低，如液压油黏度偏低，应检查液压油黏度偏低是因油质变质造成，还是使用液压油油号不对造成，应根据实际原因更换油品。

(6) 压泥机在正常运行运行中出现 液压系统压力不足或无压力的故障。

(7) 压泥机的液压系统压力调整有误，液压系统压力过低，应重新调整液压系统压力至正常运行压力值。

(8) 查看液压油黏稠度是否偏低，如液压油黏稠度偏低，应更换黏稠度较大的液压油。

(9) 检查压泥机的油路，查看是否存在油路有沙眼等漏油现象，根据检查的实际情况对症检修，更换破损油路。

(10) 压泥机在压紧时出现油缸压力不足，无法正常运行的故障。

(11) 检查压泥机的高压溢流阀是否损坏，如是因引流阀损坏导致，应更换同型号配套的高压溢流阀。

(12) 检查压紧油缸的转向阀是否损坏导致不动作，如是因转向阀损坏，将转向阀拆除检查，检修更换损坏部件，如损坏严重建议更换新的转向阀。

(13) 检查液压油油位是否正常，如油位偏低，及时补充同型号液压油。

(14) 压泥机在运行过程中出现滤框间漏液的情况。当压泥机泄压排完泥后，对压泥机进行检查。

(15) 检查压泥机漏液位置滤框，查看滤框有无出现变形，对变形滤框进行更换。

(16) 滤框密封面有杂物及破损，检查漏液滤框密封是否有泥块、杂物，密封面是否出现破损，根据实际情况进行检修，清理密封面杂物及泥块，对破损点进行修复，并打磨光滑。

(17) 检查滤布是否有褶皱不平或破损，对褶皱处整理合格，如滤布破损，对其进行更换。

(18) 查看压紧值，是否为压紧压力不够导致，如因压紧压力不足，应适当调高压紧压力。

(19) 压泥机在放泥过程中出现：拉板小车前后冲击而不拉板故障。

(20) 电气人员检查电平调节是否准确，如出现误差，应重新调整校对。

(21) 电气人员检查接近开关与检测盘间隙调整是否准确无误差，如存在间隙，应消除间隙误差。

(22) 检查拉板小车拉力开关，查看拉力值是否偏低，导致拉板小车拉不动，根据实际情况重新调整拉力值。

2. 压泥机在运行过程中出现滤框两侧手柄断裂故障

（1）检查拉板小车拉力开关，查看拉力值是否偏大，根据实际情况降低拉力值。

（2）手柄长时间使用老化、磨损，更换新的拉板手柄。

（3）压泥机在运行过程中出现泥饼不成形，出力偏低或过滤效果不理想。

（4）检查输料泵出口溢流阀压力是否偏低，根据实际检查情况、现场生产需求适当调整压力，但不可超过其设定得安全压力值。

（5）检查滤布是否老化、堵塞，更换实际情况，对滤布进行清洗或更换。

（6）检查滤布密度是否配套，根据实际情况更换合适密度的滤布。

（7）差速器的润滑。差速器采用可压齿轮油，润滑方式为浸浴与飞溅相结合的。离心机高速运行时差速器内部的润滑油压力和温度较高，容易泄漏，应经常检查油位（或油量）并及时补充。对润滑油补给时，打开差速器外圆上的螺塞，按位置将侧面上方的螺塞拆下保证油量在图示油位线。另外应注意定期检查差速器内的油是否变质，如发现变质应查明原因，更换润滑油。加注新油时必须按规定提供的润滑油牌号，不允许加入牌号不明，不同牌号的油混合使用和含有杂质的润滑油。

（8）差速器属于加工和传动精度高的变速箱，若有故障，则应有专业人员维修，或与我公司联系。离心机运行时，差速器也在高速旋转，为保证其传动精度及动平衡，必须与主机保持很高的同轴度，差速器的径向跳动量应不大于 0.1mm，否则要在差速器和传动盖配合面垫加铜片来消除。

（9）定期检查和保养电动机等其他电气系统装置。

（10）定期更换易损件。

3. 解体检修

（1）转鼓。

1）先将皮带、主电机和副电机脱离，将转鼓部件吊离机座，平放于检修台；

2）检查待拆卸的两零部件间相对位置标记，若无标记，则先作上标记；

3）根据检修情况，拆卸有关零部件，如图 7-20 和图 7-21 所示；

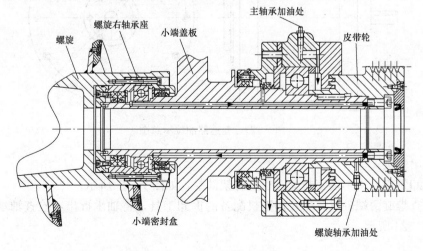

图 7-20 小端结构示意图

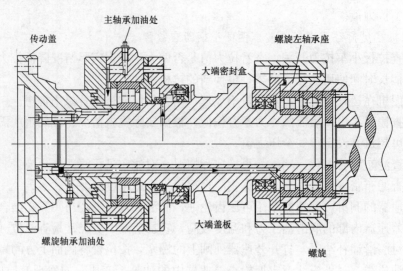

图 7-21 大端结构示意图

4）通常情况下，不应拆开直筒体与锥筒体之间的连接；

5）若不检修主轴承部件，则不赞成拆卸传动盖、大端盖板与主轴承部件间的连接及皮带轮、小端盖板与主轴承部件间的连接；

6）在装配前清洗全部零部件，并测量相关尺寸；

7）装配时保证相邻零件间的相对位置，即对齐标记；

8）检查各部位螺钉是否松动。

（2）螺旋。

1）拆卸转鼓大端盖板及小端盖板，如图 7-22 所示；

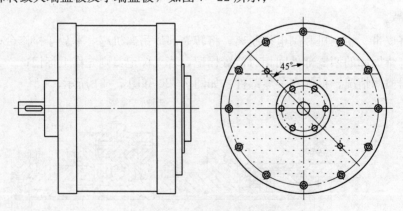

图 7-22 差速器油位示意图

2）拉出螺旋；

3）拆卸螺旋大、小端密封盒，检查骨架油封，如图 7-23 所示；

4）检查螺旋两端轴承，用我们随机配备的拆卸工具，将轴承拆出，检查轴承的使用情况，如图 7-24 所示。

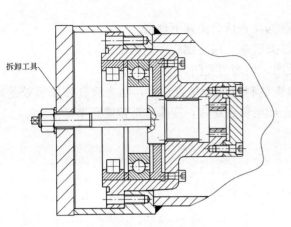

图 7-23 螺旋大端轴承拆卸图　　　　　图 7-24 螺旋小端轴承拆卸图

4. 检修注意事项

(1) 检修场地必须干净不通风,尤其是在更换轴承和油封时须确保无尘。

(2) 两台或更多离心机同时检修时,不要互换零部件,以免破坏动平衡或加大装配累积误差。

(3) 转鼓部件上的螺钉不可混合使用,更不允许用不同材质性能的螺钉代替。

(4) O 型密封圈等橡胶密封件装配前都应涂上油脂,以防老化。

(5) 整机装配时必须从小端将螺旋压到位,使螺旋大端角接触球轴承装配在使用位置。

(6) 长期置放后使用时应彻底清洗机内物料,各润滑点注满润滑脂。

(7) 拆卸时应参照图纸及有关章节正确操作,各零件在装配时要清洗干净,并修毛刺,采用专用工具,杜绝硬物直接敲击零件表面,有时应采用软质工具敲击零件。

(九) 螺旋输粉机

螺旋输粉机是一种结构简单、横截面积尺寸小、密封性能好等特点的利用转轴上的螺旋叶片,沿料槽输送粉粒状物料的连续输送机械。根据从输送物料位移方向的角度划分,螺旋输粉机分为水平式螺旋输粉机和垂直式螺旋输送机两大类型,主要用于对各种粉状、颗粒状和小块状等松散物料的水平和垂直输送,不适宜输送容易变质、黏性大、易结块或高温、怕压、有较大腐蚀性的特殊材料。

常见故障分析及处理:

(1) 螺旋输粉机运行时出现异音。

(2) 检查螺旋输粉机上下两端轴承是否磨损,造成转轴偏离中心线,螺旋叶片摩擦输料槽,如是轴承磨损,应检修更换轴承。

(3) 检查螺旋输粉机是否卡塞石子,螺旋叶片与输料槽存在一定间隙,可能出现小石子卡在两者之间,将螺旋输粉机反方向盘动,使石子掉落。

(4) 螺旋输粉机上下端填料密封处漏灰。

(5) 螺旋输粉机密封填料长时间使用后磨损,重新调节密封填料的压盖的紧固度或更换磨损密封填料。

(6) 检查螺旋输粉机下料口是否堵塞,因石灰进搅拌箱遇水产生热量,产生部分水蒸气，水蒸气与下料口的石灰粉反应，堵塞下料口，造成两端漏灰，清理下料口。

(7) 螺旋输粉机不下灰。

(8) 检查螺旋输粉机下料口是否堵塞，根据检查情况清理下料口。

(9) 检查螺旋输粉机料条是否脱落，如链条脱落，回装螺旋输粉机链条。

(10) 检查螺旋输粉机进料口阀门是否关闭，如阀门关闭，应打开阀门。

(11) 检查螺旋输粉机进口是否下料，检查给料机运行是否正常，检查筒仓膨胀节处是否受潮结块，如给料机不出力，检修给料机；如给料机正常，应振打链接膨胀节。

第八章

脱 硫 系 统 超 低 排 放

2014 年 9 月 12 日，国家发改委、国家环保部、国家能源局联合发文"关于印发《煤电节能减排升级与改造行动计划（2014—2020 年）》的通知"中要求，稳步推进东部地区现役 30 万 kW 及以上公用燃煤发电机组和有条件的 30 万 kW 以下公用燃煤发电机组，实施大气污染物排放浓度基本达到燃气轮机组排放限值的环保改造。燃煤发电机组大气污染物排放浓度基本达到燃气轮机组排放限值（即在基准氧含量 6％条件下，烟尘、二氧化硫、氮氧化物排放浓度分别不高于 10、35、50mg/m³）。针对"行动计划"，国内火力发电集团提出了"超净排放 [50、35、5（氮氧化物、二氧化硫、烟尘浓度)]"、"近零排放"、"超低排放"、"绿色发电"等类似的口号，本书统一称为"超低排放"。

第一节　脱硫系统超低排放的各种技术

环境保护部发布《火电厂大气污染物排放新标准》（GB 13223—2011）后，重点地区需执行大气污染物特别排放限值，其中 SO₂ 的排放标准为 50mg/m³，这样部分地区及重点地区已投用的湿法脱硫装置将不能适应新标准，需要进行脱硫提效改造。另外部分电厂提出了小于 35mg/m³ 超低排放的要求，则必须对脱硫装置进行改造。对于湿法脱硫装置现在国内提效改造可选用的技术，主要有双塔串联技术、单塔双循环技术、单塔双区技术、单塔双托盘技术、U 形液柱塔技术、塔外浆池技术等几种。

一、脱硫系统超低排放的各种技术

（1）双塔串联技术。双塔串联技术是在原有吸收塔外新建一座吸收塔，该新建吸收塔与原有吸收塔串联，这样形成两级吸收塔联运行。一般一级吸收塔脱硫效率设计在 70％以上，浆液控制较低的 pH 值，有利于石膏的氧化；二级吸收塔脱硫效率设计在 95％以上。使用双塔串联技术改造方案的优点是：

1）对原有吸收塔不需要改造。

2）新建吸收塔可以在机组运行时施工，停炉时进行烟道接口连接，该改造方案机组停运时间短。

3）脱硫效率高，最高可至 99％以上，煤种适应性强。

该改造方案的缺点是改造费用相对较高，系统相对复杂，占地面积大，运行中两座塔之间的水平衡需要控制好，建议在一级吸收塔加装除雾器。

（2）单塔双循环技术。单塔双循环技术最先是美国 Research-Cottrel（RC）公司于 20 世纪 60 年代开发，德国诺尔公司发展了该技术，目前诺尔公司已经被德国 FBE 公司收购，国内主要是国电龙源环保公司使用该技术。使用该技术方案改造时保留原有吸收塔，但拆除吸收塔内部除雾器，同时将吸收塔塔壁进行切割抬升，在上部安装 2～4 层喷淋层、收液碗等装置。另外新增一座 AFT 浆池（该浆池类似串联塔中的二级吸收塔）。两座吸收塔浆池分开设置，分别控制不同的 pH 值以有利于石膏的氧化和 SO_2 的吸收，具体工艺见图 8-1。

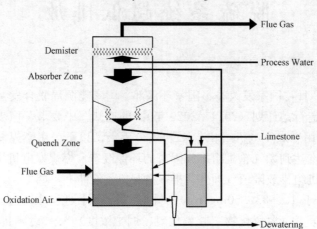

图 8-1　单塔双循环技术具体工艺

烟气首先经过一级循环（即下部喷淋区域），此级循环的脱硫效率一般在 30%～80%，浆液 pH 值控制在 4.5～5.3，此级循环的主要功能是保证优异的亚硫酸钙氧化效果和充足的石膏结晶时间。经过一级循环的烟气直接向上进入二级循环（即上部喷淋区域）。此级循环实现主要的脱硫洗涤过程，喷淋的浆液经收液碗收集至新增的 AFT 浆池。由于不用考虑氧化结晶的问题，所以浆液 pH 值可以控制在 5.8～6.4 的水平，可以大大降低循环浆液量，并获得很高的脱硫效率，此级循环的脱硫效率一般在 95% 以上。AFT 浆池浆液密度高时通过旋流器进行分离，将高密度浆液回收至一级循环浆池，脱水时只从 pH 值较低的一级循环浆池向外排石膏。

使用单塔双循环技术方案改造的优点主要有：

1）脱硫效率可达 98.7% 以上，适用于高含硫煤项目或者对脱硫效率要求特别高的项目；

2）两个循环过程的控制相对独立，避免了参数之间的相互制约，使反应过程更加优化；

3）高 pH 值的二级循环在较低的液气比和电耗条件下，可以保证较高的脱硫效率；

4）低 pH 值的一级循环可以保证吸收剂的完全溶解以及很高的石膏品质；

5）一级循环中去除烟气中部分的 SO_2、灰尘、HCL 和 HF，降低杂质对二级循环的反应影响，提高二级循环效率；

6）石灰石浆液先补进 AFT 浆池再溢流进入一级循环浆池，两级工艺延长了石灰石的停留时间，特别是在一级循环中 pH 值很低，实现了颗粒的快速溶解，可以使用品质略差的石灰石并且可以较大幅度地提高石灰石颗粒度，降低磨制系统电耗。缺点是：

①对原有的吸收塔改造工作量大，机组停运时间长，一般需 3～5 个月；

②二级循环的喷淋量及收液碗设计不当，易造成一级循环浆液高液位；

③吸收塔塔壁切割抬升的高度较高；

④系统较复杂。

该技术在国电龙源环保公司在国电成都金堂 2×600MW 机组脱硫改造项目中使用，现已投入运行。

（3）单塔双区技术。该技术现主要是上海龙净环保公司在使用，单塔双区技术是在传统的喷淋空塔技术基础上在吸收塔底部浆液池中增了双区调节器，在喷淋区域增加了提效环，管网式氧化风管布置在双区调节器处，另外实现底部供给石灰石浆液。浆液池中浆液流动时通过双区调节器形成文丘里效应，使用浆液池分为上下两个不同区域，对下部区域喷入石灰石浆液提高喷淋浆液 pH 值，提高 SO_2 吸收效率，浆液池上部区域的浆液经过 SO_2 吸收后降低了 pH 值，有利于石膏的氧化、结晶。布置在喷淋层的多重提效环避免了吸收塔内部烟气的"贴壁效应"，提高了脱硫效率。该技术中石膏的排出是从浆液池的中部排出。在改造过程中一般需对吸收塔塔壁进行切割抬升，单塔双区技术见图 8-2。

图 8-2　单塔双区技术

该技术安案的主要优点有：

1）适合高含硫或高效率的项目，运行中可实现 98.4% 以上的脱硫效率；

2）浆液池实现 pH 分区控制，氧化区 4.9～5.5 的 pH 值可生成高纯度石膏，吸收区 5.3～6.1 的 pH 值可以高效脱除 SO_2；

3）浆液池体积小，停留时间可在 3.5min 左右；

4）多重提效环能够最大程度减少 SO_2 的贴壁逃逸；

5）另外配备的脉冲悬浮搅拌系统能够使吸收塔底部不产生沉淀，加入新鲜石灰石浆液可以得到连续而均匀的混合，有利于石灰石的利用，降低 Ca/S；

6）改造工期相对较短，机组大修期内即可完成所有工作；

7）占地面积较小，系统相对简单。该技术已由上海龙净环保公司在张家港沙洲电力2×600MW、扬州第二发电厂机组 2×630MW 脱硫改造项目上使用，现已投入运行。

（4）单塔双托盘技术。吸收塔托盘技术来自美国巴威公司，国内主要是武汉凯迪公司及浙江天地环保公司进行使用。吸收塔托盘技术即在吸收塔上部装了合金托盘（国内材质一般是 317L），在托盘上开孔，开孔率一般在 30%～50%，运行时浆液喷淋到托盘上形成水膜，强化脱硫。原先的湿法脱硫项目武汉凯迪公司一般设计的是单托盘技术，为了适应《火电厂大气污染物排放新标准》，武汉凯迪公司及浙江天地环保公司现进行湿法脱硫改造项目时推荐使用双托盘技术。吸收塔内托盘见图 8-3。

图 8-3　吸收塔内托盘

双托盘技术即是在原有的一层托盘基础上再增加一层托盘，同时配以 3～4 层喷淋层，即可达到高效脱硫效果。由于需要适应新的排放标准，现改造的湿法脱硫液气比相应增加，托盘的开孔率要比以前相应增加。因为共有两层托盘，液气比相对其他技术减少，可以少布置一台浆液循环泵。使用单塔双托盘技术进行改造时需要对原有吸收塔塔壁进行切割抬升。使用单塔双托盘技术方案改造的优点主要有：

1）脱硫系统的液气比相对其他技术较小，托盘上方湍流激烈，强化了 SO_2 向浆液的传质，形成的浆液泡沫层扩大了气液接触面，在同样的条件下可获得比空塔更高的脱硫效率；

2）塔内烟气流场相对均匀，尤其适用于大直径的吸收塔，对除雾器的运行有一定的好处；

3）使用托盘时，喷淋层需检修时比较方便，检修时间短；

4）由于可以少运行一台浆液循环泵，运行时脱硫电耗相对较低。

缺点是托盘若固定不好，脱落后会堵在浆液循环泵进口。华能长兴电厂 $2\times660MW$ 机组脱硫系统吸收塔采用5层喷淋＋双托盘技术，设计效率 98.7%。由武汉凯迪环保公司设计、安装。

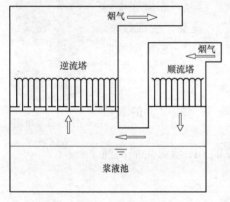

图 8-4　双级液柱塔技术

（5）双级液柱塔技术。湿法脱硫液柱塔技术引进自日本三菱公司，国内主要有上海中芬电气有限公司及中电投远达环保工程有限公司等单位在使用该技术。湿法脱硫液柱塔技术分为单塔式及双塔式。双液柱塔实际上有两个方形液柱塔串联而成，但它结构紧凑，并不是两个吸收塔的简单连接。前面一个是顺流塔，由于其空塔流速高，塔体较小，后面一个是逆流塔，空塔流速与一般湿法技术差别不大。两塔中间浆池连通，整个外形上看起来像个"凹"字，又称 U 形塔，如图 8-4 所示。

锅炉烟气首先进入顺流塔，在此与液柱逆流接触，先去除一部分 SO_2，然后通过连接通道进入逆流塔，在逆流塔中烟气与液柱再进行两相接触，可进一步去除残余的 SO_2，整体去除率高达 $95\%\sim99\%$。使用该技术的主要优点有：

1）脱硫效率高，最高可达 99% 以上，尤其适用于高硫分地区；

2）除尘效率高，可达 70% 以上，达到脱硫除尘二合一的效果；

3）吸收塔内组件较小，维护工作量小；

4）塔壁模块化，安装速度快。

缺点主要是系统阻力略大。

（6）塔外浆池技术。塔外浆池技术主要是针对一些吸收塔改造后，由于浆液池容积增加，原有基础不能承载而在吸收塔外重新新建一座浆池，新建的浆液池与原有浆池相连，新增的浆液池配 $2\sim3$ 台浆液循环泵，新增的浆池通过连通管与原有浆池相通，保持两个浆液池液位平衡。改造时原有吸收塔不需要切割抬升，只需要拆除原有吸收塔塔顶及除雾器进行加高。新增加的喷淋层布置在原有吸收塔的上部，运行布置在新增浆液池的浆液循环泵吸入浆液喷淋至原有吸收塔，浆液下落在原有吸收塔再流至新增浆液池。使用该技术主要的优点有：

1）不需要对原吸收塔进行切割抬升，原有的下部喷淋层可以利旧；

2）对原吸收塔基础承载不够但又不愿意使用双塔的机组改造比较适用。

二、脱硫系统技术方案选择的建议

满足《火电厂大气污染物排放新标准》（GB 13223—2011）中 SO_2 排放新标准的湿法脱

硫技术有多种，但电厂在新建或改造时应根据自身所在地区排放要求、燃用煤种硫分、原有吸收塔的脱硫能力、厂地布置、改造工期等因素进行合理地选择。改造时可不拘泥于某一种技术，采用将两种或几种技术进行嫁接的方法，比如原来是托盘塔的，在改造时可以不拆除托盘采用单塔双区技术，这样既利用了托盘检修方便、液气比低的特点，又叠加了双区技术中不同 pH 值的优点，可以得到更好的效果；又比如使用双塔双循环技术时，可以采用两个托盘塔串联，或一个托盘塔串联一个双区塔的方案，使各种技术的优点进行叠加，实现脱硫能力的最大化、脱硫电耗最小化。

第二节　脱硫系统超低排放改造注意事项

一、改造原则

（1）企业应按照国家及地方环保政策、法规、标准的要求，结合企业自身发展需要，合理制定烟气污染物排放目标。超低排放技术改造实施后，大气污染物排放浓度应达到燃气轮机组排放限值，即在基准氧含量 6% 条件下，二氧化硫排放浓度不高于 35mg/m³。地方政府有更严格的排放限值要求时，应执行地方排放要求。

（2）实施超低排放改造的企业，应对现有脱硫设施进行充分诊断，结合脱硫设施实际运行情况、现场条件和新排放要求，经充分技术经济比较后制定改造方案。

（3）改造方案应统筹考虑脱硝、除尘、脱硫、烟囱等设施的相互影响，充分发挥各环保设施对污染物的协同脱除能力，在满足烟气污染物达标排放的同时，实现脱硫设施经济高效运行。

（4）超低排放改造应充分挖掘管理减排的潜力，优先考虑加强燃煤管理，完善环保设备配置，恢复设备性能等方式，确保脱硫设施达设计值。

二、二氧化硫排放控制技术路线

（1）二氧化硫控制技术主要包括单塔单循环、单塔双区、单塔双循环、双塔串联等技术，单塔单循环技术包括强化气液传质（优化喷嘴布置、增加均流构件、控制吸收塔内部 pH 值）、提高液气比（增加喷淋层、优化喷嘴布置）。

（2）脱硫塔出口二氧化硫排放浓度小于 50mg/m³ 时，可采用单塔单循环改造技术满足排放要求；燃用低硫煤的机组，如原脱硫装置设计裕量较大，可通过进一步控制燃煤含硫量，满足排放要求。

（3）脱硫塔出口二氧化硫排放浓度小于 100mg/m³ 或 200mg/m³ 时，可采用单塔双区、单塔双循环、双塔双循环（串塔）技术，单塔单循环改造结合单塔双区或单塔双循环改造，当脱硫塔直径较大、塔体较高时，也可采用单塔单循环技术改造，满足排放要求。

（4）对于湿法脱硫系统设置回转式烟气换热器 GGH 的机组，可根据实际烟温情况，采用烟气冷却器与烟气再热器联合的 MGGH 方案。

三、超低排放改造管理

（1）脱硫设施改造性能测试。应安排脱硫设施改造前后的性能测试，保证脱硫设施性能数据的全面、准确。

（2）脱硫设施运行状态诊断。根据脱硫设施设计条件、性能测试数据、同类相似边界条件脱硫设施的运行状态，诊断目前脱硫设施的运行状态，挖掘脱硫设施的最大潜力。

（3）超低排放改造工程可研报告编制。超低排放改造可研报告编制应在现场性能测试结果的基础上，充分考虑近几年煤种的变化，预测未来煤种的变化趋势，对燃煤、脱硝、除尘器、脱硫、引风机、烟道阻力情况、烟囱防腐、机组检修工期等现状进行综合评估，提出最佳改造方案。

（4）可研报告审查。超低排放改造可研报告经分子公司审查后，由集团公司科研院进行审查并出具审查意见。

（5）运行维护管理。发电企业应借鉴主机组设备运行维护管理的成功经验，进一步提高脱硫设施运行维护管理水平，在满足环保达标排放的同时兼顾节能效果，要充分考虑燃用煤种和机组工况的变化，确保实现各项污染物无条件稳定达标排放。

（6）煤种管理。发电企业应统筹做好配煤掺烧工作，控制燃用煤种满足各脱硫设施的设计要求。

四、EPC 项目施工管理要求

（一）安全管理

1. 施工前的预防性管理

（1）明确反习惯性违章重点。在改造的准备工作中，需对施工安全风险进行了全面深入的辨析，充分认识到施工作业面广且分散，高风险作业多等特点；需对近年来全国火电企业环保设施改造施工中发生的事故进行梳理和总结，对高发事故类型进行了剖析，从中吸取教训，发现习惯性违章是造成事故的重要原因。

（2）把好施工队伍资质关。招标时对 EPC 总承包商的施工队伍资质提出严格要求。

（3）建立安全组织机构。要求总承包单位必须成立现场项目部，项目经理必须具有安全管理资质证书，总承包单位及其施工单位必须设立专职安全员，安全员人数必须 2 人以上，确保现场施工 24h 有安全员监管。

（4）把好施工人员资质关。施工人员入场时进行严格的资质审查，进行三级安全教育及考试合格后方可进场，特殊工种，如焊工、起重工、脚手工等必须持证上岗，其证件的复印件必须交公司备案。

（5）制定专项安全技术措施。针对一些安全风险较大的施工项目，制定专门的安全技术措施，分为两类：一类为重大安全技术措施，由施工单位编制，监理初审，电厂审核批准；另一类为一般安全技术措施，由施工单位编制，监理审核。

（6）全面安全技术交底。将安全注意事项特别是安全技术措施的要求向施工人员进行交底，施工人员在安全技术措施上签字确认，让施工人员清楚违章作业的严重后果，从而自觉地守章作业。

2. 施工过程中的安全管理

（1）施工初期从早。在施工初始阶段，施工单位可能安全意识较薄弱、管理不严格、违章作业较多，特别是高空作业安全带配系不规范、施工电源不规范、孔洞及地坑围栏不到位等，应立即进行整治。

（2）施工过程从严。施工过程中，特别是到了施工的高峰期，应保持高压管理的态势，该清退的清退，该处罚的处罚，该停工的停工，并进行处罚的曝光和通报，对所有施工队伍和人员起到警示作用。

（3）管理突出高危作业管理。针对改造施工危险性较大的起重吊装、高空作业、动火作业、防腐作业、临时用电五类项目，需引进高危作业管理的理念，从辨识、评估、安全技术措施编制及审批、现场旁站及过程管控、作业现场的安全防护措施的落实、人员行为的控制等方面控制高危作业的安全风险。特别是脱硫吸收塔和烟道的防腐期间火灾风险，应将防腐区域进行隔离，仅留一个进出口，进行专人把守，采取了人员进出登记、交出火种等措施；另外，设置防腐作业时旁站管理，在防腐施工期间杜绝交叉作业，严禁焊接等动火作业。

（二）质量管理

1. 全过程质量管理

（1）招标阶段的质量控制。在编制招标文件时，应明确设计思路与功能要求、建设标准、设备材料性能、超低排放性能指标等的要求。为保证质量，应对投标方资质、业绩进行限定。

（2）设计阶段的质量控制。应坚持工程质量是规划和设计出来的理念，严格工程设计图纸的精准性、严明工艺技术要求，对重大技术问题提出切实可靠的解决方案，避免设计原因造成返工。在设计过程中，电厂各专业人员应加强与EPC总承包商的设计人员交流，使其充分理解电厂的意图和要求。在工艺包设计、基础设计和详细设计完成后，分别组织召开设计审查会，组织对施工单位进行设计交底，为后续工程建设奠定基础。

（3）督促项目EPC总承包商科学规划设计、采购、施工三者之间的进度，在基础设计完成后，通过第一次设计联络会，明确了主要的设备选型和分包要求；加强工程各接口的协调管理，强调几个总承包商之间以及总承包商与供货商之间的高效协调，确保各接口的准确衔接。

2. 制造阶段的质量控制

（1）供货商选择过程的质量控制。建议改造中实行供货商资格预审制和长短名单审批制，预审合格后确定最终的供货商短名单，通过这些把关，从采购入口上杜绝不合格供货商的参与。

（2）制造过程的监造管理。加强督促EPC总承包商对分包设备的监造力度，除了对重要设备进行监造外，对一些关键的管配件和阀门，电厂也需派出人员进行驻厂监造。对于关键项目，电厂和监理方到工厂实地检查、监造，确保监造工产品出厂及进场的质量控制作处于受控状态。

（3）严格控制产品出厂质量，所有实施监造的产品必须由监造代表出具"监造合格同意出厂证明"后，才能接收。

（4）严格对到场设备进行开箱验收，加强到场材料施工前验收、复检工作。

3. 施工阶段的质量控制

（1）加强施工关键点的方案审核。根据工程的特点，电厂应要求总承包方有针对性地制订施工组织设计、施工质量管理办法以及施工质量管理细则，在工程实施过程中，按照管理办法和管理细则进行质量管理。按照施工部位的重要性、技术难度和风险程度等，制定施工技术方案审批等级，如脱硫吸收塔顶升方案、GGH拆除方案、吸收塔防腐施工方案等，必须经过监理单位和电厂的审批。

（2）编制实施工程质量奖罚办法。明确质量问题处罚标准和整改原则，应针对人员持证上岗、材料设备验收、试样送检、验收程序、见证点等不同种类的质量问题制定了各种考核标准。通过质量监督和考核，有效地提高了总承包方的质量管理意识，起到举一反三的作用。

（3）严格执行工程监理制度。电厂应通过公开招标，聘请工程监理，监控整个施工过程，发挥其旁站监督等作用，避免由于质量问题造成返工。

（4）施工前的审核把关。审查承包商施工组织设计，其重点是质量保证体系、安全管理体系、施工技术方案、人员机具配备、质量标准等；审查承包商及分包商资质，确认各种证件的合法性和有效性；审查施工图，确认施工图纸的有效性、完整性和正确性，坚持设计交底和施工图交底；核查施工单位的安装及试验用仪器和测量工具；严格按照工艺标准、施工图纸和施工规范的规定，对设备和材料进行检验、验收；对于焊工等特殊工种，应组织考试合格后方可进入现场作业。

（5）施工过程中的检验把关。在项目实施过程中，严格按照"先地下后地上"的施工原则，在安装施工开始前，土建及地下工程要全部结束，施工场地已经平整。

（6）严格控制工序交接质量。电厂应明确要求施工单位在自检合格的基础上，报监理单位进行质量检验，最终由电厂对关键工序交接质量进行检验，合格后要联合签证，方可进行下道工序施工。

（7）坚持隐蔽工程质量检查验收制度和技术复核制度。电厂应要求施工分包商必须按照质量控制点的要求，上报隐蔽工程材料，经各方检查确认合格后，方可隐蔽，明确土建基础等交接过程中要进行复测复量，经各方签字确认后才能正式移交。

4. 调试阶段的质量控制

（1）成立调试组织机构。应成立调试组织机构，明确电厂、监理方、总承包方、施工单位、专业设备厂家的分工和责任。由总承包方总体负责单体设备和分系统的调试；设备厂家负责专业设备的调试；施工单位配合调试操作和消缺；电厂和监理方参与调试方案的审核、监督调试工作过程、对调试结果进行验收，最终由电厂组织整组启动验收。

（2）提前开展培训。电厂应提前组织相关人员进行运行培训，熟悉各设备特点及操作流程，与厂家完成顺利交接，做到厂家离场后电厂运行人员也能顺利操作。重视维护和检修工作，提前向厂家学习、熟悉以及交接，将系统图、接线图和逻辑图定稿移交，随机备件清点入库，备齐系统投运后故障排查与消缺所需的全部资料和备件。

（3）严格调试过程管理。电厂应提前要求总包单位提交调试方案，电厂方面可制订专门的调试措施。

（4）进行静态连锁保护试验，合格后才能进行设备的单体调试，单体试转合格后才能进行系统的整体调试。安排专人进行全程跟踪，对所有的调试项目都进行参与把关。要求总承包方、施工单位、设备厂家调试人员配置充足，调试要备好足够的备品，随时处理调试过程中的缺陷。

第九章

工 程 实 例

第一节 新建脱硫工程实例

我国自 20 世纪 70 年代开始就进行烟气脱硫技术的研究和工业试验，并于 80～90 年代引进建设了一批烟气脱硫示范工程，但大型火电机组烟气脱硫技术始终未能实现自主开发与应用。大量的重复引进国外技术，导致烟气脱硫行业严重依赖国外技术支持，存在技术费用高，建设周期长等弊端，并且受到授权地与授权时间限制，容易陷入知识产权陷阱，不利于国内电力环保事业的长期健康发展。

为了满足国家社会发展的需要，亟需开发成熟的能够大规模应用的烟气脱硫关键技术，而且要求技术成熟、质高、价低、工期短，如按常规开发模式，不仅耗费大量人力、物力，而且在时间上也无法满足应用要求。在此背景下，苏源环保以 WFGD 主流工艺为基点，以中国国情为导向，按照"抓住重点、突破难点"的总体思路，对脱硫过程工艺、关键设备、系统集成及优化、工程设计及项目实施四个方面的关键技术问题进行了全面系统的研究，构建了研发、设计、工程管理三大平台，并逐步形成了具有自主知识产权的以精准优化（Optimization）、个性化（Individuation）和集成化（Integration）为特点的 OI²-WFGD 烟气脱硫核心技术，突破了国内尚未掌握大型火电机组烟气脱硫核心技术的障碍。江苏苏源环保工程股份有限公司在多年潜心研究和工程实践积累的基础上，实施了 2005 年度国家火炬计划项目及 2004 年江苏省科技成果转化专项资金项目——大型火电机组烟气脱硫核心技术 OI²-WFGD 的研发及应用，该技术填补了国内空白，达到国际先进水平。

现以江苏苏源环保工程股份有限公司总承包的太仓港环保发电有限公司烟气脱硫工程为例，对湿法石灰石—石膏烟气脱硫系统设备及运行进行说明。

太仓港环保发电有限公司共有 2×135MW、2×300MW 供热发电机组和 2×300MW、2×600MW 凝汽发电机组等 8 台燃煤机组，其中四期工程 2×600MW 超临界机组工程项目由于股权发生转让，现为国华电力公司全资控股。一、二、三期工程于 2002 年 6 月开工建设，2005 年 1 月相继建成投产，并网发电，并顺利投入商业运行。国华太仓发电有限公司2×600MW 机组工程的建设工作进展顺利，已于 2006 年 1 月全部并网发电。按照国家环保政策，8 台机组均同步投资建设湿法石灰石—石膏烟气脱硫装置，保证 SO₂ 达标排放。同时，该项目建设一套供 8 台机组脱硫系统公用并留有销售裕量、配有两套磨煤机的石灰石粉制备系统，以保证脱硫系统吸收剂的供应。

该项目采用江苏苏源环保工程股份有限公司自主开发的 OI²-WFGD 烟气脱硫核心技术，是我国第一个采用国内自主知识产权技术实施总承包建设的烟气脱硫工程。

一、脱硫系统相关设计规范

（1）脱硫设计参数基本条件见表 9-1。

表 9-1　　　　　　　　　　　脱硫设计参数基本条件

项目	单位	1、2号机组	3、4号机组	5、6号机组	7、8号机组
处理烟气量	m^3/h	2×524 785（湿）	2×1 018 404（湿）	2×1 063 740（湿）	2×1 865 687（湿）
装置入口烟气 SO_2 浓度	mg/m^3	1423（干）	1444（干）	1573（干）	1745（干）
装置入口烟气温度	℃	135.2	125.11	129	129
设计/校核煤质含硫量	%	0.644/1.1	0.644/1.1	0.7/1.1	0.7/1.1

注　装置入口烟气温度最高160℃；事故情况下最高温度300℃，持续时间小于20min。

（2）吸收剂石灰石粉参数：

$CaCO_3 \geqslant 96\%$　　　　　　$CaO > 52.5\%$

$MgO < 0.2\%$　　　　　　$SiO_2 < 1.5\%$

$S \leqslant 0.04\%$　　　　　　细度（325目 过筛率 $\leqslant 90\%$）：$\geqslant 43\mu m$

（3）设计石灰石粉消耗量见表 9-2。

表 9-2　　　　　　　　　　　设计石灰石粉消耗量

煤种	机组	耗石灰石量（t/h）	耗石灰石量（t/d）	耗石灰石量（t/a）
设计煤种 S=0.7%	1、2号机组	2.3	50.6	12 650
	3、4号机组	4.72	103.84	25 960
	5、6号机组	5.025	110.55	27 637.5
	7、8号机组	2×4.817	2×105.974	2×26 493.5
合计		21.679	477	119 235
煤种	机组	耗石灰石量（t/h）	耗石灰石量（t/d）	耗石灰石量（t/a）
校核煤种 S=1.1%	1、2号机组	4.96	109.12	27 280
	3、4号机组	10.286	226.292	56 573
	5、6号机组	8.508	187.176	46 794
	7、8号机组	2×8.562	2×188.36	2×47 091
合计		40.878	898	224 433

注　日耗量按运行22h、年耗量按照运行5500h考虑，100%负荷。

（4）脱硫运行参数保证值（在满足设计基本条件下）：

脱硫效率　　　　　　　　$\geqslant 95\%$

脱硫系统可用率　　　　　$\geqslant 98\%$

脱硫石膏纯度　　　　　　$\geqslant 90\%$

脱硫石膏含水率　　　　　$< 10\%$

脱硫石膏平均粒径　　　　$40\mu m$

CaCO₃ $CaCO_3$ $<1\%$

脱硫石膏 pH 值   6～8

残氯量 $\leqslant 0.0002mg/m^3$

脱硫系统出口烟气温度 $>80℃$（不包括 7、8 号炉）

装置出口 SO_2 含量 $<125mg/m^3$

装置出口烟尘浓度   2×135 机组$<100mg/m^3$

                                4×300 机组$<50mg/m^3$

                                2×600 机组$<50mg/m^3$

钙硫比 $\leqslant 1:1.03=1.02$

FGD 使用年限   30a

脱硫系统适应负荷变化范围25％～100％

（5）脱硫主要经济技术指标见表 9-3。

表 9-3   **脱硫主要经济技术指标**

序号	项目名称	单位	数量			
			Ⅰ期脱硫	Ⅱ期脱硫	Ⅲ期脱硫	Ⅳ期脱硫
一	年运行时间	h	5500	5500	5500	5500
二	装置利用率	%	>98	>98	>98	>98
三	装置脱硫率	%	>95	>95	>95	>95
四	Ca/S 比	Mol	<1.03	<1.03	<1.03	<1.03
五	石灰石	t/a	12 650	25 960	27 637.5	52 987
六	公用动力消耗					
1	工艺水	m³/h	142	70	112	182
2	仪用空气	m³/min			2	2
3	冷却循环水	m³/h	200	110	75/125	140/240
4	电气设备容量	kW	3787/3920	7411/289	8872	14 177
七	三废排放					
1	废气	m³/h				
2	废水	t/h			12.6	
3	石膏	t/h			26.331	
八	运输量					
1	运入量	t/a			27 637.5	52 987
2	运出量	t/h			144 820.5	
九	主装置占地面积	m²			53×120	76×171
十	装置建筑面积	m²			5225	492

注 电气设备容量1、2号炉脱硫系统后面数字为制粉电气设备容量。3、4号炉脱硫系统后面数字为脱水装置电气设备容量。

7、8 号锅炉采用一炉一塔和各自配置两台增压风机的方案，不设 GGH，锅炉来的原烟气经增压风机增压后，再会合引出，进入吸收塔进行脱硫。脱硫后的净烟气温度降低到

52.8℃，经除雾器，直接通过烟囱排放至大气。

1～4号炉及5～8号炉的烟气脱硫系统均设置一个事故浆池（罐），供系统发生故障和检修时存放石膏浆液用，事故浆液池容积分别为900、1200m³。为防止石膏浆液沉淀和腐蚀，凡存有浆液的罐、坑均设置连续运行的搅拌器，并采取防腐措施。

为减少二次污染，对5、6号炉和7、8号炉烟气脱硫系统进行了改进，增加了一个容积为25m³的塔区排水池，用来收集塔区正常运行、清洗和检修中产生的排出物、收集FGD装置的冲洗水和废水，水集满后经由安装在池顶的排水泵输送到吸收塔和事故浆液池，为防止坑内浆液中固体颗粒沉积，池顶也安装了搅拌器。这样整个脱硫系统只有少量地坪冲洗水排出，这部分废水偏酸性，被送入工厂污水处理站处理达标后排放。

二、主要设备技术规范

(1) 增压风机技术数据见表9-4。

表9-4 增 压 风 机 技 术 数 据

项目	单位	数值			
		1、2号炉	3、4号炉	5、6号炉	7、8号炉
风机型式		轴流动叶可调	轴流动叶可调	轴流动叶可调	轴流动叶可调
数量	台	1	各1台	各1台	各2台
风量	m³/s	491.30	443.07～499.7	443.07～499.7	419.7
风压	Pa	3848	4320～3600	4520～3600	2820
出口烟压	Pa	500			
入口烟温	℃	135.2	145.1～135.1	135.1	125.1
转速	r/min	735	735	735	735
轴承型式		滚动	滚动	滚动	滚动
润滑方式		压力油润滑	压力油润滑	压力油润滑	压力油润滑
轴功率	kW	2134	2445		
风机效率	%	87.42	86.99	87.42	
制造商		上海鼓风机厂	上海鼓风机厂	上海鼓风机厂	上海鼓风机厂
电动机型式		空空冷	空空冷	空空冷	
数量	台	1	各1台	各1台	
功率	kW	2250	2600	2600	
额定电压	kV	6	6	6	6
额定电流	A	260	300	300	
额定转速	r/min	746	745	745	
绝缘等级		F		F	
制造商		上海电机厂	上海电机厂	上海电机厂	
电动机质量	kg	17 600	17 600	17 600	
总重量	kg	55 000	55 000	55 000	55 000
安装位置		烟囱北侧	烟囱北侧	烟囱东侧	

（2）1～6 号机组脱硫系统原烟气/净烟气/旁路烟道挡板门技术数据见表 9-5。

表 9-5　　　　　1～6 号机组脱硫系统原烟气/净烟气/旁路烟道挡板门技术数据

项目	单位	旁路挡板	原烟气挡板	净烟气挡板
型式		双密封单板门	空气密封双挡板门	单挡板门
漏风率	%	0	0	0
设计压力	MPa	2	2	2
设计温度	℃			
压降	Pa	＜50	＜50	＜50
开启时间	s	最快 5/90°	55	50
关闭时间	s	78/90°	55	50
框架		净气侧 1.4529 原气侧 Q235A	碳钢	DIN1.4529
轴		DIN1.4529	♯35	DIN1.4529
叶片		碳钢衬 1.4529	DIN1.4529	碳钢衬 1.4529
密封材料		Alloy276	Alloy276	Alloy276
制造商		无锡市华东电力设备有限公司		

（3）气—气热交换器（GGH）技术数据见表 9-6。

表 9-6　　　　　　　　气—气热交换器（GGH）技术数据

项目	单位	数　值			
		1、2 号炉	3、4 号炉	5、6 号炉	7、8 号炉
型式		回转再生式	回转再生式	回转再生式	无 GGH
数量	台	1	1	1	
泄漏率	%	＜1	＜1	＜1	
转子直径	mm	10560	15520	15520	
加热面积	m²	10586	28863	28863	
原烟气侧进口温度	℃	135.2	125.1	125.1	
原烟气侧出口温度	℃	101	89.3	89.3	
净烟气侧进口温度	℃	47.22	45.53	45.53	
净烟气侧出口温度	℃	80	80	80	52.8
加热元件		脱碳钢镀搪瓷	脱碳钢镀搪瓷	脱碳钢镀搪瓷	
加热元件钢片厚度	mm	0.75	0.75	0.75	
加热元件搪瓷镀层厚度	mm	0.4	0.4	0.4	
总质量	t	139	298	298	
制造商		豪顿华工程有限公司	豪顿华工程有限公司	豪顿华工程有限公司	

（4）GGH 吹扫器及清洗装置技术数据见表 9-7。

表 9 - 7　　　　　　　　GGH 吹扫器及清洗装置技术数据

项目	单位	1、2 号炉		3、4 号炉		5、6 号炉		7、8 号炉	
吹扫清洗介质		压缩空气	工业水	压缩空气	工业水	压缩空气	工业水	压缩空气	工业水
工作压力	MPa	0.65	0.5	0.65	0.5	0.65	0.5	无	无
吹扫介质耗量	m³/h		39.6		39.6				
数量	组	1		2		2			
吹扫时间	min	43		155		155			
喷嘴数量	只	6		6		6			
型式		在线	离线	在线	离线	在线	离线		
安装位置		GGH 冷端		GGH 冷热端各 1 台					
伸缩长度	mm	3830		6019		6019			
电动机功率	kW	0.55		0.55		0.55			
制造商		Ciyde Bergemann							
安装位置		GGH 冷端		GGH 冷热端各 1 台					

（5）吸收塔技术数据见表 9 - 8。

表 9 - 8　　　　　　　　吸 收 塔 技 术 数 据

项目	单位	数　值			
		1、2 号炉	3、4 号炉	5、6 号炉	7、8 号炉
（1）吸收塔					
型式		圆柱	圆柱	圆柱	圆柱
数量	座	1	1	1	2
入口烟气流量	m³/h	1 377 837 湿设计工况	2 853 435 湿设计工况	2 853 435 湿设计工况	2 779 009 湿设计工况
出口烟气流量	m³/h	1 252 640 湿设计工况	2 585 758 湿设计工况	2 585 758 湿设计工况	2 363 809 湿设计工况
Ca/S		1.03	1.03	1.03	1.03
筒体设计进口温度	℃	101	89.3	89.3	125.1
筒体设计出口温度	℃	46.7	45.53	45.53	52.8
吸收塔直径	mm	11 000	16 000	16 000	16 000
吸收塔浆池直径	mm	12 000	16 000	16 000	16 000
吸收塔高度	m	40.13	39.6	39.6	39.6
吸收塔容积	m³	1130	2271	2271	2271
液气比	L/m³	14	16	16	16
浆液循环时间	min	4	4	4	4
浆液含固量（正常）	%	20	20	20	20

项目	单位	数　值			
		1、2号炉	3、4号炉	5、6号炉	7、8号炉
吸收塔浆液高度	m	9.63/10（正常/最高）	11.3	11.3	11.8
吸收塔设计压力	Pa	−1000/4000	−2000/5000	−2000/5000	−2000/5000
吸收塔工作温度	℃	50/(40/180)正常/最低/最高	50/(40/180)正常/最低/最高	50/(40/180)正常/最低/最高	48/(40/180)正常/最低/最高
（2）浆池					
浆池设计压力		浆液自重压力	浆液自重压力	浆液自重压力	浆液自重压力
浆池设计温度	℃	60	60	60	60
防腐内衬		鳞状玻璃	鳞状玻璃	鳞状玻璃	鳞状玻璃
外形尺寸	m	11*12	16	$\phi16\times39.13$	$\phi16\times36.23$
吸收剂容量	m³	1130	2271	2371	2371
吸收剂含量	%	20	20	20	20
氯含量	ppm (10^{-6})	20 000	20 000	60 000	60 000
（3）喷淋管道					
喷淋管型式		单管制	单管制	枝状	枝状
喷淋管数量	层	4	4	4	4
喷淋管材质		玻璃钢FRP	玻璃钢FRP	玻璃钢FRP	玻璃钢FRP
喷淋喷嘴型式		螺旋	螺旋	螺旋	螺旋
喷嘴数量	只	192	420	420	432
喷嘴材质		陶器	碳化硅	碳化硅	碳化硅
工作压力	MPa	0.05	0.05	0.05	0.05
喷淋角度（单位℃）		80/100/120	80/100/120	80/100/120	80/100/120
（4）氧化装置					
氧化装置数量	组	4	4	4	4

（6）吸收塔循环泵技术数据见表9-9。

表9-9　　　　　　　　　　吸收塔循环泵技术数据

项目	单位	数　值			
		1、2号炉	3、4号炉	5、6号炉	7、8号炉
型式		离心式	离心式	TY-GSI-SY70258 离心式	离心式
数量	台	4	4	4	
流量	m³/h	4×4896	4×10 710	4×10 710	
出口压头	m	22/24.5/27/29.5	24/26.5/29/31.5	23.5/26/28.5/31	

项目	单位	数　　　值			
		1、2号炉	3、4号炉	5、6号炉	7、8号炉
浆液浓度	%	22/20/15/45 （最大/设计/最小/停机）			
浆液密度	kg/m³	1150/1130/1103/1350 （最大/设计/最小/停机）			
浆液温度	℃	48/47/43.5/55 （最大/设计/最小/停机）			
泵效率	%	885/85.5/85/55	88/88/87.5/87.5	88/88/87.5/87.5	
轴功率	kW	400/500/560/630	1000/1120/1250/1400	1000/1120/1250/1400	
转速	r/min	550/575/600/620	450/465/485/495	450/465/485/495	
驱动方法		电动机驱动	电动机驱动	电动机驱动	
制造商		石家庄泵业 集团有限公司	石家庄泵业 集团有限公司		
电动机型式		全封闭风扇冷却	YKK560-3-6	YKK5004-4/ YKK5601-4/ YKK5602-4/ YKK5602-4	
功率	kW	400/500/ 560/630	1120/1120/ 1250/1400	1120/1250/ 1400/1400	
电压	kV	6	6	6	
电流	A	55.4/61.5/ 68.2/76.4	133.2/133.2/ 146.8/164.2	130.3/143.5 /160.6/160.6	
制造商		南阳防爆集团 有限公司	西安电机厂	湘潭电机股份 有限公司	
安装位置		一期电气楼底室内	二期吸收塔右侧室外	三期电气楼底室内	

实践表明，采用江苏苏源环保工程股份有限公司自主开发的 OI²-WFGD 技术总承包建设的太仓港环保发电有限公司一、二、三期机组和国华太仓发电有限公司 2×600MW 机组烟气脱硫装置一次投运合格率达 100%，脱硫效率大于 95%，CaS 小于 1.03，石膏纯度大于 90%，运行状况良好，各项指标均达到或超过国际先进水平，同时大幅降低了投资和运行费用，缩短了建设周期。该技术具有如下几方面的特点：

（1）成功研制出了吸收塔浆液循环泵、FRP 喷淋管、浆液喷嘴、侧进式搅拌器等脱硫核心设备并应用于实际工程，替代进口产品，促进了国内相关制造业的发展。

（2）建立了包含所有速率控制步骤的烟气脱硫过程化学模型、物料及热量平衡计算模型以及脱硫剂活性及其强化途径的实验方法，其计算值与实际测试数据相当吻合。

（3）创立了以数值模拟、实验测量和工程回归相结合的大型工艺平台开发模式，突破了

"设计—台试—小试—中试—工程应用"的传统模式以及因次分析、相似理论等的限制，成功解决了脱硫多相反应器的设计放大问题，超越了大型过程工艺开发大型化难、周期长、成熟慢、一次设计达标精度低等老难题，避免了旷日持久和费用高昂的逐级开发过程，并实现了研究成果工程化的一次达标，对其他类似开发具有较好的借鉴性。

（4）填补了我国烟气脱硫领域自主核心技术空白，打破了国外技术的垄断，大大降低了火电机组脱硫的投资和运行费用，拓展了我国自由烟气脱硫技术的市场份额。有利于 SO_2 减排和总量控制，脱硫石膏可以回收进行综合利用。

目前，利用 OI^2-WFGD 技术实施的 EPC（交钥匙）脱硫工程逾 13 项，总装机容量超过 7885MW，投产的 OI^2 成套装置一次投运成功率达 100%，脱硫效率均大于 95%，CaS 小于 1.03，石膏纯度大于 90%，各项指标先进，运行情况良好。

具有自主知识产权的核心工艺包 OI^2-WFGD 的成功开发及应用，彻底打破了我国在大型火电厂脱硫领域缺乏自主核心技术的历史，有效降低脱硫装置总投资的 15%～20%。针对国情实施工艺创新研发获得国家多项专利，形成了自主知识产权专利群，突破了国外技术壁垒，实现了技术的可升级性，对促进行业的进步起了重要的作用。

先进、成熟、经济的具有自主知识产权的核心工艺包 OI^2-WFGD 的成功开发及应用，突破了国外公司的技术壁垒，大幅度压低了国外技术的要价，实现了关键技术的可升级性，提高了对国情的适应能力，并促进了国内相关环保技术研究水平的提高和设备制造产业的发展。同时，该技术符合国家可持续发展的国策，对我国循环经济的发展有着良好的推动作用。

第二节 脱硫系统超低排放工程实例

随着新环保政策的落实，对脱硫效率的要求也大幅提升，表 9-10 为不同入口 SO_2 浓度情况下脱硫效率的比较。

表 9-10　　　　　　　　不同入口 SO_2 浓度情况下脱硫效率比较

入口 SO_2 浓度 (mg/m³)	脱硫效率 (出口 $SO_2 \leq 100mg/m^3$, %)	脱硫效率 (出口 $SO_2 \leq 50mg/m^3$, %)	脱硫效率 (出口 $SO_2 \leq 35mg/m^3$, %)
1000	90	95	96.5
2000	95	97.5	98.25
3000	96.7	98.3	98.83
4000	97.5	98.75	99.13
5000	98	99	99.3

考虑到我国火电厂脱硫入口烟气中 SO_2 的浓度普遍都在 5000mg/m³ 以下，大部分在 5000mg/m³ 以下，98% 的脱硫效率已可满足绝大部分脱硫装置原有排放标准的要求。但重点地区是要求 35mg/m³ 的排放要求，为实现 99%，甚至更高的脱硫效率，将大气排放中 SO_2 浓度降低至 35mg/m³ 的超低排放改造工作已经有不少电厂开始实施，本书选取了扬州第二发电有限责任公司 1 号机组脱硫超低排放改造的案例介绍超低排放改造。

一、项目概况

扬州第二发电有限责任公司 1、2 号机组（2×630MW）原配套脱硫工程，采用石灰石—石膏湿法、一炉一塔脱硫装置。原脱硫装置设计煤种按照烟气量 574m³/s（湿基）、FGD 入口 SO_2 含量 1444.78mg/m³（干基，6%O_2），SO_2 脱除率不低于 95%设计，脱硫装置出口 SO_2 浓度不超过 200mg/m³（干基，6%O_2）。

自 1、2 号机组烟气脱硫装置投产以来，取得了良好的环境效益和社会效益。但是，随着国家环保要求的提高，现有的脱硫装置已无法满足日益严格的环保排放标准要求，故扬州第二发电有限责任公司委托福建龙净环保股份有限公司对原有的脱硫系统进行增容改造。

改造要求：通过脱硫改造能够在煤质硫分 1.2%（SO_2 浓度 2890mg/m³，干基，6%O_2）条件下，满足 FGD 出口 SO_2 浓度不超过 34mg/m³（干基，6%O_2），脱硫效率不小于 98.85%，装置可用率不小于 98%（应与主机相同，以机组年利用小时 6500h 计算）。

脱硫改造工程要体现安全性、可靠性、经济性、先进性等。同时，需遵从国家环保政策的要求，满足日益严格的环保排放标准，进一步减少 SO_2 排放总量，坚持科学发展观，实现可持续发展战略，更好地为公司的发展和当地的环境保护贡献力量。

二、系统主要设计参数

1. 主要设计参数

(1) 脱硫入口烟气量 2 330 000m³/h（标况，湿基，实际氧量）；

(2) 脱硫入口烟气温度正常值 95℃，最高连续运行烟气温度 180℃；

(3) 脱硫入口 SO_2 浓度 2890mg/m³（标干，6%O_2）；

(4) 出口 SO_2 浓度≤34mg/m³（标干，6%O_2）；

(5) 脱硫效率≥98.85%；

(6) 脱硫装置可用率为 98%；

(7) 设计寿命 30a。

2. 设备清单（见表 9-11）

表 9-11 设 备 清 单

序号	设备名称	规 格	单位	数量
一	工艺部分			
1	烟气系统			
1.1	原烟道膨胀节	非金属，10 700×4700L＝350	套	1
1.2	净烟道膨胀节	非金属，8000×6000L＝350	套	1
2	SO_2 吸收系统			
2.1	吸收塔系统			
2.1.1	吸收塔			
2.1.1.1	吸收塔壳体、吸收塔楼梯、平台、栏杆、保温固定的金属件、基础预埋件等	喷淋塔，φ15.2m×37.8m；壳体材料：碳钢＋鳞片	套	1
2.1.1.2	喷淋层	φ15.2m；主管材质（双主管 DN800）FRP/碳钢衬胶（单主管 DN1000）；支管材料：FRP	层	2
	原有喷淋层	φ15.2m；主管材质（双主管 DN800），FRP，支管材料：FRP	层	3

序号	设备名称	规　格	单位	数量
2.1.1.3	喷淋层喷嘴	喷嘴角度90°；喷嘴型式：空心锥形；喷嘴流量：61m³/h；材质：SiC	个	670
2.1.1.4	内件支吊架与紧固件		套	1
2.1.1.5	除雾器及冲洗系统	φ15.2m，两级屋脊式＋一级管式	套	1
2.1.2	吸收塔搅拌装置			
2.1.2.1	吸收塔射流泵	流量：1660m³/h，扬程：24.5m	台	2
2.1.2.2	射流管架	直径：15.2m，FRP	套	1
2.1.2.3	射流泵管路喷嘴	流量：150m³/h	个	11
2.1.2.4	原有吸收塔搅拌器	侧进式，电动机功率22kW	个	4
2.1.2.5	吸收塔射流泵电动机	电动机功率200kW	台	2
2.1.3	氧化风机	罗茨式；$Q=14\,850$m³/h，$H=82$kPa	台	2
	氧化风机电动机	电动机功率：500kW	台	2
2.1.4	原有氧化风机	罗茨式；$Q=5100$m³/h，$H=120$kPa	台	2
	原有氧化风机电动机	电动机功率：315kW	台	2
2.1.5	塔内氧化空气管道	材质1.4529，DN200	套	1
2.1.6	原有氧化空管道	材质317LMN，DN150	套	1
2.1.7	氧化空气饱和喷嘴	流量0.7m³/h	个	8
2.2	吸收塔循环泵系统			
2.2.1	吸收塔循环泵			
2.2.1.1	原有吸收塔循环泵	流量：8160m³/h，扬程：22.4/24.4/26.4m	台	3
	原有吸收塔循环泵电动机	电动机功率：820/880/940kW	台	
2.2.1.2	新增吸收塔循环泵	流量：8160m³/h，扬程：24.50/26.50m	台	2
	新增吸收塔循环泵电动机	电动机功率：900/1000kW	台	2
2.2.2	吸收塔排浆泵			
2.2.2.1	吸收塔排浆泵及电动机	流量：145m³/h，扬程：39.1m；电动机功率：55kW	台	2
2.2.2.2	原有吸收塔排浆泵及电动机	流量：70m³/h，扬程：50m；电动机功率：20kW	台	2
2.3	吸收塔托盘			
2.3.1	原有吸收塔托盘	2205	套	1
2.3.2	多孔分布器	2205	套	1
2.4	事故喷淋系统		套	1
3	石膏脱水系统			
3.1	新石膏旋流站	处理量：145m³/h	台	2
3.2	原有石膏旋流站	处理量：47m³/h	台	2

序号	设备名称	规　格	单位	数量
3.3	新浆液返回泵（回流水泵）	流量：220m³/h，扬程：22m；电动机功率：37kW	台	2
3.4	原有浆液返回泵（回流水泵）	流量：110m³/h，扬程：35m；电动机功率：26kW	台	1
3.5	原有浆液返回泵（回流水泵）	流量：110m³/h，扬程：35m；电动机功率：26kW	台	2
4	石灰石浆液制备系统			
4.1	新增石灰石浆液箱 C	ϕ7000×7200，材质：碳钢衬鳞片	台	1
4.2	新增石灰石浆液箱 C 搅拌器	顶进式；材质：碳钢衬胶，功率 18.5kW	台	1
4.3	新增石灰石浆液箱 C 供浆泵	流量：50m³/h；扬程：45m；电动机功率 30kW	台	4
5	工艺水处理系统			
5.1	工艺水箱	V=230m³；材质：碳钢	台	1
5.2	工艺水泵	流量：80m³/h，扬程：60m；电动机功率 26kW	台	2
5.3	新除雾器冲洗水泵	流量：150m³/h，扬程：69.5m；电动机功率 55kW	台	3
5.4	原除雾器冲洗水泵	流量：150m³/h，扬程：60m；电动机功率 50kW	台	3
5.5	澄清池	V=40m³；材质：碳钢衬胶	台	1
6	压缩空气系统		套	1
6.1	仪用储气罐（无）			
7	检修起吊设备			
7.1	浆液循环泵电动单梁悬挂起重机	起吊荷载：5t，起吊高度：8m	台	1
7.2	氧化风机检修电动葫芦	起吊荷载：5t，起吊高度：6m	台	1
7.3	氧化风机检修电动葫芦	起吊荷载：10t，起吊高度：6m	台	1
8	防腐			
8.1	碳钢鳞片防腐	2mm 玻璃鳞片	m²	1420
		4mm 玻璃鳞片	m²	580
8.2	吸收塔壁板耐磨防护	得复康 11 490 大颗粒耐磨防护剂，厚度不小于 6mm	m²	239
8.3	吸收塔喷淋层支撑梁防磨处理	316L 金属包箍包覆，4mm	m²	175
8.4	FRP 防腐	FRP＋导电层	m²	20
9	保温、油漆			
9.1	保温岩棉	岩棉	m³	160

序号	设备名称	规　格	单位	数量
9.2	保温外护板	1.0mm	m²	3200
9.3	油漆		t	1
10	其他			
10.1	检修起吊钢结构		t	4
11	附属管道和辅助设施			
11.1	碳钢管道		t	12
11.2	衬胶管道		t	103
11.3	不锈钢管道		t	1
11.4	拆除原管道		t	40
12	阀门			
12.1	国产阀门		套	1
12.2	拆除原阀门		套	1
13	泥水分离池系统			
13.1	立式泥浆泵（带就地控制箱）	流量 60m³/h，扬程 15m，电动机功率：11kW	台	2
二	中压系统			
1	10kV 电源开关柜改造（主厂房 10kV 段）		面	2
2	3kV 开关柜改造（原脱硫 3kV 段）		面	2
3	箱式变压器	10.5kV/3.15kV，Y/yn-11 接线方式，容量 4000kVA、户外型、箱式、环氧浇注降压变压器	套	2
4	新增 3kV 进线开关柜	ZS1，7.2kV	面	2
5	新增 3kV 馈线开关柜	ZS1，7.2kV	面	12
6	新增 3kVPT 柜	ZS1，7.2kV	面	2
三	0.4kV 系统			
1	♯1 脱硫 MCC 开关柜整套更换	包括 1 套进线柜，6 套 MCC 负载柜	套	1
2	低压馈线回路利旧改造		套	按需
四	电动机			
五	UPS 系统（无）			
六	直流系统（无）			
七	电缆			
1	高压电力电缆	ZRC-YJV22-10/10kV-3×150 含电缆线鼻子等附件	km	0.4
		ZRC-YJV22-6/6kV-3×150 含电缆线鼻子等附件	km	1.2

序号	设备名称	规 格	单位	数量
2	低压电力电缆	ZRC-YJV22-0.6/1.0kV-3×70 含电缆线鼻子等附件	km	0.4
		ZRC-YJV22-0.6/1.0kV-3×50+1×25 含电缆线鼻子等附件	km	0.3
		ZRC-YJV22-0.6/1.0kV-3×35 含电缆线鼻子等附件	km	1.7
		ZRC-YJV22-0.6/1.0kV-4×16 及以下含电缆线鼻子等附件	km	2.1
3	控制电缆	ZRC-KVVP-0.45/0.75	km	6
4	计算机电缆	ZRC-DJYPVP-0.3kV	km	1.9
八	电缆桥架及支架			
1	电缆桥架及附件	铝合金材质材料	t	4
2	电缆支架及附件	钢质热浸镀锌材料	t	3.5
3	金属软管	D25-D80，附：卡簧式系列接头（1m/根）	km	0.2
4	水煤气管	钢质热镀锌 DN25-DN100	km	0.8
九	照明、检修及暖通			
1	照明配电箱		套	1
2	检修配电箱		套	2
3	安全变压器配电箱		套	2
4	荧光灯		套	10
5	防水防尘金卤灯		套	30
6	应急灯具	带蓄电池	套	5
7	安装材料	开关、插座、电线、保护管等	套	1
十	检修起吊设施			
1	安全滑触线	DHG 型，$I=80A$，三相 5 线制，5 极导轨。附：集电器、供电器、悬吊夹、导轨连接器等全套附件	m	40
2	安装角钢	L40×40，热镀锌角钢	m	20
3	铁壳开关	80A（带防护外壳）	个	2
十一	防火封堵			
1	防火封堵材料		套	1
十二	防雷接地			
1	主接地网	185mm 铜质接地线	m	150
十三	通信			
十四	其他			

序号	设备名称	规　　格	单位	数量
1	安装材料		t	3
2	就地事故按钮		个	4
3	配电箱		套	1
4	电缆转接箱		套	2
十五	仪控部分			
1	脱硫控制系统 DCS		套	1
	操作员站	Unix 系统，Ultra45（含整套软件）	台	1
	工程师站	Unix 系统，Ultra45（含整套软件）	台	1
	OPC 站	WINDOWS 系统，DELL9010	台	1
2	CEMS 系统		套	2
	采样管线		m	150
3	仪表			
	隔膜压力表		台	12
	热电阻		只	4
	压力变送器		台	8
	质量流量计		台	2
	电磁流量计		台	3
	密度计		台	1
	pH 计		台	2
4	执行机构			
	开关型电动执行机构		个	
	开关型气动执行机构		个	
	调节型气动执行机构		个	
5	就地盘柜			
	1 号 FGD 气动门控制柜		面	1
	2 号 FGD 气动门控制柜		面	1
	380V 电源柜		面	1
	电磁阀箱	1200mm（高）×800mm（宽）×300mm（深）	面	3
6	电缆			
	计算机电缆	ZR-DJYPVP-1×2×1.0	km	2.5
		ZR-DJYPVP-2×2×1.0	km	1
		ZR-DJYPVP-1×3×1.0	km	2
		ZR-DJYPVP-3×3×1.0	km	2.5
	控制电缆	ZR-KVVP-4×1.5	km	15
	控制电缆	ZR-KVVP-7×1.5	km	0.5

续表

序号	设备名称	规格	单位	数量
6	供电电缆	ZR-KVV-4×1.5	km	2
7	安装材料			
	电缆桥架	300×100	m	150
	电缆槽盒	200×100	m	150
	不锈钢管	$\phi14$	m	2000
	不锈钢管	$\phi108$	m	15
	安装用钢材		吨	1
	法兰	DN100	套	30
	仪表阀门	不锈钢	只	20
	镀锌钢管		m	900
	金属软管		m	85
8	工业电视			
9	火灾报警		套	1
十六	改造部分利旧仪表			
1	原烟气 CEMS 仪表全套		套	1
2	净烟气 CEMS 仪表全套		套	1
3	循环泵 1A 出口隔膜压力表		台	1
4	循环泵 1B 出口隔膜压力表		台	1
5	循环泵 1C 出口隔膜压力表		台	1
6	排浆泵出口压力变送器		台	1
7	除雾器冲洗水泵 A1 出口压力表		台	1
8	除雾器冲洗水泵 A2 出口压力表		台	1
9	除雾器冲洗水泵 A3 出口压力表		台	1
10	浆液返回泵 C 出口隔膜压力表		台	1
11	石膏旋流站 1 隔膜压力表		台	1
12	石膏旋流站 2 隔膜压力表		台	1
13	石膏旋流站 1 压力变送器		台	1
14	石膏旋流站 2 压力变送器		台	1
十七	暖通部分			
1	玻璃钢轴流风机	T35-11 No4.0 型 $n=1450r/min$, $L=3163m^3/h$, $H=86Pa$, $P=0.15kW$, $U=380V$	台	2
2	分体落地式空调器	KFR-120LW $Q_l=12kW$, $Q_r=13kW$, $P=6.8kW$, $U=380V$	台	2
3	防雨百叶窗	1000×500	台	1

序号	设备名称	规　格	单位	数量
十八	消防部分			
1	手提式磷酸铵盐干粉灭火器	MFZ/ABC4	个	2
2	灭火器箱	XMD-2-2	个	1
3	火灾报警传感器		台套	1

三、核心改造技术

(一) 单塔双区实现技术

原系统采用的石灰石—石膏湿法脱硫装置是单塔单区方式,主要特点是将早期脱硫分别用于吸收和氧化的"塔+罐"型式合并为单个塔,将原吸收塔和氧化罐浆液部分合并为塔下部的浆池。浆池内 pH 值各处一致,形成"单塔单区"结构。虽然脱硫系统得到简化,但单塔单区存在着明显的问题:为兼顾吸收和氧化的效果,浆液 pH 值只能采用 5~5.5 的折中值。这种结果虽能一定程度上兼顾酸碱度要求,但均离最佳值较远。从吸收角度而言,脱硫效率受限,本工程 98.85% 的高脱硫效率难以稳定实现;而从氧化角度来看,则是牺牲掉一部分石膏纯度和粒径,易产生石膏纯度低与脱水困难等问题。

因此,项目改造的一项重要内容就是将吸收塔改造为"单塔双区"结构。采用的核心技术是通过设置分区隔离器以及采用射流搅拌系统。首先,将工程原有吸收塔浆池部分抬高5.5m,一是扩大浆池容积,满足浆液停留时间要求;二是增设分区调节器和射流搅拌系统。改造后吸收塔浆池外形如图 9-1 所示。

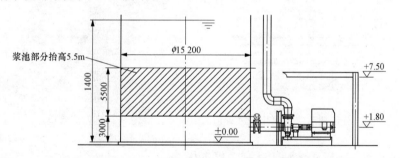

浆池部分抬高5.5m
φ15 200
+7.50
1400
5500
3000
+1.80
±0.00

图 9-1　改造后吸收塔浆池立面图

采用石灰石作为脱硫吸收剂的脱硫过程中,有烟气中的 SO_2 吸收和 $CaSO_3$ 的氧化结晶过程,在吸收过程中,需要与酸性气体充分反应,因此浆液 pH 值应较高(8~9),而在氧化结晶过程中,需要较强的酸性环境,pH 值应较低(4~5)。针对此,龙净环保在浆池区设置了分区调节器,分区调节器处同时设置供氧管系统,在调节器上部,浆液主要为刚完成吸收反应后自由掉落的喷淋液,溶解有相当量的 SO_2,浆液呈现较强酸性,pH 可达 4.5~6,浆液中 SO_3^{2-} 可以在该区域内在供氧管供氧情况下氧化生成 SO_4^{2-},并立即与溶液中大量存在的 Ca^{2+} 结合生成 $CaSO_4$,同时也可以实现 $CaSO_4$ 与水结晶生成石膏的反应,并立即将石膏外排。而在调节器下部,为新加入的石灰石浆液,为了避免其对调节器上部浆液 pH 的影响,采用了射流搅拌系统。当液体从管道末端喷嘴中冲出时产生射流,依靠该射流作用可以搅拌起塔底固体物，进而防止产生沉淀。新加入的吸收剂在短时间内，高 pH 的情况下，进入循环泵，通过喷淋层喷出进行 SO_2 吸收。因此通过分区调节器的设置和射流搅拌系统的辅助，整个吸收塔内呈现 2 个 pH 区域，调节器下部以及喷淋系统喷出的吸收浆液保持在高 pH 值 6.1 左右，而调节器上部为吸收 SO_2 后呈现的低 pH 区域 5.3 左右，能迅速氧化结晶。通过分区，SO_2 的氧化和吸收都在各自更适合的 pH 范围进行，吸收塔的吸收能力最大可有 6 倍的提升。双区浆池立面图如图 9-2 所示，分区调节器及氧化空气管道和射流管道分别如图 9-3 和图 9-4 所示。

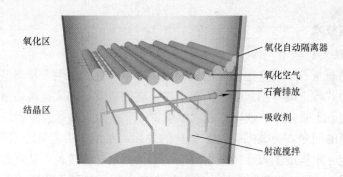

图 9-2　双区浆池立面图

　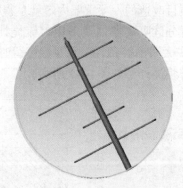

图 9-3　分区调节器及氧化空气管道　　　　图 9-4　射流管道

通过技术改造，单塔双区技术体现了以下优点：

（1）适合高含硫或高脱硫效率场合，可实现 98.85% 以上的高脱硫效率。

（2）浆池 pH 分区，实现"双区"，其中：上部氧化区 pH 为 4.9～5.5 生成高纯石膏；下部吸收区 pH 5.3～6.1 高效脱除 SO_2。

（3）全烟气均采用高 pH 值浆液进行脱硫吸收，有利于保证高脱硫效率，吸收剂的利用率高；所有石膏结晶均在同一塔低 pH 值区进行，有利于氧化，石膏纯度最高。

（4）配套专有射流搅拌措施，吸收塔内无任何转动部件，且搅拌更加均匀，脱硫系统停机后可以很顺利地重新启动。

（5）无任何塔外循环吸收装置或串联塔，可节约大量投资。

（6）脱硫系统运行阻力低，比塔＋罐或串联塔低 150～600Pa。

（7）无需设置塔外罐（塔）及其配套设施，本工程可节省电耗约 230kWh/h。

（8）无需设置塔外罐（塔），本工程节约占地面积 500m² 以上。

（9）系统简单，检修方便，运行维护费用低。

（二）循环浆液总量优化和烟气流速优化

吸收塔内 SO_2 的去除率主要是由吸收塔内循环浆液量（L）同烟气流量（G）的比值、浆液 pH 值和原烟气 SO_2 的浓度决定的。其中浆液循环量是影响脱硫效率的重要参数，是实现高脱硫效率的基础。

工程需达到 98.85% 的高效脱硫，经循环量计算后，共需设置 5 层喷淋层，吸收塔外部新增 2 台浆液循环泵及管道，循环总量达到 54 500m³/h，系统安全裕量在 60% 左右，明显高于常规 40% 的水平，这是高脱硫效率的直接保证与前提。

在其他条件如烟气量、烟气温度、烟气成分和吸收塔内喷淋层布置均不变的条件下，烟气中的 SO_2 吸收时间与空塔流速成反比，即吸收塔直径越大，空塔流速越低，SO_2 吸收时间越长，脱硫效果越好，但吸收塔直径的增加会直接导致造价升高、占地加大。

工程是在原有吸收塔的基础上，进行利旧改造，经计算空塔流速为 4.51m/s，基本满足高效脱硫的流速要求。

（三）塔内喷淋区域优化配置设计技术

单塔要实现高脱硫效率，塔内喷淋区域的浆液覆盖率和雾滴粒径是关键因素。工程对喷淋层数量、喷嘴选型和浆液覆盖率等进行了优化配置设计，采取了一系列优化措施：

（1）喷淋层数量优化，更换原有 3 层喷淋层及喷嘴，新增 2 层喷淋；采用 5 层喷淋层，通过 5 层喷淋覆盖叠加，每层喷淋覆盖率达到 250% 以上，其布置分别如图 9-5、图 9-6 所示。

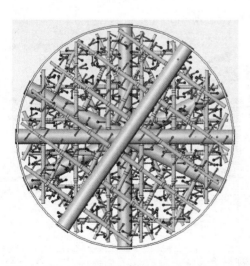

图 9-5 五层喷淋层布置示意图

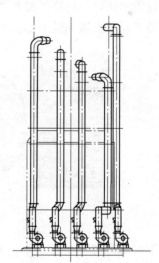

图 9-6 五台循环泵布置示意图

（2）喷嘴流量及覆盖率优化，在单层循环流量（6850m³/h）确定的情况下，适当降低单个喷嘴流量至 67.15m³/h，提升整体覆盖率 11.7%，满足工程高效脱硫的要求。

（3）喷嘴背压、浆液喷淋粒径优化，在合理范围内，适当提高了喷嘴背压，喷淋雾化粒径降低 7% 以上，以提高气体和粉尘的捕捉及脱除效果，以较小能耗增加代价换取较好的效果。

(4) 喷嘴布置优化，根据气流流动规律，设置吸收塔中心区域喷嘴布置密度高于外围，从中心向四周呈现逐渐降低趋势，以保证喷淋效果和流场均匀。

(5) 喷嘴选型优化，根据各个区域气流和喷淋浆液相互作用机理的不同，以及对喷淋效果要求的区别，喷嘴型式可采用大角度中空锥形、常规角中空锥形、常规角实心锥形、单向或双向等不同类型喷嘴的组合，工程中针对顶层喷淋层、喷淋中心区域和塔壁四周不同气体和喷淋液相互作用机理的不同，分别选取了大角度中空锥形、常规角中空锥形、常规角实心锥形、单向或双向等不同类型喷嘴的组合，增强覆盖效果、减轻塔壁冲刷，提高塔壁处浆液利用率 30%以上。

(四) 烟气分布功能环和流场优化技术

为防止烟气在塔壁处"短路"而降低脱硫效率，某环保公司采用自有专利技术，在喷淋层之间适当位置（位置根据流场分析结果设置）设置提效环，防止烟气短路，使其向中心区域流动，实现了流场的优化，有效防止脱硫效率无谓降低，保证高脱硫效率。

同时，龙净环保通过 CFD 模拟技术对脱硫吸收塔进行模拟分析，以实现吸收塔内流场均布的效果。塔内流场均匀性指标由速度离散偏差 C_v 值来表示，本工程塔内流场 C_v 值应不小于 0.2。通过模拟，项目采用了以下措施实现流场均布优化：

(1) 原 3 层喷淋层管和喷嘴全部更换，并在原 A 层（顶层）上部增加 2 层喷淋（共 5 层），吸收塔外部新增 2 台浆液循环泵及管道，利用多层喷淋层覆盖，保证流场均布；

(2) 优化喷淋层喷嘴布置，根据流场分析情况，采用非均布来布置喷嘴；

(3) 增加吸收区高度至 5.5m，延长浆液烟气接触时间；

(4) 设置防止烟气短路的提效环。

吸收塔不同断面流场模拟示意图，如图 9-7 所示。

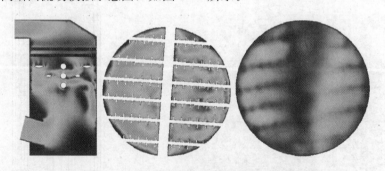

图 9-7　吸收塔不同断面流场模拟示意图

四、逻辑组态说明

特别说明：本说明各条件前面使用的符号含义：

➤：表示"与"关系；

◇：表示"或"关系。

(一) 吸收塔射流泵系统

吸收塔射流泵系统顺序控制：吸收塔射流泵可由顺控启/停，或由操作员手动启停。2台吸收塔射流泵一运一备。吸收塔射流泵顺控以 1A 泵为例，1B 泵与 1A 泵类同。

吸收塔浆液射流泵 1A 顺序启动。

步 1：条件：吸收塔液位＞7800mm（暂定）；

　　　　射流泵 1A、低位入口门、出口门无故障；

　　　　射流泵 1A、低位入口门、出口门在远方；

　　　　射流泵 1A、低位入口门、冲洗门、出口门关状态。

　　　　指令：开浆液射流泵 1A 高位入口门。

步 2：条件：浆液射流泵 1A 高位入口门已开。

　　　　指令：启动浆液射流泵 1A。

步 3：条件：浆液射流泵 1A 已启动。

　　　　指令：开浆液射流泵 1A 出口门。

步 4：条件：浆液射流泵 1A 出口门已开，射流泵以运行 300s（时间现场整定）。

　　　　指令：开射流泵 1A 低位入口门。

步 5：条件：浆液射流泵 1A 低位入口门已开。

　　　　指令：关射流泵高位入口门。

步 6：条件：浆液射流泵 1A 高位入口门已关。

　　　　程序结束。

　　　　吸收塔浆液射流泵 1A 顺序停止。

　　　　程序自动运行指令：浆液射流泵 1A 停止。

步 1：条件：无。

　　　　指令：停止浆液射流泵 1A。

步 2：条件：浆液射流泵 1A 已停止。

　　　　指令：关浆液射流泵 1A 出口门。

步 3：条件：浆液射流泵 1A 出口门已关。

　　　　指令：开浆液射流泵 1A 冲洗门。

步 4：条件：浆液射流泵 1A 冲洗门已开，且延时 180s 时间到（时间现场整定）。

　　　　指令：关浆液射流泵 1A 入口门（高、低位均关闭）。

步 5：条件：浆液射流泵 1A 入口门已关。

　　　　指令：开浆液射流泵 1A 出口门（浆液射流泵 B 运行跳过）。

步 6：条件：浆液射流泵 1A 出口门已开，且延时 180s 时间到或浆液射流泵 B 运行。

　　　　指令：关浆液射流泵 1A 出口门（浆液射流泵 B 运行跳过）。

步 7：条件：浆液射流泵 1A 出口门已关。

　　　　指令：关浆液射流泵 1A 冲洗门。

步 8：条件：浆液射流泵 1A 冲洗门已关。

　　　　程序结束。

　　　　单体设备控制。

(1) 吸收塔射流泵连锁投退，允许投入条件：

➢：该吸收塔射流泵未运行；

➢：该吸收塔射流泵未被挂牌；

➢：该吸收塔射流泵无故障。

自动退出条件：

◇：该吸收塔射流泵运行；

◇：该吸收塔射流泵被挂牌；

◇：另一台吸收塔射流泵投入。

（2）吸收塔射流泵。允许启动条件：

➤：吸收塔液位［10HTD10CL001－3 三选后］ ＞H0

➤：射流泵出口门关闭；

➤：高位入口门全开；

➤：冲洗门关闭；

➤：低位入口门关闭；

➤：无设备硬故障；

➤：射流泵电动机线圈、轴承及减速器温度均不超高限值。

自动启动条件：

➤：射流泵系统顺序启动。

允许停机条件：

➤：无。

自动停条件：

➤：射流泵系统顺序停止。

保护停机条件：

◇：吸收塔液位［10HTD10CL001-3 三选后］ ≤L5

◇：射流泵已启动，低位进口门未开 延时 3s

◇：射流泵已启动，出口门关状态 延时 30s

◇：射流泵已启动，冲洗门开状态 延时 3s

◇：射流泵电机轴承温度 ＞95℃

◇：射流泵电机线圈温度 ＞130℃

◇：射流泵减速器温度 ＞90℃

（3）射流泵低位入口门。允许启动条件：

➤：无设备硬故障。

自动开条件：

➤：射流泵系统顺序开。

允许关条件：

➤：射流泵已停止。

自动关条件：

➤：射流泵系统顺序关。

（4）射流泵出口门。允许启动条件：

➤：无设备硬故障。

自动开条件：

◇：射流泵系统顺序开；

◇：射流泵运行。

允许关条件：

➢：无。

自动关条件：

◇：射流泵系统顺序关。

（5）射流泵冲洗门。允许启动条件：

现场确认射流泵入口手动排空门已开的前提下：

➢：无设备硬故障；

➢：射流泵已停止。

自动开条件：

◇：射流泵系统顺序关。

允许关条件：

➢：无。

自动关条件：

◇：射流泵系统顺序开。

（二）吸收塔浆液循环系统

吸收塔浆液循环泵系统由五个循环泵组成。依次启动循环浆泵 1A、1B、1C、1D、1E 循环泵，无备用泵，运行时全部启动。

其中 1D、1E 为新增循环泵，其顺序启动、停止方式与原有循环泵一致。

（三）氧化空气系统

氧化空气系统由 2 台氧化风机组成，一运一备。

（1）氧化风机连锁模块。允许投入条件：

➢：该氧化风机未运行；

➢：该氧化风机未被挂牌；

➢：该氧化风机无故障。

自动退出条件：

◇：该氧化风机运行；

◇：该氧化风机被挂牌；

◇：另一台氧化风机投入。

（2）氧化风机。允许启动条件：

➢：无保护动作信号；

➢：氧化风机温度不高；

➢：氧化风机隔音罩风扇运行；

➢：吸收塔液位［10HTD10CL001-3 三选后］　　　　　　≥H3

自动启动条件：

➢：该氧化风机备用连锁投入；

➢：另一台氧化风机跳闸。

允许停止条件：

➢：无。

保护停机条件：

◇：氧化风机轴承温度　　　　　　　　　　　　　≥95℃

◇：氧化风机电动机轴承温度　　　　　　　　　　≥95℃

◇：氧化风机电机线圈温度　　　　　　　　　　　≥130℃

◇：吸收塔液位［10HTD10CL001-3 三选后］　　　≥H5

◇：氧化风机出口压力　　　　　　　　　　　　　≥97kPa

（3）氧化风机隔音罩风扇。允许启动条件：

➢：无保护动作信号。

自动启动条件：

➢：氧化风机运行。

允许停止条件：

➢：无。

自动停机条件：

◇：氧化风机停机 1h 后。

（四）石膏排出系统

吸收塔排浆系统由排浆泵 1A、1B 组成。要求排浆系统的控制方式与改造前保持一致，正常运行时开高位入口门；在事故排浆时现场手动开启低位入口手动门。

（五）石灰石浆液供应系统

石灰石浆液供应系统具有自动和手动启停功能。1 号吸收塔新增 1 台石灰石供浆泵 1C。

石灰石供浆泵 1C 顺序启动：

步 1：条件：石灰石浆液箱搅拌器已运行。

　　　　　石灰石浆液箱 C 液位＞1000mm（暂定）；

　　　　　石灰石供浆泵 1C、入口门、出口门无故障；

　　　　　石灰石供浆泵 1C、入口门、出口门在远方；

　　　　　石灰石供浆泵 1C、出口门、冲洗门关状态。

　　　　　指令：开石灰石供浆泵 1C 入口门。

步 2：条件：石灰石供浆泵 1C 入口门已开。

　　　　　指令：启动石灰石供浆泵 1C。

步 3：条件：石灰石供浆泵 1C 已启动。

　　　　　指令：开石灰石供浆泵 1C 出口门。

步 4：条件：石灰石供浆泵 1C 出口门已开。

　　　　　指令：开供浆泵出口至♯1 塔管道门。

步 5：条件：供浆泵出口至♯1 塔管道门已开。

　　　　　程序结束。

　　　　　石灰石供浆泵 1C 顺序停止。

步 1：条件：无。

　　　　　指令：停止石灰石供浆泵 1C。
步 2：条件：石灰石供浆泵 1C 已停止。
　　　　指令：关石灰石供浆泵 1C 出口门。
步 3：条件：石灰石供浆泵 1C 出口门已关。
　　　　指令：开石灰石供浆泵 1C 冲洗门。
步 4：条件：石灰石供浆泵 1C 冲洗门已开，且延时 60s 时间到（时间现场整定）。
　　　　指令：关石灰石供浆泵 1C 入口门。
步 5：条件：石灰石供浆泵 1C 入口门已关。
　　　　指令：关石灰石供浆泵 1C 冲洗门。
步 6：条件：石灰石供浆泵 1C 冲洗门已关。
　　　　程序结束。

（1）石灰石浆液箱搅拌器。允许启动条件：
➤：石灰石浆液箱 C 搅拌器无故障；
➤：石灰石浆液箱 C 水位　　　　　　　　　　　　　　≥H1

自动启动条件：
➤：石灰石浆液箱 C 水位　　　　　　　　　　　　　　≥H2

允许停止条件：
◇：无。

自动停止条件：
➤：石灰石浆液箱 C 水位　　　　　　　　　　　　　　≤L2

（2）石灰石浆液泵 1C。允许启动条件：
➤：石灰石浆液泵 1C 无故障；
➤：石灰石浆液箱 C 水位；　　　　　　　　　　　　　≥H1
➤：石灰石浆液泵 1C 入口门开；
➤：石灰石供浆泵 1C 出口门关；
➤：石灰石浆液泵 1C 冲洗门关；
➤：石灰石浆液箱 C 搅拌器已运行。

自动启动条件：
➤：石灰石浆液泵 1C 顺控启动。

允许停止条件：
◇：无。

自动停止条件：
➤：石灰石浆液泵顺控停止。

保护停止条件：
➤：石灰石供浆泵 1C 运行，入口门未开　　　　　　　超时 3s
➤：石灰石供浆泵 1C 运行，出口门未开　　　　　　　超时 45s
➤：石灰石供浆泵 1C 运行，冲洗门有开且无关信号　　超时 3s
➤：石灰石浆液箱 C 液位　　　　　　　　　　　　　　≤L3

➢：吸收塔液位　　　　　　　　　　　　　　　　　≥H3

（3）石灰石供浆泵 1C 入口门。允许开条件：

➢：石灰石供浆泵 1C 入口门无故障。

自动开条件：

◇：石灰石供浆泵 1C 顺控开。

允许关条件：

➢：石灰石供浆泵 1C 已停止。

自动关条件：

◇：石灰石供浆泵 1C 顺控关。

（4）石灰石供浆泵 1C 出口门。允许开条件：

➢：石灰石供浆泵出口门 1C 无故障。

自动开条件：

◇：石灰石供浆泵 1C 顺控开。

允许关条件：

➢：无。

自动关条件：

◇：石灰石供浆泵 1C 顺控关。

（5）石灰石浆泵 1C 冲洗门。允许开条件：

➢：石灰石供浆泵冲洗门 1C 无故障；

➢：石灰石供浆泵 1C 已停止；

➢：石灰石供浆泵 1C 入口排空门已开。

自动开条件：

◇：石灰石供浆泵 1C 顺控关。

允许关条件：

➢：无。

自动关条件：

◇：石灰石供浆泵 1C 顺控关。

石灰石供浆泵 1C 顺控开。

（六）工艺水系统

该功能组可由操作员手动启动，2 台工艺水泵一运一备。

运行泵故障时联启备用泵。

启动顺序：

➢：启动工艺水泵 A1 或 A2；

➢：投入工艺水泵备用连锁。

停机顺序：

➢：退出工艺水泵备用连锁；

➢：停止 工艺水泵 A1 或 A2。

（1）工艺水泵。允许启动条件：

➢：工艺水箱 A 液位［01HTQ20CL101］　　　　　　＞H1

➢：工艺水泵无故障。

自动启动条件：

➢：联锁下运行泵跳闸。

保护停止条件：

➢：工艺水箱 A 液位［01HTQ20CL101］　　　　　≤L3

（2）工艺水泵连锁模块。用于实现工作泵与备用泵的连锁启停控制。

允许备用泵投入条件：

➢：该工艺水泵未运行；

➢：该工艺水泵未被挂牌；

➢：该工艺水泵无故障。

自动退出条件：

◇：该工艺水泵运行；

◇：该工艺水泵被挂牌；

◇：另一台工艺水泵投入。

（3）工艺水箱进水门。允许启动条件：

➢：工艺水箱 A 液位［01HTQ20CL101］　　　　　≤L1

➢：工艺水进水门无故障。

自动启动条件：

➢：工艺水箱 A 液位［01HTQ20CL101］　　　　　≤L2

自动停止条件：

➢：工艺水箱 A 液位［01HTQ20CL101］　　　　　≥H2

注：1. 要退出自动状态可用挂牌；

　　2. 本次单元机组内新增设备利旧使用拆除原设备空余出的 IO 资源，组态人员删除相应拆除点设备的逻辑组态部分。

五、项目改造后运行情况简述

本项目是采用龙净环保专有的以"单塔双区"为核心技术的高效脱硫除尘系统的最新投运的项目之一，改造前后吸收塔外形，如图 9-8 所示。1 号炉脱硫系统运行参数见图 9-9。

改造后的脱硫装置表现出优异的脱硫性能，其中 1 号机组已通过江苏省超低排放环保验收，验收期间二氧化硫排放值为 7~18mg/m³，脱硫效率高达 99.4%～99.7%，在低耗高效的单塔湿法高效脱硫技术路线上取得了重大突破。

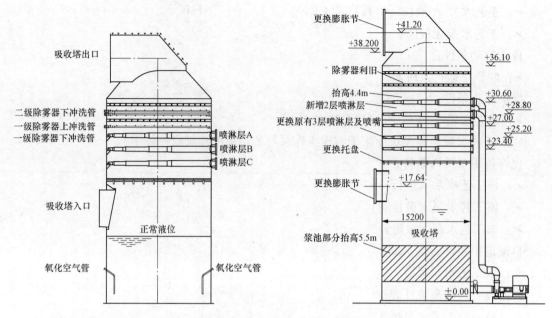

图 9-8　吸收塔改造前后外形

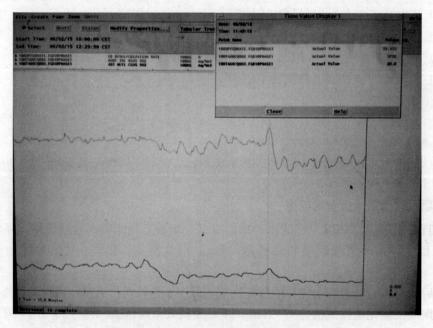

图 9-9　1 号炉脱硫系统运行参数

注：图中脱硫入口烟气硫分为 3739mg/Nm³ 时，出口为 20.0mg/mg/Nm³，脱硫效率达到了 99.4%。

附录一　公司 2×1000MW 机组辅控规程

前　　言

本规程为郑州裕中能源有限责任公司 2×1000MW 机组辅控规程。本规程编制依据设计院、制造厂的图纸、说明书，国家的法律、法规，电力企业行业标准以及北京三吉利能源股份有限公司下发的相关技术文件、制度等。

本规程介绍了辅控设备的规范、主要技术参数以及相关的连锁保护逻辑，规定了辅控设备启动前各项验收和试验以及运行调整、异常处理等操作，是辅控运行人员调整、操作的依据和规范。

下列人员必须熟知本规程：

生产副总经理、副总工程师；

生产各部门经理、副经理；

生产各部门专业技术人员、热工、电气二次及外委相关人员。

下列人员必须严格执行本规程：

发电部运行专工、值长及辅控全体人员。

目　　录

1 辅控运行通则

1.1 辅控设备移交运行的条件

1.1.1 检修后的设备、系统连接完好，管道支吊架牢固可靠，保温良好，地面应清洁无杂物，沟盖板、楼梯、栏杆完好，道路畅通，照明充足。

1.1.2 阀门、设备完好，所有人孔门、检查门应关闭严密。动力设备、电动机等轴承内已加入合格、适量的润滑油，转机联轴器保护罩、电动机外壳接地线、冷却水管道等连接完好。

1.1.3 旋转设备试转前，手动盘动，以确认其转动灵活；检查轴承油位正常、油质良好。

1.1.4 转动设备检修后试转，必须经点动（不允许反转的设备要拆除靠背轮螺栓电动机单独试转）确认其电动机转向正确。

1.1.5 如检修时设备有变更，则检修人员应提供设备异动报告及相关图纸，并向运行人员交该设备运行注意事项。

1.1.6 系统、设备有关热工、电气仪表完好可用。

1.1.7 工作票已终结，安全措施及安全标示牌、警告牌已拆除，设备、阀门标识完整。

1.2 辅控设备投运前的检查

1.2.1 检查检修工作结束，各设备人孔门关闭、地脚螺栓固定完好，转动机械的防护罩完好，管道及其连接良好，支吊架牢固。

1.2.2 设备及管道的保温完整，现场整洁，通道畅通，楼梯、平台、栏杆完好，照明充足，工作票终结。

1.2.3 检查热工表计、信号、连锁保护齐全，开启各仪表一次门。

1.2.4 系统各阀门传动试验合格，操作开关灵活，反馈显示与实际位置相对应。

1.2.5 检查转动机械轴承和各润滑部件，油位正常（1/2～2/3），油质合格，润滑油脂已加好。

1.2.6 转动机械轴承及盘根冷却水正常。

1.2.7 对可盘动的转动机械，应手盘靠背轮，确认转动灵活无卡涩现象。电动机检修后的初次启动，必须经单独试转合格且转向正确方可连接。

1.2.8 对系统进行全面检查，各阀门状态已按要求置于正确位置。

1.2.9 检查各水箱、水池液位正常，水质合格，并做好系统设备的充水放气。

1.2.10 电动机接线和外壳接地线良好，测量绝缘合格，就地事故按钮已复位。

1.2.11 相应系统的其他工作结束后，送上系统各设备的动力电源、控制电源，有关保护投入正常。

1.2.12 送上系统相关设备及气动门的压缩空气气源，各阀门开、关试验正常。

1.2.13 配合热工、电气完成辅控设备的连锁、保护试验工作，且应动作正常、定值正确。

1.2.14 机组正常运行中的设备检修后恢复，应按要求进行试运检查，确认正常后，方可投入运行或备用方式。

1.2.15 DCS上有关设备及阀门状态与就地实际位置一致，所有报警信号正确。

1.2.16 设备及系统的操作必须做好详细记录，重要操作应执行操作监护制度。

1.3　辅控设备投运注意事项

1.3.1 辅控设备的启、停操作一般由主值或副值进行，就地必须有人监视，检修后试转时要求检修负责人在场，启动后发现异常情况，应立即停运并汇报。

1.3.2 电动机检修后，送电前应测量其绝缘合格。

1.3.3 若设备启动中发生跳闸，未查明原因，不得再启动。

1.3.4 设备启动前应同相关岗位人员进行联系。

1.3.5 设备在倒转情况下严禁启动。

1.3.6 离心泵应在出口门关闭的情况下启动，但启动后应迅速开启出口门。

1.3.7 辅控设备启、停应在DCS相应画面上操作，如需在就地进行启、停操作，则应做好联系和监视工作。

1.4　辅控设备投运后的检查

1.4.1 电动机电流、进出口压力、流量正常。

1.4.2 冷却水供应正常，轴承温度、电动机线圈温度正常。

1.4.3 确认其连锁及有关调节系统正常。

1.4.4 备用泵逆止门严密，无倒转现象。

1.4.5 倾听其本体及电动机各部无异常摩擦声。

1.4.6 各部位振动符合规定。

1.4.7 确认系统无泄漏。

1.4.8 检查各轴承温度正常，无特殊规定时，执行下表标准。

轴承种类	滚动轴承		滑动轴承	
	电动机	机械	电动机	机械
轴承温度 ℃	≤80	≤100	≤70	≤80

1.4.9 电动机允许长时间运行的温度，无特殊规定时，执行下表标准。

部位		允许最高温度（℃）	允许最高温升（℃）
定子线圈	A级	95	60
	E级	110	75
	B级	115	80
	F级	120	85
定子铁芯		100	65

1.4.10 检查各轴承振动正常，无特殊规定时，执行下表标准。

额定转速 r/min	3000	1500	1000	750 及以下
振动 mm	0.05	0.085	0.1	0.12

1.5　辅控设备运行中的检查及维护

1.5.1　辅控设备正常运行时，按巡回检查项目进行定期检查，发现异常应及时汇报并分析处理，设备有缺陷应及时填写缺陷联系单并通知检修人员处理。

1.5.2　查看 DCS 上各系统画面，检查各系统运行方式、参数、阀门状态是否正确。

1.5.3　按"定期切换与试验"项目、要求进行设备定期切换与试验工作。

1.5.4　根据设备运行周期，定期检查油位、油质。

1.5.5　保证各项控制参数在允许范围内，发现异常应及时调整和处理。

1.5.6　根据季节、气候的变化，做好防雷、防潮、防汛、防冻、防高温措施并做好相关事故预想。

1.5.7　设备存在的缺陷在运行中无法处理时，要安排设备停运进行检修；在设备带缺陷运行期间要加强设备参数的监视和分析，并增加就地设备巡检次数；当设备缺陷扩大可能对设备造成损坏和对人员造成伤害时要立即停止设备运行。

1.5.8　保持设备及其周围环境清洁。

1.6　辅控设备停运通则

1.6.1　辅控设备停运应根据系统条件进行，防止不必要的连锁启动、跳闸或其他影响辅控系统正常运行的情况出现。

1.6.2　辅控设备停运后如需连锁备用，按"备用"要求使其满足备用条件后投入连锁。

1.6.3　设备停运后，如需检修应按照安措要求将设备可靠隔离，切断该设备、系统相关的电源、气（汽）源、水源，达到检修条件后，方可开始工作。

1.6.4　冬季运行中，对停运设备还应做好防冻措施。

1.6.5　长时间停运的辅控设备，应做好保养。

1.7　辅控设备的异常处理

1.7.1　设备出现下列情况时，应立即停运：

1.7.1.1　发生强烈振动超过允许值。

1.7.1.2　有明显的金属摩擦声或撞击声。

1.7.1.3　轴承断油或冒烟。

1.7.1.4　盘根或机械密封处大量漏水或冒烟。

1.7.1.5　电动机着火或冒烟。

1.7.1.6　设备跳闸保护该动而未动。

1.7.1.7　危及人身或设备安全的紧急事件。

1.7.2　设备出现下述异常时，可先启动备用设备，然后停故障设备：

1.7.2.1　泵、风机、电动机有异常声音。

1.7.2.2　电动机电流异常增大或有绝缘烧焦气味或电机铁芯、线圈温度超报警值。

1.7.2.3　电动机有故障，仍能保持运行。

1.7.2.4　运行泵发生汽蚀。

1.7.2.5　轴承温度超报警值。

1.7.2.6　设备轻微泄漏需要停运隔离。

1.7.2.7　发生威胁设备安全运行的其他原因。

1.7.3　辅控设备跳闸后的处理原则：

1.7.3.1　运行中设备跳闸后，应立即检查备用设备启动正常，否则手动启动。

1.7.3.2　对于重要设备跳闸后，无备用设备或备用设备无法启动的情况下，若查明跳闸设备无明显故障和主要保护动作时经值长许可后，可强启跳闸设备一次。强启成功后，再查明跳闸原因；强启失败或备用设备启动后又跳闸时，不允许再启动。此时应确认该设备停用后，对系统正常运行的影响程度，采取降负荷措施，无法维持主机运行时应故障停机。

1.7.4　转机轴承温度高。

1.7.4.1　原因：

1）转机轴承损坏。

2）转机轴承各瓦间隙调整不一致造成部分轴瓦受力过大。

3）轴承箱润滑油环损坏。

4）轴承的绝缘被击穿，漏磁电流通过轴承造成油膜破坏。

5）转机振动大。

6）润滑油乳化变质或油内有杂质。

7）润滑油供油温度高。

8）润滑油流量低、轴承箱油位过高或过低，使用油脂润滑的轴承油脂耗尽。

9）环境温度高或冷却水温度高。

10）转机负荷大。

1.7.4.2　处理：

1）由于转机本身存在缺陷造成设备轴承温度高，经过设备运行中处理未能将故障处理好的要及早停止设备进行处理。

2）润滑油变质或有杂质，进行换油处理。

3）润滑油供油温度高，检查油站的电加热器是否退出、润滑油冷油器冷却水流量是否充足、润滑油冷油器是否结垢严重、冷却水温度是否过高，查出原因后进行处理。

4）环境温度高，在轴承处加风机进行冷却。

5）冷却水温度高，应对冷却水系统进行检查、处理。

6）转机过载时，降低转机的负荷或根据情况启动备用转机。

1.7.5　水泵不打水。

1.7.5.1　原因：

1）泵叶轮损坏或动静间隙过大。

2）泵和电动机的对轮螺栓断裂。

3）泵电动机反转。

4）泵的入口或出口门在关闭状态。

5）泵启动前未充分注水。

6）入口水箱水位低。

7）并列运行时母管压力高于启动泵的出口压力。

1.7.5.2　处理：

1）泵存在机械缺陷要对泵进行检修处理。

2）电动机反转立即停止泵运行，电动机隔绝后对电动机接线进行调相。

3）泵启动前要充分进行注水，当泵体放气门有水连续流出后再关闭放气门。

4）入口水箱水位低将水箱水位补至正常水位。

2 中水供水系统

2.1 概述
2.1.1 系统简介
中水供水系统水源为郑州市王新庄污水处理厂的中水。中水首先进入蓄水池，然后由中水升压泵输送至高位调节水池，最后由高位调节水池自流至厂区。在中水升压泵出口母管上设有2个压缩空气储罐、2台空压机作为防水锤措施。

2.1.2 系统流程
中水→蓄水池→中水升压泵→输水管线→高位调节水池→输水管线→机械加速澄清池。

2.2 主要设备规范
2.2.1 中水升压泵

项目	单位	技术参数
数量	台	4
流量	m³/h	1350
扬程	MPa	1.51
转速	r/min	1480
配套电动机功率	kW	800
泵体设计压力/试验压力	MPa	2.0/3.0
轴承座处振动	mm	≤0.05

2.2.2 防水锤空压机

项目	单位	技术参数
数量	台	2
容积流量	m³/min	1.5
额定排气压力	MPa	2.5
运行介质温度	℃	<40
设计压力/试验压力	MPa	3.15/3.94
轴承座处振动	mm	≤2

2.2.3 防水锤压缩空气储罐

项目	单位	技术参数
数量	个	2
容积	m³	50
设计压力	MPa	2.5

2.2.4 蓄水池

项目	单位	技术参数
数量	个	1
容积	m³	1000

2.2.5 高位调节水池

项目	单位	技术参数
数量	个	1
容积	m³	800

2.3 系统联锁保护及试验

2.3.1 中水升压泵。

2.3.1.1 保护停：

1）蓄水池液位小于 1.5m。

2）电动机温度大于 70℃。

3）泵出口压力大于 2.1MPa。

2.3.1.2 连锁启：连锁开关投入，泵出口母管压力小于 1.4MPa。

2.4 系统投运前准备

2.4.1 中水供水系统检修工作已结束，工作票已终结，安全措施已恢复。

2.4.2 检查中水供水系统电气设备正常。

2.4.3 检查就地控制柜上各控制按钮位置处于"远方"。

2.4.4 按辅控设备投运前的检查对中水升压泵及中水升压泵房空压机进行详细检查，确认其具备投运条件。

2.4.5 检查蓄水池液位在 4m～5m。

2.4.6 检查系统中各阀门开关状态正确，反馈信号正常。

2.4.7 检查系统中各仪表状态正常。

2.4.8 联系污水处理厂值班人员，确定污水处理厂向蓄水池供水正常。

2.4.9 联系厂区辅控值班人员，确定循环水处理系统已做好调整准备工作。

2.5 系统的投运

2.5.1 启动中水升压泵，少量开启中水升压泵出口总门，对中水供水管道进行充水。

2.5.2 启动防水锤空压机，检查防水锤空压机投运正常。

2.5.3 检查备用防水锤空压机状态良好，并将备用防水锤空压机投入"连锁"。

2.5.4 当防水锤压缩空气储罐压力与泵出口母管压力一致后，缓慢开启防水锤压缩空气储罐出口门，检查防水锤压缩空气储罐无泄漏。

2.5.5 当高位调节水池液位上升且无气泡后，全开中水升压泵出口总门。

2.5.6 检查备用中水升压泵状态良好，将备用中水升压泵投入"连锁"。

2.6 系统运行中监视及维护

2.6.1 监视蓄水池液位高于 1.5m。

2.6.2 监视高位调节水池遥控浮球阀自动控制正常。

2.6.3 检查中水升压泵电动机温度＜70℃，泵出口母管压力在 1.4MPa～2.1MPa。

2.6.4 检查中水升压泵电流不超过 80A。

2.6.5 检查压缩空气储罐压力与泵出口母管压力一致。

2.7 系统中设备的切换

2.7.1 中水升压泵的切换（以 1 号泵运行，2 号泵备用为例）。

2.7.1.1 启动 2 号中水升压泵，检查 2 号中水升压泵启动正常。

2.7.1.2 待 2 号中水升压泵出口压力稳定后，开启 2 号中水升压泵出口电动门，检查泵运行正常。

2.7.1.3 停运 1 号中水升压泵，检查其无倒转现象。

2.8 系统的停运

2.8.1 退出备用中水升压泵的"连锁"。

2.8.2 关闭运行中水升压泵的出口电动门，待出口电动门全关后，按泵的"停止"按钮，停止泵的运行。

2.8.3 如果所有中水升压泵全停，停运防水锤空压机，关闭防水锤压缩空气储罐出口手动门。

2.9 系统异常处理

中水升压泵故障。

2.9.1 现象：

1）高位调节水池水位持续下降。

2）水泵打不出水。

3）水泵出力不足。

4）轴承过热或有杂音。

5）泵振动大。

2.9.2 原因：

1）蓄水池水位过低。

2）泵出、入口门未开启。

3）泵内有空气。

4）泵进水管道、出水管道或叶轮有异物堵塞。

5）润滑油油质不良。

6）润滑油加油不足或过多。

7）轴承磨损或松动。

2.9.3 处理：

1）提高蓄水池水位。

2）开启泵出、入口门。

3）排出泵内空气。

4）停泵联系检修处理。

5）更换润滑油。

6）调整润滑油加油量。

7）联系检修处理。

3　循 环 水 处 理 系 统

3.1　系统概述

3.1.1　系统简介

循环水处理系统水源为中水供水系统来水。循环水处理系统采用石灰混凝澄清与机械过滤工艺，循环水补充水处理系统设置 3 台机械加速澄清池，8 台单室过滤器；循环水旁流处理系统设 1 台机械加速澄清池，3 台单室过滤器。两系统的机械加速澄清池和单室过滤器可互为备用。

在循环水池中加入阻垢剂、缓蚀剂、消泡剂、杀菌剂防止管路、设备的腐蚀和结垢。

3.1.2　系统流程

中水→机械加速澄清池→单室过滤器→清水池→循环水补充水泵→循环水系统。

循环水旁流水→机械加速澄清池→单室过滤器→锅炉补给水清水池→锅炉补给水处理系统。

3.2　主要设备规范

3.2.1　机械加速澄清池

项目	单位	技术参数
数量	台	4
单台正常出力	m³/h	1250
最大出力	m³/h	1600
最小出力	m³/h	600
进水悬浮物	mg/L	≤100
进水碳酸盐硬度	mmol/L	≤9.2
进水 pH		6～9

3.2.2　石灰储存及计量系统

项目	单位	技术参数
数量	套	4
星形给料机出力	m³/h	2
螺旋输送机出力	m³/h	2
石灰筒仓		
容积	m³	250
直径	mm	6000
石灰乳搅拌箱		
容积	m³	3
直径	mm	1800
石灰乳辅助箱		
容积	m³	0.6
直径	mm	800

3.2.3 二氧化氯制备系统

项目	单位	技术参数
杀菌剂发生器		
数量	台	2
出力	kg/h	30
杀菌剂储罐		
数量	个	2
有效容积	m³	30
直径	mm	2500
杀菌剂循环泵		
数量	台	2
出力	m³/h	53
扬程	MPa	0.40
循环水杀菌剂计量泵		
数量	台	3
出力	m³/h	30
扬程	MPa	0.25
工业废水杀菌剂计量泵		
数量	台	3
出力	m³/h	30
扬程	MPa	0.25
澄清池杀菌剂计量泵		
数量	台	6
出力	L/h	1000
扬程	MPa	1.0

3.2.4 单室过滤器

项目	单位	技术参数
数量	台	11
出力	m³/h	400～630
滤料层高	mm	800
反洗膨胀率	%	50
反洗膨胀高度	mm	400
反洗强度	L/s.m²	18
空气擦洗强度	kg/m²	1
设计压力	MPa	0.17
正常出力运行压差	MPa	≤0.05
最大出力压差	MPa	≤0.10

3.2.5　水池及泥浆池

项目	单位	技术参数
清水池		
容积	m³	1000
数量	个	2
澄清池排泥池		
容积	m³	75
数量	个	2
回用水池		
容积	m³	300
数量	个	2
浓缩池		
容积	m³	200
数量	个	3
浓缩池排泥池		
容积	m³	60
数量	个	2

3.2.6　泵及风机

项目	单位	技术参数
循环水补充水泵		
数量	台	4
出力	m³/h	890～1500
扬程	MPa	0.44～0.325
电动机功率	kW	160
转速	r/min	1450
单室过滤器反洗水泵		
数量	台	2
出力	m³/h	970～1440
扬程	MPa	0.30～0.22
电机功率	kW	132
转速	r/min	1480
单室过滤器反洗罗茨风机		
数量	台	2
出力	m³/min	78.10
扬程	kPa	49.6
转速	r/min	1150

项目	单位	技术参数
循环水补充水泵		
自用水泵		
数量	台	3
出力	m³/h	120～240
扬程	MPa	0.53～0.46
电动机功率	kW	45
回用水泵		
数量	台	4
出力	m³/h	120～240
扬程	MPa	0.40～0.34
电动机功率	kW	45
石灰乳泵		
数量	台	8
出力	m³/h	25
扬程	MPa	0.20
转速	r/min	1450
浓缩池排泥池泥浆输送泵		
数量	台	4
出力	m³/h	30～72
扬程	MPa	0.85～0.70
电动机功率	kW	45
澄清池排泥池泥浆输送泵		
数量	台	4
出力	m³/h	60～100
扬程	MPa	0.35
电动机功率	kW	30
防空穴振动器		
数量	个	4
最大出料量	m³/h	2.5
星形给料机		
数量	个	4
出力	m³/h	0.5～2.5
螺旋输粉机		
数量	个	4
出力	m³/h	0.5～2.5
扁布袋除尘器		

项目	单位	技术参数
循环水补充水泵		
数量	个	4
排风量	m³/h	3284
房间布袋除尘器		
数量	个	1
排风量	m³/h	3284
潜水排污泵		
数量	台	1
出力	m³/h	15
扬程	MPa	0.22
电动机功率	kW	2.2
聚合硫酸铁输送泵		
数量	台	1
出力	m³/h	25
扬程	MPa	0.20
电动机功率	kW	4
澄清池聚合硫酸铁计量泵		
数量	台	6
出力	L/h	0~600
扬程	MPa	1.0
澄清池浓硫酸计量泵		
数量	台	6
出力	L/h	0~150
扬程	MPa	1.0
卸浓硫酸泵		
数量	台	1
出力	m³/h	25
扬程	MPa	0.30
电动机功率	kW	4
循环水卸盐酸泵		
数量	台	1
出力	m³/h	25
扬程	MPa	0.20
电动机功率	kW	4
循环水阻垢剂计量泵		
数量	台	3

项目	单位	技术参数
循环水补充水泵		
型号		JYM-400/1.6
出力	L/h	0～400
扬程	MPa	1.0
循环水消泡剂计量泵		
数量	台	3
型　号		JJM－240/1.0
出力	L/h	0～200
扬程	MPa	1.0
循环水缓蚀剂计量泵		
数量	台	3
出力	L/h	0～200
扬程	MPa	1.0

3.2.7　药品储存罐（箱）

名称	单位	技术参数
聚合硫酸铁储罐		
数量	个	2
有效容积	m³	30
直径	m	2500
浓硫酸储罐		
数量	个	2
有效容积	m³	30
直径	m	2500
循环水盐酸储罐		
数量	个	2
容积	m³	12.5
直径	mm	1800
循环水阻垢剂计量箱		
数量	个	2
有效容积	m³	2
循环水消泡剂计量箱		
数量	个	2
有效容积	m³	1
循环水缓蚀剂计量箱		
数量	个	2
有效容积	m³	1

3.3 系统联锁保护及试验

3.3.1 单室过滤器反洗水泵。保护停：清水池液位小于 1m。

3.3.2 循环水补充水泵。保护停：清水池液位小于 1m。

3.3.3 自用水泵。保护停：锅炉补给水清水池液位小于 1m。

3.3.4 回用水泵。

3.3.4.1 联锁启：联锁开关投入，回用水池液位大于 2m。

3.3.4.2 联锁停：联锁开关投入，回用水池液位小于 0.5m。

3.3.5 澄清池排泥池泥浆输送泵。

3.3.5.1 联锁启：联锁开关投入，澄清池排泥池液位大于 2m。

3.3.5.2 联锁停：联锁开关投入，澄清池排泥池液位小于 1m。

3.3.6 浓缩池排泥池泥浆输送泵。

3.3.6.1 联锁启：联锁开关投入，浓缩池排泥池液位大于 2m。

3.3.6.2 联锁停：联锁开关投入，浓缩池排泥池液位小于 1m。

3.3.7 机械加速澄清池聚合硫酸铁计量泵。

3.3.7.1 保护停：聚合硫酸铁储罐液位小于 0.2m。

3.3.8 机械加速澄清池杀菌剂计量泵。

3.3.8.1 保护停：杀菌剂储罐液位小于 0.2m。

3.3.9 机械加速澄清池浓硫酸计量泵。

3.3.9.1 保护停：浓硫酸储罐液位小于 0.2m。

3.3.10 循环水杀菌剂计量泵。

3.3.10.1 保护停：杀菌剂储罐液位小于 0.2m。

3.3.11 循环水消泡剂计量泵。保护停：循环水消泡剂计量箱液位小于 0.1m。

3.3.12 循环水阻垢剂计量泵。保护停：循环水阻垢剂计量箱液位小于 0.1m。

3.4 循环水澄清过滤系统

3.4.1 系统投运前准备

3.4.1.1 机械加速澄清池、单室过滤器检修工作已结束，工作票已终结，安全措施已恢复。

3.4.1.2 检查机械加速澄清池内无大块杂物。

3.4.1.3 检查各转机处于备用状态，投入相关热工及化学仪表。

3.4.1.4 检查各加药箱中药液液位高于 1/3。

3.4.1.5 检查系统就地控制柜各控制按钮位置处于"远方"。

3.4.1.6 检查系统各阀门开关状态正确、反馈信号正常。

3.4.1.7 联系水源地确认供水系统运行正常，通信畅通。

3.4.1.8 检查化验仪器、化验药品齐备。

3.4.1.9 检查清水池出、入口门已开启。

3.4.2 系统的投运

3.4.2.1 启动自用水泵。

3.4.2.2 若投运循环水补充水处理系统则开启中水来水电动门，通知水源地调整供水量；若投运循环水旁流水处理系统则提前联系主控，开启循环水旁流水来水电动门。

3.4.2.3 调整机械加速澄清池入口流量在 600m³/h~1600m³/h。

3.4.2.4 投运石灰储存计量系统。

3.4.2.5 启动机械加速澄清池聚合硫酸铁计量泵，并调整加药泵出力使混凝剂投加量达到 30mg/L。

3.4.2.6 机械加速澄清池进水至浸满搅拌机叶轮后启动搅拌机。

3.4.2.7 当机械加速澄清池出水后启动机械加速澄清池浓硫酸计量泵，调整机械加速澄清池出水 pH 在 7.5~8.35。

3.4.2.8 确认机械加速澄清池运行正常后，对单室过滤器进行正洗。

3.4.2.9 当单室过滤器正洗出水悬浮物含量小于 2mg/L 时，投运单室过滤器。

3.4.2.10 根据机械加速澄清池入口流量选择单室过滤器投运数量，控制单室过滤器流量在 400m³/h~630m³/h。

3.4.3 系统运行中监视及维护

3.4.3.1 运行中应密切监视机械加速澄清池、单室过滤器出水水质指标满足以下要求。

项目		单位	技术参数
机械加速澄清池出水水质	pH		10.2~10.3
	加酸后 pH		7.5~8.35
	碳酸盐硬度	mmol/L	≤1
	全碱度	mmol/L	0.5~1.0
	OH⁻碱度	mmol/L	0.1~0.2
	悬浮物含量	mg/L	<15
	第二反应室沉降比（10min）	%	15
单室过滤器出水悬浮物含量		mg/L	<2

3.4.3.2 机械加速澄清池的出力不允许大幅度调整，流量波动范围每 10min 不超过原流量的 10%。机械加速澄清池出力调整后加药量也要进行调整。

3.4.3.3 当第二反应室 10min 泥渣沉降比大于 15% 时，机械加速澄清池应进行排泥。

3.4.3.4 控制机械加速澄清池第二反应室出水 OH⁻碱度在 0.1mmol/L~0.2mmol/L 的同时要兼顾冷却塔内 pH，在冷却塔 pH 过低且出水停止加酸的情况下，第二反应室出水 OH⁻碱度可以根据情况增大。

3.4.3.5 针对中水来水要注意起泡性能及气味，发现异常及时调整。

3.4.4 系统中设备的切换

3.4.4.1 机械加速澄清池的切换（以 1 号澄清池运行，2 号澄清池备用为例）：

（1）检查 2 号机械加速澄清池符合投运条件，记录此时 1 号机械加速澄清池入口流量。

（2）投运 2 号机械加速澄清池，投运时注意 2 号机械加速澄清池入口流量应缓慢增大，并同时缓慢减小 1 号机械加速澄清池入口流量。

（3）当 2 号机械加速澄清池入口流量达到设备切换前 1 号机械加速澄清池入口流量时，保持 2 号机械加速澄清池入口流量稳定，并停运 1 号机械加速澄清池。

（4）检查 2 号机械加速澄清池出水水质合格。

3.4.4.2 单室过滤器的切换（以 1 号单室过滤器运行，2 号单室过滤器备用为例）：

（1）检查 2 号单室过滤器符合投运条件。

（2）2 号单室过滤器进行正洗。

（3）2 号单室过滤器正洗出水悬浮物含量＜2mg/L 时，投运 2 号单室过滤器，调整 2 号单室过滤器入口流量在 400m³/h～630m³/h，停运 1 号单室过滤器。

3.4.5 系统的停运

3.4.5.1 短期停运（30d 以内）：

（1）关闭机械加速澄清池入口电动门，并停止各加药系统。

（2）停止单室过滤器运行，并依次对单室过滤器进行停运反洗。

（3）刮泥机继续运行，开启机械加速澄清池排泥手动门、机械加速澄清池排泥气动一次门、机械加速澄清池排泥气动二次门进行排泥操作。

4）当第二反应室 5min 泥渣沉降比为 5%～10% 时，降低搅拌机转速至 2r/min～4r/min，保持泥渣不沉积，以防刮泥机损坏。

3.4.5.2 长期停运（超过 30d）：

（1）关闭机械加速澄清池入口电动门前手动门、机械加速澄清池入口电动门后手动门、机械加速澄清池入口电动门，并停止各加药系统。

（2）停止单室过滤器运行，并依次对单室过滤器进行停运反洗。反洗完成后关闭单室过滤器入口手动门、出口手动门。

（3）开启机械加速澄清池排泥气动一次门、机械加速澄清池排泥气动二次门排泥、水，当机械加速澄清池水位降低至搅拌机叶轮时，停搅拌机、刮泥机。

（4）放尽池水，将积泥冲洗干净。

3.5 循环水补充水系统

3.5.1 系统投运前准备

3.5.1.1 检查循环水补充水泵处于备用状态，控制按钮位置处于"远方"。

3.5.1.2 检查清水池液位高于 1.2m，液位计指示准确，出口手动门处于开启状态。

3.5.1.3 检查循环水补充水泵入口气动门处于开启状态，出口手动门处于关闭状态。

3.5.2 系统的投运

3.5.2.1 启动循环水补充水泵，开启循环水补充水泵出口手动门。

3.5.2.2 根据循环水补充水流量选择循环水补充水泵的运行数量。

3.5.3 系统运行中监视及维护

3.5.3.1 监视清水池液位在 1.2m～4.2m。

3.5.3.2 检查循环水补充水泵电动机电流不超过额定电流，电动机、轴承温升应不大于 60℃，电动机、轴承温度不超过 80℃。

3.5.3.3 检查设备无泄漏。

3.5.4 系统中设备的切换（以 1 号泵运行，2 号泵备用为例）：

3.5.4.1 停运 1 号循环水补充水泵。

3.5.4.2 投运 2 号循环水补充水泵。

3.5.5 系统的停运

3.5.5.1 关闭循环补充水泵出口手动门。

3.5.5.2 停运循环补充水泵。

3.6 循环水加药系统

3.6.1 系统投运前准备

3.6.1.1 循环水加药系统检修工作已结束，工作票已终结，安全措施已恢复。

3.6.1.2 检查加药系统处于备用状态，就地控制柜各控制按钮位置处于"远方"。

3.6.1.3 检查各计量箱中药液液位高于 0.3m。

3.6.1.4 检查各加药泵具备启动条件。

3.6.1.5 加药系统各阀门开关状态正确。

3.6.2 系统的投运

3.6.2.1 投运循环水消泡剂计量泵。

3.6.2.2 投运循环水阻垢剂、缓蚀剂计量泵。

3.6.2.3 投运循环水杀菌剂计量泵。

3.6.3 系统运行中监视及维护

3.6.3.1 检查加药系统各加药箱、加药管道无泄漏。

3.6.3.2 检查各加药泵电动机温度小于 65℃。

3.6.3.3 日常运行中应及时配药，保证各加药计量箱液位不低于 0.3m。

3.6.4 系统中设备的切换（以 1 号循环水消泡剂计量泵运行，2 号循环水消泡剂计量泵备用为例）

3.6.4.1 检查 1、2 号循环水消泡剂计量泵出口联络门已开启，2、3 号循环水消泡剂计量泵出口联络门已关闭。

3.6.4.2 启动 2 号循环水消泡剂计量泵。

3.6.4.3 检查 2 号循环水消泡剂计量泵运行正常后，停运 1 号循环水消泡剂计量泵。

3.6.5 系统的停运

3.6.5.1 停运循环水消泡剂计量泵。

3.6.5.2 停运循环水阻垢剂、缓蚀剂计量泵。

3.6.5.3 停运循环水杀菌剂计量泵。

3.7 系统异常处理

3.7.1 机械加速澄清池出水水质不合格。

3.7.1.1 现象：

1) 出水浑浊。

2) 絮凝物上浮。

3) 出水水质发白。

3.7.1.2 原因：

1) 无活性泥渣。

2) 排泥不够，积泥太高。

3) 混凝剂加药量不足。

4) 混凝剂加药量过大。

5) 机械加速澄清池进水流量突然增加。

6) 搅拌机转速过快。

3.7.1.3 处理：

1）投泥、养泥。

2）加强排泥。

3）提高混凝剂加药量。

4）降低混凝剂加药量。

5）平稳调节机械加速澄清池进水流量。

6）降低搅拌机转速。

3.7.2 单室过滤器出水水质不合格

3.7.2.1 现象：

1）出水浊度不合格。

2）进出口压差增大。

3）出水有带砂现象。

3.7.2.2 原因：

1）进水流量过大。

2）进水水质差。

3）滤料失效。

4）滤料乱层或滤层太低。

5）过滤器反洗不彻底，滤料被污染结块。

6）滤料中有气泡。

7）水帽脱落。

3.7.2.3 处理：

1）降低进水流量。

2）尽快调整机械加速澄清池出水水质。

3）停止运行，进行反洗。

4）联系检修人员处理，必要时更换滤料。

5）加强空气擦洗和水反洗，适当延长反洗时间。

6）加强反洗。

7）停过滤器检查。

3.7.3 单室过滤器出力不足

3.7.3.1 现象：

1）出水流量小。

2）出水压力低。

3.7.3.2 原因：

1）出、入口门未开启。

2）滤层水头损失太大。

3）反洗排水门或正洗排水门漏水严重。

3.7.3.3 处理：

1）开启出、入口门。

2）反洗单室过滤器。

3）联系检修处理。

4 锅炉补给水处理系统

4.1 概述

4.1.1 系统简介

循环水旁流系统处理后的水由锅炉补给水清水泵输送至锅炉补给水处理系统。锅炉补给水处理系统将水中杂质去除，为锅炉提供高品质的除盐水。

4.1.2 系统流程

锅炉补给水清水池→锅炉补给水清水泵→活性炭过滤器→超滤前置 $100\mu m$ 保安过滤器→超滤装置→超滤出水箱→超滤出水升压泵→反渗透前置 $5\mu m$ 保安过滤器→反渗透装置→除碳器→中间水箱→中间水泵→阳离子交换器（阳床）→阴离子交换器（阴床）→混合离子交换器（混床）→除盐水箱→凝补水箱。

4.2 主要设备规范

4.2.1 活性炭过滤器

项 目	单位	技术参数
数量	台	4
单台设计出力	m^3/h	80
最低工作温度	℃	5
最高工作温度	℃	60
设计压力	MPa	0.6
正常出力时运行压差	MPa	≤0.05
最大出力时运行压差	MPa	≤0.03

4.2.2 超滤系统

项 目	单位	技术参数
超滤装置		
数量	套	2
出力	m^3/h	120
回收率	%	≥90
超滤前置保安过滤器		
数量	个	2
出力	m^3/h	175
过滤精度	μm	100
设计压力	MPa	0.60
超滤清洗保安过滤器		
数量	个	1
出力	m^3/h	570
过滤精度	μm	100

4.2.3 反渗透系统

项 目	单位	技术参数
反渗透装置		
数量	套	2
出力	m³/h	60/90
回收率	%	50/75
脱盐率	%	≥98
反渗透前置保安过滤器		
数量	台	2
出力	m³/h	120
过滤精度	mm	5
反渗透清洗保安过滤器		
数量	个	1
过滤精度	mm	5
出力	m³/h	100

4.2.4 除碳器

项目名称	单位	规范
数量	台	2
直径	mm	1200
设计压力	MPa	<0.1
最低工作温度	℃	5
最高工作温度	℃	60
出力	m³/h	60

4.2.5 一级除盐、混床系统

项 目	单位	技术参数
阳离子交换器（阳床）		
数量	个	2
设计压力	MPa	0.6
出力	m³/h	90
最大出力	m³/h	120
阴离子交换器（阴床）		
数量	个	2
设计压力	MPa	0.6
出力	m³/h	90

项　目	单位	技术参数
最大出力	m³/h	120
混合离子交换器（混床）		
数量	个	2
设计压力	MPa	0.6
出力	m³/h	90
最大出力	m³/h	120
阳树脂储存罐		
数量	个	1
设计压力	MPa	0.6
阴树脂储存罐		
数量	个	1
设计压力	MPa	0.6
树脂捕捉器		
数量	个	2
设计压力	MPa	0.60

4.2.6　药品储存罐（箱）

项　目	单位	技术参数
超滤反洗加药计量箱		
数量	个	1
容积	m³	1.0
反渗透阻垢剂计量箱		
数量	个	2
容积	m³	1.0
反渗透还原剂计量箱		
数量	个	2
容积	m³	1.0
水处理酸储罐		
数量	个	2
容积	m³	25
直径	mm	2500
水处理碱储罐		
数量	个	2
容积	m³	25
直径	mm	2500

项　目	单位	技术参数
酸计量箱		
数量	个	1
容积	m³	1.0
直径	mm	1020
碱计量箱		
数量	个	1
容积	m³	1.0
直径	mm	1020
水处理压缩空气储罐		
数量	个	2
容积	m³	20

4.2.7　泵及风机

项　目	单位	技术参数
锅炉补给水清水泵		
数量	台	3
出力	m³/h	120~240
扬程	MPa	0.57~0.44
电动机功率	kW	45
锅炉补给水浓硫酸计量泵		
数量	台	2
出力	L/h	20
扬程	MPa	1.0
活性炭过滤器反洗水泵		
数量	台	2
出力	m³/h	120~240
扬程	MPa	0.30~0.22
电动机功率	kW	30
超滤出水升压泵		
数量	台	3
出力	m³/h	60~120
扬程	MPa	0.53~0.46
电动机功率	kW	22
超滤反洗水泵		
数量	台	2
出力	m³/h	240~460

项　目	单位	技术参数
扬程	MPa	0.225～0.175
电动机功率	kW	37
超滤反洗加药泵		
数量	台	2
出力	L/h	350
扬程	MPa	0.32
超滤清洗水泵		
数量	台	1
出力	m³/h	570
扬程	MPa	0.32
电动机功率	kW	120
反渗透高压泵		
数量	台	2
出力	m³/h	120
扬程	MPa	1.80
电动机功率	kW	110
反渗透加酸计量泵		
数量	台	2
出力	L/h	260
扬程	MPa	1.0
电动机功率	kW	0.37
反渗透阻垢剂计量泵		
数量	台	3
出力	L/h	0～101
扬程	MPa	1.0
反渗透还原剂计量泵		
数量	台	2
出力	L/h	25
扬程	MPa	1.0
电动机功率	kW	0.25
反渗透冲洗水泵		
数量	台	1
出力	m³/h	60～120
扬程	MPa	0.36～0.29
电动机功率	kW	15
反渗透清洗水泵		

项 目	单位	技术参数
数量	台	1
型号		IH80-400C
出力	m³/h	100
扬程	MPa	0.32
电动机功率	kW	30
除碳风机		
出力	m³/h	2100
扬程	Pa	2500
电动机功率	kW	2.2
中间水泵		
数量	台	2
出力	m³/h	60~120
扬程	MPa	0.54~0.47
电动机功率	kW	22
除盐水泵（一）		
数量	台	2
出力	m³/h	60~120
扬程	MPa	0.54~0.47
电动机功率	kW	22
除盐水泵（二）		
数量	台	2
出力	m³/h	240~460
扬程	MPa	0.55~0.45
电动机功率	kW	90
酸、碱再生水泵		
数量	台	2
出力	m³/h	15~30
扬程	MPa	0.34~0.35
电动机功率	kW	5.5
除盐自用水泵		
数量	台	1
出力	m³/h	30~60
扬程	MPa	0.36~0.29
电动机功率	kW	11
水处理卸酸泵		
数量	台	1

续表

项 目	单 位	技术参数
出力	m³/h	25
扬程	MPa	0.20
电动机功率	kW	4
水处理卸碱泵		
数量	台	1
出力	m³/h	25
扬程	MPa	0.20
电动机功率	kW	4
中和池排水泵		
数量	台	2
出力	m³/h	120~240
扬程	MPa	0.30~0.24
电机功率	kW	37

4.2.8 水池（箱）

项 目	单 位	技术参数
锅炉补给水清水池		
数量	个	1
容积	m³	200
超滤产水箱		
数量	个	2
容积	m³	150
清洗溶液箱		
数量	个	1
直径	mm	1800
容积	m³	5
中间水箱		
数量	个	2
容积	m³	15
除盐水箱		
数量	个	2
容积	m³	5000
中和池		
数量	个	2
容积	m³	200

4.3 系统连锁保护及试验

4.3.1 锅炉补给水清水泵。保护停：锅炉补给水清水池液位小于 1m。

4.3.2 超滤。保护停：

1）超滤产水压力大于 0.30MPa。

2）超滤进水压力大于 0.30MPa。

3）超滤反洗进水压力大于 0.30MPa。

4.3.3 反渗透。保护停：

1）反渗透高压泵入口压力不大于 0.1MPa。

2）反渗透高压泵出口压力不小于 2.0MPa。

4.3.4 锅炉补给水浓硫酸计量泵。保护停：浓硫酸贮罐液位小于 0.2m。

4.3.5 活性炭过滤器反洗水泵。保护停：锅炉补给水清水池液位小于 1m。

4.4 系统投运前准备

4.4.1 锅炉补给水系统检修工作已结束，工作票已终结，安全措施已恢复。

4.4.2 锅炉补给水系统处于备用状态，就地控制柜正常、各控制按钮位置处于"远方"。

4.4.3 锅炉补给水加药系统处于备用状态，就地控制柜正常、各控制按钮位置处于"远方"。

4.4.4 锅炉补给水清水泵处于备用状态。

4.4.5 检查所有管道之间连接应完好紧密。

4.4.6 检查系统各阀门开关状态正确，反馈信号正常。

4.4.7 系统中各仪表已正常投运。

4.5 系统的投运

4.5.1 启动锅炉补给水清水泵，对活性炭过滤器进行正洗。

4.5.2 启动锅炉补给水浓硫酸计量泵，调整锅炉补给水 pH 值为 6.5～7.8。

4.5.3 活性炭过滤器正洗至余氯不大于 1mg/L 后，投运活性炭过滤器及超滤装置。

4.5.4 调整活性炭过滤器出力使超滤装置产水量为 120m³/h。

4.5.5 调整超滤浓水流量，控制回收率为 90%。

4.5.6 投运除碳器。

4.5.7 超滤产水箱水位高于 1.5m 后，对反渗透前置保安过滤器进行充水。

4.5.8 当反渗透前置保安过滤器充满水，且反渗透进水母管 SDI 小于 3 后投运反渗透装置。

4.5.9 检查反渗透各加药装置运行正常，调整反渗透装置浓水流量，控制回收率为 50%。

4.5.10 中间水箱水位高于 1.5m 后，投运中间水泵对阳床进行正洗。

4.5.11 阳床正洗至 $Na^+ < 100\mu g/L$ 后，投运阳床，对阴床进行正洗。

4.5.12 阴床正洗至电导$<5\mu S/cm$、$SiO_2 < 100\mu g/L$ 后，投运阴床，对混床进行正洗。

4.5.13 混床正洗至电导$<0.15\mu S/cm$、$SiO_2 < 10\mu g/L$、$Na^+ < 5\mu g/L$ 后，投运混床，向除盐水箱供水。

4.6 系统运行中监视及维护

4.6.1 运行中应密切监视出水指标满足以下要求。

项目	单 位		技术参数
超滤入口	浊度	mg/L	≤20
	余氯	mg/L	0.3~1
	pH		6.5~7.8
超滤出口	浊度	NTU	≤0.1
	SDI		<3
反渗透入口	SDI		<3
	余氯	mg/L	≤0.1
	COD	mg/L	<2
	pH		4~7
反渗透出口	脱盐率	%	≥98
除碳器出口	CO_2	mg/L	≤5
阳床出口	Na^+	μg/L	≤100
阴床出口	电导	μS/cm	≤5
	YD	μmol/L	
	pH		7±0.5
	SiO_2	μg/L	≤100
混床出口	电导	μS/cm	≤0.15
	YD	μmol/L	
	pH		7±0.5
	SiO_2	μg/L	≤10
	Na^+	μg/L	≤5
除盐水泵出口母管	电导	μS/cm	≤0.15
	YD	μmol/L	
	pH		7±0.5
	SiO_2	μg/L	≤10
	Na^+	μg/L	≤5

4.6.2 当活性炭过滤器进出口压差大于 0.10MPa 或累计运行达 168h 后,应立即停运反洗。

4.6.3 超滤装置进水压力正常控制在 0.05MPa ~ 0.2MPa 之间,最高不得大于 0.3MPa。

4.6.4 如果超滤进水浊度增大,要及时调整超滤浓水排放量,减小超滤回收率。

4.6.5 注意对反渗透装置的进水压力进行监视调整,保证反渗透高压泵进口压力>0.1MPa。

4.6.6 当反渗透前置 5μm 保安过滤器进出口压差≥0.1MPa 时,必须更换滤芯。

4.6.7 运行中应控制反渗透膜组件的进水压力小于 2.2MPa。

4.6.8 检查各加药计量泵加药正常。

4.6.9 日常运行中应及时配药，保证各加药计量箱液位不低于 0.3m。

4.6.10 当反渗透出现下列情况时，应停运反渗透并立即进行化学清洗：

4.6.10.1 反渗透装置运行过程中出现产水压力高报警。

4.6.10.2 产水含盐量比上次清洗后上升 10％。

4.6.10.3 反渗透装置每段压差比上次清洗后上升 15％或 0.035MPa。

4.6.10.4 在正常给水压力下，产水量较正常值下降 10％～15％。

4.6.10.5 为维持正常的产水量，给水压力增加 10％～15％。

4.6.10.6 已证实有污染或结垢发生。

4.6.11 当阳床、阴床、混床出水指标超过规定时应立即停运，并进行再生操作。

4.7 系统的停运

4.7.1 打开混床正洗排水门，关闭混床出口气动门，停止向除盐水箱供水。

4.7.2 停运中间水泵，并停运阳床、阴床、混床。

4.7.3 中间水箱液位高于 3m 后，停运反渗透系统，检查反渗透加药系统已停运。

4.7.3.1 若反渗透停运时间在 7 天以内，为防止滋生微生物应每 24h 对停运的反渗透进行一次低压冲洗。

4.7.3.2 若反渗透停运时间在 7 天以上，应用 1％～1.5％的焦亚硫酸钠溶液冲洗系统，当浓水中含 1.0％的焦亚硫酸钠时冲洗过程结束，关闭反渗透系统所有进、出口阀门，每周检测一次保护液 pH 值，当 pH<3 或保护液使用时间达一个月时，更换保护液。

4.7.4 停运除碳器。

4.7.5 超滤产水箱液位高于 3m 后，打开活性炭过滤器正洗排水门，停运超滤。

4.7.6 停运锅炉补给水浓硫酸计量泵、锅炉补给水清水泵。

4.8 系统异常处理

4.8.1 超滤出水水质不合格

4.8.1.1 现象：

1) 超滤出水浊度超标。

2) 超滤进出口压差增大。

4.8.1.2 原因：

1) 超滤进水悬浮物含量高。

2) 超滤膜污堵。

3) 超滤膜损坏。

4) 超滤反洗不及时。

4.8.1.3 处理：

1) 调整活性炭过滤器出水水质。

2) 对超滤进行化学清洗。

3) 更换超滤膜。

4) 加强超滤的反洗。

4.8.2 反渗透装置制水异常

4.8.2.1 现象：

1）反渗透系统脱盐率显著下降，产水流量略有上升，压差略有下降。

2）反渗透系统压差显著上升，产水流量略有下降，脱盐率略有下降。

3）反渗透出口电导率显著上升。

4.8.2.2 原因：

1）膜功能衰退。

2）中心管断裂。

3）膜元件损坏。

4）反渗透进水水质不好。

5）反渗透保安过滤器滤芯失效。

6）膜污染。

7）反渗透高压泵机械密封损坏。

4.8.2.3 处理：

1）更换膜元件。

2）更换中心管。

3）更换膜元件。

4）调整反渗透前各装置的出水质量。

5）更换反渗透保安过滤器滤芯。

6）对反渗透进行化学清洗。

7）联系检修处理。

4.8.3 一级除盐及混床再生不良

4.8.3.1 现象：

1）阳床再生后出水 Na^+ 偏高。

2）阴床再生后出水电导率偏高。

3）一级除盐周期制水量减少。

4.8.3.2 原因：

1）再生时反洗不彻底。

2）再生液用量不足。

3）再生液均布装置损坏。

4）再生液质量不好。

5）树脂乱层。

4.8.3.3 处理：

1）重新再生，对树脂进行彻底反洗。

2）重新再生，增大再生液用量。

3）联系检修人员处理。

4）更换再生液重新再生。

5）重新再生。

4.8.4 一级除盐周期制水量减少

4.8.4.1 现象：一级除盐再生频繁。

4.8.4.2　原因：

1）进水装置损坏，产生偏流。

2）再生不良。

3）树脂污染，交换容量降低。

4）来水水质恶化。

4.8.4.3　处理：

1）联系检修人员处理。

2）重新再生。

3）对树脂进行复苏处理。

4）查明原因，提高来水水质。

5 凝结水精处理系统

5.1 系统概述

5.1.1 系统简介

凝结水精处理系统采用中压运行，凝结水泵出口凝结水进入精处理系统经过100％精处理除掉腐蚀产物和溶解性盐类后进入低压加热器。每台机组凝结水精处理系统设置2台前置过滤器、4台高速混床、1台再循环泵、1个前置过滤器旁路、1个高速混床旁路。机组正常运行时，两台前置过滤器并联运行，不设备用；3台高速混床并联运行，1台备用。高速混床树脂失效后采用高塔法进行体外再生，3、4号机组精处理高速混床共用一套再生及再生辅助设备。当精处理故障或凝结水异常时，可开启前置过滤器旁路和高速混床旁路，保护精处理设备。

5.1.2 系统流程

5.1.2.1 凝结水精处理系统流程如下：

凝结水泵出口凝结水→前置过滤器→高速混床→树脂捕捉器→低压加热器。

5.1.2.2 凝结水精处理再生系统流程如下。

再生不合格树脂：

备用树脂。

5.2 主要设备规范

5.2.1 前置过滤器

项目	单位	技术参数
额定/最大出力	m³/h	1170/1350
设计温度	℃	60
设计/试验压力	MPa	4.5/5.625

5.2.2 高速混床

项目	单位	技术参数
额定/最大出力	m³/h	773.33/850.66
设计/试验压力	MPa	4.5/5.625
额定/最大温度	℃	50/55
额定/最大出力压差	MPa	0.172/0.35

5.2.3 树脂捕捉器

项目	单位	技术参数
额定/最大出力	m³/h	773.33/850.66
设计/试验压力	MPa	4.5/5.625
额定/最大工作温度	℃	50/55
额定/最大出力压差	MPa	0.02/0.05

5.2.4 树脂分离塔

项目	单位	技术参数
设计/试验压力	MPa	0.75/0.9375

5.2.5 阴再生塔（阴塔）

项目	单位	技术参数
设计/试验压力	MPa	0.75/0.9375
工作温度	℃	20～50

5.2.6 阳再生塔（阳塔）

项目	单位	技术参数
设计/试验压力	MPa	0.75/0.9375
工作温度	℃	20～50

5.2.7 树脂储存塔

项目	单位	技术参数
设计/试验压力	MPa	0.75/0.9375
工作温度	℃	2～50

5.2.8 精处理酸/碱储罐

项目	单位	技术参数
设备容积	m³	12

5.2.9 电热水箱（热水罐）

项目	单位	技术参数
设备容积	m³	8
设计/试验压力	MPa	0.6/0.75
设备工作温度范围	℃	1～100

5.2.10 精处理压缩空气储罐

项目	单位	技术参数
容积	m³	8
数量	台	3
工作压力	MPa	1.0
设计压力	MPa	1.25

5.2.11 机组排水槽

项目	单位	技术参数
有效容积	m³	490
规格（长×宽×高）	m	12.52×10.02×4.3

5.2.12 机组回收水池

项目	单位	技术参数
有效容积	m³	240
规格（长×宽×高）	m	12.52×4.5×4.3

5.2.13 泵及风机

项目	单位	技术参数
冲洗水泵		
数量	台	2
出力	m³/h	100
扬程	MPa	0.5
电动机功率	kW	22
精处理再循环泵		
数量	台	2
出力	m³/h	430
扬程	MPa	0.32
电动机功率	kW	75
精处理反洗水泵		
数量	台	2
出力	m³/h	100
扬程	MPa	0.5
精处理反洗排水泵		
数量	台	4
出力	m³/h	50
扬程	MPa	0.5

项目	单位	技术参数
精处理酸计量泵		
数量	台	2
出力	L/h	2500
精处理碱计量泵		
数量	台	2
出力	L/h	2300
废水泵		
数量	台	2
出力	m³/h	100
扬程	MPa	0.5
电动机功率	kW	37
机组排水泵		
数量	台	3
出力	m³/h	250
扬程	MPa	0.45
电动机功率	kW	75
转速	r/min	1450
机组排水槽罗茨风机		
数量	台	1
排气压力	kPa	49
额定排气量	m³/h	~10
风机转速	r/min	1400
电动机功率	kW	15
电动机转速	r/min	1450
机组回收水泵		
数量	台	2
出力	m³/h	200
扬程	MPa	0.45
电动机功率	kW	55
转速	r/min	2900
精处理罗茨风机		
数量	台	2
出力	m³/min	8.89
扬程	MPa	0.098
电动机功率	kW	30

项目	单位	技术参数
精处理卸酸泵		
数量	台	1
出力	m³/h	10
扬程	MPa	0.2
精处理卸碱泵		
数量	台	1
出力	m³/h	10
扬程	MPa	0.2

5.3　系统联锁保护及试验

5.3.1　精处理前置过滤器旁路。保护开：前置过滤器旁路压差大于 0.15MPa。

5.3.2　精处理高速混床旁路。保护开：

(1) 高速混床旁路压差大于 0.35MPa。

(2) 高速混床进水母管温度大于 50℃。

5.4　精处理系统

5.4.1　系统投运前准备

5.4.1.1　精处理系统检修工作已结束，工作票已终结，安全措施已恢复。

5.4.1.2　检查精处理压缩空气储罐压力不小于 0.6MPa。

5.4.1.3　检查精处理系统就地控制柜正常、各控制按钮位置处于"远方"。

5.4.1.4　检查所有管道之间连接应完好紧密，无漏水、漏气现象。

5.4.1.5　精处理系统各仪表已正常投运。

5.4.1.6　检查精处理系统各阀门开关状态正确，反馈信号正常。

5.4.1.7　前置过滤器、高速混床处于备用状态。

5.4.1.8　检查高速混床内树脂层高度应适中，床面应平整，树脂应再生好且混合均匀。

5.4.1.9　精处理再循环泵处于备用状态。

5.4.1.10　确认精处理系统进水 Fe 小于 1000μg/L。

5.4.1.11　程控系统工作正常，画面无异常现象。

5.4.1.12　确认前置过滤器及高速混床处于满水状态。

5.4.2　系统的投运

5.4.2.1　依次将两台前置过滤器投入运行，现场检查前置过滤器运行正常。

5.4.2.2　两台前置过滤器投入运行后，检查前置过滤器旁路电动门已连锁关闭。

5.4.2.3　关闭前置过滤器旁路手动门。

5.4.2.4　依次将三台高速混床投入运行，现场检查高速混床运行正常，出水合格。

5.4.2.5　三台高速混床投入运行后，检查高速混床旁路电动门已连锁关闭。

5.4.2.6　关闭高速混床旁路手动门。

5.4.2.7　检查精处理出口母管水质合格。

5.4.3　系统运行中监视及维护

5.4.3.1　运行中应密切监视精处理系统进、出水水质指标符合下列要求。

项目		单位	技术参数
机组启动时前置过滤器进水水质	悬浮固体	$\mu g/L$	1000~3000
	总溶解固形物	$\mu g/L$	650
	SiO_2	$\mu g/L$	500
	Na^+	$\mu g/L$	~20
	Fe	$\mu g/L$	<1000
	Cu	$\mu g/L$	5~100
	Cl^-	$\mu g/L$	100
	pH（25℃）		9.0~9.6
机组正常运行时前置过滤器进水水质	悬浮固体	$\mu g/L$	10~50
	总溶解固形物	$\mu g/L$	100
	SiO_2	$\mu g/L$	20
	Na^+	$\mu g/L$	2~5
	Fe	$\mu g/L$	5~20
	Cu	$\mu g/L$	2~10
	Cl^-	$\mu g/L$	20
	pH（25℃）		8.0~9.0
机组正常运行时高速混床出水水质	悬浮固体	$\mu g/L$	≤5
	总溶解固形物	$\mu g/L$	≤20
	SiO_2	$\mu g/L$	≤5
	Na^+	$\mu g/L$	≤1
	Fe	$\mu g/L$	≤3
	Cu	$\mu g/L$	≤1
	pH（25℃）		6.5~7.5
	氢电导（25℃）	$\mu S/cm$	<0.10

5.4.3.2　密切监视前置过滤器的进出口压差及运行周期，当前置过滤器进出口压差达到 0.12MPa 或运行周期达到 72h 应对前置过滤器进行反洗。

5.4.3.3　两台前置过滤器的反洗操作必须依次进行，严禁同时对两台过滤器进行反洗。

5.4.3.4　当高速混床出水 Na^+>$1\mu g/L$、SiO_2>$5\mu g/L$ 或氢电导>$0.10\mu S/cm$ 时，应投入备用高速混床，停运失效的高速混床。

5.4.3.5　精处理系统运行期间应避免多台高速混床同时失效，必要时可对运行中未失效的高速混床提前进行再生。

5.4.3.6　前置过滤器旁路压差大于 0.15MPa 时，若前置过滤器旁路电动门未连锁开启，则应立即开启前置过滤器旁路手动门。

5.4.3.7　高速混床旁路压差大于 0.35MPa 时，若高速混床旁路电动门未连锁开启，则应立即开启高速混床旁路手动门。

5.4.3.8 高速混床进水母管温度＞50℃时，若高速混床旁路电动门未连锁开启，则应立即开启高速混床旁路手动门，并将高速混床退出运行。

5.4.4 系统中设备的切换（以 3A 高速混床失效，3B 高速混床备用为例）

5.4.4.1 检查 3B 高速混床，确认其符合投运条件。

5.4.4.2 投运 3B 高速混床，检查其运行正常，出水合格。

5.4.4.3 将 3A 高速混床退出运行。

5.4.5 系统的停运

5.4.5.1 联系值长，确认精处理系统可以退出运行。

5.4.5.2 开启高速混床旁路手动门和前置过滤器旁路手动门。

5.4.5.3 停运高速混床，检查高速混床旁路电动门连锁开启正常。

5.4.5.4 停运前置过滤器，检查前置过滤器旁路电动门连锁开启正常。

5.5 精处理再生系统

5.5.1 系统投运前准备

5.5.1.1 精处理再生系统检修工作已结束，工作票已终结，安全措施已恢复。

5.5.1.2 检查精处理压缩空气储罐压力≥0.6MPa。

5.5.1.3 再生系统就地控制柜正常、各控制按钮位置处于"远方"。

5.5.1.4 检查所有管道之间连接应完好紧密，无漏水、漏气、漏酸碱现象。

5.5.1.5 再生系统各种仪表符合投入条件，仪表取样门已开启。

5.5.1.6 检查系统各阀门开关状态正确，反馈信号正常。

5.5.1.7 精处理酸碱储罐液位高于 0.3m，酸碱储罐液位计指示准确。

5.5.1.8 热水罐加热器运行正常，控制其出水温度为 40℃。

5.5.1.9 冲洗水泵、精处理罗茨风机、酸碱计量泵处于备用状态。

5.5.1.10 废水池、机组排水槽水位处于低液位。

5.5.1.11 失效高速混床已退出运行，且高速混床已卸压。

5.5.2 系统的投运

5.5.2.1 将失效树脂从高速混床送至树脂分离塔。

5.5.2.2 将备用树脂从阳再生塔输送至高速混床。

5.5.2.3 将失效树脂在树脂分离塔内反洗分离，并将阴树脂送至阴再生塔、阳树脂送至阳再生塔。

5.5.2.4 对阴再生塔内的阴树脂进行再生，阴再生塔内阴树脂正洗出水电导应在 1h 内降至 $8\mu S/cm$ 以下，否则对阴树脂重新进行再生。

5.5.2.5 对阳再生塔内的阳树脂进行再生，阳再生塔内阳树脂正洗出水电导应在 1h 内降至 $8\mu S/cm$ 以下，否则对阳树脂重新进行再生。

5.5.2.6 将阴再生塔内再生合格的阴树脂送至阳再生塔进行阴、阳树脂混合。混合后的树脂正洗出水电导应在 30min 内降至 $0.10\mu S/cm$ 以下，否则对阳塔内树脂重新进行混脂。再次混脂后，若其出水电导在 30min 内仍不能降至 $0.10\mu S/cm$ 以下，则判断为再生失败。

5.5.2.7 如果再生失败，则将树脂从阳再生塔送到树脂分离塔重新进行分离再生。

5.5.3 系统运行中监视及维护

5.5.3.1 分离塔内树脂应擦洗至排水清澈无杂质。

5.5.3.2 分离塔内阴、阳树脂反洗分层界限明显。

5.5.3.3 密切观察树脂输出分离塔后的界面高度，发现树脂量异常及时报告。

5.5.3.4 注意观察酸碱储罐液位正常及控制酸碱液浓度 3%～4%。

5.5.3.5 再生好阴树脂输送到阳塔后，阳塔内阴、阳树脂应混合均匀。

5.5.3.6 注意观察废水树脂捕捉箱是否有大量树脂，控制废水池水位，及时排出废水。

5.5.3.7 备用树脂输送至高速混床前应进行一次正洗，正洗至出水电导小于 0.10μs/cm。

5.5.3.8 再生进酸碱时，应对酸碱管路进行全面检查，如果发现漏点，应立即停运酸碱计量泵并对漏点附近地面进行冲洗。

5.6 系统异常处理

5.6.1 高速混床出水不合格

5.6.1.1 现象：

1）高速混床出水 Na^+ 超标。

2）高速混床出水电导超标。

3）高速混床出水 SiO_2 超标。

5.6.1.2 原因：

1）混床失效。

2）树脂混合不均匀。

3）凝结水水质劣化。

4）再生不良。

5）树脂污染或老化。

5.6.1.3 处理：

1）停运再生。

2）重新混脂。

3）及时联系值长，查明凝结水水质劣化原因。

4）重新再生。

5）复苏或更换树脂。

5.6.2 高速混床周期制水量减少

5.6.2.1 现象：

1）高速混床再生频繁。

2）高速混床出水水质可能变差。

5.6.2.2 原因：

1）混床偏流。

2）树脂混合不均匀。

3）再生不彻底。

4）凝结水水质劣化。

5）树脂污染。

6）加氨量过多。

5.6.2.3 处理：

1）联系检修人员处理。

2）重新混脂。

3）重新再生。

4）及时联系值长，查明凝结水水质劣化原因。

5）复苏或更换树脂。

6）调整加氨量。

5.6.3 树脂再生不良

5.6.3.1 现象：

1）树脂再生后正洗不合格。

2）树脂再生后周期制水量减少。

5.6.3.2 原因：

1）再生时阴、阳树脂分离不完全。

2）树脂混合不均匀。

3）再生液质量不好。

4）树脂污染或老化。

5）再生液均布装置损坏。

6）再生液用量不足。

5.6.3.3 处理：

1）重新进行分离再生。

2）重新混脂。

3）更换再生液。

4）复苏或更换树脂。

5）联系检修处理。

6）增大再生液用量。

6　汽水取样及炉内加药系统

6.1　系统概述

6.1.1　系统简介

每台机组设置一套汽水取样装置，汽水取样装置对机组汽水品质进行连续监测。

每台机组设置 2 台给水加氨泵、2 台凝结水加氨泵、1 台闭冷水加氨泵（2 台机组闭冷水加氨泵互为备用），加氨点分别设在给水泵进口、凝结水精处理装置出口母管、闭式循环冷却水泵入口处；每台机组设置一套加氧装置，加氧点分别设在凝结水精处理装置出口母管和给水泵进口。

6.1.2　系统流程

主机加药点位置如下：

凝汽器→凝结水泵→精处理→轴加→低压加热器→除氧器→给水泵→高压加热器→省煤器

凝结水加药　　　　　　　　给水加药系统
↑　　　　　　　　　　　↑

→汽水分离器→过热器→高压缸→再热器→中压缸→低压缸→凝汽器

6.2　主要设备规范

6.2.1　给水、凝结水及闭冷水加氨装置

项目	单位	技术参数（单台机组）
氨计量箱		
数量	台	2
有效容积	m³	3
高度	m	1.5
给水加氨泵		
数量	台	2
出力	L/h	160
扬程	MPa	1.7
电动机功率	kW	· 0.75
凝结水加氨泵		
数量	台	2
出力	L/h	240
扬程	MPa	5.0
电动机功率	kW	1.5
闭冷水加氨泵		
数量	台	1
出力	L/h	60
扬程	MPa	1.0
电动机功率	kW	0.55

6.2.2 给水、凝结水加氧装置

项　目	单位	技术参数（单台机组）
钢瓶数量	个	3
钢瓶接口	个	5
钢瓶容积	L	40

6.2.3 汽水取样系统

项目	单位	技术参数（单台机组）
高温取样架		
冷却水流量	m³/h	25
冷却水压力	MPa	0.3
取样仪表屏		
冷却水流量	m³/h	3
冷却水压力	MPa	0.3

6.3 系统联锁保护及试验

6.3.1 自动稳流关断阀

6.3.1.1 保护关：

1）取样仪表屏出口水样温度大于 45℃。

2）取样仪表屏出口水样压力不小于 0.8MPa。

3）取样仪表屏出口水样压力不大于 0.2MPa。

6.3.2 给水加氨泵。保护停：氨计量箱液位小于 0.1m。

6.3.3 凝结水加氨泵。保护停：氨计量箱液位小于 0.1m。

6.3.4 闭冷水加氨泵。保护停：氨计量箱液位小于 0.1m。

6.4 汽水取样系统

6.4.1 系统投运前准备

6.4.1.1 汽水取样系统检修工作已结束，工作票已终结，安全措施已恢复。

6.4.1.2 汽水取样系统在线化学仪表处于备用状态。

6.4.1.3 汽水取样系统冷却水回路运行正常，并开启所有取样冷却器冷却水入口手动门、回水手动门。

6.4.1.4 开启汽水取样架所有取样一次门、二次门、排污门。

6.4.2 系统的投运

6.4.2.1 联系主控开启汽水取样系统对应的机组侧各取样手动门。

6.4.2.2 凝泵启动后，开启取样仪表屏凝结水泵出口、除氧器入口、除氧器出口人工取样手动门，缓慢关闭相应的排污门。在关闭排污门过程中应密切注意取样仪表屏前人工取样水温变化，若水温异常应立即重新开启高温取样架排污门，并检查冷却水系统是否正常。

6.4.2.3 投运恒温控制系统。

6.4.2.4 机组点火 0.5h 后，开取样仪表屏其他水样人工取样手动门，缓慢关闭相应取样点排污门，并调整取样流量。在关闭排污门过程中应密切注意取样仪表屏前人工取样水温变化。若水温超过 45℃，应立即重新开启高温取样架排污门，并检查冷却水系统是否正常。

6.4.2.5 机组并网后，投运相关在线仪表。

6.4.2.6 汽水取样系统投运的注意事项：

1）在操作高温取样架过程中应缓慢开、关阀门，并在开启阀门过程中注意各个管道及阀门是否有泄漏现象，如有泄漏应立即停止操作，联系检修处理。

2）高温取样架的高压门不宜频繁操作。正常运行时高温取样架取样一、二次门保持全开，禁止使用高压门进行流量调节。

3）冷却器中冷却水不得中断，以防水样温度过高损坏设备及危害人身安全。

6.4.3 系统运行中监视及维护

6.4.3.1 运行中应密切监视汽水品质符合下列要求。

项 目		单位	技术参数		
			启动试验	正常运行	
				控制值	期望值
凝结水泵出口	氢电导（25℃）	μS/cm	≤0.5	<0.20	<0.15
	pH（25℃）		9.0～9.5	8.0～9.0	—
	溶解氧	μg/L	≤50	30～150	50～150
	SiO_2	μg/L	≤30	<20	≤10
	全 Fe	μg/L	≤50	<20	≤10
	Na^+	μg/L	≤50	<10	—
除氧器出口	溶解氧	μg/L	≤20	30～150	50～150
省煤器入口	氢电导（25℃）	μS/cm	≤0.3	<0.15	≤0.10
	Na^+	μg/L	≤10	≤3	≤2
	pH（25℃）		9.0～9.5	8.0～9.0	8.5
	SiO_2	μg/L	<30	≤10	≤5
	全 Fe	μg/L	<50	≤5	≤3
	溶解氧	μg/L	≤30	30～150	50～150
主蒸汽	氢电导（25℃）	μS/cm	≤0.3	<0.15	≤0.10
	SiO_2	μg/L	<30	<10	≤5
	Na^+	μg/L	≤20	≤3	≤2
再热蒸汽进口	氢电导（25℃）	μS/cm	≤0.3	<0.15	≤0.10
再热蒸汽出口	氢电导（25℃）	μS/cm	≤0.3	<0.15	≤0.10
高加疏水	氢电导（25℃）	μS/cm		<0.15	≤0.10
汽水分离器疏水	氢电导（25℃）	μS/cm	—	<0.15	≤0.10
闭式冷却水	pH（25℃）		≥9.5	≥9.5	
发电机定冷水	电导（25℃）	μS/cm		≤1.0	
	pH（25℃）			6.0～8.0	

6.4.3.2 检查取样仪表屏各取样点温度<40℃。

6.4.3.3 检查取样仪表屏各取样压力在 0.3MPa～0.7MPa。

6.4.3.4 若高温管道堵塞，则缓慢开启排污门进行冲洗。

6.4.3.5 每周在化验室对机组水质进行全分析前，对高温取样架各取样管路进行排污，进行排污操作时，首先缓慢开启高温取样架各取样管路排污门，待排污门全开后，缓慢关闭高温取样架各取样管路取样二次门，排污 5min 后，缓慢开启高温取样架各取样管路取样二次门，待取样二次门全开后，缓慢关闭高温取样架各取样管路排污门。

6.4.4 系统的停运

6.4.4.1 短期停运（7 天以内）：

1）关闭各仪表自动稳流关断阀，全开取样仪表屏人工取样门，关闭高温取样架一次门、二次门。

2）通知仪表维护人员退出在线仪表，做简单的仪表停运工作，各化学分析仪表测量系统应保持有水流或电极部分要保持一定的水位，防止电极干枯（硅表除外）。

6.4.4.2 长期停运（7 天以上）：

1）关闭各仪表自动稳流关断阀，全开取样仪表屏人工取样门，关闭高温取样架一次门、二次门。

2）通知仪表维护人员退出在线仪表，做详尽的仪表停运工作，如加电极保护套、清洗管路等。

6.5 炉内加药系统

6.5.1 系统投运前准备

6.5.1.1 炉内加药系统检修工作已结束，工作票已终结，安全措施已恢复。

6.5.1.2 氨计量箱中药液液位高于 0.3m。

6.5.1.3 检查加药系统中各设备、管道无泄漏现象。

6.5.1.4 联系值长开启凝结水加氨一次门、给水加氨一次门、闭冷水加氨一次门。

6.5.1.5 检查系统各加药管路阀门开关状态正确。

6.5.2 系统的投运

6.5.2.1 机组采取加氨处理时系统的投运：

1）在机组启动冷态和热态清洗时，启动凝结水加氨泵，控制凝结水、给水 pH 值在 9.2～9.6 之间。

2）启动闭冷水加氨泵，控制闭式循环冷却水 pH 值≥9.5。

6.5.2.2 机组采取加氧处理时系统的投运：

1）在机组启动冷态和热态清洗时，启动凝结水加氨泵，控制凝结水、给水 pH 值在 9.2～9.6 之间。

2）启动闭式冷水加氨泵，控制闭式循环冷却水 pH 值≥9.5。

3）机组带负荷超过 400MW，并且精处理出口氢电导小于 0.10μS/cm，省煤器入口给水氢电导小于 0.15μS/cm，并有继续降低的趋势时，联系值长开启凝结水加氧一次门、给水加氧一次门。

4）检查氧钢瓶管道连接正确，调节给水加氧调节器出口压力小于 2.5MPa；调节凝结水加氧调节器出口压力小于 4.0MPa，对机组进行加氧。为加快水汽循环系统中钢表面保护膜的形成和溶解氧的平衡，加氧初期可适当提高给水中的含氧量，但最高不得超过 150μg/L。

5）加氧 4h 后，降低精处理出口加氨量，控制给水 pH 值在 8.7～9.0 之间。

6）当机组正常运行后，将省煤器入口给水的 pH 控制在 8.0～9.0 之间，将省煤器入口给水的溶解氧量控制在 30～150μg/L。

6.5.3 系统运行中监视及维护

6.5.3.1 运行中可根据凝结水和给水的流量及其溶解氧量的监测数据，来调节凝结水精处理装置出口点和除氧器出口点的氧流量，将省煤器入口给水中溶解氧浓度维持在 30～150μg/L。

6.5.3.2 保持氨计量箱液位高于 0.3m，否则进行配药操作。

6.5.3.3 不能有明火、热物体及易燃、易爆物体进入加药间。

6.5.3.4 使用后的氧气瓶严禁在室内排放。

6.5.3.5 加药间应连续进行通风，保持室内空气流通。

6.5.3.6 检查加药系统无泄漏，加药泵运行正常。

6.5.3.7 若机组采用加氧处理，在发生下列情况时，应将加氧处理切换为加氨处理方式运行：

1）机组正常停机前 2h。

2）当机组给水氢电导大于 0.2μS/cm 或凝汽器存在严重泄漏影响。

3）加氧装置有故障无法加氧时。

4）机组发生 MFT 时。

6.5.3.8 加氧处理切换为加氨处理方式运行的操作：

1）关闭凝结水和给水加氧手动门、氧气瓶出口门；

2）提高加氨量，调整凝结水 pH、给水 pH 在 9.2～9.5 之间。

3）联系值长开大除氧器、高/低加排气门开度。

4）保持加氨处理方式直至停机检修或机组正常运行。

6.5.4 系统中设备的切换

6.5.4.1 加氨计量泵的切换（以 3A 给水加氨计量泵运行、3B 给水加氨计量泵备用为例）：

1）检查 3B 给水加氨计量泵符合投运条件。

2）启动 3B 给水加氨计量泵，检查 3B 给水加氨计量泵压力正常、打药正常。

3）停运 3A 给水加氨计量泵。

6.5.5 系统的停运

6.5.5.1 机组采取加氨处理时系统的停运：

1）若机组停运 1～2 天，则在停机前提高加氨量至 pH＞10，以备机组采用加氨湿法保养。

2）接主控通知，停运加氨计量泵。

6.5.5.2 机组采取加氧处理时系统的停运：

1）机组在停运前 1～2h，停止加氧，并提高加氨量，使给水 pH 值达到 9.2～9.6，同时联系主控开启除氧器排气门。

2）若机组停运 1～2 天，则在停机前提高加氨量至 pH＞10，以备机组采用加氨湿法保养。

3）接主控通知，停运加氨计量泵。

6.6　机组启动的化学监督

6.6.1　锅炉水压试验监督

新安装锅炉、运行锅炉大、小修后或锅炉本体系统检修后，在机组整体启动前，锅炉均要进行打压试验。

6.6.2　水压试验前的化学准备工作

6.6.2.1　分析仪表校验良好。

6.6.2.2　药品齐全、足量，分析器皿齐全。

6.6.3　水压试验期间的化学监督

6.6.3.1　从循环建立后，开启除氧器取样管，大流量冲洗至取样水透明、无杂质后，调整取样流量正常，取样化验给水铁、硬度，记录分析结果。

6.6.3.2　当汽水分离器水侧 Fe＞1000μg/L 或硬度＞50μmol/L 时，循环水直接排地沟，同时启动除盐水泵向凝汽器补水；若 Fe＜1000μg/L 或硬度＜50μmol/L 时，则热力系统进行打压试验。

6.6.3.3　水压试验结束后，取凝结水样分析水质，根据水质情况决定回收或排放。

6.6.3.4　若水压实验后机组备用，则应加氨。

6.6.3.5　水压试验用水水质标准：pH 值为 10～10.5（液氨调整）；除盐水的氯离子小于 0.2mg/L。

6.6.4　机组启动阶段的监督总则

6.6.4.1　机组启动过程中，必须使每个清洗阶段水质合格后，方可进入下一个步骤。

6.6.4.2　凝结水水质必须符合下列标准时，凝结水方可回收。

外观	硬度 μmol/L	铁 μg/L	钠 μg/L	二氧化硅 μg/L	铜 μg/L
无色透明	≤10.0	≤80	≤80	≤80	≤30

注　凝结水精处理正常投运，铁的标准可小于 500μg/L。

6.6.4.3　机组启动过程中，加强给水水质监督，使给水水质符合下列标准。

项目	氢电导率（25℃）μS/cm	二氧化硅 μg/L	铁 μg/L	溶解氧 μg/L	硬度 μmol/L
标准值	≤0.65	≤30	≤50	≤30	≈0

6.6.4.4　汽机冲转前蒸汽品质必须符合下列标准，否则不得冲转。

项目	氢电导率（25℃）μS/cm	二氧化硅 μg/L	铁 μg/L	铜 μg/L	钠 μg/L
标准值	≤0.5	≤30	≤50	≤15	≤20

6.6.5　机组启动前的化学准备工作

6.6.5.1 药品齐全、足量，分析仪器、分析器皿齐全，且分析仪表校验良好。

6.6.5.2 闭冷水已投运，取样化验闭冷水水质。若不合格，及时联系值长进行换水。

6.6.6 机组启动时的化学监督

6.6.6.1 锅炉冷态冲洗时化学监督：

1）小循环建立后，冲洗除氧器人工取样管，取样分析。当 $Fe \geqslant 1000\mu g/L$ 时，联系主控进行排放式冲洗（由除氧器排地沟）。冲洗至凝结水、除氧器出水含 $Fe \leqslant 1000\mu g/L$ 时，采取循环冲洗方式，回收至凝汽器，系统在凝汽器和除氧器之间采取循环清洗。

2）观察凝结水压、流量稳定正常后投入凝结水精处理装置，然后启动凝结水加氨泵，调整冲洗水 pH 值在 9.2～9.6，以减少冲洗时造成的腐蚀。

3）及时分析除氧器出水硬度及含 Fe 量，直至水质合格。当除氧器出水无色透明、无杂物，含 Fe 量降至 $100\mu g/L$～$200\mu g/L$ 时，凝结水系统、低压给水系统冲洗结束。小循环结束，机组启动进入大循环。

4）大循环建立后，除氧器可以上水及除氧（汽轮机启动除氧循环泵）。除氧器加温除氧期间，应及时分析除氧器出口水中溶解氧含量。

5）给水泵启动时，应及时启动给水加氨泵，调整 pH 值在 9.2～9.6 范围内。全面分析给水水质，给水水质合格后，汇报值长，大循环冲洗结束，锅炉可以点火。

6.6.6.2 锅炉热态冲洗时的化学监督：

1）锅炉点火后，开启主蒸汽左右侧排污门进行冲洗。

2）锅炉升温升压期间，接到值长通知，"热态冲洗开始"后，迅速对主蒸汽取样进行分析，每 15min 分析一次主蒸汽 Fe 含量。

3）当锅炉点火升压至 0.4MPa～0.5MPa 时，每 0.5h 冲洗一次水汽取样管，对汽水取样装置进行排污和全面投入具备投入条件的汽水取样点。

4）全面分析饱和蒸汽品质，重复分析，确认合格后（主蒸汽 $Fe < 50\mu g/L$），汇报值长，热态冲洗合格。

5）锅炉升压过程中，应加强对蒸汽 SiO_2 含量的分析。应及时联系主控，以便调整锅炉运行工况。

6.6.6.3 汽轮机冲转前的化学监督：

1）热态冲洗合格后，冲洗主蒸汽人工取样管路。

2）加强分析给水、主蒸汽品质。

3）当蒸汽品质符合启动标准时，联系主控可进行冲转。此时，仍应加强蒸汽品质监督，并使其在最短时间内达到正常标准。

6.6.6.4 机组带负荷时的化学监督：

1）汽轮机冲转后，及时化验凝结水、疏水品质，直至其品质符合下列标准时方可联系主控回收。

项目	硬度 $\mu mol/L$		铁 $\mu g/L$	油 mg/L
	标准值	期望值		
疏水	≤2.5	～0	≤50	—
生产回水	≤5	≤2.5	≤100	≤1

2）汽轮机带负荷前，应加强对主蒸汽的取样化验。

3）做好对给水和主蒸汽氯离子的抽样分析，并依据实际情况在运行正常时做不定期抽查，同时做好记录。

6.7 系统异常处理

6.7.1 总则

当水、汽质量劣化时，应迅速检查取样是否有代表性，检测和化验结果是否准确；并综合分析系统中水、汽质量的变化。确认判断无误后，应立即采取措施，使水、汽质量在允许的时间内恢复到正常标准值。水汽质量劣化时的三级处理：

一级处理：有造成腐蚀、积盐、结垢的可能性，应在 72h 内恢复至标准。

二级处理：肯定会腐蚀、积盐、结垢，应在 24h 内恢复至标准。

三级处理：正在加快腐蚀、积盐、结垢，如果水质不好转，应在 4h 内停炉。

在异常处理的每一级中，如果在规定的时间内尚不能恢复正常，应采取更高一级的处理方法。

6.7.2 给水水质异常处理标准

项目		标准值	处理等级		
			一级处理	二级处理	三级处理
氢电导率（25℃）μS/cm	挥发处理	<0.20	0.2～0.30	030～0.40	>0.40
溶解氧 μg/L	挥发处理	≤7	>7	>20	—
pH（25℃）	挥发处理 有铜系统	8.8～9.3	<8.8 或>9.3	<8.0	—
	挥发处理 无铜系统	9.0～9.6	<9.0 或>9.6	<8.0	—
	加氧处理	8.0～9.0	<8.0	—	—

注　给水 pH 值低于 7.0，立即停机。

6.7.3 主蒸汽水质恶化

6.7.3.1 现象：

1）主蒸汽 SiO_2 超标。

2）主蒸汽电导率超标。

6.7.3.2 原因：

1）给水水质恶化。

2）加药不足或过多。

3）凝汽器泄漏。

6.7.3.3 处理：

1）改善给水水质。

2）调整加药量。

3）对凝汽器进行堵漏。

6.7.4 凝结水水质恶化

6.7.4.1　现象：

1）凝结水 pH 超标。

2）凝结水溶解氧超标。

3）凝结水 SiO_2 超标。

4）凝结水 Na^+ 超标。

6.7.4.2　原因：

1）凝汽器泄漏。

2）补给水水质不合格。

3）精处理高速混床失效。

4）树脂老化或受到污染。

5）加氨量过多或不足。

6.7.4.3　处理：

1）对凝汽器进行堵漏。

2）查找补给水水质不合格原因并处理。

3）对高速混床树脂进行再生。

4）查明树脂污染原因，对树脂进行复苏或更换新树脂。

5）调整加氨量。

6.7.5　闭冷水水质恶化

6.7.5.1　现象：

1）闭冷水浑浊。

2）闭冷 pH 超标。

6.7.5.2　原因：

1）系统有腐蚀。

2）加氨量不足。

6.7.5.3　处理：

加强汽水取样系统运行中的监视，合理控制加药量。

6.7.6　加氧系统装置故障

6.7.6.1　现象：

1）加氧装置无流量输出。

2）凝结水溶解氧含量降低。

3）给水溶解氧含量降低。

6.7.6.2　原因：

1）加氧管路上有阀门未开启。

2）氧气钢瓶压力低。

3）加氧管路泄漏。

6.7.6.3　处理：

1）开启未开启的阀门。

2）更换氧气钢瓶。

3）联系检修处理。

7 废水处理系统

7.1 系统概述

7.1.1 系统简介

废水处理系统包括工业废水处理系统与生活废水处理系统。

曝气塔中经过曝气的工业废水,由工业废水泵升压后,经 pH 调节器、工业废水机械加速澄清池处理后,清水溢流至工业废水回用水池后回收利用。

生活污水处理设备共两套,每套设备处理能力为 $10m^3/h$。生活污水主要去除水中有机物,并经杀毒后回收利用。

7.1.2 系统流程

(1) 工业废水系统流程如下:

      碱、二氧化氯 碱、酸、混凝剂
       ↓   ↓

经常性排水及非经常性排水→曝气塔(曝气)→pH 调节器→工业废水机械加速澄清池→pH。
微调器→工业废水回用水池→工业废水回用水泵→回用系统。

酸、碱
 ↑

机械加速澄清池排泥→工业废水排泥泵→泥浆汽运至灰场。

(2) 生活废水系统的工艺流程如下:

风机房
生活废水→调节水池→生活废水污水提升泵→厌氧池→好氧区→二沉池→消毒池→
            污泥抽吸外运←┘

生活废水回用水泵→回用系统。

7.2 主要设备规范

7.2.1 工业废水处理系统

7.2.1.1 曝气塔

项　目	单位	技术参数
数量	台	3
有效容积	m^3	3000
设计温度	℃	≤80

7.2.1.2 曝气装置

项　目	单位	技术参数
数量	套	3(每个曝气塔1套)
进气流量	m^3/min	85
进气压力	MPa	0.12

7.2.1.3 pH 调节器

项 目	单位	技术参数
数量	台	1
工作压力	MPa	1.0
工作温度	℃	5~80

7.2.1.4 pH 微调器

项 目	单位	技术参数
数量	台	1
工作压力	MPa	1.0
工作温度	℃	5~80

7.2.1.5 工业废水机械加速澄清池

项 目	单位	技术参数
数量	台	1
出力	m³/h	120
搅拌机开启高度	m	0.11

7.2.1.6 泵及风机

项 目	单位	技术参数
工业废水泵		
数量	台	2
出力	m³/h	60~120
扬程	MPa	0.36~0.28
电动机功率	kW	15
工业废水罗茨风机		
数量	台	1
出力	m³/min	70.5
扬程	kPa	137.4
电动机功率	kW	185
工业废水回用水泵		
数量	台	2
出力	m³/h	200
扬程	MPa	0.80
电动机功率	kW	75
工业废水加碱泵		
数量	台	3

项　目	单位	技术参数
出力	L/h	500
扬程	MPa	1.0
电动机功率	kW	0.55
工业废水加酸泵		
数量	台	3
出力	L/h	500
扬程	MPa	1.0
电动机功率	kW	0.55
工业废水混凝剂计量泵		
数量	台	2
出力	L/h	0～200
扬程	MPa	1.0
电动机功率	kW	0.55
工业废水排泥泵		
项　目	单位	技术参数
数量	台	2
出力	m^3/h	24
扬程	MPa	0.20
电动机功率	kW	7.5

7.2.1.7　工业废水回用水池

项　目	单位	技术参数
数量	台	2
有效容积	m^3	150

7.2.1.8　工业废水混凝剂计量箱

项　目	单位	技术参数
数量	台	2
有效容积	m^3	1.0

7.2.2　生活废水处理系统
7.2.2.1　转动设备

项　目	单位	技术参数
生活废水污水提升泵		
数量	台	4

项　目	单位	技术参数
出力	m³/h	10
扬程	MPa	1.5
电动机功率	kW	1.5
转速	r/min	2840
生活废水回用水泵		
数量	台	2
出力	m³/h	30
扬程	MPa	2.5
电动机功率	kW	5.5
转速	r/min	2900
生活废水罗茨风机		
数量	台	4
出力	m³/min	2.66
扬程	MPa	0.4
电动机功率	kW	5.5
转速	r/min	1560

7.2.2.2 水池

项　目	单位	技术参数
厌氧池		
水力停留时间	h	1.5
有效容积	m³	14
容积负荷	kg.BOD_5/(m³·d)	0.56
气水比		2∶1
溶解氧	mg/L	0~0.5
一级生物接触池		
水力停留时间	h	3
有效容积	m³	30
容积负荷	kg.BOD_5/(m³·d)	2.5
气水比		6∶1
溶解氧	mg/L	≥3
二级生物接触池		
水力停留时间	h	1.5
有效容积	m³	17
容积负荷	kg.BOD_5/(m³·d)	2.2
气水比		6∶1

续表

项 目	单位	技术参数
溶解氧	mg/L	≥4
二沉池		
水力停留时间	h	1.5
有效水深	m	2.6
消毒池		
水力停留时间	h	0.5
有效容积	m³	13
有效水深	m	2.5
加氯量	mg/L	20

7.3 系统连锁保护及试验

7.3.1 生活废水罗茨风机

7.3.1.1 联锁启：连锁开关投入，生活废水污水提升泵启动后，连锁启动对应的生活废水罗茨风机。

7.3.1.2 联锁停：连锁开关投入，生活废水污水提升泵停运后，连锁停运对应的生活废水罗茨风机。

7.3.2 生活废水回用水泵

7.3.2.1 联锁启：

1）联锁开关投入，消毒池液位大于1m，联锁启一台生活废水回用水泵。

2）联锁开关投入，消毒池液位大于2m，联锁启第两台台生活废水回用水泵。

7.4 工业废水系统

7.4.1 系统投运前准备

7.4.1.1 工业废水系统及工业废水加药系统检修工作已结束，工作票已终结，安全措施已恢复。

7.4.1.2 工业废水系统及工业废水加药系统就地各控制柜正常，控制方式打"远方"位置。

7.4.1.3 检查各加药箱药液充足，液位计指示准确。

7.4.1.4 检查系统管道之间连接应完好紧密。

7.4.1.5 检查系统各泵、风机具备投运条件。

7.4.1.6 系统各仪表已正常投入。

7.4.1.7 检查系统各阀门开关状态正确，反馈信号正常。

7.4.2 系统的投运

7.4.2.1 启动机组排水槽废水泵或中和池排水泵向曝气塔进水。

7.4.2.2 当曝气塔液位高于2m时，启动工业废水罗茨风机，向曝气塔曝气。

7.4.2.3 启动工业废水杀菌剂计量泵向曝气塔内加入二氧化氯。

7.4.2.4 启动工业废水泵向工业废水机械加速澄清池进水，启动工业废水混凝剂计量泵，并根据机械加速澄清池入口pH，调整工业废水酸碱计量泵向pH调节器的加药量，控制机械加速澄清池入口 pH 在 6～9 之间。

7.4.2.5 投运工业废水机械加速澄清池。

7.4.2.6 机械加速澄清池出水溢流至工业废水回用水池，并根据工业废水用户（灰场洒水、捞渣机补水、煤场喷淋及栈桥冲洗用水）的需要，启停工业废水回用水泵。

7.4.3 系统运行中监视及维护

7.4.3.1 工业废水处理系统出水水质：pH 为 6～9；悬浮物≤70mg/L；CODmn≤100mg/L；色度：无色；BOD_5<100mg/L；氨氮<1mg/L；其他有毒物质：基本监测不出。该水质已满足综合排放一级标准。

7.4.3.2 工业废水运行时注意酸碱加药量调整，防止 pH 过低造成设备管道腐蚀，或 pH 值过高造成设备管道结垢。

7.4.3.3 定期对工业废水机械加速澄清池进行排泥，排泥由排泥泵打入槽车运至灰场。

7.4.4 系统的停运

7.4.4.1 当曝气塔液位低于 2m 时，停运工业废水泵。

7.4.4.2 停运工业废水罗茨风机。

7.4.4.3 停运工业废水杀菌剂计量泵、工业废水酸碱计量泵、工业废水混凝剂计量泵。

7.4.4.4 停运工业废水机械加速澄清池。

7.5 生活废水系统

7.5.1 系统投运前准备

7.5.1.1 生活废水系统检修工作已结束，工作票已终结，安全措施已恢复。

7.5.1.2 生活废水系统就地各控制柜正常，控制方式打"远方"。

7.5.1.3 检查系统管道之间连接应完好紧密。

7.5.1.4 系统各仪表已正常投入。

7.5.1.5 检查系统各阀门开关状态正确，反馈信号正常。

7.5.1.6 检查系统各泵、风机具备启动条件。

7.5.2 系统的投运

7.5.2.1 启动生活废水污水提升泵将生活废水送至厌氧池。

7.5.2.2 启动生活废水罗茨风机向生化处理装置内曝气。使厌氧池溶解氧含量为 0～0.5mg/L，好氧区气水比为 6：1；观察并分析好氧区出水，根据 BOD_5、COD 的含量大小，控制曝气时间及曝气流量。

7.5.2.3 定期向消毒池加入氯锭。

7.5.2.4 启动生活废水回用水泵将水送至回用系统。

7.5.3 系统运行中监视及维护

7.5.3.1 生活废水的出水水质：CODcr≤100mg/L，BOD_5≤20mg/L，悬浮物含量≤70mg/L，氨氮≤15mg/L，总磷≤0.5mg/L，含油≤5mg/L。

7.5.3.2 生活废水进水温度不应低于 10℃，否则，应采取加温措施。

7.5.4 系统的停运

7.5.4.1 停运生活废水污水提升泵。

7.5.4.2 停运生活废水回用水泵。

7.6 系统异常处理

7.6.1 工业废水出水水质不合格

7.6.1.1 现象：

1）工业废水出水 pH 超标。

2）工业废水出水浑浊。

7.6.1.2 原因：

1）工业废水酸碱加药量不足或过量。

2）工业废水混凝剂加药量不足或过量。

3）机械加速澄清池排泥不够，积泥太高。

7.6.1.3 处理：

1）调整酸碱加药量。

2）调整混凝剂加药量。

3）对机械加速澄清池进行排泥。

7.6.2 生活废水出水水质不合格

7.6.2.1 现象：

1）生活废水出水浑浊。

2）生活废水悬浮物含量超标。

3）生活废水出水 BOD_5 超标。

7.6.2.2 原因：

1）厌氧池溶解氧含量超标。

2）生物接触氧化池溶解氧含量超标。

3）消毒池内氯锭不足。

7.6.2.3 处理：

1）调整厌氧池曝气门开度控制厌氧池溶解氧含量符合要求。

2）调整生物接触氧化池曝气门开度；控制生物接触氧化池溶解氧含量符合要求。

3）向消毒池内加入氯锭。

8 供 氢 系 统

8.1 系统概述

8.1.1 系统简介

供氢系统使用瓶装氢气通过氢气汇流系统补入发电机。供氢系统储氢单元组架氢瓶中 12～15MPa 的氢气，首先通过组合式氢气汇流排减压至 0.5MPa～1.0MPa，流量调整为 40m³/h～60m³/h，然后被送入主厂房。

8.1.2 系统流程

储氢单元组架→氢气汇流排→发电机氢系统。

8.2 主要设备规范

8.2.1 储氢单元组架

项　目	单位	技术参数
储氢单元组架数量	组	30
储氢单元每组包含氢瓶	只	20
氢瓶有效容积	L	40
氢瓶耐压	MPa	15
氢瓶强度试验压力	MPa	22.5
氢瓶气密性试验压力	MPa	16.5
氢瓶空瓶剩余压力	MPa	0.5
氢瓶出口压力	MPa	12～15
氢瓶实际充氢压力	MPa	<13
补氢压力	MPa	0.5～0.8
单台机组补氢量	m³/d（标准状态）	10～19
氢气纯度	%	≥99.8
氢气湿度	℃	≤-25

8.2.2 氢气汇流排

项　目	单位	技术参数
数量	套	2

8.2.3 其他附件

项　目	单位	技术参数
输氮钢胎软管		
数量	根	2
压力等级	MPa	20
直径	mm	10

项　目	单位	技术参数	
长度	m	20	
输氢钢胎软管			
长度	m	30	20
直径	mm	10	10
数量	根	2	2
压力等级	MPa	20	20
氮气钢瓶			
数量	只	10	
有效容积	L	40	
耐压	MPa	15	

8.3 系统投运前准备

8.3.1 供氢系统检修工作已完成，工作票已终结，安全措施已恢复。

8.3.2 检查各氢气瓶无泄漏。

8.3.3 储氢单元组架出口母管压力正常，无泄漏。

8.4 系统的投运

8.4.1 开启氮气瓶出口门，用氮气置换管道中的空气，调整压力为 0.5MPa～0.6MPa 取样分析。当符合下列要求时，关氮气瓶出口门：

8.4.1.1 取样中含氮量大于 97%。

8.4.1.2 系统内含氮量必须连续三次分析合格。

8.4.2 开启氢气汇流排减压阀的进、出口门，缓慢开启氢瓶出口门，调整减压阀，控制压力为 0.5MPa～1.0MPa，同时投入在线纯度、露点监测仪表。

8.5 系统运行中监视及维护

8.5.1 检查供氢系统各氢瓶及管路无泄漏。

8.5.2 检查氢气汇流排出口压力为 0.5MPa～1.0MPa，氢气纯度不大于 99.8%，氢气温度不大于 -25℃。

8.5.3 当储氢单元组架内氢瓶压力用尽（压力约在 0.5MPa 以下），切换备用储氢单元组架继续供氢。

8.6 系统中设备的切换

8.6.1 储氢单元组架的切换（以 1 号储氢单元组架运行，2 号储氢单元组架备用为例）

8.6.1.1 开启与 2 号储氢单元组架相连的氢气汇流排减压阀的进、出口门。

8.6.1.2 缓慢开启 2 号储氢单元组架中氢瓶出口门，调整减压阀，控制压力在 0.5MPa～1.0MPa。

8.6.1.3 关闭 1 号储氢单元组架内氢瓶出口阀门、以及与 1 号储氢单元组架相连的氢气汇流排减压阀的进口阀门，用氮气置换与 1 号储氢单元组架相连的供氢高压软管后，将此供氢高压软管连接至新储氢单元组架作为备用。

8.7 系统的停运

8.7.1 关闭氢瓶出口门，关闭氢气汇流排减压阀的进出口门，防止汇流排管路憋压。

8.7.2 用氮气进行置换至符合下列要求时，置换结束：

8.7.2.1 取样中含氮量大于 97％。

8.7.2.2 系统内含氮量必须连续三次分析合格。

8.8 系统异常处理

8.8.1 供氢量不足

8.8.1.1 现象：

1）氢气汇流排出口流量低。

2）氢气汇流排出口压力低。

8.8.1.2 原因：

1）氢瓶中氢气已用尽。

2）供氢管路有阀门未开启。

3）氢气汇流排减压阀调整不当。

8.8.1.3 处理：

1）更换新的氢瓶。

2）开启阀门。

3）重新调整氢气汇流排减压阀。

8.9 供氢系统总则

8.9.1 卸氢瓶前必须测量氢站内氢含量低于 3％，否则不允许机动车辆进入氢站内卸氢瓶。

8.9.2 氢瓶组禁止敲击，碰撞，不得靠近热源，夏季应防止曝晒。

8.9.3 管道、阀门等装置结冻时，只能用热水或蒸汽加热解冻，严禁使用明火烘烤。

8.9.4 设备管道和阀门等连接点泄漏检查，可采用肥皂水或便携式可燃性气体防爆监测仪进行检漏。

8.9.5 不准在室内排放氢气。吹洗置换，必须通过放空管排放。

8.9.6 当氢气发生大量泄漏或积聚时，应立即切断气源，进行通风，不得进行可能发生火花的一切操作。

8.9.7 氢气系统吹洗置换，一般可采用氮气（或其他惰性气体）置换法或注水排气法。

8.9.8 氢气系统动火检验，必须保证系统内部和动火区域氢气的最高含量不超过 0.4％。

8.9.9 氢气在空气中的爆炸极限为 4％～75％，在氧气中的爆炸极限为 4.65％～94％。

8.9.10 氢站应安置防爆灯，室内应有良好的通风，并安装氢气报警装置。

8.9.11 凡是和氢气接触的管道、阀门等都要用四氯化碳清洗以去除油污。

8.9.12 严禁明火，操作人员禁止吸烟，不准穿带钉子的鞋，应穿防静电工作服和防静电鞋。

8.9.13 操作时使用铜扳手等防爆工具，以免产生火花。

8.9.14 不允许存放易燃易爆物品，严禁带入火种，严禁无关人员入内。

8.9.15 氢气相关阀门应缓慢开关，氢气由压力管道急剧放出时，由于静电原因可能引起自燃并爆炸。

8.9.16 供氢站发生火灾时，关闭储氢单元出口门，用二氧化碳灭火器灭火。

8.9.17 发电机气体置换与监督。

8.9.17.1 由空气状态置换至 H_2 状态：

1）用 CO_2 置换空气。从发电机底部充入 CO_2，从上部排出气体，在排气管道上取样分析，当 CO_2 含量大于90％时，通知操作人员排死角；当 CO_2 含量达95％时，通知操作人员停止充 CO_2。

2）用 H_2 置换 CO_2。从发电机上部充入 H_2，从发电机底部排出气体，在底部排气管道上取样分析，当氢含量达95％以上时，通知操作人员排死角3min～5min；当分析氢含量达96％以上时，通知操作人员置换完毕。

8.9.17.2 由 H_2 状态置换至空气状态：

1）用 CO_2 置换 H_2。从发电机底部充入 CO_2，从上部排出气体。在上部排气管道上取样分析，当 CO_2 含量达90％时，通知运行操作人员排死角；当分析 CO_2 含量达95％时，通知停止充 CO_2。

2）用空气置换 CO_2。从发电机上部充入空气，从发电机底部排出气体。在底部排气管道上取样分析，当 CO_2 含量小于10％时，通知运行操作人员排死角；当分析 CO_2 含量小于5％时，通知置换完毕。

9 电 袋 除 尘 器

9.1 系统概述

除尘器采用龙净环保的 2FE616/6-2E 型电袋复合式除尘器，每台炉配两台。除尘器设计出口烟气含尘浓度不大于 30mg/m³，设计除尘效率不小于 99.9%，本体阻力小于1100Pa，本体漏风率小于 1.5%。

静电除尘器部分采用卧式三室二电场，设计除尘效率不小于 94.12%。静电除尘器阴阳极振打均采用顶部电磁锤振打的方式。整个静电除尘器共设置 12 个供电分区采用 12 台油浸自冷式高压整流变压器。

布袋除尘器采用低压脉冲逐行喷吹的清灰方式，设计除尘效率不小于 99%，设计使用温度不大于 160℃。布袋除尘器采用的低压清灰方式，选用清灰气源压力 0.2MPa~0.3MPa。

9.2 主要设备规范

9.2.1 静电除尘器

项 目	单位	技术参数
电除尘器设计除尘效率	%	94.12
室数/电场数	个/个	3/2
比集尘面积	m²/m³/s	32.61
趋进速度	cm/s	7.99
烟气流速	m/s	1.19
阳极振打方式		顶部电磁锤振打
阴极振打方式		顶部电磁锤振打
整流变压器型号、额定容量		GGAJ02-1.5A/66kV/142kVA
每台除尘器配整流变压器台数	台	6
整流变压器适用的环境温度	℃	−25~+40
每台除尘器灰斗数	个	24
灰斗加热形式		电加热

9.2.2 布袋除尘器

项 目	单位	技术参数
除尘器允许入口烟气温度	℃	≤160
除尘器正常入口粉尘浓度	g/m³	2.0
除尘器最大入口粉尘浓度	g/m³	2.22
除尘设计效率	%	99
出口烟尘浓度	mg/m³干烟气	≤30
本体漏风率	%	≤1
仓室数	个	24

项　目	单位	技术参数
滤袋允许连续正常使用温度	℃	≤160
滤袋瞬时最高工作温度	℃	190
除尘器的气布比	m/min	1.09
清灰气源压力	MPa	0.2~0.3
耗气量	m³/阀次	1.0
两台机组的压缩空气量	m³/min	2×35
每台除尘器灰斗数	个	24
灰斗加热形式		电加热

9.2.3　电袋复合除尘器性能指标

项　目	单位	技术参数
处理烟气量	m³/h	5273395
电袋复合除尘器出口烟气含尘浓度	g/m³	30
稳定运行效率	%	>99.9
壳体设计压力	Pa	±9800
电袋复合除尘器出口漏风率	%	<1.5
电袋复合除尘器总功耗	kW	2×920

9.3　系统联锁保护及试验

9.3.1　除尘器旁路阀

1）除尘器入口烟气温度大于180℃。

2）除尘器入口烟气温度低于烟气露点温度+20℃。

9.4　系统投运前准备

9.4.1　输灰系统试运正常。

9.4.2　检查阴阳极振打电动机、减速机转动灵活，润滑良好。

9.4.3　除尘器各部分道路畅通，各操作平台、通道扶手完整、照明充足，各转动机构外面的护罩或挡板完好。

9.4.4　检查除尘器本体所有人孔门已锁紧。

9.4.5　压缩空气系统工作正常，清灰系统各开关位置正确，压力表、压差计显示正常。

9.4.6　检查清灰系统的气路密封性，确认无泄漏，检查脉冲阀动作均匀灵活。

9.4.7　确认旁路烟道处于开启状态，提升阀处于关闭状态。

9.4.8　确认除尘器相关电气试验正常。

9.4.9　确认除尘器控制画面各信号反馈正常。

9.5　系统的投运

9.5.1　布袋除尘器预涂灰。

9.5.2　锅炉点火前 12h，送上除尘器低压电源、投运绝缘室加热、灰斗加热、保温箱加热，并将加热设定为"自动"。

9.5.3　在锅炉点火前 2h 投运输灰系统及连续振打，投运灰斗气化风机。

9.5.4　按主控调度命令投入电除尘高压控制柜，并根据机组负荷调整二次电流。

9.5.5　锅炉停止投油助燃，进入正常燃煤运行后开启各室提升阀、关闭旁路阀、启动清灰系统。

9.5.6　机组稳定运行后将电除尘阴阳极振打装置运行方式设置为"自动"。

9.5.7　机组稳定运行后将布袋除尘器的脉冲清灰方式设置为"自动"。

9.5.8　操作结束，就地检查电除尘本体及输灰系统运行正常。

9.6　系统运行中监视及维护

9.6.1　严格监视供电装置的一次电压、一次电流、二次电压、二次电流、闪络频率。

9.6.2　严格监视除尘器进出口压差不大于 1100Pa、清灰压力 0.2MPa～0.3MPa、提升阀工作压力不小于 0.35MPa，清灰周期、除尘器进出口温度。

9.6.3　监视高压硅整流变压器的温升，油温不得超过 80℃，无异常声音，高压输出网络无异常放电现象。

9.6.4　注意监视除尘器出口烟气含尘浓度不大于 30mg/m^3。

9.6.5　检查各保温箱及灰斗加热器工作正常。

9.6.6　检查就地控制柜上各控制装置反馈正常。

9.6.7　密切关注灰斗灰位情况。

9.6.8　定时对储气罐和脉冲喷吹气包疏水。

9.7　除尘器运行注意事项

9.7.1　在开始预涂灰、锅炉投油助燃点火期间到锅炉升到正常炉温燃煤之前，禁止运行布袋除尘器的清灰系统，以防止涂灰层剥落，失去防低温结露的保护作用。

9.7.2　若锅炉投油而除尘器旁路未开启，时间超过 2h 后，应连续小量预涂灰。

9.7.3　保证滤袋压差正常，尽量延长清灰周期。

9.7.4　预热器后和除尘器进口喇叭等处的测温元件，要在故障（或磨损）后及时更换。

9.7.5　提升阀与旁路阀切换时严禁同时关闭。

9.7.6　严格按除尘器的操作顺序启停设备。

9.7.7　严格监视各电场运行的二次电压电流情况，以低火花率，稳定的二次电压电流的运行状态为依据调整运行参数，并保持各电场不失电。

9.7.8　根据除尘器进口烟气工况调整阴阳极振打周期时间，当进口烟气浓度大、二次电压高、二次电流小时适当地缩短振打周期时间，反之则延长。

9.7.9　严格按除尘器参数控制运行：

1）除尘器进出口差压不大于 1100Pa。

2）当除尘器进出口压差不小于 1200Pa 时，室清灰间隔时间缩短 5s。

3）当除尘器进出口压差不小于 1500Pa 时，室清灰间隔时间缩至最小。

9.7.10　严格按以下优先选择清灰方式：

1）在线清灰：为优选方式。

2）离线清灰：只有在烟气粉尘出现异常细黏时，且滤袋阻力大于正常范围时选用。

9.7.11 严格按以下范围设定清灰参数：

1）脉冲压力：0.26MPa 左右，调整时从低往高。

2）脉冲宽度：150ms。

3）提升阀气缸工作压力：0.35MPa 左右。

4）脉冲间隔：5s～1000s。

5）旁路阀气路压力：0.45MPa 左右。

9.8 系统的停运

9.8.1 锅炉停运后，停运电除尘器高压控制柜。

9.8.2 调整电除尘器的阴阳极振打至"连续"振打。

9.8.3 保持布袋除尘器清灰系统运行，连续清灰 10 个周期～20 个周期，开启除尘器旁路，关闭提升阀。

9.8.4 保持输灰系统运行，根据输灰曲线调整各灰斗下灰时间，根据灰量大小可停止几台输灰空压机。

9.8.5 确认灰斗无灰后停运灰斗气化风机及电加热器。

9.8.6 停炉热备用，8h 后停运绝缘室加热、灰斗加热、保温箱加热、阴阳极振打、清灰系统。

9.8.7 如停炉后检修，根据要求辅机停电，高压隔离开关切至"接地"位置，切断低压控制柜开关，断开电源保险开关。

9.8.8 需开引风机冷却炉膛，而除尘器没有工作时，应投入除尘器振打。

9.8.9 停炉后 8h 内应连续监视电袋除尘出入口烟温，发现异常升高，及时汇报值长，防止锅炉尾部和除尘器再燃烧。

9.9 系统异常处理

9.9.1 二次电流剧增，二次电压指示为零。

9.9.1.1 原因：

1）电晕线脱落与阳极或外壳接触。

2）高压绝缘子被击穿。

3）硅堆击穿短路或变压器故障。

4）二次侧绕组短路。

5）极板或其他部件有成片铁锈脱落，在阴阳极下部接触。

9.9.1.2 处理：

1）停止控制柜运行，检查高压隔离开关操作位置是否有误，应打至工作位置。

2）检查该电场下灰是否正常，有故障时及时处理。

3）以上故障排除后，若仍不能排除短路，将隔离开关打至接地位置，及时汇报值班长并通知检修人员。

9.9.2 电压电流剧烈摆动，频繁闪络。

9.9.2.1 原因：

1）电晕线损坏未完全脱落，在气流中摆动。

2）电晕极和收尘极局部黏附粉尘过多，使两极间距离缩小引起闪络。

3）金属脱落与电极接触。

4）下灰不正常，灰斗满灰与阴极下部接触。

5）瓷轴或瓷套结露造成高压对地放电。

6）振打装置故障。

9.9.2.2　处理：

1）检查灰斗是否下灰正常，检查灰斗料位计。

2）调整振打周期，检查振打装置运行正常。

3）检查瓷轴和瓷套加热器工作是否正常，温度正常。

4）停止电场，通知检修检查处理。

9.9.3　一次电流异常增大，二次电流和二次电压却很小，甚至为零，投运不久就会跳闸。

9.9.3.1　原因：整流硅堆部分桥路被击穿，二次线圈烧坏短路。

9.9.3.2　处理：变压器吊芯检查，及时停电，汇报值班长，通知检修人员。

9.9.4　二次电压正常，而二次电流很低，除尘效率明显下降。

9.9.4.1　原因：

1）阴极振打故障或者振打强度不够，造成电晕极积灰过多。

2）粉尘比电阻变大或粉尘浓度过高，造成电晕封闭。

3）高压回路不良，如阻尼电阻烧坏，造成高压硅整流变压器开路。

9.9.4.2　处理：

1）检查振打装置，调整振打周期或采用连续振打。

2）烟气调质。

3）通知电气维护，更换阻尼电阻。

9.9.5　二次电压较低，二次电流过大。

9.9.5.1　原因：

1）积灰或者异物造成放电。

2）电晕极与收尘极间距局部变小。

3）电晕极绝缘部位温度偏低，出现结露现象而造成绝缘性能下降。

4）电缆或终端盒绝缘严重损坏，泄漏电流过大。

5）粉尘比电阻偏高，电场发生严重反电晕。

9.9.5.2　处理：

1）调整整流变压器供电方式。

2）联系主控，进行烟气调质。

3）调整电除尘器振打周期。

4）停止电场，通知检修处理。

9.9.6　后级布袋阻力上升很快。

9.9.6.1　原因：

1）前级电除尘的除尘效率下降，进入后级布袋除尘的粉尘浓度增大。

2）清灰效果不好。

9.9.6.2　处理：

1）前级电除尘器的运行状况差或发生故障，调整电场的二次电压电流、缩短振打周期。

2）前级电除尘器故障一时无法排除，适量缩短清灰脉冲间隔。

3）检查后级布袋喷吹系统和管路，如有故障及时排除。

9.9.7 出口烟气粉尘浓度超标。

9.9.7.1 原因：

1）刚使用新滤袋还没有进入除尘稳定期。

2）个别滤袋发生破损。

3）旁路阀内漏。

4）电除尘器故障。

5）除尘器入口粉尘浓度过高。

9.9.7.2 处理：

1）新滤袋使用数周时间后除尘趋于稳定。

2）检查差压小于正常值的分室，关闭该室提升阀进行封堵或更换破损滤袋。

3）如果漏气量过大影响除尘效率，请示停炉处理。

4）检查电除尘运行情况，排除故障。

9.9.8 某室滤袋差压明显偏离正常。

9.9.8.1 原因：

1）该室出现个别滤袋破损、脱落。

2）喷吹系统故障，清灰效果不好。

3）差压表计故障。

9.9.8.2 处理：

1）检查差压小于正常值的分室，关闭该室提升阀进行封堵或更换破损滤袋。

2）检查喷吹系统和气源是否正常。

3）检查差压表计。

9.9.9 单室压差大。

9.9.9.1 原因：

1）空气管堵灰或有杂物。

2）空气管路有漏气。

3）空气管路上有的阀门关闭。

4）布气不均匀。

9.9.9.2 处理：检查空气管路有无漏气、阻塞、阀门状态。

9.9.10 糊袋。

9.9.10.1 原因：

1）烟气湿度大、温度低引起结露，导致粉尘与滤袋的黏性大，清灰失效。

2）烟气含油，预涂灰失败。

9.9.10.2 处理：

1）排除结露现象后，滤袋压力可以自然恢复。

2）调整伴油燃烧，严格执行预涂灰操作。

9.9.11 布袋除尘器运行阻力过高。

9.9.11.1 原因：

1）锅炉超负荷运行。

2）如果除尘器刚投入运行阻力就高，是由于上次停炉后烟气没有排尽，引起粉尘潮解。

3）差压表计的测压管内发生结露或堵塞。

4）压缩空气系统故障。

5）清灰喷吹口的橡胶密封圈磨损或脱落。

6）喷吹系统漏风较多致使喷吹风量不足。

9.9.11.2　处理：

1）联系主控调整锅炉运行负荷。

2）调整清灰方式。

3）拔下测压管，疏通露水或堵塞物。

4）恢复压缩空气系统。

5）调整或更换橡胶密封圈。

6）查找漏风管道或阀门。

9.9.12　布袋除尘器运行阻力偏低。

9.9.12.1　原因：

1）锅炉低负荷运行。

2）差压计的测压管漏气或堵塞。

3）滤袋破损。

4）旁路关闭不严。

9.9.12.2　处理：

1）联系主控调整锅炉运行负荷。

2）拔下测压管，疏通堵塞并重新安装。

3）从观察窗查看滤袋破损位置，更换滤袋分析破损原因。

4）同时检查相邻滤袋，根据情况采取措施。

5）检查旁路关闭是否严密。

10 气 力 输 灰 系 统

10.1 概述

输灰系统采用小仓泵浓相正压输送,每台炉各设一套输灰装置,用于输送脱硝灰斗及除尘器灰斗中的飞灰。其中,脱硝灰斗除尘器一、二电场灰斗的飞灰输送至粗灰库,除尘器三、四排灰斗的飞灰可输送至细灰库或粗灰库。输灰管共设置4根,一电场设置2根输灰管道,脱硝灰斗和二电场共用1根输灰管,除尘器三、四排用1根输灰管。

输送压缩空气由 8 台 43.6m³/min 喷油式螺杆空气压缩机提供,每台空压机对应配置一台冷冻吸附式组合式空气干燥机。

为了保证灰斗内不出现棚灰搭桥现象,每台炉设置一套灰斗气化风系统。

10.2 主要设备规范

10.2.1 气力输灰系统

项目	脱硝灰斗仓泵	一电场灰斗仓泵	二电场灰斗仓泵	三、四排仓泵
仓泵型号	FS-05 型	FS-30 型	FS-30 型	FS-05 型
数量（单台炉）	4	12	12	24
容积 m³	0.5	3.0	3.0	0.5
出力 t/h	12	160	40	20
工作温度 ℃	400	200	200	200
型式	下引式	下引式	下引式	下引式
最大工作压力 MPa	0.7	0.7	0.7	0.7

10.2.2 压缩空气系统

项目	单位	技术参数
除灰空压机		
型式		喷油式螺杆压缩机
数量	个	8
冷却方式		水冷式
排气压力	MPa	0.85
排气温度	℃	≤39
电动机型式		Y355-4 鼠笼式
额定功率	kW	250
额定电压	V	6000

项　目	单位	技术参数
额定电流	A	29.3
额定转速	r/min	1488
空气干燥机		
型号		JAL-45M
型式		冷冻＋吸附
数量	台	
入口压缩空气压力	MPa	0.75
入口压缩空气温度	℃	≤50
每套设备处理气量	m³/min	≥45
出口压力露点温度	℃	-40
再生耗气量		<3~5
出口空气含水率	g/m³	≤0.007

10.2.3 灰斗气化风系统

项　目	单位	技术参数
灰斗气化风机		
型号		SNH811
流量	m³/min	18.5
数量	台	1/炉
出口压力	kPa	68.6
出口温度	℃	91.5
额定转速	r/min	1480
额定功率	kW	37
额定电压	V	380
空气电加热器		
型号		DYK80 (II)
额定流量	m³/min	18.5
进口温度	℃	50
出口温度	℃	210
额定功率	kW	80
额定电压	V	380

10.2.4 灰库气化风机

项　目	单位	技术参数
灰斗气化风机		
型号		SNH811
流量	m³/min	23.5
数量	台	5
出口压力	kPa	88.2
出口温度	℃	50
额定转速	r/min	1480
额定功率	kW	55
额定电压	V	380
空气电加热器		
型号		DYK80（II）
额定流量	m³/min	23.5
进口温度	℃	50
出口温度	℃	120
额定功率	kW	80
额定电压	V	380

10.3　系统联锁保护及试验

10.3.1　输灰系统

10.3.1.1　允许启：

1）输送气源压力不小于 0.5MPa。

2）输灰管道压力不大于 0.03MPa。

3）输灰单元各阀门无故障报警。

4）目标灰库无高料位报警。

5）"远方/就地"开关置于"远方"位。

10.3.2　输送循环周期

10.3.2.1　联锁启：

1）满足允许启所有条件。

2）上次循环周期时间已达到。

10.3.2.2　联锁停：输灰管道压力不大于 0.03MPa。

10.4　气力输灰系统

10.4.1　系统投运前准备

10.4.1.1　检查确认输灰系统相关设备检修工作结束，工作票已终结，安全措施已恢复。

10.4.1.2　检查各仓泵的下灰手动门在开启状态，各电场输送气进气手动总门在开启状态。

10.4.1.3　检查仓泵手动排气门在关闭位置，各储气罐压力正常。

10.4.1.4　检查灰库布袋除尘器、灰库气化风机及电加热器绝缘合格，正常备用。

10.4.1.5　检查输灰仪用气手动总门在开启状态，仪用气压力≥0.7MPa，各气控箱内管路严密无漏气现象。

10.4.1.6　检查输灰空压机系统运行正常，输送气母管压力≥0.50MPa，管路系统连接处严密无泄漏。

10.4.1.7　检查灰斗气化风系统已投入，气化风机及电加热器运行正常，气化风机至灰斗手动门在开启位置。

10.4.1.8　检查输灰系统各表计已投入并指示正确，料位计指示准确，报警信号及程控正常可靠投入。

10.4.1.9　输灰系统阀门传动试验正常，反馈信号正确无误。

10.4.1.10　输灰系统就地控制箱上远方/就地按钮置于"远方"位。

10.4.2　系统的投运

10.4.2.1　输灰系统投运前 4h 投运灰斗气化风系统及灰库系统。

10.4.2.2　选择输灰单元的目标灰库，确认库顶切换阀状态正常。

10.4.2.3　对输灰管路进行吹扫，输灰管道压力应短时间内降至 0.03MPa 以下，否则应检查管道是否畅通。

10.4.2.4　确认管路畅通后，启动输灰系统。

10.4.2.5　根据少量多次的原则结合灰斗灰位情况调整输灰周期及灰斗下灰时间。

10.4.3　系统运行中监视及维护

10.4.3.1　检查输灰气源压力正常，并定期对储气罐排污。

10.4.3.2　检查仓泵以及输灰管路无漏灰、堵灰现象。

10.4.3.3　检查气控箱内电磁阀及控制气源管无漏气现象，各气动元件动作正常到位。

10.4.3.4　检查各灰斗下灰正常，无漏灰现象。

10.4.3.5　检查各灰斗气化风管道通畅，灰斗气化风机工作正常，加热器出口温度达到设定值。各气化风管温度高于环境值。

10.4.3.6　检查输灰系统各进气阀动作正常、流化管道通畅。

10.4.3.7　检查各灰斗下灰正常，一、二电场仓泵进灰时温度高于环境温度 10℃以上。

10.4.3.8　检查各灰斗加热器工作正常，能加热至设定温度。

10.4.4　系统中设备的切换

10.4.4.1　库顶布袋除尘器的切换（以 1A 布袋除尘器运行，1B 布袋除尘器备用为例）：

1）确认 1B 布袋除尘器符合投运条件。

2）停运 1A 布袋除尘器。

3）就地检查 1A 布袋除尘器停运正常后，启动 1B 布袋除尘器。

4）就地检查 1B 布袋除尘器启动后运行正常，投入自动吹扫。

10.4.4.2　灰库气化风机的切换（以 1 号灰库气化风机运行，5 号灰库气化风机备用为例）：

1）确认 5 号灰库气化风机符合投运条件。

2）开启 5 号灰库气化风机至 1 号粗灰库气化风母管的手动门。

3）启动 5 号灰库气化风机及电加热器。

4）停运 1 号电加热器及灰库气化风机。

10.4.5　系统的停运

10.4.5.1　锅炉停运后，适当延长各灰斗下灰时间。

10.4.5.2　根据输灰曲线判断灰斗内无积灰，将下灰时间设置最大值继续运行 10 个周期进行确认。

10.4.5.3　在确认灰斗无灰后，停运灰斗气化风系统。

10.4.5.4　对输灰管道进行吹扫 3 个周期，确认管道无积灰。

10.4.5.5　合理调整输灰空压机运行台数。

10.4.5.6　如果锅炉停运时间过长，灰库内的飞灰卸空后，则停运灰库气化风系统及灰库布袋除尘器。

10.5　输灰压缩空气系统

10.5.1　系统投运前准备

10.5.1.1　输灰空压机检修工作结束，检修工作票已终结，安全措施已恢复。

10.5.1.2　确认输灰空压机及干燥机绝缘合格，动力电源及控制电源已送上，控制面板显示正常。

10.5.1.3　检查输灰空压机本体油气分离器内油位不小于 1/2。

10.5.1.4　打开输灰空压机和干燥机冷却水进水门和回水门，检查冷却水正常。

10.5.1.5　检查确认输灰空压机出口门和干燥机出、入口门在开启状态，储气罐各阀门开关位置符合启动要求。

10.5.1.6　检查确认储气罐、输灰空压机、干燥机已彻底疏水。

10.5.2　系统的投运

10.5.2.1　就地监护人员到位后，启动输灰空压机。就地检查输灰空压机加载正常。

10.5.2.2　启动干燥机，就地调整干燥机冷媒高压至 1.2MPa～1.5MPa，冷媒低压至 0.4MPa～0.6MPa。

10.5.3　系统运行中监视及维护

10.5.3.1　定期对输灰空压机、干燥机及储气罐进行排污。

10.5.3.2　检查输灰空压机本体油气分离器内油位在 1/2 以上，油位过低，及时停输灰空压机联系维护人员加油。

10.5.3.3　当空气过滤器滤芯的保养期限报警，更换或清理空气过滤器滤芯。

10.5.3.4　出现报警指示灯点亮或闪烁，启动备用设备，停运报警设备。

10.5.3.5　出现保养信息，停运输灰空压机，执行所显示的保养计划中的保养措施或更换该部件。

10.5.3.6　在紧急情况下，可使用事故按钮停运输灰空压机。排除故障后，拉出该按钮解除锁定，并在重新开机前复位。

10.5.4　系统的停运

10.5.4.1　停运干燥机。

10.5.4.2　停运输灰空压机。

10.5.4.3 关闭输灰空压机出口门。

10.5.4.4 打开干燥机疏水门。

10.5.4.5 关闭冷却水进水门及回水门。

10.5.5 空压机紧急停运条件

10.5.5.1 冷却水突然中断，危及设备安全运行。

10.5.5.2 润滑油油位低，危及设备安全运行。

10.5.5.3 压缩机或电动机有不正常声音时。

10.5.5.4 电动机冒火花时。

10.5.5.5 设备发生强烈振动而危及设备安全运行。

10.5.5.6 危及人身安全时。

10.5.6 空压机运转中注意事项

10.5.6.1 当运转中有异音及不正常振动时应立即停机。

10.5.6.2 运转中管路及容器内均有压力，不可松开管路或柱塞。

10.5.6.3 在长期运转中若发现油位计的油不见，应立即停机，停机后观察油位，若不足时待系统内部没压力时再补充润滑油。

10.5.6.4 每班定时排放水气分离器下的凝结水一次。

10.6 系统异常处理

10.6.1 输灰系统不启动

10.6.1.1 原因：

1）"启动/停止"开关的位置在"停止"位置。

2）输送空气母管压力低。

3）圆顶阀密封压力不足，控制气源故障。

4）目标灰库有高料位报警信号。

5）输灰管道压力大于启动条件压力。

6）上位机指令不对。

10.6.1.2 处理：

1）检查仓泵气控箱上的"启动"信号。

2）启动备用输送空压机、检查压力开关或压力变送器是否正常。

3）确认仪用气源压力是否正常，联系维护检查圆顶阀密封圈是否漏气。

4）切换灰库。

5）对管道进行排气，并检查压力开关是否正常。

6）将其他命令停止，按下运行命令。

10.6.2 输灰仓泵启动，泵内装料完成，圆顶阀关闭，但不输送

10.6.2.1 原因：

1）圆顶阀密封压力信号不对或限位开关不动作。

2）圆顶阀未关严，外物卡住圆顶阀。

3）输送进气阀不工作或输送空气管道的手动阀门关闭。

10.6.2.2 处理：

1）检查、调整错误的密封压力反馈信号的相关条件。按照维修手册调整，若有故障则

403

更换限位开关。

2）切断气路和电路，从底部弯头拆出管子做清理，清理容器。拆去气缸，手动操作，检查限位开关的动作。

3）检查阀的供气。若供气良好，则修理或更换阀门。若没有供气，检查喷吹电磁阀的动作或限位开关。

10.6.3　系统开始输送，然后停止

10.6.3.1　原因：

1）输送管道堵塞并不能自行疏通。

2）泵出口物料起拱。

10.6.3.2　处理：

1）人工就地排堵。

2）检查供气和供电，确认各阀门的工作状态。

3）从管路的最远点开始，轻敲管子确定堵管位置，切断供气和供电，允许空气减少。拆除阻塞段管子，调查原因，吹通。

4）检查泵出口物料是否颗粒过大或潮湿。

10.6.4　输送时入口圆顶阀或排气圆顶阀空气泄漏

10.6.4.1　原因：

1）密封压力下降至接近输灰压力。

2）圆顶阀密封圈破损。

3）仪用气过滤器堵塞导致密封压力低。

10.6.4.2　处理：

1）检查供气管路。

2）更换密封圈，按维修手册检查球顶和密封圈之间的间隙。

3）拆除并清理仪用气过滤器。

10.6.5　管道/弯头磨损严重

10.6.5.1　原因：

1）孔板（调节器）明显设置不当，物料流动太快。

2）输送部分负荷小。

3）管道弯头安装不当。

10.6.5.2　处理：

1）调整孔板气量（或调节器输出压力）。

2）检查容器充满时间、排气阀、振动器设置，提高落入泵内灰量。

3）检查弯头安装位置。

10.6.6　圆顶阀密封压力信号反馈不对

10.6.6.1　原因：

1）反馈气路不通畅。

2）限位开关没有被接通。

3）调整螺栓需要调整。

4）气路连接错位。

5）压力开关整定值高。

6）端子排接线松动。

7）异物阻挡关闭动作。

10.6.6.2　处理：

1）检查就地控制箱内压力表的显示。

2）就地检查限位开关和控制气路连接。

3）调整调整螺栓的长度。

4）检查密封气路连接情况、气源压力。

5）检查压力开关的整定值，并进行适当调整。

6）检查就地气控箱的电源和 PLC 柜内的接线。

7）检查是否有杂物影响关闭到位。

10.6.7　输灰空压机"电源指示"灯不亮

10.6.7.1　原因：没有控制电压。

10.6.7.2　处理：

1）检查控制器熔断丝。

2）检查变压器二次绕组控制电压。

10.6.8　输灰空压机控制器跳闸

10.6.8.1　原因：控制电路被安全装置器切断。

10.6.8.2　处理：根据显示信息检查，将控制器复零。

10.6.9　输灰空压机高温停机

10.6.9.1　原因：

1）冷却油循环不足。

2）电气部分连接不良。

3）冷却效果不佳。

4）环境温度特别高（高于 46℃）。

10.6.9.2　处理：

1）检查冷却油油位、冷却油是否清洁、是否泄漏、检查油控阀。

2）检查冷却气流是否在下列点受阻：进气网格，冷却器片，排气口，导风管道尺寸是否合适。

3）改善空压机房的通风条件。

10.6.10　输灰空压机自动停机，显示"电动机过载"

10.6.10.1　原因：

1）加载压力设定值过高。

2）电动机轴承卡涩，或者转子咬合太紧转动不灵活。

10.6.10.2　处理：

1）检查实际工作压力，如太高就降低设定值。

2）切断电源检查空压机电动机是否转动自如。

3）检查分离芯压降。

4）检查主电源电压是否低于额定值。

10.6.11 输灰空压机升不到额定压力

10.6.11.1 原因：

1）用气量过大。

2）卸载压力设定过低。

10.6.11.2 处理：

1）检查是否漏气，供气阀用气量特别大。

2）检查卸载压力设定值。

10.6.12 输灰空压机不加载

10.6.12.1 原因：进气阀未打开。

10.6.12.2 处理：

1）先切断所有电源，再检查进气阀是否能自由开。

2）检查步进电动机。

10.6.13 空压机不能启动

10.6.13.1 原因：

1）空压机动力电源开关未合闸。

2）启动器坏。

3）紧急停机按钮按下未复位。

4）主电动机过载或风扇过载。

5）压力传感器坏或温度传感器坏。

10.6.13.2 处理：

1）检查电源是否正常，是否在远方位置。

2）开关送上电源后，是否按合闸按钮。

3）检查接触器。

4）将紧急停机按钮复位。

5）手动使主过载继电器复位。

6）检查传感器、传感器接头和导线。

7）检查熔丝和温度开关。

11　除　渣　系　统

11.1　概述

每台锅炉配一套底渣输送与存储系统，锅炉底渣经渣井落入刮板捞渣机水槽，冷却粒化后，由刮板捞渣机连续或间断地从炉底输送至炉架外侧的渣仓储存。每台炉设 2 座渣仓，捞渣机头部卸下的渣可通过三通落料管（电动挡板切换）与渣仓顶部的单向带式输送机进入两个渣仓。

捞渣机中的溢流水和渣仓中的析水由溢流水泵输送至高效浓缩机，沉淀后溢流至缓冲水仓，经过沉淀和冷却后的水由回水泵输送至捞渣机中冷却炉渣。高效浓缩机和缓冲水仓底部沉淀的渣浆由排浆泵送至沉灰池，沉灰池的溢流水由渣水泵再打回高效浓缩机。

11.2　主要设备规范

11.2.1　捞渣机

11.2.1.1　捞渣机

项　　目	单位	技术参数
数量（每台炉）	台	1
制造商/原产地		克莱德
正常出力	t/h	20
最大出力	t/h	80
运行速度	m/s	≤0.016（额定出力） ≤0.05（最大出力）

11.2.1.2　液压油站

项　　目	单位	技术参数
电动机型式		鼠笼式三相异步电动机
额定功率	kW	55
额定电压	V	380
额定转速	r/min	1460

11.2.1.3　渣仓

项　　目	单位	技术参数
数量（每台炉）	台	2
有效容积	m³	2×160
仓顶带式输送机出力	t/h	80
排渣装置型式		气动排渣门

11.2.2　渣水系统

11.2.2.1　高效浓缩机

项　目	单位	技术参数
数量	台/套	2
型号		GNJ-15
污水处理量/套	m³/h	600
有效容积/套	m³	700
排水水质	mg/L	≤180
冲洗水压	MPa	0.6~0.8
冲洗周期	h	4~8
耙架转速	r/min	0.11

11.2.2.2　缓冲水仓

项　目	单位	技术参数
数量	台/套	2
型号		ZSC-17
污水处理量	m³/h	600
有效容积/套	m³	1000
排水水质	mg/L	≤120
冲洗水压	MPa	0.6~0.8

11.2.2.3　溢流水泵

项　目	单位	技术参数
数量	台	4
流量	m³/h	160
扬程	m	30

11.2.2.4　回水泵

项　目	单位	技术参数
数量	台	4
流量	m³/h	180
扬程	m	25

11.2.2.5　排渣泵

项　目	单位	技术参数
数量	台	8
流量	m³/h	30
扬程	m	10

11. 2. 2. 6 冲洗水泵

项　目	单位	技术参数
数量	台	2
流量	m³/h	90
扬程	m	80

11. 2. 2. 7 渣水泵

项　目	单位	技术参数
数量	台	2
流量	m³/h	35
扬程	m	25

11.3 系统连锁保护及试验

11.3.1 捞渣机

11.3.1.1 保护停：

1）捞渣机断链报警。

2）液压油站失压报警。

3）液压油站油温高高报警。

4）捞渣机张紧装置失压报警。

11.4 系统投运前准备

11.4.1 捞渣机检修工作结束，工作票已终结，安全措施已恢复。

11.4.2 检查捞渣机本体无变形，内部无积渣、积水现象，人孔门、检修孔关闭、紧固。

11.4.3 检查刮板无偏斜、断裂，链条完好，无断裂、松弛、过紧或卡涩现象。

11.4.4 检查水封板无变形、破损、脱落现象；放水手动门关闭，将捞渣机注水至正常水位，本体无渗漏现象。

11.4.5 张紧装置前后刻度指示一致、高位、高高位报警探头安装牢固，接线完好。

11.4.6 张紧装置设备完好，油系统压力稳定，油位正常，油过滤器无堵塞现象，张紧装置油系统无渗漏现象。

11.4.7 链条在尾部惰轮中间，尾部惰轮支撑架无变形，捞渣机各惰轮在加油周期内，无渗油现象。

11.4.8 捞渣机各补水手动门全开，电动门试开关灵活，处于关闭位置。

11.4.9 捞渣机零速开关、高低水位开关、高低水温开关外形完好，接线完好，探头安装牢固。

11.4.10 链条冷却水手动门开度适当。

11.4.11 捞渣机液压驱动马达外形完好，安装牢固，联轴器无破损，防护罩安装牢固，链轮驱动轴承在加油周期内，无渗油现象，链条与链轮啮合良好。

11.4.12 液压驱动装置外观完整，各地脚螺栓紧固；电动机接线正确，接地线牢固，风扇无破损，罩内无杂物；油温测点、滤网差压测点及各电磁阀接线正确牢固；油泵出口压力表指示为零，滤网在清洗周期内。液压油的油质良好，外观检查淡黄、透明无杂物，油箱及各油管等无渗漏油现象。

11.4.13 渣仓外形完好、内壁防腐层无脱落。

11.4.14 仓壁振动器安装牢固、位置正确。

11.4.15 析水元件出口电动门开启，析水元件出口至渣仓管道完好。

11.4.16 反冲洗装置手动门关闭，无渗漏。

11.4.17 气动排渣门开关灵活、到位，密封圈完好无漏气。

11.4.18 高效浓缩机及缓冲水仓检修工作结束，工作票已终结，安全措施已恢复。

11.4.19 渣水系统各泵电动机测绝缘合格，各泵轴承内润滑油充足、质量合格，盘车正常转动灵活。

11.4.20 检查渣水系统各表计已投入并指示正确。

11.4.21 高效浓缩机内部无杂物；提耙装置外形完好，耙架位置在最低位，驱动电动机及提耙电动机绝缘合格。

11.4.22 系统各阀门状态正确，控制画面上的显示与就地设备状态一致且无报警后，准备启动系统。

11.5 系统的投运

11.5.1 引风机启动前 4h 捞渣机开始注水，启动引风机前必须投入捞渣机水封。

11.5.2 开启捞渣机冷却水补水电动门。

11.5.3 将溢流水泵投入液位连锁。

11.5.4 待高效浓缩机水位升至 1/2 时，投运高效浓缩机的提耙电动机，检查转动灵活，无卡阻现象。

11.5.5 缓冲水仓的水位到达 1/2 时，启动回水泵和冲洗水泵，向捞渣机提供冷却用水及缓冲水仓、高效浓缩机底部冲洗用水。

11.5.6 渣水循环建立完毕后，关闭渣机补水电动门。

11.5.7 启动捞渣机。

11.5.8 捞渣机启动后，密切监视捞渣机刮板 2h 以上，确认捞渣机刮板箱内无大渣或杂物后，方可转为正常巡检。

11.6 系统运行中监视及维护

11.6.1 溢流水池、高效浓缩机、缓冲水仓、沉灰池液位正常，无溢流现象。

11.6.2 高效浓缩机中心传动装置电动机电流正常，减速机运行正常，传动轴承振动正常，旋转耙运转平稳。

11.6.3 高效浓缩机溢流口溢流水无灰浆，底流正常，底部排渣门开关灵活，并定期排污。

11.6.4 捞渣机链条在尾部惰轮中间，尾部惰轮支撑架无变形，捞渣机各惰轮在加油周期内，无渗油现象。

11.6.5 张紧装置设备完好，油系统压力稳定，油位正常，油过滤器无堵塞现象。张紧装置无渗、漏油现象。

11.6.6 水封板无变形、破损、脱落现象。箱体无渗漏现象，放水手动门处于关位。

11.6.7 干燥侧内无积渣、积水现象，地面无落渣现象。

11.6.8 捞渣机零速开关外形完整，接线正确牢固，测速圆盘随惰轮转动正常，就地接线盒接线正确牢固、无异味。

11.6.9 调整链条冲洗水手动门开度，水量正常，链条上无带渣现象。

11.6.10 刮板无偏斜，断裂；链条完好，无断裂、松弛、过紧或卡涩现象，渣量随锅炉负荷变化正常，无大焦及其他异物，捞渣机转速正常，及时清理捞渣机机头链条下的积渣。

11.6.11 检查捞渣机液压驱动马达外形完好，安装牢固，无异音，无渗油现象，温度正常，联轴器无破损。

11.6.12 液压驱动装置油泵声音正常，油温不超过环境温度 45℃。

11.7 系统中设备的切换

11.7.1 渣仓的切换（以 A 渣仓运行，B 渣仓备用为例）：

11.7.1.1 确认 B 渣仓符合投运条件。

11.7.1.2 启动捞渣机单向输送皮带机。

11.7.1.3 切换电动三通至单向输送皮带机。

11.7.1.4 就地检查切换到位，电动三通落渣口无积渣现象。

11.7.1.5 就地检查单向输送皮带机运行正常，渣仓切换结束。

11.8 系统的停运

11.8.1 锅炉停炉后，按值长令停除渣系统。

11.8.2 捞渣机刮板干净后，停捞渣机。

11.8.3 关闭捞渣机链条冲洗水手动阀。

11.8.4 停运回水泵。

11.8.5 溢流水池水抽空后，停运溢流水泵。

11.8.6 启动底部泥浆泵将高效浓缩机和缓冲水仓内的泥浆排空后，停运渣水泵。

11.8.7 关闭高效浓缩机和缓冲水仓排渣门。

11.8.8 停运高效浓缩机。

11.8.9 冬季如长时间停运，应将池内和管道内的水全部放空。

11.9 系统异常处理

11.9.1 捞渣机跳闸

11.9.1.1 原因：

1）刮板捞渣机液压电动机或电气部分故障。

2）过负荷使刮板捞渣机跳闸。

3）刮板捞渣机被异物卡住。

4）油压过高或过低。

5）油温大于 60℃。

6）液压张紧装置出现外部压力泄漏连锁跳停捞渣机。

11.9.1.2 处理：

1）立即复位捞渣机跳闸按钮，停止捞渣机运行。

2）若电动机或电气部分故障，应及时汇报并联系电气人员处理。

3）若因捞渣机卡住，经调整无效时，联系检修人员处理。

4）检查并联系处理液压张紧装置外部压力泄漏故障。

5）若超过 5h 处理不好，应汇报值长降负荷运行。

11.9.2　捞渣机链条跑偏

11.9.2.1　原因： 传动、张紧、上下导向轮不在一个纵向平面内或者张紧力不均。

11.9.2.2　处理： 调整链条及张紧装置压力。

11.9.3　捞渣机断链

11.9.3.1　原因：

1）刮板卡死。

2）刮板变形。

11.9.3.2　处理：

1）停机检查、排除故障。

2）更换变形刮板。

11.9.4　捞渣机掉链

11.9.4.1　原因：

1）两边张紧力不均。

2）传动轴歪斜。

3）链条磨损。

11.9.4.2　处理：

1）调整张紧装置压力。

2）联系检修人员重新找正传动轴。

3）联系检修人员更换链条。

11.9.5　捞渣机液压油站异常噪声

11.9.5.1　原因：

1）吸油管未打开。

2）有空气渗入，液压泵吸空。

3）油箱上的空气滤清器发生堵塞。

4）联轴器上的弹性元件磨损。

11.9.5.2　处理：

1）打开吸油管阀。

2）检查吸油管到补油泵处是否有空气渗入。当听到泵中噪声发生变化时，通过向管接头处泼洒一些油液进行测试。

3）联系检修人员更换空气滤清器。

4）联系检修人员更换弹性元件。

11.9.6　液压油站油温过高

11.9.6.1　原因：

1）冷却能力不足。

2）液压泵内部泄漏较大。

11.9.6.2　处理：

1）清洁冷却风扇。

2）更换或修复液压油泵。

11.9.7 泵或电机轴承发热，振动有异音

11.9.7.1 原因：

1）轴承缺油，油质不良，油位太高。

2）轴承间隙过小。

3）轴承损坏。

11.9.7.2 处理：

1）调整油位或更换新油。

2）调整轴承间隙。

3）更换轴承。

11.9.8 泵不打水或出力不足

11.9.8.1 原因：

1）泵入口门、出口门开度不够。

2）泵入口处被杂物堵塞。

3）泵流道堵塞。

4）叶轮磨损严重。

5）电机电压过低。

11.9.8.2 处理：

1）入口门开度小应开大。

2）检查入口滤网。

3）泵轮磨损严重，停泵检修。

12 吸收塔系统

12.1 概述

脱硫系统采用石灰石—石膏湿法工艺，石灰石浆液通过吸收塔浆液循环泵从吸收塔浆液池送至塔内喷淋系统，与烟气逆向接触发生化学反应吸收烟气中的 SO_2，在吸收塔浆液池中利用氧化空气将亚硫酸钙氧化成硫酸钙，硫酸钙结晶生成二水石膏，经过滤机脱水得到副产品石膏。脱硫后的洁净烟气由烟囱排出。

引风机和增压风机合并，脱硫系统不设置旁路烟道，脱硫岛内设置一个两台炉公用的事故浆液箱及一套石膏浆液抛弃系统。脱硫工艺水系统水源采用循环水排污水，但吸收塔浆液循环泵及球磨机的冷却水采用闭式冷却水。

12.2 主要设备规范

12.2.1 烟气系统

12.2.1.1 原烟气烟道

项　目	单位	技术参数
设计压力	Pa	−5000～+10 500
运行温度	℃	125
最大允许温度	℃	180
烟气流速	m/s	15
灰尘积累的附加面荷载	kN/m²	12
烟气阻力	Pa	190

12.2.1.2 净烟气烟道

项　目	单位	技术参数
设计压力	Pa	−5000～+10 500
运行温度	℃	53
最大允许温度	℃	90
烟气流速	m/s	15
灰尘积累的附加面荷载	kN/m²	10
烟气阻力	Pa	170

12.2.2 吸收塔系统

12.2.2.1 吸收塔

项　目	单位	技术参数
吸收塔前烟气量（标态、湿态）	m³/h	3 322 858
吸收塔后烟气量（标态、湿态）	m³/h	3 530 541
设计压力	Pa	5000

项 目	单位	技术参数
浆液循环停留时间	min	4.08
浆液全部排空所需时间	h	8
液/气比（L/G，入口湿烟气，标况）	L/m³	11.5
烟气流速	m/s	3.8
Ca/S 钙硫比	mol/mol	1.03
浆池固体含量（最小/最大）	wt%	15/25
浆液含氯量	g/L	<20
浆液 pH 值		4.5~6.0
吸收塔吸收区高度	m	13.995
浆池高度	m	9.1
浆池容积	m³	2852
吸收塔总高度	m	39.3
喷淋层数/层间距	m	5/2.0
每层喷嘴数	个	84
喷嘴型式		螺旋式
吸收塔搅拌器功率	kW	55

12.2.2.2 吸收塔除雾器

项 目	单位	技术参数
型式		屋脊式
级数		3
最大允许烟气流速	m/s	4.5
除雾器冲洗喷嘴数量	个	2000
喷嘴压力	kPa	200
喷嘴流量	L/min	63
除雾器烟气阻力	Pa	175

12.2.2.3 氧化风机

项 目	单位	技术参数
数量	台	3×2
扬程	kPa	94
轴功率	kW	170
入口流量（每台）	m³/h	4186
出口氧化空气温度	℃	130

12.2.2.4 吸收塔浆液循环泵

项 目	单位	技术参数
数量	台	5×2
型式		离心式
轴功率	kW	669/760/841/995/1050
吸入滤网	有/无	有
吸入侧压力	kPa	26
扬程	kPa	18.8/20.8/22.8/24.8/26.8
体积流量	m³/h	10 488

12.2.2.5 石膏排出泵 (事故石膏排出泵)

项 目	单位	技术参数
数量	台	2×2+2事故石膏排出泵
轴功率	kW	30
吸入侧滤网	有/无	有
吸入侧压力	kPa	26
扬程		300
体积流量	m³/h	156

12.2.2.6 事故喷淋水箱

项 目	单位	技术参数
事故喷淋水箱的有效容积	m³	34
水泵停运时水箱的有效喷淋时间	h	0.2
烟道内的事故喷淋支管数量	个	8×2
烟道内的事故喷淋支管管径	mm	80
喷嘴数量	个	8×2
喷嘴型式		满锥

12.2.3 浆液排空及回用系统
12.2.3.1 事故浆液系统

项 目	单位	技术参数
事故浆液箱		
数量	个	1
有效容积	m³	3000
高度	m	15.8
事故浆液箱搅拌器		
搅拌器数量	个	1
搅拌器功率	kW	45

项　目	单位	技术参数
事故浆液返回泵		
数量	台	2
吸入侧压力	kPa	18
扬程	kPa	300
流量	m³/h	300
轴功率	kW	36

12.2.3.2　吸收塔地坑排放系统

项　目	单位	技术参数
吸收塔排水坑		
数量	个	2
有效容积	m³	27
搅拌器数量	个	1
搅拌器功率	kW	2.2
吸收塔排水坑泵		
数量	台	4
扬程	kPa	300
流量	m³/h	60
轴功率	kW	8.8

12.2.3.3　石膏脱水区地坑排放系统

项　目	单位	技术参数
石膏脱水区排水坑		
数量	个	1
有效容积	m³	8
搅拌器数量	个	1
搅拌器功率	kW	1.1
石膏脱水区排水坑泵		
数量	台	2
扬程		300
流量	m³/h	30
轴功率	kW	8.8

12.2.3.4 制浆区地坑排放系统

项　目	单位	技术参数
石灰石浆液制备区排水坑		
数量	个	1
有效容积	m³	8
搅拌器数量	个	1
搅拌器功率	kW	1.1
石灰石浆液制备区排水坑泵		
数量	台	2
扬程	KPa	300
流量	m³/h	30
轴功率	kW	8.8

12.2.4 工艺水系统
12.2.4.1 工艺水箱

项　目	单位	技术参数
数量	个	1
有效容积	m³	340
直径×高	m	8×7.5

12.2.4.2 工艺水泵

项　目	单位	技术参数
数量	台	3
轴功率	kW	44
吸入滤网有/无		有
体积流量	m³/h	240

12.2.4.3 除雾器冲洗水泵

项　目	单位	技术参数
数量	台	3
轴功率	kW	44
吸入滤网有/无		有
体积流量	m³/h	168

12.3 系统联锁保护及试验

12.3.1 脱硫系统的主保护：吸收塔入口烟温不小于80℃，吸收塔浆液循环泵全部停运，事故紧急冷却水阀门联锁打开，延时5min，锅炉MFT。

12.3.2　吸收塔浆液循环泵。

13.3.2.1　保护停：

1) 吸收塔液位不大于 3500mm。

2) 吸收塔浆液循环泵电动机线圈温度不小于 140℃。

3) 吸收塔浆液循环泵电动机轴承温度不小于 130℃。

4) 吸收塔浆液循环泵轴承温度不小于 85℃。

5) 吸收塔浆液循环泵入口门"开"信号丢失。

12.3.3　氧化风机。

12.3.3.1　保护停：

1) 氧化风机轴承温度不小于 105℃。

2) 氧化风机电动机轴承温度不小于 95℃。

3) 氧化风机电动机线圈温度不小于 145℃。

4) 氧化空气减温后温度不小于 70℃。

12.3.4　除雾器冲洗系统的连锁及保护：

12.3.4.1　当吸收塔液位不小于 9000mm 时，除雾器冲洗程序保护停。

12.3.4.2　当吸收塔液位不大于 8000mm 时，除雾器冲洗程序连锁启。

12.3.4.3　当除雾器上下差压不小于 200Pa 时，除雾器差压高报警。

12.3.5　吸收塔液位连锁及保护：

12.3.5.1　吸收塔液位不小于 9500mm，高高报警，吸收塔溢流报警。

12.3.5.2　吸收塔液位不小于 9000mm，高报警，工艺水进水门关闭。

12.3.5.3　吸收塔液位不大于 8000mm，低报警，工艺水进水门开启。

12.3.5.4　吸收塔液位不大于 3500mm，低低报警，吸收塔浆液循环泵保护停。

12.3.5.5　吸收塔液位不大于 3000mm，搅拌器保护停。

12.3.6　事故浆液箱液位连锁及保护：

12.3.6.1　事故浆液箱液位不小于 15 100mm，高报警。

12.3.6.2　事故浆液箱液位不小于 2200mm，事故浆液箱搅拌器及事故浆液返回泵允许启。

12.3.7　吸收塔排水坑液位连锁及保护：

12.3.7.1　吸收塔排水坑液位不小于 2400mm，高高报警。

12.3.7.2　吸收塔排水坑液位不小于 2100mm，高报警，排水坑泵自动启动。

12.3.7.3　吸收塔排水坑液位不大于 1000mm，低报警，排水坑泵自动停运。

12.3.7.4　吸收塔排水坑液位不大于 700mm，低低报警，排水坑搅拌器保护停。

12.3.7.5　吸收塔排水坑液位不大于 500mm，排水坑泵保护停。

12.3.8　石膏区排水坑液位连锁及保护：

12.3.8.1　石膏区排水坑液位不小于 2400mm，高高报警。

12.3.8.2　石膏区排水坑液位不小于 2100mm，高报警，排水坑泵自动启动。

12.3.8.3　石膏区排水坑液位不大于 1000mm，低报警，排水坑泵自动停运。

12.3.8.4　石膏区排水坑液位不大于 700mm，低低报警，排水坑搅拌器保护停。

12.3.8.5　石膏区排水坑液位不大于 500mm，排水坑泵保护停。

12.3.9 制浆区排水坑液位连锁及保护：

12.3.9.1 制浆区排水坑液位不小于2400mm，高高报警。

12.3.9.2 制浆区排水坑液位不小于2100mm，高报警，排水坑泵自动启动。

12.3.9.3 制浆区排水坑液位不大于1000mm，低报警，排水坑泵自动停运。

12.3.9.4 制浆区排水坑液位不大于700mm，低低报警，排水坑搅拌器保护停。

12.3.9.5 制浆区排水坑液位不大于500mm，排水坑泵保护停。

12.3.10 工艺水箱液位连锁及保护：

12.3.10.1 工艺水箱液位不小于7200mm，高高报警，工艺水箱溢流报警。

12.3.10.2 工艺水箱液位不小于6900mm，高报警。

12.3.10.3 工艺水箱液位不小于6700mm，工艺水补水门连锁关。

12.3.10.4 工艺水箱液位不大于1500mm，低报警，工艺水补水门连锁开。

12.3.10.5 工艺水箱液位不大于900mm，低低报警，工艺水泵和除雾器冲洗水泵保护停。

12.3.11 事故喷淋水箱液位连锁及保护：

12.3.11.1 事故喷淋水箱液位不小于2800mm，高报警。

12.3.11.2 事故喷淋水箱液位不大于750mm，低报警，如烟气温度高，则开消防水补水门。

12.4 吸收塔系统及附属设备

12.4.1 吸收塔系统

12.4.1.1 系统投运前准备。

1) 吸收塔检修工作结束，工作票已终结，安全措施已恢复，相关设备绝缘合格并投入正常备用。

2) 对照热工保护、联锁传动清单，相关设备的保护、连锁传动正常，各保护正常投入。

3) 检查吸收塔人孔门关闭，各通道、栏杆、楼梯完好畅通，各沟盖板齐全并盖好。

4) 检查各管道连接正常，泵的油位1/2～2/3，油质合格。

5) 检查吸收塔周围清洁无杂物，各设备就地事故按钮正常，并盘车正常。

6) 检查吸收塔浆液循环泵轴封水门及冷却水门在开启状态，检查吸收塔浆液循环泵进口门、排放门、冲洗门操作灵活，开关状态正确。

7) 检查各热工仪表、就地显示仪表、变送器、传感器工作正常。

12.4.1.2 系统的投运：

1) 开启吸收塔浆液循环泵入口门。

2) 启动吸收塔浆液循环泵。DCS操作画面上检查泵的电流、出口压力正常。就地检查泵运行正常无异音。

3) 当连续启动多台泵时，第一台泵启动后，待泵运行正常和吸收塔液位正常后，方可启动下一台泵。

12.4.1.3 系统运行中监视及维护：

1) 检查运行的吸收塔浆液循环泵电流、各温度测点正常。

2) 就地检查运行泵振动、出口压力、温度正常。

3) 就地检查泵冷却水正常，各泵及管道无漏浆液。

4）就地检查运行泵减速箱油质良好，油位为 1/2～2/3。

12.4.1.4 系统的停运：

1）停运吸收塔浆液循环泵。

2）关闭吸收塔浆液循环泵入口门。

3）对吸收塔浆液循环泵排放冲洗后注水备用。

12.4.2 氧化风机系统

12.4.2.1 系统投运前准备：

1）确认吸收塔及氧化空气系统检修工作结束，工作票已终结，安全措施已恢复，系统管路连接良好无泄漏。

2）对照热工保护、连锁传动清单，确认氧化风机相关设备的保护、连锁传动正常，各保护正常投入。

3）现场表计、开关、变送器投入正常。

4）氧化风机绝缘测量合格并送上电源，润滑油位为 1/2～2/3，且油质良好，仪表监测装置，处于备用状态。

5）氧化风机排空门、出口门均在开启状态，氧化风管喷淋水母管手动门已开启。

6）氧化风机冷却水入口门开启，回水正常无泄漏。

12.4.2.2 系统的投运：

1）启动氧化风机隔音罩冷却风机。

2）启动氧化风机，电流及时返回，电流值正常。

3）开启各氧化风管喷淋电磁阀。

4）检查氧化风机出口压力在正常范围内，关闭氧化风机排空门。

5）氧化空气压力及电流反馈正常，启动完毕。

12.4.2.3 系统运行中监视及维护：

1）氧化风机空气管道消音器、过滤器清洁、无杂物。

2）氧化空气管道连接牢固、无漏气现象。

3）氧化空气出口压力、流量、温度正常。

4）当烟气工况发生变化时，注意调整氧化风机的运行台数。

5）检查油位、油温正常，管路无泄漏现象。

12.4.2.4 系统的停运：

1）停运氧化风机电机，打开氧化风机排空门。

2）待停运氧化风机温度降至正常环境温度后，停运氧化风机冷却风机。

3）关闭氧化风管喷淋水电磁阀。

4）停运氧化风机隔音罩冷却风机。

5）关闭氧化风机冷却水进口门。

12.5 脱硫烟气系统

12.5.1 系统投运前准备及试验

12.5.1.1 系统投运前准备：

1）脱硫系统相关检修工作已结束，工作票已终结，安全措施已恢复。

2）各烟道、管道保温完好，各种标志清晰完整，机械、电气设备地脚螺栓齐全牢固，防护罩完好，冷却水正常。

3）确认脱硫电气系统检查正常。

4）脱硫系统各泵、风机、搅拌器等转动设备状态良好，进口烟道疏排水设备完好。

5）脱硫系统内的所有管道及阀连接完好，状态正常。

6）电厂循环水系统已具备向脱硫系统供水条件，机组闭式冷却水系统已正常投运。

12.5.1.2 系统投运前试验：

1）联系主控进行脱硫系统电气试验。

2）阀门传动试验。

3）脱硫主保护试验。

4）吸收塔浆液循环泵、氧化风机保护试验。

12.5.2 系统的投运

12.5.2.1 投运脱硫工艺水系统。

12.5.2.2 投运石灰石制浆系统。

12.5.2.3 开启工艺水至吸收塔补水门，向吸收塔补水至液位 5m。

12.5.2.4 启动吸收塔搅拌器。

12.5.2.5 启动 1 台吸收塔浆液循环泵，事故喷淋水系统投入连锁。

12.5.2.6 汇报值长，脱硫烟气系统已具备启动条件。

12.5.2.7 引风机启动后，严密监视脱硫系统运行参数。

12.5.2.8 投运除雾器冲洗水系统。

12.5.2.9 投运吸收塔地坑系统，注满水后加入苛性钠，调整 pH 值至 4.5~6.0。根据吸收塔 pH 值变化调节苛性钠的加入量，维持运行至锅炉燃烧正常。

12.5.2.10 对吸收塔内液体的 pH 值、悬浮物浓度等进行人工监测。若锅炉启动时间较长，塔内液体悬浮物浓度超过 10% 时，启动石膏排出泵，将塔内液体排至石膏抛弃系统，在整个启动过程中，根据吸收塔液位信号，利用工艺水系统对塔内液体进行补充。

12.5.2.11 锅炉燃烧正常，除尘器正常投运后，进行吸收塔浆液置换。

12.5.2.12 启动氧化风机。

12.5.2.13 启动事故浆液返回泵，向吸收塔注浆。

12.5.2.14 根据脱硫率调整吸收塔浆液循环泵运行台数，将脱硫效率尽快提升至 90% 以上。

12.5.2.15 启动石灰石供浆泵，控制吸收塔 pH 值至 5.0~5.6。

12.5.2.16 投运真空脱水系统。

12.5.2.17 投运脱硫废水系统。

12.5.3 系统运行中监视及维护

12.5.3.1 监视入口含硫量（随锅炉燃烧煤种变化而不同），吸收塔入口烟温不大于 180℃，入口粉尘浓度不大于 200mg/m³，吸收塔出口烟温不小于 47℃，出口含硫量不大于 200mg/m³，出口粉尘浓度不大于 30mg/m³，NO$_x$ 含量不大于 200mg/m³，脱硫效率不小于 90%。

12.5.3.2 运行中保持系统的清洁，对管道的泄漏、固体的沉积、管道结垢及管道污染等现象及时检查，发现后应进行清洁。

12.5.3.3 应选择电气开关在不同 6kV 母线上的吸收塔浆液循环泵同时运行。

12.5.3.4 转动设备的冷却水正常。

12.5.3.5 对电动机、风机等设备的空冷状况经常检查以防过热。

12.5.3.6 所有泵和风机的电动机、轴承温度正常。

12.5.4 系统的停运

12.5.4.1 主机停机后，当脱硫入口烟气温度降至 80℃以下，停运吸收塔浆液循环泵，并通知主控脱硫系统已不具备进高温烟气的条件。

12.5.4.2 停运石灰石供浆泵，按照程序进行冲洗。

12.5.4.3 停运氧化风机。

12.5.4.4 停运除雾器冲洗水系统。

12.5.4.5 保持真空脱水系统运行，至吸收塔浆液密度降至 1100kg/m³时，停运石膏排出泵及真空脱水系统。

12.5.4.6 脱硫系统短时间停运时，各箱罐不排浆。

12.5.4.7 脱硫系统长时间停运或者吸收塔有检修工作，将吸收塔浆液排空并通知仪表维护人员对 pH 计保养。

12.6 系统异常处理

12.6.1 吸收塔浆液循环泵流量下降

12.6.1.1 原因：

1）管路堵塞。

2）喷口堵塞。

3）入口电动门开不到位。

4）泵的出力下降。

5）管路泄漏。

12.6.1.2 处理：

1）清理管线。

2）清理喷嘴。

3）检查并校正入口电动门位置状态。

4）对泵进行检修。

5）修补泄漏处。

12.6.2 吸收塔液位异常：

12.6.2.1 原因：

1）液位计工作不良。

2）浆液循环管泄漏。

3）冲洗门有内漏。

4）吸收塔泄漏。

5）吸收塔液位控制模块故障。

6）浆液品质变差，吸收塔内泡沫过多。

12.6.2.2 处理：

1）检查并校正液位计。

2) 检查并修补循环管线。

3) 检查更换冲洗阀。

4) 检查吸收塔及底部排放门。

5) 更换液位模块。

6) 根据起泡情况，向吸收塔加入适量消泡剂。

12.6.3　吸收塔 pH 计指示不准

12.6.3.1　原因：

1) pH 计电极污染、损坏、老化。

2) pH 计供浆量不足。

3) pH 计供浆中混入工艺水。

4) pH 计变送器零点漂移。

5) pH 计控制模块故障。

12.6.3.2　处理：

1) 清洗、更换 pH 计电极。

2) 检查 pH 计连接管线是否堵塞和隔离阀、石膏排出泵状态。

3) 检查 pH 计冲洗阀是否泄漏。

4) 检查调校 pH 计。

5) 检查 pH 计模块情况。

12.6.4　烟气 SO_2 脱除效率低

12.6.4.1　原因：

1) SO_2 测量不准确。

2) pH 测量不准确。

3) SO_2 入口浓度增大。

4) 吸收塔浆液 pH 值过低。

5) 吸收塔浆液杂质过多引起反应闭塞。

6) 浆液循环流量小，液气比低。

7) 氯化物浓度过高，同离子效应增大。

8) 氧化风量不足造成亚硫酸钙含量过大。

12.6.4.2　处理：

1) 校正 SO_2 分析测量仪。

2) 校正 pH 测量仪。

3) 严密监视入口二氧化硫含量及脱硫效率。

4) 增加石灰石浆液供给量，化验石灰石料的有效成分是否合格。

5) 检查除尘器除尘效果及石灰石料是否合格。

6) 检查运行的循环泵数量和泵的出力。

7) 增加废水排放量。

8) 增加氧化风机运行数量，检查氧化风机出力是否正常。

12.6.5　工艺水突然中断

12.6.5.1　原因：

1) 运行工艺水泵故障，备用水泵联动不成功。

2) 工艺水箱液位太低，工艺水泵跳闸。

3) 工艺水管破裂。

4) 工艺水母管压力太低，备用水泵联动不成功。

12.6.5.2 处理：

1) 手动投入备用水泵运行。

2) 盘上检查工艺水箱补水手动门是否投入联锁，检查工艺水用户适当停止一些冲洗用水。

3) 关掉破裂水管的隔离手动门，联系维护检修。

4) 检查运行泵电流是否正常，如果因为用户过多导致的母管压力过低需马上停止一些冲洗用水，或者手动启动备用泵。

12.6.6 工艺水泵故障跳闸

12.6.6.1 原因：

1) 过流保护停机。

2) 工艺水泵电机故障。

3) 事故按钮误动作。

12.6.6.2 处理：

1) 检查工艺水用户是否过多导致母管压力下降导致工艺水泵过流。

2) 就地检查工艺水开关柜是否有报警，联系电气人员检查处理。

3) 就地核实事故按钮状态是否正确，确认是否有人误动。

12.6.7 除雾器水泵故障跳闸

12.6.7.1 原因：

1) 过流保护停机。

2) 除雾器冲洗水泵电机故障。

3) 事故按钮误动作。

12.6.7.2 处理：

1) 检查除雾器冲洗水阀门开启过多导致母管压力下降，电动机过流。

2) 就地检查除雾器冲洗水泵开关柜是否有报警，联系电气人员检查处理。

3) 就地核实事故按钮状态是否正确，确认是否有人误动。

12.6.8 工艺水母管压力低

12.6.8.1 原因：

1) 工艺水泵出力不足。

2) 工艺水用户过多。

3) 压力变送器故障。

4) 工艺水管道破裂。

12.6.8.2 处理：

1) 检查入口门是否全开，联系机务检查水泵叶轮是否磨损，电气检查电动机工作是否正常。

2) 关闭一些工艺水冲洗用水或者启动备用工艺水泵。

3）联系热工检查仪表是否正常。

4）检查工艺水管路，联系检修处理。

12.6.9　工艺水箱补水量低

12.6.9.1　原因：

1）厂用循环水至脱硫系统压力偏低。

2）补水门没有全开。

3）液位联锁不正常。

4）工艺水箱补水入口手动门前滤网堵塞。

12.6.9.2　处理：

1）联系值长调整供水压力。

2）就地检查补水门是否全开。

3）联系热工修正液位连锁。

4）联系机务人员检查清理进口滤网。

13 真空皮带脱水系统

13.1 概述

真空皮带脱水系统为脱硫公用系统，由三台水平真空皮带脱水系统及辅助设备构成。在石膏脱水过程中，滤饼冲洗水将对石膏进行冲洗，以充分降低石膏中的 Cl^- 的含量。真空泵密封水的排水进入滤布冲洗水箱。滤布冲洗水、滤饼冲洗水最后将与滤液一道收集到滤液水箱。

13.2 主要设备规范

13.2.1 真空皮带机系统

项　目	单位	技术参数
石膏浆液旋流装置		
旋流站数量	套	2
每套旋流装置旋流子总数	个	4
旋流子备用数	个	1
直径	m	0.225
给料含固量	％	20
溢流含固量	％	7.29
底流含固量	％	47.31
真空皮带脱水机		
数量	台	3
出力（含水量不大于10％）	t/h	15
脱水面积	m^2	17
电动机功率	kW	11
真空泵		
型式		水环式
数量	个	3
进口流量	m^3/h	3500
电动机功率	kW	150

13.2.2 滤布冲洗水系统

项　目	单位	技术参数
滤布冲洗水箱		
数量	个	3
有效容积	m^3	27
直径	m	2.86
高度	m	4.5

项　目	单位	技术参数
滤布冲洗水泵		
数量	台	6
型式		离心泵
吸入侧压力	MPa	0.18
扬程	MPa	0.6
流量	m³/h	30
轴功率	kW	6.2

13.2.3　滤液水系统

项　目	单位	技术参数
滤液水箱		
数量	个	1
有效容积	m³	130
直径	m	5.8
高度	m	5.5
滤液水泵		
数量	台	2
扬程	MPa	0.35
流量	m³/h	120
轴功率	kW	24

13.2.4　废水输送系统

项　目	单位	技术参数
废水旋流器进给箱		
数量	个	1
有效容积	m³	80
直径	m	5.8
高度	m	4.5
搅拌器数量	个	1
搅拌器功率	kW	37
废水旋流装置		
旋流站数量	套	1
每套旋流装置旋流子总数	个	4
旋流子备用数	个	1
直径	m	0.075
给料含固量	%	7.29
溢流含固量	%	2.89
底流含固量	%	11.31

13.3 系统连锁保护及试验

13.3.1 真空泵

13.3.1.1 允许启:

1) 滤液水箱液位不小于 1100mm。

2) 真空泵密封水无流量低报警。

3) 真空泵电动机无故障报警。

13.3.1.2 保护停:

1) 滤液水箱液位不大于 1000mm。

2) 真空泵密封水流量不大于 3m³/h,延时 30s。

3) 真空泵密封水阀关闭,延时 35s。

4) 真空泵电动机故障。

5) 真空罐压力不大于−90.7kPa。

13.3.2 真空皮带机

13.3.2.1 允许启:真空皮带机无报警。

13.3.2.2 保护停:

1) 真空皮带机皮带跑偏(驱动侧)延时 5s。

2) 真空皮带机皮带跑偏(操作侧)延时 5s。

3) 真空皮带机滤布跑偏(驱动侧)延时 5s。

4) 真空皮带机滤布跑偏(操作侧)延时 5s。

5) 真空皮带机紧急拉线开关动作(驱动侧)。

6) 真空皮带机紧急拉线开关动作(操作侧)。

7) 真空罐压力不大于−90.7kPa。

8) 真空皮带机测厚仪厚度不小于 50mm。

9) 真空泵控制回路异常。

10) 真空泵事故跳闸。

11) 真空泵停止。

12) 真空皮带机驱动电机故障。

13) 真空皮带机真空室密封水流量不大于 0.3m³/h,延时 15s。

14) 两台滤布冲洗水泵停止,延时 5s。

13.3.3 滤液水箱液位连锁及保护

13.3.3.1 滤液水箱液位不小于 4200mm,高报警。

13.3.3.2 滤液水箱液位不小于 3900mm,滤液水泵连锁启。

13.3.3.3 滤液水箱液位不大于 1400mm,低报警,滤液水泵保护停。

13.3.3.4 滤液水箱液位不大于 1000mm,低低报警,滤液水箱搅拌器保护停。

13.3.4 废水旋流器进给箱液位连锁及保护

13.3.4.1 废水旋流器进给箱液位不小于 4200mm,高报警。

13.3.4.2 废水旋流器进给箱液位不小于 3900mm,废水旋流器进给泵联锁启。

13.3.4.3 废水旋流器进给箱液位不大于 1400mm,低报警,废水旋流器进给泵保护停。

13.3.4.4 废水旋流器进给箱液位不大于1000mm，低低报警，废水旋流器进给箱搅拌器保护停。

13.4 系统投运前准备

13.4.1 石膏浆液排出系统及真空脱水系统检修工作已结束，工作票终结，安全措施已恢复，设备测绝缘合格后送电备用。

13.4.2 对照热工保护、联锁传动清单，相关设备的保护、连锁传动正常，各保护正常投入。

13.4.3 现场确认所有表计、开关、变送器投入正常，设备连锁已投入。

13.4.4 石膏排出泵润滑油油位在1/2～2/3，油质良好，轴封水已投入，出口管道连接完好无泄漏，石膏排出泵出口调整至去石膏浆液缓冲箱，石膏排出泵进出口阀门操作正常无卡涩。

13.4.5 石膏浆液缓冲箱管道连接完好无泄漏，搅拌器运行正常，石膏浆液缓冲泵润滑油油位在1/2～2/3，油质良好，轴封冷却水已投入，出口管道连接完好无泄漏。

13.4.6 真空皮带机滤布、驱动皮带、滑道无偏斜，各支架牢固，皮带上无剩余物，皮带张紧适当；皮带和滤布托辊转动自如无卡涩现象；皮带主轮和尾轮完好，轮与带之间无异物。

13.4.7 石膏浆液下料管畅通，无堵塞。

13.4.8 真空皮带机滤布纠偏装置正常仪用气无泄漏，拉绳开关完好，反馈正常。

13.4.9 脱水系统管道连接正常无泄漏，真空皮带机滤液集水槽通畅无堵塞。

13.4.10 真空泵密封水及轴承冷却水已投入，流量计指示正常。真空泵电动机皮带无断裂连接完好。

13.4.11 检查真空泵密封水手动门、真空盒密封水手动门、滤布冲洗水手动门、滤饼冲洗水手动门、皮带机滑台润滑水手动门已开启。检查滤布冲洗水泵进口手动门、出口手动门已开启。

13.4.12 石膏旋流器旋流子开3备1，旋流子无堵塞；废水旋流器旋流子开3备1，旋流子无堵塞。

13.4.13 滤液水箱完好管道连接正常无泄漏，搅拌器运行正常。

13.4.14 滤液水泵滑油油位正常，油质良好，轴封冷却水已投入，出口管道连接完好无泄漏。

13.4.15 废水旋流器进给箱完好管道连接正常无泄漏，搅拌器运行正常。

13.4.16 废水旋流器进给泵滑油油位在1/2～2/3，油质良好，轴封冷却水已投入，出口管道连接完好无泄漏。

13.5 系统的投运

13.5.1 启动石膏排出泵，投入石膏浆液缓冲箱液位连锁。

13.5.2 启动滤布冲洗水泵。

13.5.3 检查真空泵密封水流量、真空盒密封水流量、滤布冲洗水流量、滤饼冲洗水流量正常。

13.5.4 启动真空皮带机，调节变频器，调整皮带转速。

13.5.5 启动真空泵。

13.5.6 开启石膏旋流器入口门，真空皮带机进料脱水。

13.5.7 石膏浆液缓冲箱液位达到 4.9m 时，启动石膏浆液缓冲泵，并投入连锁。

13.5.8 当滤液水箱液位不小于 3.9m，满足滤液水泵启动条件，开启滤液水至吸收塔的阀门。

13.5.9 启动滤液水泵，并投入连锁。

13.5.10 当废水旋流器进给箱液位不小于 3.9m，启动废水旋流器进给泵，并投入连锁。

13.6 系统运行中监视及维护

13.6.1 监视吸收塔浆液密度及吸收塔液位。

13.6.2 真空泵电流正常，真空罐压力稳定，石膏滤饼厚度正常，真空泵密封水、滤布冲洗水、滤饼冲洗水流量显示正常。

13.6.3 就地检查石膏排出泵运行稳定出口压力正常，轴封水回水清澈无漏浆现象，管道无泄漏。

13.6.4 就地检查真空皮带机滤布无跑偏，滤饼含水量正常，真空盒连接正常无漏气。

13.6.5 滤布及皮带的冲洗水喷头无堵塞。

13.6.6 滤布冲洗水泵运行正常，无异音，轴封处无甩水。

13.6.7 就地检查真空泵运行正常无异音。

13.6.8 石膏旋流器入口压力正常，旋流子无堵塞无泄漏。

13.6.9 石膏浆液缓冲箱搅拌器运行正常无异音，石膏浆液缓冲泵运行正常，出口压力稳定。

13.6.10 就地检查滤液水泵运行正常。

13.6.11 滤液水箱搅拌器运行正常无异音。

13.7 系统的停运

13.7.1 停运石膏排出泵，对石膏排出泵冲洗干净后备用。

13.7.2 停运石膏浆液缓冲泵，对石膏浆液缓冲泵及石膏旋流器冲洗干净后备用。

13.7.3 调节皮带机变频器，降低皮带转速。

13.7.4 当滤布上没有滤饼且滤布冲洗干净后，停运真空泵，关闭真空泵密封水及轴承冷却水。

13.7.5 停运真空皮带机。

13.7.6 停运滤布冲洗水泵。

13.7.7 停运废水旋流器进给泵。

13.8 系统异常处理

13.8.1 脱水石膏品质差

13.8.1.1 原因：

1）氯离子含量高。

2）浆液中 $CaCO_3$ 浓度过高。

3）氧化风量不足，亚硫酸钙含量偏高。

4）浆液中杂质过多。

13.8.1.2 处理：

1）加大滤饼冲洗水量及时间，加大废水排放。

2）控制 pH 值不要过高，调节石灰石浆液供给量。

3）调整氧化风量，提高吸收塔浆液停留时间。

4）检查除尘器的运行情况，加大废水排放，控制石灰石来料质量。

13.8.2　真空度偏小

13.8.2.1 原因：

1）石膏旋流子堵塞，旋流器底流偏小。

2）真空泵出力不足。

3）真空管脱落。

4）真空盒密封水流量不足。

5）滤液水箱液位低。

13.8.2.2 处理：

1）检查石膏旋流器是否有堵塞。

2）检查真空泵密封水流量正常，电气检查电动机工作正常。

3）就地检查真空管脱落后立即联系维护人员处理。

4）调整真空盒密封水流量。

5）停脱水系统，检查滤液水箱液位连锁正常。

13.8.3　真空度偏大

13.8.3.1 原因：

1）石膏浆液杂质含量过大，导致滤布堵塞。

2）皮带跑偏。

3）滤布跑偏。

4）滤布冲洗水喷头堵塞导致滤布堵塞严重。

13.8.3.2 处理：

1）增大滤布冲洗水量，加大废水排放量，控制氧化风量及石灰石来料管理。

2）联系维护就地对跑偏皮带纠偏。

3）检查滤布纠偏装置是否正常或联系维护就地纠偏。

4）清理滤布冲洗水喷头。

13.8.4　石膏旋流器底流偏小

13.8.4.1 原因：

1）旋流站积垢，管道堵塞。

2）旋流子运行数量少。

3）石膏浆液缓冲泵出力过大导致石膏旋流器入口压力偏大。

13.8.4.2 处理：

1）停止旋流器运行，冲洗旋流器及其管道，如冲洗无效联系维护清理。

2）调整旋流子运行数量。

3）调整石膏浆液缓冲泵出力。

14　石 灰 石 制 浆 系 统

14.1　概述

石灰石浆液制备系统为两台炉公用，由石灰石卸料系统、石灰石制浆系统、石灰石浆液供给系统三个子系统组成，采用外购石灰石制浆。

石灰石卸料系统、石灰石制浆系统、石灰石浆液供给系统各为 2 套，1 运 1 备。

14.2　主要设备规范

14.2.1　石灰石卸料系统

项　目	单位	技术参数
石灰石贮仓		
数量	个	2
有效容积	m³	960
高度	m	15
直径	m	9
卸料口数量	个	2

14.2.2　石灰石制浆系统

项　目	单位	技术参数
皮带秤重给料机		
数量	台	2
型式		变频
出力	t/h	0～20
电动机功率	kW	2.2
湿式球磨机		
数量	台	2
流量	t/h	17
转速	r/min	20.8
电动机功率	kW	560

14.2.3　石灰石供浆系统

项　目	单位	技术参数
石灰石浆液箱		
数量	个	2
有效容积	m³	288
尺寸（长×宽）	m	7×7.5
搅拌器数量	个	1×2

续表

项　目	单位	技术参数
搅拌器功率	kW	37
石灰石浆液泵		
数量	台	4
吸入侧压力	kPa	25
扬程	kPa	300
流量	m³/h	102
轴功率	kW	30

14.3　系统联锁保护及试验

14.3.1　石灰石卸料系统

14.3.1.1　仓顶皮带输送机跳闸，斗式提升机保护停。

14.3.1.2　斗式提升机跳闸，振动给料机保护停。

14.3.1.3　石灰石粉仓料位报警，石灰石供应系统保护停。

14.3.2　称重式皮带给料机

14.3.2.1　保护停：

1）称重式皮带给料机电气故障。

2）称重式皮带给料机堵料报警。

3）称重式皮带给料机清扫电动机故障。

4）称重式皮带给料机称重装置故障。

5）球磨机跳闸。

6）石灰石浆液循环泵跳闸。

14.3.3　球磨机

14.3.3.1　保护停

1）球磨机轴承温度不小于55℃。

2）球磨机电动机轴承温度不小于95℃。

3）球磨机电动机线圈温度不小于125℃。

4）球磨机电动机线圈温度不小于130℃。

14.3.4　石灰石浆液循环箱液位连锁及保护

14.3.4.1　石灰石浆液循环箱的液位不小于1100mm，高报警。

14.3.4.2　石灰石浆液循环箱的液位不大于750mm，低报警，石灰石浆液循环泵允许启。

14.3.4.3　石灰石浆液循环箱的液位不大于650mm，低低报警，石灰石浆液循环泵保护停。

14.3.4.4　石灰石浆液循环箱的液位不大于500mm，石灰石浆液循环箱搅拌器保护停。

14.3.5　石灰石浆液箱液位连锁及保护

14.3.5.1　石灰石浆液箱液位不小于7200mm，高报警。

14.3.5.2　石灰石浆液箱液位不小于6800mm，石膏旋流器溢流分配箱停止向石灰石浆液箱进浆。

14.3.5.3　石灰石浆液箱液位不大于1400mm，低报警。

14.3.5.4 石灰石浆液箱液位不大于 1000mm，石灰石浆液箱搅拌器保护停。

14.3.5.5 石灰石浆液箱液位不大于 500mm，石灰石供浆泵保护停。

14.4 石灰石卸料系统

14.4.1 系统投运前准备

14.4.1.1 石灰石卸料系统检修工作已结束，工作票已终结，安全措施已恢复，所有相关设备测绝缘合格后送电投入备用。

14.4.1.2 检查卸料斗下料口无积料堵塞，检查振动给料机内有无积料卡涩，卸料斗棒条阀已开启。

14.4.1.3 检查斗式提升机竖井内无积料和杂物，各斗与链条连接正常，无断链和卡涩。

14.4.1.4 石灰石皮带输送机无积料，下料口畅通。

14.4.1.5 系统各设备轴承润滑油脂正常。

14.4.1.6 检查金属分离器正常，检查振动给料机变频器正常。

14.4.1.7 卸料斗布袋除尘器及石灰石储仓布袋除尘器正常。

14.4.2 系统的投运

14.4.2.1 联系汽车来料，确认卸料斗内有石灰石后，开启振动给料机插板门。

14.4.2.2 启动石灰石仓及卸料间的布袋除尘器。

14.4.2.3 启动斗式提升机。

14.4.2.4 启动除铁器及石灰石皮带输送机。

14.4.2.5 启动振动给料机，就地检查启动正常，调整振动频率。

14.4.2.6 石灰石卸料系统运行，注意监视石灰石仓料位。

14.4.3 系统运行中监视及维护

14.4.3.1 振动给料机下料均匀，给料无堆积、飞溅现象。频率要适中，若频率高，给料量太大，易造成斗提机堵塞。频率太低，输料缓慢，还会造成振动给料机电动机过热。不允许在料少及空斗时，高频率运行振动给料机，以避免给料机大幅波动，造成设备损坏。

14.4.3.2 石灰石料粒径应在规定范围内，不能超过 20mm。

14.4.3.3 避免太湿的石灰石粉尘上仓，以防黏堵。

14.4.3.4 除尘设备要正常投运。

14.4.3.5 卸料斗篦子安装牢固并完好。

14.4.3.6 应检查并防止吸铁件刺伤弃铁皮带。

14.4.3.7 人员靠近金属分离器时，身上不要带铁质尖锐物件，同时防止卸下的铁件击伤人体。

14.4.3.8 运行中应及时清除原料中的杂物，发现入口原料中的石块、铁件、木头过多，应及时汇报值班负责人。

14.4.3.9 斗式提升机底部无积料，各料斗安装牢固完好，链条无异常。

14.4.3.10 石灰石仓密闭良好。

14.4.3.11 所有进料、下料管道无磨损、堵塞及泄漏现象。

14.4.4 系统的停运

14.4.4.1 当石灰石料仓料位达到高位报警时，准备停运石灰石上料系统。

14.4.4.2 检查钢篦上石灰石料已经卸尽，停运振动给料机。

14.4.4.3 停运石灰石皮带输送机及除铁器。

14.4.4.4 停运石灰石斗式提升机。

14.4.4.5 停运石灰石卸料斗布袋除尘器。

14.4.4.6 停运石灰石储仓布袋除尘器。

14.5 石灰石制浆系统

14.5.1 系统投运前准备

14.5.1.1 制浆系统相关检修工作已结束，工作票已终结，安全措施已恢复，系统管路连接良好无泄漏。

14.5.1.2 对照热工保护、连锁传动清单，相关设备的保护、连锁传动正常，各保护正常投入。

14.5.1.3 现场确认制浆系统所有表计、开关、变送器投入正常。

14.5.1.4 制浆区仪用气和工艺水管道正常无泄漏。

14.5.1.5 制浆系统各电机绝缘合格，开关送至远方工作位。

14.5.1.6 石灰石料仓料位无低料位报警，卸料电动门动作正常，下料无堵塞。

14.5.1.7 称重皮带给料机皮带正常无断裂，清扫电动机无断链卡死现象，清扫层无积料，就地操作面板指示正常无报警。

14.5.1.8 球磨机液压油站油位正常，油质良好无杂质，油箱无低油温报警。

14.5.1.9 球磨机齿轮喷射润滑油系统油箱油位正常，油质良好无杂质，空压机皮带正常无断裂，就地操作面板指示正常无报警。

14.5.1.10 石灰石浆液箱、石灰石浆液循环箱及制浆区地坑搅拌器运行正常，电动机温度正常无异音。

14.5.1.11 石灰石浆液旋流器旋流子开 2 备 1，阀门状态正常，推拉杆动作正常无卡涩。

14.5.2 系统的投运

14.5.2.1 检查球磨机头补水手动总门、石灰石浆液循环箱补水手动总门、油站冷却器冷却水手动门开启。检查球磨机轴承冷却水。

14.5.2.2 盘上开启球磨机头部补水电动调节门，设定补水流量，投入自动。

14.5.2.3 盘上开启石灰石浆液循环箱补水电动调节门，设定补水流量，投入自动。

14.5.2.4 启动石灰石浆液循环泵将浆液分配箱投入连锁，检查运行正常。

14.5.2.5 启动低压油泵，检查出口压力不小于 0.1MPa，将备用低压油泵投入连锁。

14.5.2.6 启动高压油泵，就地检查压力正常，盘上无压力低报警。启动高压油泵，就地检查压力正常，盘上无压力低报警。

14.5.2.7 启动球磨机，检查电流不超过额定电流。检查齿轮喷射油系统随球磨机启动自动启动，一次喷射完毕后进入循环计时。

14.5.2.8 延时 5min，停运高压油泵。

14.5.2.9 启动称重皮带给料机。

14.5.2.10 检查进入球磨机的石灰石料均匀，根据石灰石浆液循环泵出口密度计调整给料量和补水量，保证石灰石浆液密度大于 1350kg/m³。

14.5.3 系统运行中监视及维护

14.5.3.1 运行中应严格控制石灰石给料和进入球磨机滤液量的配比，DCS 操作画面上严密监视石灰石浆液循环泵出口密度，调整给水量及给料量使浆液合格。

14.5.3.2 运行中电流正常，若发现球磨机电流小于额定值，应及时补充合格的钢球。

14.5.3.3 及时调整称重皮带给料机的给料量，以保证球磨机内给料量合适，任何情况下给料量不能超过额定出力。

14.5.3.4 进入球机的石灰石粒径应小于 20mm，若运行中发现球磨机给料粒径过大，应及时通知汇报。

14.5.3.5 运行中若石灰石浆液品质不符合要求，且通过调整仍不合格时，应及时通知化学化验石灰石给料品质。

14.5.3.6 称重皮带给料机给料均匀，无积料、漏料现象，称重装置测量准确。

14.5.3.7 制浆系统管道及旋流器应连接牢固，无磨损和漏浆现象。若旋流器漏泄严重，应切换为备用旋流器运行，并通知检修处理。

14.5.3.8 保持球磨机最佳钢球装载量，运行中磨机电流稳定。

14.5.3.9 球磨机进、出料管及工艺水管畅通，运行中密切监视球磨机出口液位及球磨机电流，严防球磨机堵塞。

14.5.3.10 慢传电动机爪形离合器应处于脱开位置。循环泵、循环箱搅拌器运行正常。

14.5.3.11 若筒体附近有漏浆，立即通知检修人员检查橡胶瓦螺丝是否松脱、是否严密或存在其他不严密处。

14.5.3.12 若球磨机进、出口密封处渗漏，立即通知检修人员检查球磨机内料位及密封磨损情况。

14.5.3.13 经常检查球磨机出口篦子的清洁情况，及时清除分离出来的杂物。

14.5.3.14 禁止球磨机长时间空负荷运行。

14.5.3.15 检查称重皮带给料机清扫器工作正常。

14.5.3.16 球磨机循环泵停运要及时进行冲洗。

14.5.3.17 随时注意石灰石浆液循环泵出口压力正常，没有突然增大。如突然增大则必须去就地检查球磨机管道是否被堵，并监视去石灰石浆液箱浆液密度为 $25wt\%\sim30wt\%$，并以此为根据调整其稀释水量及给料量。

14.5.3.18 注意监视球磨机轴承、电动机轴承、电动机线圈温度在正常范围，检查液压油站及齿轮喷射油系统空压机运行正常。

14.5.4 系统的停运

14.5.4.1 停运称重皮带给料机。

14.5.4.2 关闭球磨机头部补水调节门及石灰石浆液循环箱补水调节门，并调整石灰石水力旋流器分配箱至石灰石浆液循环箱。

14.5.4.3 启动球磨机高压油泵，延时 5min，停运球磨机。

14.5.4.4 停运球磨机齿轮喷射油系统。

14.5.4.5 停运石灰石浆液循环泵。

14.5.4.6 停运球磨机高压油泵，停运低压油泵。

14.5.4.7 对管路冲洗排放完毕后，关闭冲洗门及排放门。

14.5.4.8 如果磨机系统长时间停运则将磨机循环箱的浆液排净冲洗干净,停运搅拌器。

14.6 石灰石供浆系统

14.6.1 系统投运前准备

14.6.1.1 该系统所有检修工作结束,工作票已终结,安全措施已恢复。

14.6.1.2 相关设备测绝缘合格后送电投入备用,设备的保护、联锁传动正常,各保护正常投入。

14.6.1.3 检查石灰石浆液箱液位不小于1400mm,搅拌器运行正常。

14.6.1.4 检查石灰石供浆泵油位1/2～2/3,油质正常。各电动门传动灵活无卡涩,各阀门状态正常,各管道连接完好无泄漏。

14.6.2 系统的投运

14.6.2.1 开启吸收塔供浆调节门的一、二次门,开启吸收塔供浆手动门。

14.6.2.2 开启石灰石供浆回流手动门和电动门。

14.6.2.3 开启石灰石供浆泵轴封水手动门。

14.6.2.4 启动石灰石供浆泵。

14.6.2.5 根据吸收塔的pH值,调整供浆调节门开度,进行供浆流量调节。

14.6.3 系统运行中监视及维护

14.6.3.1 就地检查运行泵的温度正常,DCS操作画面上监视其电流在正常范围内。

14.6.3.2 DCS操作画面上注意监视石灰石浆液箱液位在正常范围内。

14.6.3.3 就地检查石灰石浆液箱的搅拌器运行是否正常。

14.6.3.4 就地检查制浆区坑泵及搅拌器运行是否正常,检查泵出口管道是否有堵塞现象,液位计是否正常。

14.6.4 系统的停运

14.6.4.1 停运石灰石供浆泵。

14.6.4.2 冲洗石灰石供浆泵。

14.6.4.3 冲洗石灰石供浆母管。

14.7 系统异常处理

14.7.1 石灰石浆液循环箱沉积

14.7.1.1 原因:

1) 搅拌器叶轮磨损严重导致处理不足。

2) 搅拌器故障跳闸。

3) 球磨机内钢球量过少,钢球比例不合格。

4) 石灰石给料量过大。

5) 石灰石给水量过大。

6) 球磨机出浆滤网破损。

14.7.1.2 处理:

1) 检查搅拌器运行是否正常。

2) 停球磨机排空石灰石浆液循环箱检查搅拌器叶轮是否磨损,联系维护及时更换。

3) 如果球磨机运行电流过低,则需要联系维护加钢球,并按比例加入大中小钢球。

4）合理调整给水量及给料量。

5）对石灰石浆液循环箱定期排空冲洗。

6）联系维护检查球磨机出浆滤网并更换。

14.7.2　球磨机甩料

14.7.2.1　原因：

1）石灰石给料量太大。

2）石灰石来料粒径过大。

3）球磨机内钢球不足。

4）球磨机出浆滤网堵塞。

14.7.2.2　处理：

1）调整称重皮带给料机给料量。

2）清除料仓中大粒径石灰石料。

3）联系维护补加钢球。

4）联系维护清理球磨机出浆滤网。

14.7.3　浆液密度不合格

14.7.3.1　原因：

1）球磨机出力不足。

2）石灰石来料 $CaCO_3$ 含量不达标。

3）未按比例调节给水和给料量。

4）工艺水渗漏进浆液箱。

5）热工仪表故障显示异常。

6）石灰石旋流子调整不合理。

14.7.3.2　处理：

1）联系维护加钢球增加球磨机出力。

2）定期化验石灰石指标保证来料合格。

3）调整给水量和给料量。

4）检查工艺水阀门是否有内漏。

5）联系热工检查校准密度计。

6）调整旋流子开度，检查沉砂嘴是否磨损。

14.7.4　石灰石旋流器出力不足

14.7.4.1　原因：

1）旋流器积垢，管道堵塞。

2）旋流子堵塞，旋流器入口压力太低。

14.7.4.2　处理：

1）石灰石旋流器及其管道积垢影响运行时，停止石灰石浆液循环箱泵运行，则人工冲洗旋流器及其管道，如冲洗无效时汇报班长，联系检修前来处理。

2）旋流子正常应为两个运行、一个备用。如果旋流器入口压力低造成旋流效果差，适当开大旋流器入口门同时通知化验取样化验溢流和底流浓度，若不合格，应从湿磨机整体运行情况来分析，与检修共同查找处理。

15　脱硫废水系统

15.1　概述

脱硫废水采用中和、沉降、絮凝处理。脱硫废水处理系统包括废水处理、加药、污泥处理三个分系统，主要系统流程如下：

脱硫废水 → 氢氧化钙中和箱 → TMT15沉降箱 → PAC、助凝剂絮凝箱 → 澄清池剩余污泥 → 清水池 → 至灰库。

15.2　主要设备规范

15.2.1　废水加药系统

15.2.1.1　盐酸加药装置

项　目	单位	技术参数
卸盐酸泵		
数量	台	1
流量	m³/h	4
扬程	m	20
功率	kW	2.2
盐酸储罐		
数量	个	1
容量	m³	10
直径	mm	2000
盐酸计量泵		
数量	台	2
最大流量	L/h	115
扬程	m	30

15.2.1.2　石灰乳加药系统

项　目	单位	技术参数
石灰乳制备箱		
数量	个	1
尺寸	mm	$\phi2700 \times 3760$
有效容积	m³	25
石灰乳循环泵		
数量	台	2
流量	m³	12.5
扬程	m	20
电动机功率	kW	5.5

项　目	单位	技术参数
石灰乳计量箱		
数量	个	1
有效容积	m³	10
尺寸	mm	φ2500×2700
石灰乳计量泵		
数量	台	2
扬程	m	20
功率	kW	1.5
流量	L/h	2000

15.2.1.3　混凝剂加药装置

项　目	单位	技术参数
混凝剂计量箱		
数量	个	2
有效容积	m³	1
尺寸	mm	φ1000×1300
混凝剂计量泵		
数量	台	2
最大流量	L/h	120
流量调节范围	%	0~100
扬程	m	30

15.2.1.4　助凝剂加药装置

项　目	单位	技术参数
助凝剂计量箱		
数量	个	2
有效容积	m³	5
助凝剂计量泵		
数量	台	4
最大流量	L/h	120
扬程	m	30

15.2.1.5 助凝剂加药装置

项　目	单位	技术参数
卸次氯酸钠泵		
数量	台	1
流量	m³/h	1.5
扬程	m	20
功率	kW	1.5
次氯酸钠计量箱		
数量	个	1
容量	m³	2.5
次氯酸钠计量泵		
数量	台	2
最大流量	L/h	120
扬程	m	30

15.2.1.6 有机硫加药装置

项　目	单位	技术参数
有机硫计量箱		
数量	个	2
有效容积	m³	1
尺寸	mm	$\phi1000×1300$
有机硫计量泵		
数量	台	2
最大流量	L/h	115
扬程	m	30

15.2.2 废水处理系统
15.2.2.1 废水收集池

项　目	单位	技术参数
废水收集池		
数量	个	1
有效容积	m³	100
废水提升泵		
数量	个	2
流量	m³	60
扬程	m	20
功率	kW	7.5

15.2.2.2 中和箱

项　目	单位	技术参数
中和箱		
数量	个	1
有效容积	m³	25

15.2.2.3 沉降箱

项　目	单位	技术参数
沉降箱		
数量	个	1
有效容积	m³	25

15.2.2.4 絮凝箱

项　目	单位	技术参数
絮凝箱		
数量	个	1
有效容积	m³	25

15.2.2.5 澄清池

项　目	单位	技术参数
澄清池		
数量	个	1
尺寸	mm	$\phi 10\,000 \times 7000$
有效容积	m³	100
澄清池刮泥机		
数量	个	1
直径	mm	$\phi 10\,000$
电动机功率	kW	2.2
污泥输送泵		
数量	台	2
流量	m³/h	10
扬程	m	25
电动机功率	kW	4
污泥循环泵		
数量	台	2
流量	m³/h	6
扬程	m	20
电动机功率	kW	3

15.2.2.6 清水池

项　目	单位	技术参数
清水池		
数量	个	1
有效容积	m³	100
清水泵		
数量	台	2
流量	m³/h	60
扬程	m	20
电动机功率	kW	11

15.2.2.7 脱水机

项　目	单位	技术参数
脱水机		
数量	个	1
流量	m³/h	10
功率	kW	18.5
电动泥斗		
数量	台	1
容积	m³	6

15.3 系统投运前准备

15.3.1 脱硫废水至废水处理系统手动门开启。

15.3.2 脱硫废水处理系统电气设备正常，就地各控制柜正常。

15.3.3 助凝剂、絮凝剂、有机硫、盐酸各加药箱液位正常，搅拌器运行正常。

15.3.4 检查脱硫废水处理系统及加药系统管道之间连接应完好紧密，无泄漏。

15.3.5 废水系统所有表计、开关、变送器投入正常。

15.3.6 检查系统各阀门开关状态正确，反馈信号正常。

15.3.7 相关设备阀门传动正常，各保护正常投入。

15.4 系统的投运

15.4.1 启动脱硫废水提升泵，向三联箱输送脱硫废水。

15.4.2 当中和箱、沉降箱、絮凝箱的水位至搅拌器叶片以上时，依次启动中和箱搅拌器、沉降箱搅拌器、絮凝箱搅拌器。

15.4.3 投运石灰乳加药装置，向中和箱中加石灰乳溶液。

15.4.4 投运混凝剂加药装置，向沉降箱内加混凝剂。

15.4.5 投运有机硫加药装置，向沉降箱内加有机硫。

15.4.6 当絮凝箱出水后，启动助凝剂加药装置。

15.4.7 启动澄清池刮泥机，启动刮泥机时要严格监视电动机和减速机的转动情况，发现异常振动或杂音，应该立即停车并查明原因。

15.4.8　清水池进水后，启动清水池搅拌器，投运盐酸加药装置，使 pH 值维持在 6.0～9.0。

15.4.9　投运次氯酸钠加药装置，向清水池加次氯酸钠。

15.4.10　当清水池液位高液位时，启动清水泵。

15.5　系统运行中监视及维护

15.5.1　脱硫废水系统出水水质：pH 值 6.0～9.0，悬浮物不大于 70mg/L，CODcr 不大于 150mg/L，总汞不大于 0.05mg/L。

15.5.2　注意监视各加药计量箱和各箱体液位正常。

15.5.3　定期检测脱硫废水来水含固量不大于 1.5%，发现超标及时调整废水旋流系统。

15.5.4　澄清池应定期进行排泥操作。

15.5.5　严格监视废水收集池、中和箱、清水池的 pH 控制，及时调整加药量，防止超标。

15.5.6　控制脱水后污泥含水量不大于 60%。

15.5.7　检查加药泵、废水提升泵、澄清池刮泥机、污泥输送泵、污泥循环泵、清水泵、脱水机工作正常。

15.6　系统的停运

15.6.1　停运废水旋流器，停运废水提升泵、清水泵。

15.6.2　停运脱水机、污泥循环泵、污泥输送泵，开启工业水冲洗门对泵及管道冲洗排放。

15.6.3　停运石灰乳加药装置、凝聚剂加药装置、有机硫加药装置、助凝剂加药装置、盐酸加药装置、次氯酸钠加药装置。

15.6.4　废水系统短期停运时，石灰乳制备箱搅拌器、石灰乳计量箱搅拌器、中和箱搅拌器、沉降箱搅拌器、絮凝箱搅拌器、澄清池刮泥机、废水收集池搅拌器、清水箱搅拌器继续维持运行，其他设备可以停运。

15.6.5　长期停运时，排空石灰系统的所有石灰乳溶液，冲洗管路和石灰乳循环泵、石灰乳计量泵，以防止结垢。往废水收集池内注工艺水并启动废水提升泵，置换系统内所有废水，此时中和箱、沉降箱、絮凝箱和澄清池刮泥机不停，如此反复几次，直至废水收集池内的废水和三联箱的废水较清澈为止。放空澄清池内的泥水至第一个视镜处。停运废水系统所有搅拌器和澄清池刮泥机。pH 计用盐酸清洗后卸下电极进行保护，热工设备断电停用。

15.7　系统异常处理

15.7.1　计量泵不出药

15.7.1.1　原因

1）吸入管漏气。

2）逆止阀脏。

3）进口滤网堵塞。

4）计量泵入口管道堵塞。

5）吸入管内有空气。

15.7.1.2　处理

1）检查吸入管，堵塞漏气点。

2）清洗逆止球。

3）清洗进口滤网。

4）调大计量泵流量，用药液冲洗。

5）松开泵出口活接头冲洗。

15.7.2　澄清池絮凝物上浮

15.7.2.1　原因

1）进水流量和温度突然增大。

2）搅拌机转速过快。

3）排泥不够、积泥太高。

15.7.2.2　处理

1）平稳调节流量和温度。

2）适当调整转速。

3）控制正常排泥。

附录 1　硅的测定（硅钼蓝光度法）

1.1　概要

在 pH 为 1.1～1.3 条件下，水中的可溶硅与钼酸铵生成黄色硅钼络合物，用 1-2-4 酸还原剂把硅钼络合物还原成硅钼蓝，用硅酸根分析仪测定其硅含量。其反应式为：

$$4MoO_4^{2-} + 6H^+ \rightarrow Mo_4O_{13}^{2-} + 3H_2O$$

$$H_4SiO_4 + 3MoO_{13}^{2-} + 6H^+ \rightarrow H_4[Si(Mo_3O_{10})_4]（硅钼黄）+ 3H_2O$$

加入掩蔽剂——酒石酸或草酸，可以防止水样中磷酸盐和少量铁离子的干扰。

硅酸根分析仪灵敏度为 $2\mu g/L$，仪器的基本误差为满刻度 $50\mu g/L$ 的 $\pm 5\%$，即含 $2.5\mu g/L\ SiO_2$。

1.2　试剂

1.2.1　硫酸钼酸铵溶液：

1.2.1.1　称取 50g 钼酸铵溶于约 500mLⅠ级试剂水中。

1.2.1.2　取 42mL 硫酸（比重 1.84）在不断搅拌下加入到 300mLⅠ级试剂水中，并冷却到室温。将 1.2.1.1 款配制的溶液加入到本款配制的溶液中，然后用Ⅰ级试剂水稀释至 1L。

1.2.2　草酸溶液或 10%酒石酸溶液（质量/体积）。

1.2.3　10%钼酸铵溶液（质量/体积）。

1.2.4　1-2-4 酸还原剂：

1.2.4.1　称取 1.5g1-氨基 2-萘酚-4 磺酸〔$H_2NC_{10}H_5(OH)SO_3H$〕和 7g 无水亚硫酸钠（Na_2SO_3），溶于约 200mLⅠ级试剂水中。

1.2.4.2　称取 90g 亚硫酸氢钠（$NaHSO_3$），溶于约 600mLⅠ级试剂水中。将 1.2.4.1 款和本款两种溶液混合后用Ⅰ级试剂水稀释至 1L，若遇溶液浑浊时应过滤后使用。

1.2.5　1.5mol/L 硫酸溶液。

【注释】以上所有试剂均应保存在聚乙烯塑料瓶中。

1.3　仪器

硅酸根分析仪。

1.4　测定方法

1.4.1　水样的测定：取水样 100mL 注入塑料杯中，加入 3mL 酸性钼酸铵溶液，混匀后放置 5min；加 3mL 酒石酸溶液，混匀后放置 1min；加 2mL1-2-4 酸还原剂，混匀后放置 8min。将显色液注满比色皿，开启读数开关，仪表指示值即为水样的含硅量。

1.4.2　若需测定Ⅰ级试剂水中的含硅量时，可采用下列两方法之一进行。

1.4.2.1　倒加药法：

1）配制"倒加药"溶液：取 100mLⅠ级试剂水注入塑料杯中，先加入 2mL1-2-4 酸还原剂，摇匀，再加入 3mL 酒石酸溶液，摇匀，最后加入 3mL 酸性钼酸铵溶液，摇匀备用。

2）配制"正加药"溶液：取 100mLⅠ级试剂水注入塑料杯中，按先加入 3mL 酸性钼酸铵溶液，再加入 3mL 酒石酸溶液，摇匀，最后加入 2mL1-2-4 酸还原剂，溶液显色后备用。

3）测定：校正好仪器上、下标，然后用倒加药溶液冲洗并注满比色皿，开启读数开关，仪表指示值应为零，否则用"零点调整"旋钮调至零。排掉比色皿中调零溶液，同样用"正加药"溶液冲洗并注满比色皿，开启测定开关，仪表指示值即为Ⅰ级试剂水的含硅量。

【注释】"倒加药"法就是把加酸性钼酸铵与加1-2-4酸还原剂的顺序倒换。由于1-2-4还原剂只能还原硅钼黄中的硅，而对不形成硅钼黄的硅则不发生作用。在有1-2-4酸还原剂存在的情况下，硅不能与钼酸铵形成硅钼黄。因此1-2-4酸还原剂加入顺序倒换后的"倒加药"溶液，只有试剂的色泽。

1.4.2.2 双倍试剂法：

1）配制单倍试剂空白溶液：取100mLⅠ级试剂水注入塑料杯中，加入1.5mol/L硫酸溶液1.5mL，快速加入10%钼酸铵溶液1.5mL，摇匀后放置5min，加入10%酒石酸3mL，摇匀后放置1min；加入1-2-4酸还原剂2mL，摇匀后放置8min备用。

2）配制双倍试剂空白溶液：取Ⅰ级试剂水93.5mL注入塑料杯中，加入1.5mol/L硫酸溶液3mL摇匀，快速加入10%钼酸铵3mL，摇匀后放置5min；加入10%酒石酸6mL，摇匀后放置1min；加入1-2-4酸还原剂4mL，摇匀后放置8min备用。

3）测定：先用Ⅰ级试剂水把仪器零点调好，将"校正片"旋钮切换到"检查"位置，调节"终点调整"旋钮，将仪表指针调到"上标"与"下标"绝对值之和处，仪器调整好后，按上述水样的测定程序，先测单倍试剂空白溶液的含硅量 $[(SiO_2)_单]$，再测双倍试剂空白溶液的含硅量 $[(SiO_2)_双]$。Ⅰ级试剂水的含硅 $[(SiO_2)_水]$ 量（μg/L）按下式计算：

$$(SiO_2) = 2(SiO_2)_单 - (SiO_2)_双 \tag{1}$$

如果水样经过稀释，则 SiO_2 含量（μg/L）按下式计算：

$$SiO_2 = [P - (SiO_2)_水] \times 100/V \tag{2}$$

式中　P——仪表读数，μg/L；

$(SiO_2)_水$——稀释水样用的一级试剂水含硅量，μg/L；

100——水样稀释后的体积，mL；

V——被测水样的原体积（$V<100$），mL。

附录2　pH的测定（pH电极法）

2.1　概要

以玻璃电极作指示电极，以饱和甘汞电极作参比电极，以pH为4、7或9标准缓冲液定位，测定水样的pH。

2.2　仪器

2.2.1 pHS-3C型酸度计，范围：0pH～14pH；读数精度不大于0.02pH。

2.2.2 pH玻璃电极，等电位点在pH7左右。

2.2.3 饱和甘汞电极。

2.2.4 温度计：测量范围0℃～100℃。

2.2.5 塑料杯：50mL。

2.3　试剂

2.3.1 pH4标准缓冲液。

2.3.2 pH7标准缓冲液。

2.3.3 pH9 标准缓冲液。

上述标准缓冲液在不同温度条件下的 pH 值见下表。

温度 ℃	邻苯二甲酸氢钾	混合磷酸盐	硼砂
5	4.01	6.95	9.39
10	4.00	6.92	9.33
15	4.00	6.90	9.27
20	4.00	6.88	9.22
25	4.01	6.86	9.18
30	4.01	6.85	9.14
35	4.02	6.84	9.10
40	4.03	6.84	9.07
45	4.04	6.83	9.04
50	4.06	6.83	9.01
55	4.07	6.84	8.99
60	4.09	6.84	8.96

2.4　分析步骤

2.4.1　电极的准备

2.4.1.1　新的电极或久置不用的玻璃电极，应预先置于 pH4 标准缓冲液中浸泡一昼夜。使用完毕，亦应放在上述缓冲液中浸泡，不要放在试剂水中长期浸泡。使用中若发现有油渍污染，最好放在 0.1mol/L 盐酸，0.1mol/L 氢氧化钠，0.1mol/L 盐酸循环浸泡各 5min。用除盐水洗净后，再在 pH4 缓冲液中浸泡。

2.4.1.2　饱和氯化钾电极使用前最好浸泡在饱和氯化钾溶液稀释 10 倍的稀溶液中。储存时把上端的注入口塞紧，使用时则打开。应经常注意从注入口注入氯化钾饱和溶液至一定液位。

2.4.2　仪器校正

仪器开启 0.5h 后，按说明书的规定进行调零、温度补偿和满刻度校正等操作步骤。

2.4.3　pH 定位

2.4.3.1　单点定位：选用一种 pH 值与被测水样相接近的标准缓冲液。定位前先用除盐水冲洗电极及塑料杯 2 次以上。然后用干净滤纸将电极底部水滴轻轻地吸干（勿用滤纸去擦拭，以免电极底部带静电导致读数不稳定）。将定位缓冲液倒入塑料杯内，浸入电极，稍摇动塑料杯数秒钟。测定水样温度（要求与定位缓冲液温度一致），查出该温度下定位缓冲液的 pH 值。将仪器定位至该 pH 值。重复调零、校正及定位 1 次～2 次，直到稳定为止。

2.4.3.2　两点定位：先取 pH7 标准缓冲液依上法定位。电极洗涤干净后，将另一定位标准缓冲液（若被测水样为酸性，选 pH4 缓冲液；若为碱性，选 pH9 缓冲液）倒入塑料杯内，电极底部水滴用滤纸轻轻吸干后，把电极浸入杯内，稍摇动数秒钟，按下读数开关。调整斜率旋钮使读数显示该测试温度下第二定位缓冲液的 pH 值，重复 1 次～2 次两点定位操作至稳定为止。

2.4.4　水样的测定

将塑料杯及电极用除盐水洗净后，再用被测水样冲洗 2 次或以上。然后，浸入电极并进行 pH 值测定，记下读数。

附录 3　钠的测定（pNa 电极法［静态］）

3.1　概要

当钠离子选择性电极—pNa 电极与甘汞参比电极同时浸入溶液后，即组成测量电池对。其中 pNa 电极的电位随溶液中钠离子的活度而变化。用一台高阻抗输入的毫伏计测量，即可获得与水样中钠离子活度相对应的电极电位，以 pNa 值表示。为了减少温度的影响，定位溶液温度和水样温度相差不宜超过 ±5℃。氢离子和钾离子对测定水样中钠离子浓度有干扰，前者可以通过加入碱化剂，使被测溶液的 pH 大于 10 来消除，后者必须严格控制 $Na^+ : K^+$ 至少为 10：1。

3.2　仪器

3.2.1　DWS-51 型钠度计，范围：23g/L～0.023 μg/L，精度：0.01 μg/L。

3.2.2　钠离子选择电极（钠功能玻璃电极）：电极长时间不用时，以干放为宜，干放前应用除盐水清洗干净。当电极定位时间过长，测定时反应迟钝，线性变差都是电极衰老或变坏的表示，应更换新电极。当使用无斜率标准功能的钠度计时，要求 pNa 电极的实际斜率不低于理论斜率的 98%，新的久置不用的 pNa 电极，应用沾有四氯化碳或乙醚的棉花擦净电极的头部，然后用水清洗，浸泡在 3% 的盐酸溶液中 5min～10min 用棉花擦净，再用除盐水洗干净。并将电极浸在碱化后的 pNa4 标准液中 1h 后使用。电极导线有机玻璃引出部分切勿受潮。

3.2.3　甘汞电极（氯化钾浓度为 0.1mol/L）：甘汞电极用完后应浸泡在与内充液浓度相同的氯化钾溶液中，不能长时间浸泡在纯水中。长期不用时应干放保存，并套上专用的橡皮套，防止内部变干而损坏电极，重新使用前，先在与内充液浓度相同的氯化钾溶液中浸泡数小时。测定中如发现读数不稳，可检查甘汞电极的接线是否牢固，有无接触不良现象，陶瓷塞是否破裂或阻塞，有以上现象可更换电极。

3.2.4　试剂瓶（聚乙烯塑料制品）：所用试剂瓶以及取样瓶都应用聚乙烯塑料制品，塑料容器用洗涤剂清洗后用 1:1 的热盐酸浸泡半天，然后用除盐水冲洗干净后才能使用。各取样及定位用塑料容器都应专用，不宜更换不同浓度的定位溶液或互相混淆。

3.3　试剂

3.3.1　氯化钠标准溶液的配制：

3.3.1.1　pNa2 标准贮备液：精确称取 1.1690g 经 250℃～350℃烘干 1h～2h 的氯化钠基准试剂（或优级纯）溶于除盐水中，然后转入 2L 的容量瓶中并稀释至刻度，摇匀。

3.3.1.2　pNa4 标准溶液：相当于 2.3mg/L。配制时取 pNa2 储备液，用除盐水准确稀释至 100 倍。

3.3.1.3　pNa5 标准溶液：相当于 230μg/L。配制时取 pNa4 标准溶液，用除盐水准确稀释至 10 倍。

3.3.2　碱化剂：二异丙胺母液〔$(CH_3)_2CHNHCH(CH_3)_2$〕的含量，应不少于98%，测定时储存于小塑料瓶中。

3.4　分析步骤

3.4.1　仪器开启0.5h后，进行校正。

3.4.2　向分析中需使用的pNa4、pNa5标准溶液、除盐水和水样中滴加二异丙胺溶液，进行碱化，调整pH大于10。

3.4.3　以pNa4标准溶液定位，将碱化后的标准溶液摇匀。冲洗电极杯数次，将pNa电极和甘汞电极同时浸入该标准溶液进行定位。定位应重复核对1次~2次。直至重复定位误差不超过pNa4±0.02，然后以碱化后的pNa5标准溶液冲洗电极和电极杯数次，再将pNa电极和甘汞电极同时浸入pNa5标准溶液中，待仪器稳定后旋转斜率校正旋钮，使仪器指示pNa5±0.02~0.03，则说明仪器及电极均正常，可进行水样测定。

3.4.4　水样测定：碱化后的除盐水冲洗电极和电极杯，使pNa计的读数在pNa6.5以上。再以碱化后的被测水样冲洗电极和电极杯2次以上。最后重新取碱化后的被测水样。摇匀，将电极浸入被测水样中，摇匀，掀下仪表读数开关，待仪表指示稳定后，记录读数。若水样钠离子浓度大于10mol/L~3mol/L则用除盐水稀释后滴加二异丙胺，使pH值大于10，然后进行测定。

3.4.5　经常使用的pNa电极，在测定完毕后应将电极放在碱化后的pNa4标准溶液中备用。

3.4.6　不用的pNa电极以干放为宜，但在干放前应用除盐水清洗干净，以防溶液侵蚀敏感薄膜。电极一般不宜放置过久。

3.4.7　甘汞电极在测试完后，应湿泡在0.1mol/L氯化钾溶液中，不能长时间的浸泡在纯水中，以防盐桥微孔中氯化钾被稀释，对测定结果有影响。

附录4　电导率的测定

4.1　概要

基于水样的导电性和水中盐类离子浓度有关，可用电导率相对确定水样中含盐量的多少，单位以μS/cm表示。

4.2　仪器

4.2.1　电导率仪，范围：0~105μS/cm，基本误差：±1.0。

4.2.2　专用采样瓶。

4.3　分析步骤

4.3.1　电源线插入仪器电源插座，仪器必须有良好接地。

4.3.2　按电源开关，接通电源，预热30min后，进行校准。

4.3.3　校准：将"选择"开关指向"检查"，"常数"补偿调节旋钮指向"1"刻度线，"温度"补偿调节旋钮指向"25"刻度线，调节"校准"调节旋钮，使仪器显示100.0μS/cm，至此校准完毕。

4.3.4　测量：

4.3.4.1　在电导率测量过程中，正确选择电导电极常数，对获得较高的测量精度是非常重要的。可配用的常数有 0.01、0.1、1.0、10 四种不同类别的电导电极。用户应根据测量范围参照下表选择相应常数的电导电极。

测量范围 μS/cm	推荐使用电导常数的电极
0～2	0.01, 0.1
0～200	0.1, 1.0
200～2000	1.0
2000～20 000	1.0, 10
20 000～200 000	10

4.3.4.2 按下表选择量程。

序号	选择开关位置	量程范围 μS/cm	被测电导率 μS/cm
1	Ⅰ	0～20.0	显示读数×C
2	Ⅱ	20.0～200.0	显示读数×C
3	Ⅲ	200.0～2000	显示读数×C
4	Ⅳ	2000～20 000	显示读数×C

注 C 为电导电极常数值。例：当电极常数为 0.01 时，$C=0.01$。

4.3.4.3 依次用除盐水、待测水样冲洗电极两次，然后进行测量，记录显示读数并按上表进行计算。

1）在测量高纯水时应避免污染，正确选择电极常数的电导电极并最好采用密封、流动的测量方式。

2）因采用固定的 2‰ 的温度系数进行温度补偿，故对高纯水测量尽量采用不补偿方式进行测量，测量后查表。

3）为确保测量精度，电极使用前应用小于 0.5 μS/cm 的除盐水冲洗二次，然后用被测试样冲洗后方可测量。

4）电极插头座绝对防止受潮，以免造成不必要的测量误差。

5）电极应定期进行常数标定。

附录 5　循环水处理系统步序

5.1　单室过滤器运行步序

序号	步序	开启的阀门	开启的泵/风机	时间	备注
1	运行	入口门、出口门			
2	排水	反洗排水门、排气门、正洗排水门			

序号	步 序	开启的阀门	开启的泵/风机	时间	备注
3	空气擦洗	反洗排水门、排气门、进气门	单室过滤器反洗水泵、单室过滤器反洗罗茨风机	3min	
4	反洗	反洗排水门、排气门、反洗进水门、进气门	单室过滤器反洗水泵	3min	
5	正洗	入口门、排气门、正洗排水门		3min	
6	备用	排气门			

反洗程序进行的条件：

1）无其他单室过滤器处于反洗状态。

2）清水池处于中液位以上。

3）罗茨风机处于停运状态。

4）回收水池处于中液位以下。

5.2 石灰储存计量系统运行步序（以一套石灰储存计量系统为例）

序号	步 序	开启的阀门	开启的泵/风机	时间	备注
1	启动	石灰乳搅拌箱出口门（10s后开）、1号石灰乳泵出口门（18s后开）	粉仓振动料斗（60s后启）、星形给料机（30s后启）、螺旋输粉机（20s后启）、石灰乳搅拌箱搅拌机、1号石灰乳泵（15s后启）、房间布袋除尘器		
2	1号石灰乳输送泵运行	石灰乳搅拌箱出口门、1号石灰乳泵出口门	粉仓振动料斗、星形给料机、螺旋输粉机、石灰乳搅拌箱搅拌机、1号石灰乳泵、房间布袋除尘器	0.5~3h	
3	石灰乳搅拌箱排污1	石灰乳搅拌箱出口门、1号石灰乳泵出口门、石灰乳搅拌箱排污门1、石灰乳搅拌箱排污门2	粉仓振动料斗、星形给料机、螺旋输粉机、石灰乳搅拌箱搅拌机、1号石灰乳泵、房间布袋除尘器	10s	
4	石灰乳搅拌箱正冲	石灰乳搅拌箱出口门、1号石灰乳泵出口门、石灰乳搅拌箱排污门2、石灰乳搅拌箱进冲洗水门	粉仓振动料斗、星形给料机、螺旋输粉机、石灰乳搅拌箱搅拌机、1号石灰乳泵、房间布袋除尘器	10s	
5	石灰乳搅拌箱反冲	石灰乳搅拌箱出口门、1号石灰乳泵出口门、石灰乳搅拌箱排污门1、石灰乳搅拌箱进冲洗水门	粉仓振动料斗、星形给料机、螺旋输粉机、石灰乳搅拌箱搅拌机、1号石灰乳泵、房间布袋除尘器	5s	

序号	步 序	开启的阀门	开启的泵/风机	时间	备注
6	石灰乳搅拌箱排污2	石灰乳搅拌箱出口门、1号石灰乳泵出口门、石灰乳搅拌箱排污门1、石灰乳搅拌箱排污门2	粉仓振动料斗、星形给料机、螺旋输粉机、石灰乳搅拌箱搅拌机、1号石灰乳泵、房间布袋除尘器	10s	
7	1号石灰乳输送泵冲洗	1号石灰乳泵出口门、石灰乳泵进冲洗水门	石灰乳搅拌箱搅拌机、1号石灰乳泵、房间布袋除尘器	30～180s	
8	2号石灰乳输送泵运行	石灰乳搅拌箱出口门、2号石灰乳泵出口门	粉仓振动料斗、星形给料机、螺旋输粉机、石灰乳搅拌箱搅拌机、2号石灰乳泵、房间布袋除尘器	0.5～3h	
9	石灰乳搅拌箱排污1	石灰乳搅拌箱出口门、2号石灰乳泵出口门、石灰乳搅拌箱排污门1、石灰乳搅拌箱排污门2	粉仓振动料斗、星形给料机、螺旋输粉机、石灰乳搅拌箱搅拌机、2号石灰乳泵、房间布袋除尘器	10s	
10	石灰乳搅拌箱正冲	石灰乳搅拌箱出口门、2号石灰乳泵出口门、石灰乳搅拌箱排污门2、石灰乳搅拌箱进冲洗水门	粉仓振动料斗、星形给料机、螺旋输粉机、石灰乳搅拌箱搅拌机、2号石灰乳泵、房间布袋除尘器	10s	
11	石灰乳搅拌箱反冲	石灰乳搅拌箱出口门、2号石灰乳泵出口门、石灰乳搅拌箱排污门1、石灰乳搅拌箱进冲洗水门	粉仓振动料斗、星形给料机、螺旋输粉机、石灰乳搅拌箱搅拌机、2号石灰乳泵、房间布袋除尘器	5s	
12	石灰乳搅拌箱排污2	石灰乳搅拌箱出口门、2号石灰乳泵出口门、石灰乳搅拌箱排污门1、石灰乳搅拌箱排污门2	粉仓振动料斗、星形给料机、螺旋输粉机、石灰乳搅拌箱搅拌机、2号石灰乳泵、房间布袋除尘器	10s	
13	2号石灰乳输送泵冲洗	2号石灰乳泵出口门、石灰乳泵进冲洗水门	石灰乳搅拌箱搅拌机、2号石灰乳泵、房间布袋除尘器	30～180s	
14	1号石灰乳输送泵运行（依次循环）				
15	停止	石灰乳搅拌箱出口门（延时180s关）	星形给料机（延时60s停）、螺旋输粉机（延时120s停）、石灰乳搅拌箱搅拌机（延时180s停）		延迟180s，进入石灰乳搅拌箱排污程序，直至运行石灰乳输送泵冲洗结束

5.2.1 延迟时间为对应该步序的开始时间而言。

5.2.2 启动条件：自用水泵处于运行状态，确保有水源提供。

5.2.3 房间布袋除尘器四套系统共用。

5.2.4 粉仓振动料斗禁止长时间连续振动，一般连续振动时间不超过 5s，不参加步序。

5.2.5 石灰乳搅拌箱排污口依次排序为：石灰乳搅拌箱 1 号排污阀、石灰乳搅拌箱 2 号排污阀。

5.2.6 粉仓布袋除尘器（1 号~4 号）：可以显示状态，远程启停。

5.2.7 石灰筒仓（1 号~4 号）：有料位显示与报警，量程 0m~10m，高料位 8m 报警，低料位 2m 报警，料位连续显示。

5.2.8 粉仓振动料斗（1 号~4 号）：可以显示状态，远程启停。参与程序时，需设定振动料斗振动周期（约 10min）和振动持续时间（约 2s）。（可在程序进行时进行调整）。

5.2.9 星形给料机（1 号~4 号，变频）：可以显示状态，远程启停。参与程序时，需设定星形给料机的给料量，即频率，有两种方式可以选择；1 号直接输入频率（可在程序进行时进行频率调整）；2 号频率与澄清池进口流量计连锁。

5.2.10 螺旋输粉机（1 号~4 号）：可以显示状态，远程启停。

5.2.11 石灰乳搅拌箱搅拌机（1 号~4 号）：可以显示状态，远程启停。

5.2.12 石灰乳输送泵（1 号~8 号）：可以显示状态，远程启停。

5.2.13 房间布袋除尘器：可以显示状态，远程启停。

5.2.14 各自动阀门：可以显示状态，远程开关。

附录6 锅炉补给水处理系统步序

6.1 超滤运行步序

序号	步序	开启的阀门	开启的泵/风机	时间	备注
1	上进水	进水门、上进水门、下产水门、产水门、下错流浓水排放门		30min~60min	
2	上反洗	下产水门、反洗进水门、反洗上排门	超滤反洗水泵	30s	
3	下反洗	上产水门、反洗进水门、反洗下排门	超滤反洗水泵	30s	
4	上正冲	上进水门、正冲进水门、反洗下排门	超滤反洗水泵	30s	
5	下进水	进水门、下进水门、上产水门、产水门、上错流浓水排放门		30min~60min	
6	上反洗	下产水门、反洗进水门、反洗上排门	超滤反洗水泵	30s	
7	下反洗	上产水门、反洗进水门、反洗下排门	超滤反洗水泵	30s	
8	下正冲	下进水门、正冲进水门、反洗上排门	超滤反洗水泵	30s	

6.2 反渗透运行步序

序号	步序	开启的阀门	开启的泵/风机	时间	备注
1	启动冲洗	保安过滤器进口门、高压泵出口电动慢开门、浓水排放电动门、不合格产水排放门	超滤出水升压泵、还原剂计量泵、酸计量泵	10min	
2	启动准备	保安过滤器进口门、浓水排放电动门、不合格产水排放门	超滤出水升压泵、还原剂计量泵、酸计量泵	30s	
3	启高压泵	保安过滤器进口门、高压泵出口电动慢开门、浓水排放电动门、不合格产水排放门	超滤出水升压泵、高压泵、阻垢剂计量泵、还原剂计量泵、酸计量泵	1min	
4	运行	保安过滤器进口门、高压泵出口电动慢开门	超滤出水升压泵、高压泵、阻垢剂计量泵、还原剂计量泵、酸计量泵		
5	停泵延时	保安过滤器进口门、浓水排放电动门、不合格产水排放门	超滤出水升压泵、高压泵、阻垢剂计量泵、还原剂计量泵、酸计量泵	30s	
6	停高压泵	浓水排放电动门、不合格产水排放门		10s	
7	停泵冲洗	浓水排放电动门、不合格产水排放门、进冲洗水电动门	反渗透冲洗水泵	10min	
8	备用				

附录7 精处理系统步序

7.1 前置过滤器从停运状态切换到备用状态步序

序号	步序	开启的阀门	开启的泵/风机	时间	备注
1	停运				
2	升压	过滤器升压门		1min	
3	备用				

7.2 前置过滤器从备用状态切换到运行状态步序

序号	步序	开启的阀门	开启的泵/风机	时间	备注
1	备用				
2	升压	过滤器升压门		1min	
3	进水门开启	过滤器升压门、过滤器进水门		1min	
4	出水门开启	过滤器进水门、过滤器出水门		1min	
5	运行	过滤器进水门、过滤器出水门			

7.3 前置过滤器从运行状态切换到备用状态步序

序号	步序	开启的阀门	开启的泵/风机	时间	备注
1	运行	过滤器进水门、过滤器出水门			
2	旁路门开启	过滤器进水门、过滤器出水门、过滤器旁路门			
3	关闭出水门	过滤器进水门、过滤器旁路门			
4	关闭进水门	过滤器旁路门			

7.4 前置过滤器从备用状态切换到停运状态步序

序号	步序	开启的阀门	开启的泵/风机	时间	备注
1	备用				
2	卸压	过滤器卸压门		1min	当前置过滤器压力小于0.1MPa时，卸压成功
3	停运				

7.5 前置过滤器反洗步序

序号	步序	开启的阀门	开启的泵/风机	时间	备注
1	卸压	过滤器卸压门		1min	当压力<0.1MPa时，卸压成功
2	排水反洗到2/3处	过滤器排气门、过滤器反洗进水门、过滤器反洗排水门	精处理反洗水泵	0.6min	
3	空气擦洗	过滤器排气门、过滤器反洗进水门、过滤器反洗排水门、过滤器进气门	精处理反洗水泵	0.2min	
4	排水反洗到1/3处	过滤器排气门、过滤器反洗进水门、过滤器反洗排水门	精处理反洗水泵	0.8min	
5	空气擦洗	过滤器排气门、过滤器反洗进水门、过滤器反洗排水门、过滤器进气门	精处理反洗水泵	0.2min	
6	排水反洗到容器底层	过滤器排气门、过滤器反洗进水门、过滤器反洗排水门	精处理反洗水泵	1.2min	
7	空气擦洗	过滤器排气门、过滤器反洗进水门、过滤器反洗排水门、过滤器进气门	精处理反洗水泵	0.2min	
8	充水到1/3处	过滤器排气门、过滤器反洗进水门	精处理反洗水泵	1.3min	

序号	步序	开启的阀门	开启的泵/风机	时间	备注
9	空气擦洗	过滤器排气门、过滤器反洗进水门、过滤器进气门	精处理反洗水泵	0.2min	
10	充水到2/3处	过滤器排气门、过滤器反洗进水门	精处理反洗水泵	1.3min	
11	空气擦洗	过滤器排气门、过滤器反洗进水门、过滤器进气门	精处理反洗水泵	0.2min	
12	充水到罐满	过滤器排气门、过滤器反洗进水门	精处理反洗水泵	2min	
13	排水反洗到2/3处	过滤器排气门、过滤器反洗进水门、过滤器反洗排水门	精处理反洗水泵	0.6min	
14	空气擦洗	过滤器排气门、过滤器反洗进水门、过滤器反洗排水门、过滤器进气门	精处理反洗水泵	0.2min	
15	排水反洗到1/3处	过滤器排气门、过滤器反洗进水门、过滤器反洗排水门	精处理反洗水泵	0.8min	
16	空气擦洗	过滤器排气门、过滤器反洗进水门、过滤器反洗排水门、过滤器进气门	精处理反洗水泵	0.2min	
17	排水反洗到容器底层	过滤器排气门、过滤器反洗进水门、过滤器反洗排水门	精处理反洗水泵	1min	
18	空气擦洗	过滤器排气门、过滤器反洗进水门、过滤器反洗排水门、过滤器进气门	精处理反洗水泵	0.2min	
19	反洗并排水	过滤器排气门、过滤器反洗进水门、过滤器反洗排水门	精处理反洗水泵	2min	
20	满水	过滤器排气门、过滤器反洗进水门	精处理反洗水泵	6min	充水至过滤器单元液位开关动作
21	阀门关闭			2min	先停泵,延时2min后关门

7.6 高速混床从停运状态切换到备用状态步序

序号	步序	开启的阀门	开启的泵/风机	时间	备注
1	停运				
2	升压	混床升压门		1min	
3	备用				

7.7 高速混床从备用状态切换到运行状态步序

序号	步序	开启的阀门	开启的泵/风机	时间	备注
1	备用				
2	混床升压	混床升压门、混床再循环门		1min	
3	开启进水、再循环门	混床升压门、混床进水门、混床再循环门、再循环泵入口门		1min	混床进水门、再循环门打开，同时也打开再循环泵的进口门
4	再循环	混床进水门、混床再循环门、再循环泵入口门	再循环泵	5min	
5	关闭再循环泵	混床进水门、混床再循环门、再循环泵入口门		0.5min	当再循环出水水质达到要求后，停再循环泵
6	关闭再循环门	混床进水门		0.5min	此时，进水门仍保持开启
7	开启混床出水门	混床进水门、混床出水门		1min	该步结束后，混床已处于运行状态

7.8 高速混床从运行状态切换到备用状态步序

序号	步序	开启的阀门	开启的泵/风机	时间	备注
1	运行	混床进水门、混床出水门			
2	关闭进、出口门			1min	
3	保持压力				

7.9 高速混床从备用状态切换到停运状态步序

序号	步序	开启的阀门	开启的泵/风机	时间	备注
1	备用				
2	卸压	混床排气门		1min	当压力<0.1MPa时，卸压成功
3	停运				

7.10 失效树脂从高速混床送到分离塔步序

序号	步序	开启的阀门	开启的泵/风机	时间	备注
1	混床卸压	混床排气门、混床再循环门		1min	卸压压力小于0.1MPa
2	混床气力送出树脂	混床再循环门、混床出脂门、混床出脂总门、混床进气总门、分离塔进脂门、分离塔底部排水门		11min	维持混床顶部空气室，树脂被压送到分离罐

序号	步序	开启的阀门	开启的泵/风机	时间	备注
3	混床气/水力送出树脂	混床再循环门、混床出脂门、混床进脂门、混床上部冲洗水总门、混床出脂总门、混床进气总门、分离塔进脂门、分离塔底部排水门	冲洗水泵	10min	顶部进水并维持其气室，继续输送树脂
4	混床排水，管道冲洗1	混床排气、混床再循环门、混床排水总门（60s后打开）、混床下部冲洗水总门、混床上部冲洗水总门、混床出脂总门、混床进脂总门、分离塔进脂门、分离塔底部排水门	冲洗水泵	3min	混床排水，同时进行管道冲洗
5	混床排水，管道冲洗2	混床排气门、混床再循环门、混床排水总门、混床下部冲洗水总门、混床出脂总门、分离塔进脂门、分离塔底部排水门、再生单元冲洗水总门	冲洗水泵	3min	保证混床内水放净，同时对输送管道进行双向冲洗

7.11 备用树脂从阳再生塔输送到高速混床步序

序号	步序	开启的阀门	开启的泵/风机	时间	备注
1	阳塔气力输送树脂	混床再循环门、混床进脂门、混床排水总门、混床进脂总门、阳塔进压缩空气门、阳塔出脂门		8.5min	进气加压，树脂随水输出
2	阳塔气/水力输送树脂	混床再循环门、混床进脂门、混床排水总门、混床进脂总门、阳塔进压缩空气门、阳塔出脂门、阳塔反洗进水门	冲洗水泵	4min	维持空气室，阳塔下部进水松动树脂以利输送
3	阳塔淋洗，树脂输送	混床排气门、混床再循环门、混床进脂门、混床排水总门、混床进脂总门、阳塔出脂门、阳塔反洗进水门、阳塔上部进水门	冲洗水泵	3min	阳塔上下同时进水，保证塔内树脂被输送彻底
4	阳塔卸压，管道冲洗，混床进水	混床排气门、混床进脂门、混床进脂总门、混床上部冲洗水总门、阳塔排气门、再生单元冲洗水总门	冲洗水泵	10min	混床进水至混床单元液位开关动作
5	阳塔充水	阳塔上部进水门、阳塔排气门	冲洗水泵	15min	阳塔满水至再生单元液位开关动作，备用

7.12 失效树脂在分离塔内分离并送出步序

序号	步序	开启的阀门	开启的泵/风机	时间	备注
1	分离塔充水	分离塔上部进水门、分离塔排气门	冲洗水泵	20min	直至再生单元液位开关动作
2	分离塔压力排水	分离塔进压缩空气门、分离塔底部排水门	冲洗水泵	5min	排水至树脂面适当水位
3	分离塔空气擦洗	分离塔排气门、分离塔上部排水门、分离塔进罗茨风机空气门（延时25s打开）、罗茨风机排大气门（30s后关）	冲洗水泵、精处理罗茨风机	8min	解决树脂抱球，除去部分渣渍，以利分离
4	首次分离1	分离塔排气门、分离塔上部排水门、分离塔反洗进水门1、分离塔反洗进水门2、分离塔进水调节门（开度1）	冲洗水泵	3min	树脂被大流量水托起
5	首次分离2	分离塔排气门、分离塔上部排水门、分离塔反洗进水门2、分离塔进水调节门（开度2）	冲洗水泵	10min	
6	首次分离3	分离塔排气门、分离塔上部排水门、分离塔进水调节门（开度3）	冲洗水泵	15min	
7	首次分离4	分离塔排气门、分离塔进水调节门（开度4）	冲洗水泵	12min	
8	首次分离5	分离塔排气门、分离塔进水调节门（开度5）	冲洗水泵	15min	
9	等待阴树脂输送	分离塔排气门、分离塔进水调节门（开度5）	冲洗水泵	1min	阴阳树脂必须分离彻底才能进行下步输送
10	阴树脂输送至阴塔	分离塔上部进水门、分离塔进水调节门（开度5）、分离塔出阴脂门、阴塔底部排水门	冲洗水泵	9.2min	目测检查分离塔阴树脂界面
11	二次分离1	分离塔排气门、分离塔上部排水门、分离塔反洗进水门2、分离塔进水调节门（开度2）	冲洗水泵	8min	
12	二次分离2	分离塔排气门、分离塔上部排水门、分离塔进水调节门（开度3）	冲洗水泵	10min	
13	二次分离3	分离塔排气门、分离塔进水调节门（开度4）	冲洗水泵	12min	

序号	步序	开启的阀门	开启的泵/风机	时间	备注
14	二次分离 4	分离塔排气门、分离塔进水调节门（开度 5）	冲洗水泵	10min	
15	等待阳树脂输送	分离塔排气门、分离塔进水调节门（开度 5）	冲洗水泵	1min	阴阳树脂必须分离彻底才能进行下步输送
16	分离塔中阳树脂送至阳塔	分离塔上部进水门、分离塔进水调节门（开度 5）、分离出阳脂门、阳塔进脂门、阳塔底部排水门	冲洗水泵	6.8min	当树脂界面检测开关发出信号或设定时间结束时，该步结束
17	管道冲洗	阳塔进脂门、阳塔底部排水门、再生单元冲洗水总门、混床下部冲洗水总门、混床出脂总门	冲洗水泵	2min	管路中残留的树脂随水注入阳塔

7.13 阴树脂再生步序

序号	步序	开启的阀门	开启的泵/风机	时间	备注
1	顶压排水	阴塔进压缩空气门、阴塔中部排水门		2.2min	
2	空气擦洗	阴塔排气门、阴塔进罗茨风机空气门（延时 25s 打开）、罗茨风机排大气门（30s 后关）	冲洗水泵、精处理罗茨风机	4min	在水量较少的情况下，树脂才能起到较好的擦洗效果
3	反洗进水	阴塔排气门、阴塔反洗进水门	冲洗水泵	3.5min	
4	加压	阴塔进压缩空气门	冲洗水泵	0.5min	形成一定压力的空气室
5	底部及四周冲洗	阴塔进压缩空气门、阴塔中部排水门、阴塔底部排水门	冲洗水泵	1.5min	通过底排和再生配水器把悬浮物及杂质充分排出体外
6	卸压	阴塔排气门	冲洗水泵	1min	卸压为下步做准备
7	充水	阴塔排气门、阴塔上部进水门、阴塔进碱门	冲洗水泵	4.5min	阴塔中部同时进水是为冲刷可能吸附在中部布碱装置上的树脂或杂质等，充水至再生单元液位开关动作

再生步骤中 1～7 七个步序可以根据情况多次重复设置的，操作人员必须到现场观察排水情况，并根据实际情况进行确定。

序号	步序	开启的阀门	开启的泵/风机	时间	备注
8	稀碱液注入	阴塔底部排水门、阴塔进碱门、热水罐三通温度调节门、碱混合三通进碱门、碱混合三通进水门	冲洗水泵、精处理碱计量泵	50min	注意稀释水的流量控制（ $9m^3/h$ ～ $10m^3/h$ ），再生浓度为 3%～4%，而温度控制在 40℃ 左右

续表

序号	步序	开启的阀门	开启的泵/风机	时间	备注
9	置换	阴塔底部排水门、阴塔进碱门、热水罐三通温度调节门、碱混合三通进水门	冲洗水泵	30min	置换流量 9m³/h～10m³/h
10	快速漂洗	阴塔底部排水门、阴塔上部进水门	冲洗水泵	15min	流速较快以利再生时置换出的离子不至滞留
11	顶压排水	阴塔进压缩空气门、阴塔中部排水门		2.2min	
12	空气擦洗	阴塔排气门、阴塔进罗茨风机空气门（延时 25s 打开）、罗茨风机排大气门（30s 后关）	冲洗水泵、精处理罗茨风机	4min	进气压力 0.1MPa
13	反洗进水	阴塔排气门、阴塔反洗进水门	冲洗水泵	3.5min	
14	加压	阴塔进压缩空气门	冲洗水泵	0.5min	形成一定压力的空气室，为曝气做准备
15	底部及四周冲洗	阴塔进压缩空气门、阴塔中部排水门、阴塔底部排水门	冲洗水泵	1.5min	通过底排和再生配水器把悬浮物及杂质充分排出体外
16	卸压	阴塔排气门	冲洗水泵	1min	卸压为下步做准备
17	充水	阴塔排气门、阴塔上部进水门	冲洗水泵	4.5min	充水至再生单元液位开关动作

步序 11～17 是可重复设置的，操作人员必须到现场观察排水情况，并根据实际情况进行确定。

| 18 | 最终漂洗 | 阴塔底部排水门、阴塔上部进水门、阴塔出口取样电磁阀 | 冲洗水泵 | 20min | 对阴树脂进行大流量快速漂洗；当 DD 小于 8μS/cm 时，则漂洗结束。如果在设定时间内未达到要求，则应查明原因 |

7.14 阳树脂再生步序

序号	步序	开启的阀门	开启的泵/风机	时间	备注
1	顶压排水	阳塔进压缩空气门、阳塔中部排水门		3.2min	
2	空气擦洗	阳塔排气门、阳塔进罗茨风机空气门（延时 25s 打开）、罗茨风机排大气门（30s 后关）	冲洗水泵、精处理罗茨风机	4min	在水量较少的情况下，树脂才能起到较好的擦洗效果
3	反洗进水	阳塔排气门、阳塔反洗进水门	冲洗水泵	4.2min	
4	加压	阳塔进压缩空气门	冲洗水泵	0.5min	形成一定压力的空气室

序号	步序	开启的阀门	开启的泵/风机	时间	备注
5	底部及四周冲洗	阳塔进压缩空气门、阳塔中部排水门、阳塔底部排水门	冲洗水泵	2.2min	通过底排和再生配水器把悬浮物及杂质充分排出体外
6	卸压	阳塔排气门	冲洗水泵	1min	卸压为下步做准备
7	充水	阳塔排气门、阳塔上部进水门、阳塔进酸门	冲洗水泵	8min	中部同时进水是为冲刷可能吸附在中部布酸装置上的树脂或杂质等,充水至再生单元液位开关动作

再生步序中1~7七个步序可以根据情况多次重复设置的,操作人员必须到现场观察排水情况,并根据实际情况进行确定。

序号	步序	开启的阀门	开启的泵/风机	时间	备注
8	稀酸液注入	阳塔底部排水门、阳塔进酸门、酸混合三通进酸门、酸混合三通进水门	冲洗水泵	50min	注意稀释水的流量控制（$12m^3/h$~$13m^3/h$）,再生浓度为3%~4%
9	置换	阳塔底部排水门、阳塔进酸门、酸混合三通进水门	冲洗水泵	30min	置换流量$12m^3/h$~$13m^3/h$
10	快速漂洗	阳塔底部排水门、阳塔上部进水门	冲洗水泵	15min	流速较快以利再生时置换出的离子不至滞留
11	顶压排水	阳塔进压缩空气门、阳塔中部排水门		3.2min	
12	空气擦洗	阳塔排气门、阳塔进罗茨风机空气门（延时25s打开）、罗茨风机排大气门（30s后关）	冲洗水泵、精处理罗茨风机	4min	进气压力0.1MPa
13	反洗进水	阳塔排气门、阳塔反洗进水门	冲洗水泵	4.2min	
14	加压	阳塔进压缩空气门	冲洗水泵	0.5min	形成一定压力的空气室,为曝气做准备
15	底部及四周冲洗	阳塔进压缩空气门、阳塔中部排水门、阳塔底部排水门	冲洗水泵	2.2min	通过底排和再生配水器把悬浮物及杂质充分排出体外
16	卸压	阳塔排气门	冲洗水泵	1min	卸压为下步做准备
17	充水	阳塔排气门、阳塔上部进水门	冲洗水泵	8min	充水至再生单元液位开关动作

步序11~17是可重复设置的,操作人员必须到现场观察排水情况,并根据实际情况进行确定。

续表

序号	步序	开启的阀门	开启的泵/风机	时间	备注
18	最终漂洗	阳塔底部排水门、阳塔上部进水门、阳塔出口取样电磁阀	冲洗水泵	20min	对阳树脂进行大流量快速漂洗；当 DD 小于 8μS/cm 时，则漂洗结束。如果在设定时间内未达到要求，则应查明原因

7.15 阴再生塔内树脂送到阳再生塔步序

序号	步序	开启的阀门	开启的泵/风机	时间	备注
1	快速漂洗	阴塔上部进水门、阴塔底部排水门、阴塔出口取样电磁阀	冲洗水泵	3min	阴树脂输送前的漂洗是为确保阴树脂输送前的质量
2	水/气力输送树脂	阴塔进压缩空气门、阴塔反洗进水门、阴塔出脂门、阳塔进脂门、阳塔底部排水门	冲洗水泵	7.5min	阴塔下部进水松动树脂，顶部进气形成的一定压力的空气室把树脂送出
3	淋洗树脂输送	阴塔上部进水门、阴塔反洗进水门、阴塔出脂门、阳塔进脂门、阳塔底部排水门	冲洗水泵	3min	阴塔上部进水，保证了罐内的树脂不被残留
4	管道冲洗	阳塔进脂门、阳塔底部排水门、再生单元冲洗水总门、混床下部冲洗水总门、混床出脂总门	冲洗水泵	2min	树脂输送管道双向冲洗
5	充水	阴塔上部进水门、阴塔排气门	冲洗水泵	10min	给阴罐充满水是为以后的步骤做好准备，充水至再生单元液位开关动作

7.16 阴、阳树脂在阳再生塔内空气混合并漂洗备用步序

序号	步序	开启的阀门	开启的泵/风机	时间	备注
1	阳床充水	阳塔上部进水门、阳塔排气门	冲洗水泵	5min	充水至再生单元液位开关动作
2	压力排水	阳塔中部排水门、阳塔进压缩空气门		3min	阳塔放水到树脂面适当位置
3	空气混合	阳塔进罗茨风机空气门（延时25s打开）、阳塔排气门、罗茨风机排大气门（30s后关）	精处理罗茨风机	6min	必须确保树脂被混合均匀

序号	步序	开启的阀门	开启的泵/风机	时间	备注
4	空气混合并排水	阳塔中部排水门、阳塔进罗茨风机空气门、阳塔排气门	精处理罗茨风机	6min	当水排到树脂层上或从窥视镜中观察到树脂不再被搅动即可，而边擦洗边排水则确保了树脂不再重新分离
5	充水	阳塔上部进水门、阳塔排气门	冲洗水泵	5.5min	充水至再生单元液位开关动作
6	最终漂洗	阳塔上部进水门、阳塔底部排水门、阳塔进脂门（25s后关）、再生单元冲洗水总门、阴塔出口取样电磁阀	冲洗水泵	15min	当电导<0.2μS/cm时，漂洗将结束，而如果到设定时间仍未达到标准则报警；在程序中，计时器将保留最后1s，让操作员确认后转步

7.17 树脂从阳再生塔送到分离塔步序

说明：如果再生失败，并且阴、阳树脂都已在阳罐中混合，那么该程序将被启用，用来重新分离并再生。

序号	步序	开启的阀门	开启的泵/风机	时间	备注
1	气力输送树脂	阳塔出脂门、阳塔进压缩空气门、分离塔进脂门、分离塔底部排水门	冲洗水泵	8.5min	
2	气/水力输送树脂	阳塔出脂门、阳塔反洗进水门、阳塔进压缩空气门、分离塔进脂门、分离塔底部排水门	冲洗水泵	4min	反洗进水，以利输送
3	淋洗，树脂输送	阳塔上部进水门、阳塔出脂门、阳塔反洗进水门、分离塔进脂门、分离塔底部排水门	冲洗水泵	3min	确保阳塔无树脂残留
4	管道冲洗	分离塔进脂门、分离塔底部排水门、再生单元冲洗水总门、混床下部冲洗水总门、混床出脂总门	冲洗水泵	2min	保证管道中无残留树脂
5	充水	阳塔上部进水门、阳塔排气门	冲洗水泵	15min	阳塔必须灌满水以利下步

附录二 相关国家法规和技术标准名称

（1）中华人民共和国环境保护法（中华人民共和国主席令第 22 号）

（2）中华人民共和国大气污染防治法（中华人民共和国主席令第 57 号）

（3）国务院关于酸雨控制区和二氧化硫污染控制区有关问题的批复（国函〔1998〕5 号

（4）环境空气质量标准（GB 3095—1996）

（5）火电厂大气污染物排放标准（GB 13223—1996）

（6）锅炉大气污染物排放标准（GB 13271—2001）

（7）锅炉烟尘排放标准（GB 3841—1983）

（8）国家电力公司火电厂环境保护技术监督规定（试行）（国电计〔1998〕325 号）

（9）火力发电厂烟气脱硫设计技术规程（DL/T 5196—2004）

（10）火力发电厂锅炉机组检修导则 第 10 部分：脱硫装置检修（DL/T 748.10—2001）

（11）烟气湿法脱硫用石灰石粉反应速率的测定（DL/T 943—2005）

（12）火电厂烟气脱硫工程调整试运及质量验收评定规程（DL/T 5403—2007）

（13）石灰石—石膏湿法烟气脱硫装置性能验收试验规范（DL/T 998—2006）

（14）湿法烟气脱硫工艺性能检测技术规范（DL/T 986—2005）

（15）火电厂石灰石—石膏湿法脱硫废水水质控制指标（DL/T 997—2006）

（16）副产硫酸铵（DL/T SOS—2002）

（17）加快火电厂烟气脱硫产业化发展的若干意见（发改环资〔2005〕757 号）

（18）火电厂烟气脱硫工程后评估管理暂行办法（中电联行环〔2006〕15 号）

参 考 文 献

［1］孙克勤，钟秦．火电厂烟气脱硝技术及工程应用．北京：化学工业出版社，2006.

［2］四川电力建设二公司．火力发电厂脱硫脱硝施工安装与运行技术．北京：中国电力出版社，2013.

［3］西安热工研究院．火电厂 SCR 烟气脱硝技术．北京：中国电力出版社，2013.

［4］周菊华，孙海峰．火电厂燃煤机组脱硫脱硝技术．北京：中国电力出版社，2010.

［5］段传和，夏怀祥．选择性非催化还原法（SNCR）烟气脱硝中国大唐集团科技工程有限公司．北京：中国电力出版社，2011.

［6］岑可法，姚强，骆仲泱，高翔．燃烧理论与污染控制．北京：机械工业出版社，2004.

［7］中国华电集团公司．电力工程建设管理丛书中国华电集团公司工程建设质量工艺手册．北京：中国电力出版社，2008.

［8］吴文龙，田晓峰．火电厂烟气排放连续监测系统技术与应用．中国电力出版社，2010.

［9］武文江．火电厂烟气脱硫及脱硝实用技术文宗．北京：中国电力出版社，2009.

［10］刘建民，薛建明，王小明，刘涛．火电厂氮氧化物控制技术．2012.

［11］陈进生．火电厂烟气脱硝技术选择性催化还原法．北京：中国电力出版社，2008.

［12］张强．燃煤电站 SCR 烟气脱硝技术及工程应用．北京：化学工业出版社，2007.

［13］钟秦．燃煤烟气脱硫脱硝技术及工程实例（第二版）．北京：化学工业出版社，2007.

［14］张强，许世森，王志强．选择性催化还原烟气脱硝技术进展及工程应用．热力发电，2004（4）.